Angewandte Statistik mit R für Agrarwissenschaften

Dieter Rasch • Rob Verdooren

Angewandte Statistik mit R für Agrarwissenschaften

Versuchsplanung und -auswertung mit konkreten Beispielen und Übungsaufgaben

Springer Spektrum

Dieter Rasch
Rostock, Deutschland

Rob Verdooren
Bennekom, Niederlande

ISBN 978-3-662-67077-4   ISBN 978-3-662-67078-1 (eBook)
https://doi.org/10.1007/978-3-662-67078-1

Die Deutsche Nationalbibliothek verzeichnet diese Publikation in der DeutschenNationalbibliografie;
detaillierte bibliografische Daten sind im Internet über https://portal.dnb.de abrufbar.

Springer Spektrum

Planung/Lektorat: Iris Ruhmann
Springer Spektrum ist ein Imprint der eingetragenen Gesellschaft Springer-Verlag GmbH, DE und ist ein
Teil von Springer Nature.
Die Anschrift der Gesellschaft ist: Heidelberger Platz 3, 14197 Berlin, Germany

Vorwort

Wir beschreiben in diesem Buch die wichtigsten Techniken der mathematischen Statistik, die in den Agrarwissenschaften in Forschung und Lehre benötigt werden. Dabei verwenden wir das kostenfreie Programmpaket **R**, das von renommierten Statistikern aus aller Welt ständig verbessert und um neue Verfahren ergänzt wird. Alle beschriebenen Verfahren werden an Beispielen verdeutlicht, die vorwiegend aus Beratungen der Autoren stammen. Die Versuchsplanung und die Auswertungsverfahren werden mit **R**-Programmen vorgenommen, die von den Lesern aus dem Netz abgegriffen und mit eigenen Eingaben angepasst werden können. Bis auf wenige Ausnahmen verzichten wir auf Ableitungen. Vorwiegend werden Verfahren für Messwerte beschrieben. Diskrete Beobachtungen spielen in den Agrarwissenschaften eine untergeordnete Rolle. Wer sich über Kontingenztafeln informieren möchte, sei auf Rasch, Kubinger und Yanagida (2011) *Statistics in Psychology*, Wiley, Oxford verwiesen. Ebenso verzichten wir auf die Beschreibung sequenzieller Tests, da auch diese in den Agrarwissenschaften sehr selten angewendet werden.

In den Kapiteln werden zur Unterstützung in der Lehre Übungsaufgaben formuliert, deren Lösungen in Kap. 10 zu finden sind.

Die Leser mögen sich fragen, warum statistische Verfahren verwendet werden sollen. Man kann darauf antworten, dass diese die Zuversicht auf die Richtigkeit aus empirischen, also durch Versuche oder Erhebungen gewonnenen Schlussfolgerungen stärken. Wir erläutern das am Beispiel von Konfidenzintervallen. In Kap. 4 werden diese eingeführt, und zwar zunächst am statistischen Modell normalverteilter Zufallsvariablen für zu beobachtende Merkmale. Ein aus diesen Zufallsvariablen konstruiertes Konfidenzintervall enthält den unbekannten Erwartungswert der Normalverteilung mit vorgegebener Wahrscheinlichkeit, die wir möglichst hoch, in den Agrarwissenschaften meist 0,95 wählen. Geht man nun aber zu dem realisierten Konfidenzintervall über, das man erhält, indem man die zufälligen Größen durch die aus den Beobachtungswerten berechneten Größen ersetzt, kann man nicht mehr über Wahrscheinlichkeiten reden. Das liegt daran, dass nichts mehr zufällig ist, weder der ohnehin feste Erwartungswert, und nun auch noch die Grenzen des Intervalls.

Wenn das Intervall die Grenzen 12 und 35 hat und der Erwartungswert 36 ist, hat es keinen Sinn zu sagen, 36 liege mit Wahrscheinlichkeit 0,95 zwischen 12 und 35. Der Erwartungswert liegt entweder im Intervall oder nicht.

Nun können die Leser fragen „Wozu dann all dies?". Wir geben zwei Argumente, trotzdem so zu verfahren.

Zunächst stärkt eine hohe Wahrscheinlichkeit im abstrakten Modell die Zuversicht (das Vertrauen), dass man richtig geschlossen hat. Deshalb verwenden manche Autoren lieber den deutschen Begriff Vertrauensintervall.

Ferner wird man, wenn man im Laufe jahrelanger Forschungen stets behauptet, der Erwartungswert liege im Intervall, in etwa 95 % der Aussagen recht haben.

Bitte beachten Sie, dass wir Zufallsvariablen fett schreiben, ebenso wie alle daraus abgeleiteten Größen wie die zufälligen Konfidenzgrenzen. Zufallsvariablen sind Funktionen, die Werte, die sie annehmen, sind reelle Größen, also nicht zufällig, und werden normal geschrieben.

Wir verzichten auf die Darstellung der theoretischen Hintergründe, sie können zum Beispiel bei Rasch und Schott (2016) *Mathematische Statistik*, Wiley-VCH Weinheim, oder bei Rasch, Verdooren und Pilz (2019) *Applied Statistics, Theory and Problem Solution with R*, Wiley, Oxford, nachgelesen werden.

Rostock, Deutschland   Dieter Rasch
Bennekom, Niederlande   Rob Verdooren
Juli 2023

Inhaltsverzeichnis

Mathematische Symbole und Bezeichnungen

<   kleiner als
>   größer als
≤   kleiner gleich
≥   größer gleich
...   und so weiter
$n!$ lies n Fakultät $n! = 1 \cdot 2 \cdot 3 \cdot \ldots \cdot n$, für n eine natürliche Zahl; $0! = 1$ per Definition

δ_{ij} das Kronecker-Symbol mit $\delta_{ij} = \begin{cases} 1, \text{ falls } i = j \\ 0, \text{ falls } i \neq j \end{cases}$

R reelle Achse; Menge der reellen Zahlen
R^+ positive reelle Achse; Menge der positiven reellen Zahlen
E_n Einheitsmatrix der Ordnung n
$|\Sigma|$ Determinante der Matrix Σ

Das R-Programmpaket und seine Verwendung zur numerischen oder grafischen Verdichtung von Beobachtungswerten

1

Zusammenfassung

*In diesem Kapitel wird das frei zugängliche Statistikpaket **R** beschrieben und es wird angegeben, wie man es herunterladen kann. Auch der Gebrauch von **R** als Taschenrechner wird dargelegt. Es folgt die Beschreibung, wie man mit **R** die elementare Datenaufbereitung durchführen kann, beispielsweise die Berechnung von Lagemaßzahlen, Streuungsmaßzahlen, Schiefe und Exzess sowie die Angabe einfacher Diagramme wie Kastendiagramm oder Histogramm und Kreisdiagramm. Außerdem wird gezeigt, wie man weitere **R**-Pakete installieren kann.*

1.1 Das R-Programmpaket

Das Programmpaket **R** ist sowohl eine Progammiersprache als auch eine Statistikumgebung. Es ist eine kostenlose Weiterentwicklung, der kostenpflichtigen Sprache S. Anfang der 90er-Jahre des vorigen Jahrhunderts entwickelten Robert Gentleman und Ross Ihaka die Sprache **R** (angeblich weil der Vorname beider mit dem Buchstaben R beginnt). **R** wird mittlerweile von zahlreichen Anwendern weiterentwickelt.

R ist kostenlos unter http://cran.r-project.org/ verfügbar, und zwar für die Betriebssysteme Linux, MacOS X und Windows. Unter „**R** for Windows FAQ" erhält man zurzeit die Version R 6.3.1.

Die folgenden Hinweise sind auf Windows-Umgebungen ausgerichtet, um **R** herunterzuladen und zu installieren.

Stellen Sie sicher, dass auf Ihrer Festplatte noch genügend freier Speicherplatz vorhanden ist. Das installierte Programm beansprucht ca. 60 MB. Hinzu kommen die ca. 15 MB, die die Installation umfasst.

© Der/die Autor(en), exklusiv lizenziert an Springer-Verlag GmbH, DE, ein Teil von Springer Nature 2023
D. Rasch, R. Verdooren, *Angewandte Statistik mit R für Agrarwissenschaften*,
https://doi.org/10.1007/978-3-662-67078-1_1

Erstellen Sie einen Ordner, in welchem Sie das Installationsprogramm zu speichern gedenken. Nennen Sie ihn zum Beispiel schlicht R und merken Sie sich, auf welchem Teil der Festplatte er sich befindet (zum Beispiel `C:/Eigene Dateien/R`).

Öffnen Sie die Internetseite http://cran.r-project.org/. Sie sehen eine Liste der verschiedenen Betriebssysteme. Wählen Sie zum Beispiel Windows.

Aus der Liste der angebotenen Pakete wählen Sie „`base`" und daraus (nächste Seite) `SetupR.exe`.

In der dann erscheinenden Dialogbox klicken Sie auf den zweiten Punkt („`Das Programm speichern`") und dann auf „ok".

Sie werden nun gefragt, an welchem Ort auf der Festplatte Sie das Programm speichern wollen. Wählen Sie die von Ihnen oben erzeugte Datei (in unserem Beispiel C:/Eigene Dateien/R) und speichern Sie das Paket unter dem Namen „`SetupR.exe`". Klicken Sie auf „speichern", um das Herunterladen zu starten.

Nach einigen Minuten bekommen Sie in einem Fenster die Meldung „Download beendet". Klicken Sie auf „`schliessen`".

Sie können den Computer nun vom Netz trennen. Schließen Sie alle Anwendungen und gehen Sie dann zum Ordner, in welchem Sie „`SetupR.exe`" abgelegt haben (also wieder `C:/EigeneDateien/R`). Nach einem Doppelklick auf „`SetupR.exe`" klicken sie auf „next", um die Installation zu starten.

Natürlich müssen Sie die Lizenzvereinbarungen akzeptieren und auf „yes" klicken.

Entscheiden Sie sich für einen Ordner, in welchem Sie R platzieren wollen, zum Beispiel den vom Rechner vorgeschlagenen Ordner, und klicken Sie auf „`next`".

Nun wird gefragt, welche Dateien Sie installieren wollen. Wählen Sie die Nutzerinstallation (`user`) im oberen Teil des Kästchens. Im unteren Teil wählen Sie zusätzlich zu den vorgeschlagenen, bereits markierten Dateien die Datei „Reference Manual" und klicken dann auf „`next`".

Nun können Sie als Startmenü Ordner R eingeben und dann „`Create a desktop icon`" wählen, damit Sie **R** jeweils direkt von Ihrem Standardbildschirm aus starten können. Klicken Sie wieder auf „`next`".

Setup installiert nun **R** auf Ihrem Computer. Wenn die Installation beendet ist, klicken Sie auf „`finish`". **R** steht Ihnen nun auf Ihrem Computer jederzeit zur Verfügung.

Wenn Sie ein **R**-Programm abschließen wollen, geben den Befehl `q()` ein und dann `Enter`.

Näheres zu **R** findet man unter `http://www.r-project.org/`.

In **R** wird nach Starten des Programms das Eingabefenster geöffnet, mit der Eingabeaufforderung „>" in Rot. Außerdem wurde über der **R**-Konsole eine Schnittstelle geöffnet. Diese verbindet den Nutzer mit dem Programm. Mit ihr steht, ähnlich dem Arbeiten mit MS-DOS, eine befehlszeilenbasierte Eingabe zur Verfügung. Hier können Befehle eingegeben und mit der Enter-Taste ausgeführt werden. Die Ausgabe wird direkt unter der Befehlszeile angegeben.

Eine Datei muss einen Namen bekommen, der aber nicht mit einer Zahl (0, 1, ..., 9) oder mit einem Punkt (.) und darauffolgender Zahl beginnen darf. Namen können große (A–Z) oder kleine Buchstaben (a–z), Ziffern (0–9) oder einen Punkt enthalten. Kleine und große Buchstaben sind in **R** zu unterscheiden. Die Namen `c, q, t, C, D, F, I` und `T` sind in **R** bereits anderweitig vergeben; `F` ist die Abkürzung für `FALSE` und `T` für `TRUE`. Andere Namen wie `diff`, `df`, `par`, `pch`, `pt` und weitere sind auch schon festgelegt. Der einfachste Weg, um Daten in **R** einzugeben, ist, einer endlichen Folge von einzelnen Zahlen mit der Funktion c() einen Vektor zuzuweisen [c = combine].

Im Text dieses Buchs geben wir Befehle mit Courier New 12 an; auch die Ergebnisse werden so ausgegeben.

Die Befehle, um den Namen einer Datei mit dem Vektor von Zahlen zu verbinden, sind <- oder =.

Fehlende Elemente werden in **R** durch NA (= not available) gekennzeichnet. Zum Beispiel vermisst man bei den Zahlen 1, 2, 4, 5 die 3.

```
> x = c(1,2,NA,4,5)
> x
[1]  1  2 NA  4  5
```

Bitte beachten Sie, dass das Komma in **R** zur Trennung zwischen Zahlen dient, daher darf in Zahlen kein Dezimalkomma verwendet werden. Wir verwenden stattdessen in **R** einen Dezimalpunkt, also nicht 14,5, sondern 14.5. Will man einen **R**-Befehl kopieren, muss dies nach dem >-Zeichen geschehen.

Die Funktion is.na stellt fest, welche Elemente eines Vektors fehlen.

```
> is.na(x)
[1] FALSE FALSE  TRUE FALSE FALSE
```

FALSE gibt an, dass ein Element kein NA ist; TRUE gibt an, dass das Element NA fehlt.

Die Anzahl der Elemente eines Vektors erhält man über:

```
> length(x)
[1] 5
```

Beachten Sie, dass length(x) alle Elemente von x zählt, auch die NA.

In einem Vektor x kann NA mit dem Befehl na.omit(x) entfernt werden.

```
> y = na.omit(x)
```

Der Befehl na.omit(x) entfernt alle NA-Elemente von x und gibt den Vektor y ohne NA aus.

```
> length(y)
[1] 4
```

Man kann die Vektoren x und y in einem Vektor z zusammenfassen:

```
> z = c(x,y)
> z
[1]  1  2 NA  4  5  1  2  4  5
```

R gibt mit `sum(x)` die Summe der Werte an. **R** warnt jedoch, wenn NA auftreten:

```
> sum(x)
[1] NA
```

Wir entfernen nun NA `wie folgt:`

```
> sum(x, na.rm = T)   # na.rm → NA remove, T = TRUE
[1] 12
```

Kommentare werden in **R** nach # angegeben.
R kann man auch als Taschenrechner verwenden.
Die Grundrechenoperationen werden mit den Operatoren: +, −, *, / durchgeführt:

```
> 10+13
[1] 23
```

```
> 131-11
[1] 120
```

```
> 4*6   # Multiplikationszeichen ist *
[1] 24
```

Das Divisionszeichen ist /

```
> 5/35
[1] 0.1428571
```

Zum Potenzieren wird ^ verwendet

```
> 2^4
[1] 16
```

Die Quadratwurzel von x ergibt sich über `sqrt(x)`

```
> sqrt(16)
[1] 4
```

```
> 16^(0.5)
[1] 4
```

```
> 10*3 - 1 # Multiplikation (*) geht vor Subtraktion (-)
[1] 29
```

`exp(x)` bedeutet e^x

```
> exp(1)
[1] 2.718282
> exp(2)
[1] 7.389056
```

Den natürlichen Logarithmus von x erhält man mit `log(x)`.

```
> log(10)
[1] 2.302585
```

und den dekadischen Logarithmus mit `log10(x)`

```
> log10(10)
[1] 1
```

Den Logarithmus zu einer anderen Basis p erhält man mit `log(x,base=p)`.

```
> log(x,base=4)
[1] 1.660964
```

Trigonometrische Funktionen wie Sinus ergeben Werte im Bogenmaß.

```
> sin(15)
[1] 0.6502878
```

Beispiel 1.1

Wir verwenden 26 Werte von Wurfgewichten von Labormäusen aus dem Mäuselabor des ehemaligen Forschungszentrum für Tierproduktion Dummerstorf in Tab. 1.1.

Tab. 1.1 Wurfgewichte y_i von 26 Labormäusen in g

i	y_i	i	y_i
1	7,6	14	7,8
2	13,2	15	11,1
3	9,1	16	16,4
4	10,6	17	13,7
5	8,7	18	10,7
6	10,6	19	12,3
7	6,8	20	14,0
8	9,9	21	11,9
9	7,3	22	8,8
10	10,4	23	7,7
11	13,3	24	8,9
12	10,0	25	16,4
13	9,5	26	10,2

Wir trennen die Dezimalstellen im Buch, wie üblich, mit einem Komma ab, beachten aber, dass wir bei der Eingabe in **R** Dezimalpunkte verwenden müssen. Wir ordnen die 26 Messwerte mit **R** der Größe nach mit Befehl > `Geordnet.y = sort(y)` an.

▶ **Übung 1.1** Stellen Sie die Werte in Tab. 1.1 als einen Vektor in **R** dar, wobei für spätere Kapitel die ersten 13 Werte in einem Vektor `y1` und die anderen 13 Werte in einem Vektor `y2` erfasst werden. Mit > `y = c(y1,y2)` erhält man den Vektor aller 26 Werte. Ordnen Sie die 26 Messwerte mit **R** der Größe nach an.

1.2   Die Bearbeitung von Beobachtungsdaten

Beobachtungsdaten kann man grafisch oder numerisch zusammenfassen. Bevor wir aber Messwerte zusammenfassen, ist es sinnvoll zu überprüfen, ob mögliche Erfassungsfehler die Daten verfälscht haben können. Wichtig sind sogenannte Plausibilitätskontrollen. Mit ihnen kann man oft feststellen, ob Werte zu extrem sind. Eine Möglichkeit sind die Auswahlverfahren. Man schreibt auf, mit welchen relativen Häufigkeiten Endziffern auftreten. Wenn die Werte 0–9 relativ gleich oft auftreten, kann man den Daten trauen. Wenn bestimmte Endziffern stark bevorzugt werden, kann man misstrauisch sein. Fehler können durch unbeabsichtigte Verschiebung des Dezimalkommas, durch falsches Ablesen an Messgeräten, durch Zahlendreher und weitere Ursachen entstehen.

Beispiel 1.2 Kornertrag von Reis in kg/ha
In einer Versuchsstation lässt man eine neue Reiszüchtung untersuchen. Ein Blindversuch (in ihm werden alle Teilstücke mit derselben Sorte angebaut) ergab auf 28 Teilstücken folgende Reiserträge in kg/ha: 1796 1679 1556 2385 5236 2591 2827 2116 3366 1270 0177 2537 2387 1859 9197 1401 2069 2104 1797 2211 2544 1516 1704 2453 2459 1649 1904 1320.
    Aus den Daten bildet man zwei Teilvektoren

```
> y1 = c(1796, 1679, 1556, 2385, 5236, 2591, 2827, 2116,
       3366, 1270, 0177, 2537, 2387,1859)
> y2 = c(9197, 1401, 2069, 2104, 1797, 2211, 2544, 1516,
       1704, 2453, 2459, 1649, 1904, 1320)
```

und den Gesamtvektor

```
> y = c(y1,y2)
```

Wir greifen nun etwas auf die in Abschn. 1.2.2 beschriebenen Verfahren vor und wählen:

```
> summary(y)
    Min. 1st Qu.  Median    Mean 3rd Qu.    Max.
     177    1672    2086    2361    2478    9197
```

Es ist Min. = Minimum, 1st Qu. = das erste Quartil, Median = das zweite Quartil, Mean = Mittelwert, 3rd Qu. = das dritte Quartil und Max. = Maximum.

```
> sort.y = sort(y)
> head(sort.y)  # ergibt die ersten 6 Werte
[1]  177 1270 1320 1401 1516 1556
> tail(sort.y)# ergibt die letzten 6 Werte
[1] 2544 2591 2827 3366 5236 9197
```

Von der Versuchsstation möchte man nun eine Erklärung für die seltsam anmutenden Werte 177, 5236 und 9197 kg/ha haben. Die Aufzeichnungen, die man dort überprüft hat, ergaben, dass es in den Reiserträgen Zahlendreher gab: Anstelle von 0177 wäre 1077, anstelle von 5236 wäre 2536 und anstelle von 9197 wäre 1997 der jeweils richtige Wert gewesen.

Korrigieren kann man dies nun mit sort.y wie folgt:

```
> sort.y[1] = 1077
> sort.y[27] = 2536
> sort.y[28] = 1997
> sort.Y= sort(sort.y)
> head(sort.Y)# die sechs kleinsten Erträge
[1] 1077 1270 1320 1401 1516 1556
> tail(sort.Y)# die sechs größten Erträge
[1] 2536 2537 2544 2591 2827 3366.
```

Wir berechnen nun, wie in Abschn. 1.2.2 beschrieben, Quantile und Kenngrößen, mit denen wir ein Kastendiagramm (engl. *boxplot*) erzeugen (Abb. 1.1).

```
> summary(sort.Y)
    Min. 1st Qu.  Median    Mean 3rd Qu.    Max.
    1077    1672    2033    2040    2454    3366
> mean(sort.Y)
[1] 2039.643
> sd(sort.Y)
[1] 529.7593
> boxplot(sort.Y, horizontal = TRUE)
```

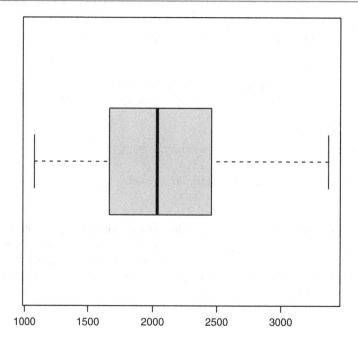

Abb. 1.1 Kastendiagramm von *Y*

In dem grauen Kästchen (engl. *box*) findet man eine fett gedruckte, senkrechte Gerade durch den Median. Am linken Rand führt normalerweise eine Gerade durch den Wert $Q1 - 1{,}5 \, (Q3 - Q1) = 499$ und entsprechend führt normalerweise an dem rechten Rand eine Gerade durch $Q3 + 1{,}5 \, (Q3 - Q1) = 3672$. Wenn aber, wie in unserem Fall, das Minimum = 1077 größer als 499 ist, dann geht die linke Gerade durch 1077, und wenn das Maximum 3366 kleiner als 3672 ist, dann führt die rechte Gerade durch 3366. Die Differenz $Q3 - Q1$ heißt Interquartilabstand. Weil kein Wert außerhalb der beiden Linien liegt, kann man davon ausgehen, dass es keine Ausreißer gibt.

Für die Plausibilitätskontrolle der Reiserträge in kg/ha berechnen wir das Maximum und das Minimum der Erträge.

```
> Minimum = min(sort.Y)
> Minimum
[1] 1077
> Maximum = max(sort.Y)
> Maximum
[1] 3366
```

In diesem Beispiel sind die Erträge nicht ungewöhnlich.

Für die Endziffernkontrolle benötigen wir die letzten Ziffern des Vektors sort.Y. Hierfür benötigen wir das **R**-Paket „stringr", das wir wie folgt installieren:

Nach dem Start von **R** gehen wir in der oberen Befehlszeile auf „Pakete". Im Menü wählen wir „Installiere Paket(e)". Es erscheint das Menü „Source Cran Mirror" mit einer Länderliste. Wähle von den fünf deutschen Städten zum Beispiel Leipzig.

Nach „OK" erscheint eine lange Liste mit Namen von Paketen (alphabetisch geordnet; list of available packages). Wähle das Paket „stringr" und bestätige mit „OK".

Nun wird das Paket „stringr" mit allen Paketen, die es noch benötigt, geladen. Wir starten nun mit **R** die Endziffernkontrolle von sort.Y.

```
> library(stringr)
Warning message:
package 'stringr' was built under R version 4.1.3
> letzt.d = str_extract(sort.Y, "\\d$") # last integerdigit
> letzt.d  # the last integer is denoted as character
 [1] "7" "0" "0" "1" "6" "6" "9" "9" "4" "6" "7" "9" "4" "7" "9"
"4" "6" "1" "5"
[20] "7" "3" "9" "6" "7" "4" "1" "7" "6"
```

Wir gehen zu den numerischen Ergebnissen zurück.

```
> letzt.d = as.numeric(letzt.d)
> letzt.d
 [1] 7 0 0 1 6 6 9 9 4 6 7 9 4 7 9 4 6 1 5 7 3 9 6 7 4 1 7 6
> Letzt.D = table(letzt.d)
> Letzt.D
letzt.d
0 1 3 4 5 6 7 9
2 3 1 4 1 6 6 5
```

Genaueres zur Endziffernkontrolle und Ausreißertests findet man in den Verfahren 2/21/0000, 2/21/0100, 2/21/0101, 2/21/0102 und zur Plausibilitätskontrolle in den Verfahren 2/21/0210 der *Verfahrensbibliothek, Versuchsplanung und -auswertung* von Rasch et al. (1978, 1996, 2008).

1.2.1 Grafische Beschreibung von Merkmalen

Für den Fall, dass ein Merkmal nominal skaliert ist, das heißt, den Merkmalswerten entsprechen Namen (Kategorien), die aber nicht ranggeordnet sind, besteht zwischen ihnen keine Ordnungsrelation. Oft werden die relativen Häufigkeiten der einzelnen Kategorien in einer Tabelle erfasst. Tab. 1.2 enthält hierzu ein Beispiel.

Tab. 1.2 Relative Häufigkeit von Rinderrassen in einem Landkreis

Rasse	Relative Häufigkeit
Schwarzbunte	78 %
Jerseys	14 %
Fleckvieh	6 %
Franken	2 %

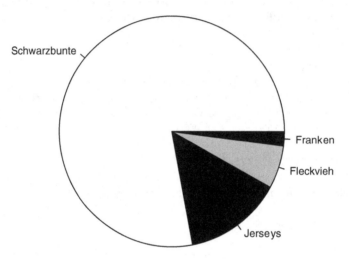

Abb. 1.2   Kreisdiagramm zu Tab. 1.2

Gebräuchlich ist es, diese Werte in einer zweifachen Kreuzklassifikation dar-zustellen, wobei die Anteile an der Kreisfläche proportional zu den Prozentwer-ten der Tabelle sind. Abb. 1.2 zeigt das zu Tab. 1.2 gehörige Kreisdiagramm, er-zeugt mit **R.**

```
> Rel.Häufigkeit = c(78,14,6,2)
> Kategorie = c("Schwarzbunte", "Jerseys", "Fleckvieh",
    "Franken")
> pie( Rel.Häufigkeit, labels = Kategorie,
    col = c("white","gray0","gray","black"))
```

Warnung Die Anführungszeichen müssen von R erzeugt werden und nicht von Word.

Wir wollen bei rangskalierten Merkmalen voraussetzen, dass die Merkmalsaus-prägungen in der Datei in aufsteigender Ordnung angegeben sind. Sollte das nicht der Fall sein, muss zunächst umgeordnet werden.

Zum Beispiel:

```
> Häufigkeit = c(9, 65, 22, 4)
> Ordnung = sort(Häufigkeit)
> Ordnung
[1]   4  9 22 65
```

Auch hier ergibt sich eine Tabelle mit der relativen Anzahl der im Versuch oder in der Erhebung aufgetretenen Werte in den einzelnen Kategorien.

Werden die Merkmalsausprägungen (Kategorien) mit Rangzahlen bezeichnet, dann werden diese so gewählt, dass die Rangfolge der Zahlen der Rangfolge der Ausprägungen entspricht. Das heißt, ein Objekt mit dem niedrigsten Rang (oft ist das eine 1) besitzt auch eine niedrigere Ausprägung des betrachteten Merkmals als eine Beobachtung mit einem höheren Rang. Die nächstgrößere Ausprägung erhält dann den Rang 2 usw. Ein Abstand, der zwischen den Rangzahlen besteht, spiegelt keinen Abstand zwischen den Kategorien wider, folglich ist es unzulässig, diese Ränge zu mitteln.

Beispiel 1.3
Richter (2002) gibt auf Seite 34–35 die folgende Skala zur Beurteilung der Schalenbeschaffenheit von Kartoffeln an:

Schalenbeschaffenheit von Kartoffeln (Bundessortenamt)

1= glatt	Schale meist dünn und rissig
2 = genetzt	leichte Rauheit ohne Abhebung von Schalenteilen
3 = rau	keine Geweberisse, aber obere Schale ist gesprengt und liegt als Hautfetzen auf neugebildeter Schale
4 = rissig	Risse sind schmale, spaltenförmige, verkorkte Einsenkungen

Diese Boniturnote wurden für vier Parzellen gefunden.

Parzelle	Boniturnote
A	4
B	2
C	4
D	3

Wir wollen nun hierzu in Abb. 1.3 ein Streifendiagramm (engl. *barplot*) erstellen.

```
> Parzelle = c("A", "B", "C","D")
> Boniturnote = c(4,2,4,3)
> barplot(Boniturnote, space = 1, names.arg = Parzelle)
```

Können wir die Merkmale durch Messwerte erfassen, so sprechen wir von metrischen Merkmalen.

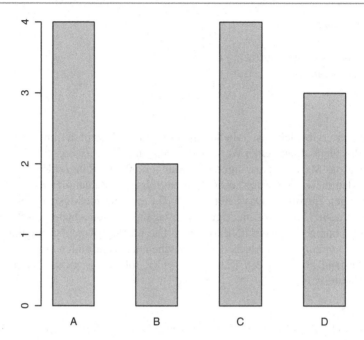

Abb. 1.3 Streifendiagramm für das Merkmal Boniturnote

Beispiel 1.1 – Fortsetzung
Wir bezeichnen den kleinsten Wert mit $y_{(1)}$ und den größten mit $y_{(26)}$. Nun bilden wir mit den Daten von Tab. 1.1 Gruppen (Klassen): $6 < y \leq 7.5$, $7.5 < y \leq 9$, $9 < y \leq 10.5$, $10.5 < y \leq 12$, $12 < y < \; \leq 13.5$, $13.5 < y \leq 15$, $15 < y \leq 16.5$ von Werten und ermitteln die relativen Häufigkeiten der 26 Wurfgewichte in diesen Klassen.

```
> y1=c(7.6,13.2,9.1,10.6,8.7,10.6,6.8,9.9,7.3,
       10.4,13.3,10.0,9.5)
> y2=c(7.8,11.1,16.4,13.7,10.7,12.3,14.0,11.9,
       8.8,7.7,8.9,16.4,10.2)
> y = c(y1,y2)
```

In **R** verwenden wir den Befehl findInterval() für die Grenzen [ ), zum Beispiel a ≤ y < b.
Darum bilden wir den Vektor Klasse.Grenze so:

```
> Klasse.Grenze = c(6.1,7.6,9.1,10.6,12.1,13.6,15.1,16.6)
> Interval = findInterval(Geordnet.y,Klasse.Grenze)
> T = table(Interval)  # T = Tabelle
> TT = data.frame(T)
> TT
```

```
  Interval Freq
1        1    2
2        2    6
3        3    6
4        4    5
5        5    3
6        6    2
7        7    2
> Rel.Freq = 100*TT[,2]/n  # Relative Frequenz
> RF = format(round(Rel.Freq,2), nsmall = 2)# Prozent
> Tabelle = data.frame(TT,RF)
> Tabelle
  Interval Freq    RF
1        1    2  7.69
2        2    6 23.08
3        3    6 23.08
4        4    5 19.23
5        5    3 11.54
6        6    2  7.69
7        7    2  7.69
```

Die Häufigkeit ist in der Spalte Freq in obige > Tabelle angegeben und die relative Häufigkeit in Prozent in der Spalte RF. Wir fassen das in Tab. 1.3 zusammen.

Jetzt können wir mit dem **R**-Befehl hist() ein Histogramm erzeugen. Dies ist die gebräuchlichste grafische Zusammenfassung der Einzelwerte.

```
> Grenzen =c(6,7.5,9,10.5,12,13.5,15,17)
> hist(Geordnet.y, breaks = Grenzen,
xlab = "Geburtsgewichte von 26 Labormäusen")
```

Bemerkung: Das letzte Intervall in Abb. 1.4 hat ein größere Breite als das vorletzte.

Tab. 1.3 Werte der Tab. 1.1, in Gruppen geordnet

Klasse	Häufigkeit	Relative Häufigkeit in %
$6 < y \leq 7.5$	2	7,69
$7.5 < y \leq 9$	6	23,08
$9 < y \leq 10.5$	6	23,08
$10.5 < y \leq 12$	5	19,23
$12 < y < \leq 13.5$	3	11,54
$13.5 < y \leq 15$	2	7,69
$15 < y \leq 16.5$	2	7,69

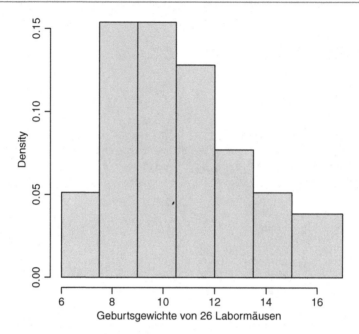

Abb. 1.4 Histogramm zu Tab. 1.3

1.2.2   Numerische Beschreibung von Merkmalen

Summiert man n Messwerte $y_1, \ldots, y_n$ und dividiert durch deren Anzahl, so erhält man den arithmetischen Mittelwert $\bar{y}$ kurz auch arithmetisches Mittel genannt.

$$\bar{y} = \frac{1}{n} \sum_{i=1}^{n} y_i \qquad (1.1)$$

R gibt mit `mean(x)` den Mitttelwert von n Elementen, die nicht NA sind, an, aber in **R** wird gewarnt, wenn es NA gibt.

```
> mean(y)
[1] NA
> mean(y, na.rm = TRUE) # na.rm → NA remove, T gibt TRUE
```

Kommentare für den Leser werden in **R** nach # angegeben. In Zukunft gehen wir davon aus, dass es keine Fehlwerte NA gibt.

▶ **Übung 1.2** Berechnen Sie mit **R** das arithmetische Mittel `M.y` der Werte aus Tab. 1.1.

Neben dem arithmetischen Mittel verwendet man oft auch den Median. Außerdem kann man mit **R** einfach den kleinsten und größten Wert einer Beobachtungsreihe ermitteln. Der Median unterteilt die Beobachtungsreihe bei einer geraden Anzahl von Beobachtungswerten in zwei Teile mit gleich vielen Elementen. Bei einer ungeraden Anzahl von Beobachtungswerten ist ein Beobachtungswert der Median, ansonsten liegt er irgendwo (meist in der Mitte) von zwei Messwerten.

```
> median(y)
> # sind NA in y,so verwenden Sie median(y,na.rm=T)
```

Der **R**-Befehl für den kleinsten Wert von y ist

```
> min(y) # sind NA in y, so verwenden Sie min(y,na.rm=T).
```

Der **R**-Befehl für den größten Wert von y ist

```
> max(y)# sind NA in y, so verwenden Sie max(y,na.rm=T).
```

Die Varianz

$$s^2 = \frac{\sum_{i=1}^{n}\left(y_i - \bar{\bar{y}}\right)^2}{n-1} \tag{1.2}$$

einer Beobachtungsreihe y erhält man in **R** mit var(y). Gibt es NA in y, so verwenden Sie var(y,na.rm=T).

Warum wir in (1.2) durch $n - 1$ und nicht durch n dividieren, erfahren Sie in Kap. 3.

Die Wurzel aus der Varianz s^2 heißt Standardabweichung s; sie wird in **R** mit sd(y) berechnet. Gibt es NA in y, so verwenden Sie sd(y,na.rm=T).

Der Befehl summary(y) entfernt die NA aus den Daten für die Berechnungen

```
> summary(y)
```

Dieser Befehl ergibt in unserem Beispiel

```
Min. 1st Qu.  Median   Mean 3rd Qu.   Max.    NA's
```

Es ist 1st Qu. = das erste Quartil, Median = das zweite Quartil, 3rd Qu. = das dritte Quartil. Die drei Quartile unterteilen die geordneten Beobachtungen in vier annähernd gleich große Gruppen. Für Versuchsergebnisse sind Minimum, Maximum, Mittelwert, Median und Standardabweichung wichtige Kenngrößen.

▶ **Übung 1.3** Berechnen Sie mit summary(y) von **R** die Extremwerte und die drei Quartile der Werte in Tab. 1.1.

Weitere Kenngrößen von Beobachtungswerten sind die Schiefe und der Exzess. Sie enthalten die dritten bzw. vierten Potenzen der Daten.

Die Stichprobenschiefe g_1 erhält man aus

$$g_1 = \frac{m_3 n^2}{s^3 (n-1)(n-2)} \tag{1.3}$$

mit

$$m_3 = \frac{1}{n} \sum_{i=1}^{n} (y_i - \bar{y})^3$$

und den Stichprobenexzess g_2 aus

$$g_2 = \frac{\left[(n+1)m_4 - 3(n-1)^3 s^4 / n^2\right] n^2}{(n-1)(n-2)(n-3)s^4}$$

mit

$$m_4 = \frac{1}{n} \sum_{i=1}^{n} (y_i - \bar{y})^4. \tag{1.4}$$

Für die Berechnung von g_1 und g_2 mit **R** siehe Kap. 3 unter Gl. 3.13.

Literatur

Rasch, D., Herrendörfer, G., Bock, J., & Busch, K. (1978). *Verfahrensbibliothek Versuchsplanung und -auswertung* (Bd. I, II). VEB Deutscher Landwirtschaftsverlag.

Rasch, D., Herrendörfer, G., Bock, J., Victor, N., & Guiard, V. (1996). *Verfahrensbibliothek Versuchsplanung und -auswertung* (2. Aufl., Bd. I, II). Oldenbourg Verlag.

Rasch, D., Herrendörfer, G., Bock, J., Victor, N., & Guiard, V. (2008). *Verfahrensbibliothek Versuchsplanung und -auswertung* (3. Aufl., Bd. I, II). Oldenbourg Verlag.

Richter, C. (2002). *Einführung in die Biometrie 1, Grundbegriffe und Datenanalyse*. Senat der Bundesforschungsanstalten des Bundesministeriums für Verbraucherschutz, Ernährung und Landwirtschaft.

Merkmale, Zufallsvariablen und statistisches Schließen

2

Zusammenfassung

In diesem Kapitel werden quantitative Merkmale beschrieben, die durch Zufalls-variablen modelliert werden können. Nur über zufällige Größen können Wahr-scheinlichkeitsaussagen gemacht werden, daher beziehen sich statistische Schlüsse auch auf Zufallsvariablen und nicht auf Merkmale. Letztere können also auch nicht normalverteilt sein, sondern nur die sie modellierenden Zufalls-variablen. Dichte- und Verteilungsfunktionen werden beschrieben. Kurz werden auch diskrete Verteilungen besprochen. Zufallsstichproben und Stichprobenver-fahren werden eingeführt.

In landwirtschaftlichen Versuchen und Erhebungen werden Merkmale beobachtet. Wir erhalten Merkmalswerte, auch Beobachtungswerte genannt. Wie man diese Werte numerisch oder grafisch mit **R** verdichten kann, wurde bereits in Kap. 1 beschrieben. Wenn man aus diesen Werten Schlussfolgerungen ziehen will, muss man statistische Verfahren anwenden. Diese beziehen sich zunächst nicht direkt auf die Merkmale. Man modelliert die Merkmale durch Zufallsvariablen, nur über diese lassen sich Wahrscheinlichkeitsaussagen machen. Wenn man gut modelliert, kann man daraus auch Schlüsse für die Merkmale ziehen, man muss sich dabei aber sehr vorsichtig ausdrücken.

2.1 Verteilungs- und Dichtefunktion

Der erste Teil dieses Kapitels bezieht sich auf die Wahrscheinlichkeitsrechnung. Eine Wahrscheinlichkeit ist eine Zahl zwischen Null und Eins, die bestimmten Rechenregeln folgt (Kolmogorov'sche Axiome). Wir wollen aber in dieses Gebiet so wenig wie möglich eindringen – gerade so weit, wie es für das weitere Verständnis nötig ist. Wer tiefer eindringen möchte, sei auf die Kap. 3, 4, 5, 6 und 7 in Rasch (1995) verwiesen.

In der Wahrscheinlichkeitsrechnung arbeitet man mit Zufallsvariablen. Diese nehmen Werte aus definierten Intervallen mit bestimmten Wahrscheinlichkeiten an. Sie können durch eine Verteilungsfunktion beschrieben werden. Sie gibt an, mit welcher Wahrscheinlichkeit die Zufallsvariable y Werte kleiner als eine reelle Zahl y annimmt. Wir schreiben dafür $F(y) = P(y \leq y)$. Zufallsvariablen werden zur Unterscheidung von nichtzufälligen Größen fett geschrieben. Da $P(y \leq y)$, wie alle Wahrscheinlichkeiten, Werte zwischen 0 und 1 annimmt, wächst $F(y) = P(y \leq y)$ mit y kontinuierlich an. Es gilt $F(-\infty) = 0$ und $F(\infty) = 1$.

2.2   Normalverteilung

Die Verteilungsfunktion beschreibt die Verteilung der Zufallsvariablen. Weit verbreitet und vielseitig anwendbar ist die Normalverteilung $N(\mu, \sigma^2)$. Diese wird durch ihren Erwartungswert $-\infty < \mu < \infty$ und die Varianz $\sigma^2 > 0$ beschrieben. Ist $\mu = 0$ und $\sigma^2 = 1$, so spricht man von der Standardnormalverteilung $N(0, 1)$ mit der Dichtefunktion $\varphi(u)$ und der Verteilungsfunktion $\Phi(u)$. Abb. 2.1 zeigt die Verteilungsfunktion dieser Verteilung, die wir mit **R** erzeugt haben.

```
> x = seq(from=-5, to=5, by=.1)
> y = pnorm(x)
> plot(x, y, type= "l")
```

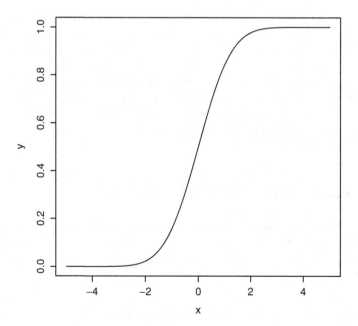

Abb. 2.1 Verteilungsfunktion der Standardnormalverteilung

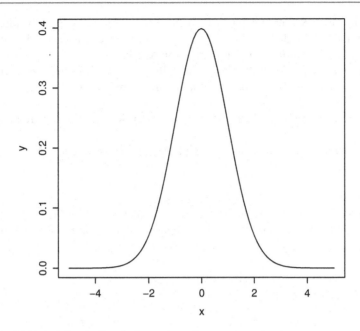

Abb. 2.2 Dichtefunktion der Standardnormalverteilung

Ist eine Verteilungsfunktion nach y differenzierbar, so nennt man ihre erste Ableitung Dichtefunktion, die Zufallsvariable heißt dann kontinuierlich. Dies ist für die Normalverteilung der Fall. In Abb. 2.2 ist diese für die Standardnormalverteilung $N(0,1)$ angegeben, die wir mit **R** erzeugt haben.

```
> x <- seq(from=-5, to=5, by=.1)
> y = dnorm(x)
> plot(x, y, type= "l")
```

▶ **Übung 2.1** Erzeugen Sie mit **R** das Bild einer Normalverteilung $N(10, 2)$ (also mit dem Erwartungswert 10 und der Varianz 2).

Die Formel der Normalverteilung $N(\mu, \sigma^2)$ mit den Parametern Erwartungswert μ und Varianz σ^2 lautet:

$$f\left(y, \mu, \sigma^2\right) = \frac{1}{\sigma\sqrt{2\pi}} e^{-\frac{(y-\mu)^2}{2\sigma^2}}, -\infty < \mu < \infty, \sigma^2 > 0 \tag{2.1}$$

Die Werte einer Verteilungsfunktion nennt man Quantile. Sie werden in Prozenten angegeben. Das 0,5-Quantil heißt Median. Hierunter findet man das 0,9-(90-%-) Quantil der Standardnormalverteilung, das wir mit **R** berechnet haben.

```
> qnorm(0.90)   # default is mean = 0, sd = 1
[1] 1.281552
```

Wie an vielen Stellen treten hier Begriffe auf, die wir auch schon in Kap. 1 bei der numerischen Verdichtung von Messwerten kennengelernt haben. Es sind die theoretischen Gegenstücke zu den Werten von Abschn. 1.2.

Parameter wie μ oder σ^2 bezeichnen wir allgemein mit θ. Dabei kann θ ein einzelner Parameter wie $\theta = \sigma^2$ oder ein Vektor von Parametern wie $\theta^T = (\mu, \sigma^2)$ sein.

▶ **Übung 2.2** Berechnen Sie das 75-%-Quantil der Standardnormalverteilung.

Wir können grafisch sehen, ob eine Stichprobe aus einer Normalverteilung kommt.

Beispiel 2.1
Wir demonstrieren das in **R** mit $n = 25$ Zufallszahlen aus einer $N(2, 4)$-Verteilung (so kürzen wir ab „aus einer Normalverteilung mit dem Erwartungswert 2 und der Varianz 4").

```
> Zufallszahlen = rnorm(n = 25, mean = 2, sd = 2)
> Zufallszahlen
 [1] -2.02852555 -0.30590298  4.01038150  6.31601443  3.74607750 -0.70225660
 [7]  0.06506828 -0.44733527  0.79688604  2.42373715  1.81072587  1.88616616
[13]  0.96188263  0.28648357  1.54504163  2.91406799 -0.53079405  3.36222226
[19]  3.86230188  2.21103375  1.64501568  3.93271512 -1.22077340  1.52384509
[25]  3.44708893
> M = mean(Zufallszahlen)
> M
[1] 1.660447
> V = var(Zufallszahlen)
> V
[1] 4.01995
```

In der **R**-Grafik (unter Windows) kann man ein Streudiagramm erzeugen mit

```
> qqnorm(Zufallszahlen, main=" aus N(2,4)")
```

Es gibt ein Streudiagramm in **R** unter „Graphics device Window".
Um den nächsten Befehl einzugeben, müssen Sie in der Befehlszeile

```
> qqline(Zufallszahlen)
```

fordern. Mit diesem Befehl erhält man in der Grafik eine Gerade.

Abb. 2.3 zeigt das Q-Q-Diagramm der $N(2,4)$-Verteilung. Ein Q-Q-Diagramm (oder ausführlich Quantil-Quantil-Diagramm) ist ein Streudiagramm, das auf der Abszisse die Quantile einer theoretischen Verteilung und auf der Ordinate die Quan-

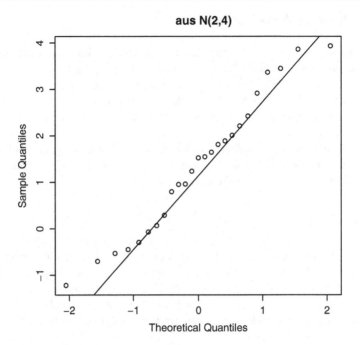

aus N(2,4)

Abb. 2.3 Q-Q-Diagramm

tile einer empirischen Verteilung enthält. Auf diese Weise kann man feststellen, ob empirische Daten eine Stichprobe aus einer gegebenen theoretischen Verteilung sein können. Falls ja, liegen die Punkte des Streudiagramms nahe bei der eingezeichneten Geraden.

Wir greifen hier etwas auf die in Kap. 5 beschriebenen Tests vor. Der Shapiro-Wilk-Test prüft, ob die Daten aus einer Normalverteilung stammen können. Wir verwenden das **R**-Paket `car`.

```
> library(car)
> shapiro.test(Zufallszahlen) #Shapiro-Wilk test of normality
        Shapiro-Wilk normality test
data:  Zufallszahlen
W = 0.97742, p-value = 0.8297
```

W ist die Testgröße. Solange der *P*-Wert nicht unter 0,05 liegt, haben wir keinen Anlass daran zu zweifeln, dass die Daten aus einer Normalverteilung stammen. Ein weiterer Test auf eine bestimmte Verteilung ist der Kolmogorov-Smirnov-Test. Er ist kein Test, der nur auf Normalität prüft. Wir empfehlen ihn nicht, auch weil das entsprechende **R**-Programm zurzeit noch fehlerbehaftet ist.

2.3   Diskrete Verteilungen

Wenn der Graph der Verteilungsfunktion eine Treppenfunktion ist, definieren die
Stellen, an denen die Verteilungsfunktion nach oben springt, die Wahrscheinlichkeiten, mit denen die Werte an den Sprungstellen auftreten, und beschreiben die Wahrscheinlichkeitsfunktion. Die Zufallsvariable heißt dann diskret.

Eine Wahrscheinlichkeitsfunktion bezeichnen wir mit $p(y, \theta)$, eine Dichtefunktion allgemein als $f(y, \theta)$.

Die Wahrscheinlichkeitsfunktion der Binomialverteilung $B(n,p)$ hat als Parameter die Wahrscheinlichkeit $\theta = p$ des Auftretens eines Ereignisses in n voneinander
unabhängigen Versuchen und ist beschrieben durch

$$p(y, p) = \binom{n}{y} p^y (1-p)^{n-y}, y = 0, 1, \ldots, n; 0 \le p \le 1 \qquad (2.2)$$

Sowohl die Dichte- als auch die Wahrscheinlichkeitsfunktion enthält zwei Variablen: y und den Parameter θ. Hier wird θ als fest vorgegeben angesehen. In der
Statistik gehen wir aber davon aus, dass y (der Beobachtungswert) vorgegeben und
θ unbekannt ist. Dann sprechen wir in beiden Fällen von der Likelihood-Funktion.

Grafisch können wir beide Funktionen mit **R** wie folgt veranschaulichen:

Beispiel 2.2
Es sei y binomialverteilt mit $n = 10$ und $p = 0,3$; $B(10, 0,3)$. Dann wird (2.2) zu

$$p(y, 0,3) = \binom{10}{y} 0,03^y 0,7^{10-y}.$$

```
> x=c(0,1,2,3,4,5,6,7,8,9,10)
```

Alle Werte der Wahrscheinlichkeitsfunktion von $y \rightarrow B(10, 0,3)$ findet man
wie folgt:

```
> Px = dbinom(x,size = 10,prob = 0.3)
> Px
 [1] 0.0282475249 0.1210608210 0.2334744405 0.2668279320 0.2001209490
 [6] 0.1029193452 0.0367569090 0.0090016920 0.0014467005 0.0001377810
[11] 0.0000059049
```

Alle Werte der Verteilungsfunktion von $y \rightarrow B(10, 0.3)$ findet man wie folgt:

```
> VFx =pbinom(x,size = 10,prob = 0.3)
> VFx
 [1] 0.02824752 0.14930835 0.38278279 0.64961072 0.84973167 0.95265101
```

Wir geben nun die Funktion Px grafisch wieder (Abb. 2.4).

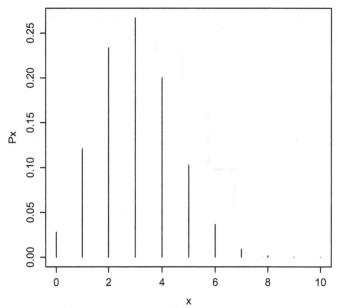

Abb. 2.4 Wahrscheinlichkeitsfunktion von $B(10, 0{,}3)$

```
> plot(x,Px,type="h",main="Binomial Verteilung (n=10,p=0.3)")
```

Wir geben nun die Funktion VFx grafisch wieder (Abb. 2.5).

```
> plot(x, VFx, type = "s", lwd = 2,
      main = "Verteilungsfunktion B(10, 0.3)",
      xlab = "x", ylab = "F(x)")
```

▶ **Übung 2.3** Wenn y eine $B(10, 0{,}3)$-Verteilung hat, berechnen Sie $P(3 \leq y \leq 5)$.

Zufallsvariablen dienen als Modelle der Merkmale, die wir beobachten. Merkmale besitzen keine Wahrscheinlichkeitsverteilung, aber eine empirische Verteilung, die man durch eine Wahrscheinlichkeitsverteilung modellieren kann. Bitte sagen Sie niemals, dass die Laktationsleistung von Färsen einer Herde normalverteilt ist. Richtig ist stattdessen, dass die empirische Verteilung gut durch die Normalverteilung modelliert werden kann. Wenn man gleichzeitig zwei (oder mehrere) Zufallsvariablen wie x und y betrachtet, so ist die Verteilungsfunktion gegeben durch

$$F(x,y) = P(x \leq x; y \leq y). \tag{2.3}$$

Gilt

$$F(x,y) = F(x) \cdot F(y), \tag{2.4}$$

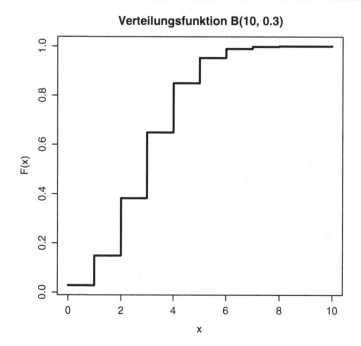

Abb. 2.5 Verteilungsfunktion von $B(10, 0{,}3)$

dann werden x und y als voneinander unabhängig bezeichnet.

▶ **Übung 2.4** Schreiben Sie die Verteilungsfunktion $F(x, y, z)$ von den Zufallsvariablen x, y, z für den Fall auf, dass alle drei voneinander unabhängig sind.

Eine Zufallsvariable y ist in der Wahrscheinlichkeitsrechnung eine Funktion, die Wahrscheinlichkeiten für das Auftreten ihrer Werte y zum Beispiel durch eine Verteilungsfunktion angibt. Diese angenommenen Werte werden Realisationen der Zufallsvariablen genannt. Sie werden als Modelle für Merkmalswerte verwendet und mit gleichen (kleinen) Buchstaben geschrieben.

Die Zufallsvariable wird als Modell des Merkmals verwendet. Nur für Zufallsvariablen sind Wahrscheinlichkeitsaussagen möglich. Diese Aussagen können für die modellierten Merkmale nur dazu dienen, mehr oder weniger Vertrauen über bestimmte Feststellungen zu bekommen. Man muss bei Formulierungen sehr auf diese Feinheiten achten. Ein Merkmal wie die Jahresmilchleistung von Färsen kann nicht einer Verteilung folgen – also nicht normalverteilt sein. Es muss heißen: „Das Merkmal Milchleistung kann gut durch eine Normalverteilung modelliert werden." Es wäre nun Sophisterei, wollte man das wörtlich nehmen und kritisieren, dass die Milchleistung positiv ist, eine normalverteilte Zufallsvariable aber zwischen $-\infty$ und $+\infty$ variieren kann. Wichtig bei der Wahl des Verteilungsmodells ist, dass der Mittelwert der Milchmengenleistung so weit von Null entfernt ist, dass die Approximation der empirischen Verteilung durch die theoretische Verteilung die vorgegebenen Genauigkeitsforderungen erfüllt und die Normalverteilung in diesem Sinne eben ein gutes Modell der empirischen Verteilung ist.

2.4 Modell und Realität

Viele der in den folgenden Kapiteln beschriebenen Verfahren sind in der mathematischen Statistik unter Verteilungsvoraussetzungen hergeleitet worden. In der angewandten Statistik, also auch in diesem Buch, müssen wir die Voraussetzung der Normalverteilung nicht erwähnen und schon gar nicht überprüfen – einerseits, weil umfangreiche Robustheitsuntersuchungen (zum Beispiel von Rasch & Guiard, 2004) gezeigt haben, dass diese Verfahren sehr robust gegen Abweichungen von der Normalverteilung sind, und andererseits, weil wir häufig mehr als 30 Beobachtungswerte haben und der zentrale Grenzwertsatz der Wahrscheinlichkeitsrechnung greift, wonach die Voraussetzung der Normalverteilung für solche Beobachtungswerte unerheblich ist. Der zentrale Grenzwertsatz besagt, dass die Stichprobenverteilung der Mittelwerte asymptotisch (also für eine gegen unendlich strebende Anzahl von Messwerten) normalverteilt sein wird, unabhängig von der Form der zugrunde liegenden Verteilung der Daten, vorausgesetzt die Daten sind unabhängig und identisch verteilt. Es sei $x_1, x_2, \ldots, x_n$ eine Folge von unabhängigen Zufallsvariablen einer Verteilung mit dem Erwartungswert $-\infty < \mu < \infty$ und der Varianz $\sigma^2 > 0$. Der Stichprobenmittelwert $\bar{x}$ hat dann den Erwartungswert μ und die Varianz σ^2/n und sei $X_n = (\bar{x} - \mu)/(\sigma/\sqrt{n})$. Dann besagt der zentrale Grenzwertsatz, dass die Verteilungsfunktion von X_n für $n \to \infty$ punktweise gegen die Verteilungsfunktion der Standardnormalverteilung $N(0, 1)$ konvergiert. Die Wirkung des zentralen Grenzwertsatzes in der Praxis zeigen Montgomery und Runger (2002). Auf S. 240–241 steht: „*In many cases of practical interest, if n ≥ 30, the normal approximation will be satisfactory regardless of the shape of population. If n < 30, the central limit theorem will work if the distributions of the population is not severely nonnormal.*"

Wir werden in Kap. 4 Konfidenzintervalle mit zufälligen Grenzen kennenlernen, in denen zum Beispiel der Erwartungswert mit vorgegebener Wahrscheinlichkeit liegt. Ersetzt man die zufälligen Grenzen durch Größen, die aus den Merkmalswerten berechnet wurden, ist keine Wahrscheinlichkeit mehr definiert. Dieses sogenannte realisierte Konfidenzintervall enthält den Parameter oder enthält ihn nicht.

Nun fragt man sich, warum machen wir all das? Wir wollen uns in die Lage eines Patienten mit einer schweren Erkrankung versetzen, der für eine Operation zwischen zwei Kliniken wählen kann. Eine hatte in der Vergangenheit 95 % erfolgreiche Operation, die andere 90 %. Der Patient weiß, dass seine Operation in beiden Kliniken erfolglos sein kann, trotzdem wird er die Klinik mit den 95 % erfolgreichen Operationen wählen. So wird man ein realisiertes Konfidenzintervall, dessen zufälliger Vorgänger eine Überdeckungswahrscheinlichkeit von 99 % hat, einem solchen vorziehen, bei dem diese Wahrscheinlichkeit nur 90 % beträgt, obwohl klar ist, dass in beiden Fällen ein Fehlschluss vorliegen kann. Durch die Statistik kann die Unsicherheit im biologischen Bereich eben nicht beseitigt werden – es können nur Risiken deutlich gemacht werden.

Wie bereits erwähnt ist eine Wahrscheinlichkeit $P(A)$ eines Ereignisses A eine Zahl zwischen 0 und 1 $[0 \leq P(A) \leq 1]$. Bezüglich der Interpretation einer Wahrscheinlichkeit gibt es zwei Hauptrichtungen, die Häufigkeitsinterpretation und die Interpretation als Überzeugtheitsgrad. Die Häufigkeitsinterpretation geht davon aus, dass ein bestimmter Bedingungskomplex (Versuch) mehrfach realisiert wird, werden kann oder zumindest gedacht werden kann, in dem das Ereignis A auftreten kann. Dann wird $P(A)$ als die relative Häufigkeit interpretiert, mit der A bei häufiger Wiederholung des Versuchs zu erwarten ist. Für viele Naturwissenschaften ist diese Interpretation akzeptabel. Die andere Möglichkeit ist die Interpretation von $P(A)$ als Überzeugtheitsgrad eines Individuums oder einer Gruppe. Diese Interpretation dürfte vor allem für Soziologen, Juristen oder Mediziner von Interesse sein, kann aber auch von anderen Wissenschaftlern genutzt werden, wenn Einzelergebnisse zu bewerten oder einzelne wichtige Entscheidungen zu treffen sind.

Sollen Wahrscheinlichkeiten bestimmt werden, so wird man nach Möglichkeit einen Versuch durchführen und die relative Häufigkeit des entsprechenden Ereignisses als Schätzwert (Kap. 3) für die Wahrscheinlichkeit wählen.

Es sollen im Folgenden einige Begriffe der Agrarwissenschaft und der mathematischen Statistik, die einander in der Realität und im Modell entsprechen, gegenübergestellt werden.

Realität	Modell
Relative Häufigkeit	Wahrscheinlichkeit
Merkmal	Zufallsvariable
Merkmalswert	Realisation einer Zufallsvariablen
Empirische Verteilung	Wahrscheinlichkeitsverteilung
Empirische Verteilungsfunktion	Verteilungsfunktion
Natürlicher Parameter	Parameter einer Verteilung
Schätzwert	Parameter

Die wichtigsten Verteilungen, die als Modelle für empirische Verteilungen dienen, sind für diskrete Merkmale

- die Binomialverteilung und
- die Poisson-Verteilung

und für kontinuierliche Merkmale

- die Normalverteilung,
- die Exponentialverteilung und
- die Weibull-Verteilung.

In der Züchtung wird eine Selektion oft dadurch durchgeführt, dass nur solche Pflanzen oder Tiere zur Zucht zugelassen werden, die Merkmale oberhalb einer Selektionsgrenze aufweisen. Dies führt zur Stutzung von Verteilungen. Bei einer gestutzten Verteilung werden nur Werte oberhalb (linksseitige Stutzung) oder unterhalb (rechtseitige Stutzung) einer Stutzungsgrenze (Selektionsgrenze) y_S erfasst.

Die Zufallsvariable *y* sei mit der Verteilungsfunktion $F(y)$ verteilt, die als Modell für ein Merkmal *y* dient. Werden nur Werte *y* erfasst, die größer als $y_S = a$ sind, so wird $F(y)$ zu $F^*(y) = P(y) > a$ der Verteilungsfunktion einer gestutzten Verteilung. Erwartungswert μ^* und Varianz σ^{*2} der gestutzten Verteilung unterscheiden sich von den Parametern der ungestutzten Verteilung.

Beispiel 2.3

Aus einer großen Rinderpopulation (etwa ein Jahrgang eines Herdbuchs) mit Jahresmilchleistungen *y* zwischen 3000 kg und 11.000 kg sollen nur Tiere mit einer Jahresmilchleistung von mindestens *a* = 5000 kg zur Weiterzucht verwendet werden. Wir nehmen an, *y* lasse sich sehr gut durch eine Normalverteilung mit $\mu = 7000$ und die Varianz $\sigma^2 = 1.690.000$ (Standardabweichung 1300) modellieren. Den Stutzungspunkt *a* nennen wir Selektionspunkt und $u_a = \dfrac{a - \mu}{\sigma} = \dfrac{5000 - 7000}{1300} = -1{,}54$

nennen wir den standardisierten Selektionspunkt. Die Größe $d = \mu^* - \mu$ heißt Selektionsdifferenz und

$$d_s = \frac{\mu^* - \mu}{\sigma} \tag{2.5}$$

heißt standardisierte Selektionsdifferenz.
Im Fall der Normalverteilung gilt

$$d_s = \frac{\mu^* - \mu}{\sigma} = \frac{\varphi(u_a)}{1 - \Phi(u_a)}. \tag{2.6}$$

In unserem Fall ergibt sich $d_s = \dfrac{\mu^* - \mu}{\sigma} = \dfrac{\varphi(-1{,}54)}{1 - \Phi(-1{,}54)}.$

In **R** berechnen wir $\varphi(-1{,}54)$ und $\Phi(-1{,}54)$:

```
> A = dnorm(-1.54)
[1] 0.1218775
> B = pnorm(-1.54)
> B
[1] 0.06178018
```

und d_s:

```
> d.s = A/(1-B)
> d.s
[1] 0.129903
```

Beim Bayes'schen Vorgehen benötigt man eine A-priori-Verteilung des unbekannten (aber hier als zufällig verstandenen) Parameters θ. Auch hierfür kommen vor
allem die oben genannten Verteilungen infrage. Dabei geht man von allgemeinen
Erfahrungen, von in Vorversuchen oder ähnlichen Versuchen gewonnenen Ergebnissen oder von Literaturergebnissen aus. Wir werden das Bayes'sche Vorgehen in
diesem Buch nicht anwenden.

Wir gehen davon aus, dass ein Versuchsansteller vor Versuchsbeginn eine präzi-
sierte Aufgabenstellung erarbeitet hat. Dazu gehört auch die Angabe der Gesamt-
heiten, auf die sich die Aussagen des Versuchs beziehen. Soll beispielsweise der
Einfluss von Vatertieren auf die Milchleistung von Kühen untersucht werden, so
sind zwei Grundgesamtheiten festzulegen, und zwar die Grundgesamtheit G_1 der
Kühe, die durch die Rasse, den Laktationsstand und die Umweltbedingungen cha-
rakterisiert wird. Eventuell beschränkt man G_1 auf Kühe in größeren Herden oder in
anderer Weise. Weiterhin ist die Grundgesamtheit der als Vatertiere einzusetzenden
(oder eingesetzten) Bullen festzulegen, zum Beispiel nach Rasse, Art der Vorselek-
tion (Abschluss einer Zuchtwertschätzung u. a.). Die Vatertiere würden in diesem
Fall als Stufen des zu untersuchenden Faktors Vatertier auftreten, die Kühe als Ver-
sucheinheiten. Bei der statistischen Versuchsplanung geht man davon aus, dass die
Grundgesamtheit der möglichen Versuchseinheiten nicht vollständig in den Versuch
einbezogen werden kann oder soll; es ist nur ein Teil der Grundgesamtheit in den
Versuch aufzunehmen. Diesen Teil nennen wir konkrete Stichprobe. Die Grundgesamtheit der Stufen der Faktoren kann vollständig im Versuch auftreten oder es wird
auch aus dieser Grundgesamtheit nur ein Teil in den Versuch einbezogen. Damit
statistische Schlüsse von einem Teil der Grundgesamtheit auf die Grundgesamtheit
selbst gezogen werden können, muss der Teil (die Stichprobe) nach einem Zufallsstichprobenverfahren aus der Grundgesamtheit ausgewählt worden sein. Nur von
solchen Stichproben wird in diesem Buch die Rede sein. In der Grundgesamtheit
der Versuchseinheiten interessieren uns nur bestimmte Merkmale, deren in der
Stichprobe ermittelten Werte dann Stichprobenwerte genannt werden. In den meisten Verfahren beziehen sich die Begriffe Grundgesamtheit und Stichprobe daher auf
Merkmale. Mit einem Zufallsstichprobenverfahren wird erreicht, dass bei häufiger
Stichprobenentnahme im Mittel aller entnommenen Stichproben etwa die Verhält-
nisse in der Grundgesamtheit widergespiegelt werden; für die einzelne, konkrete
Stichprobe gilt das allerdings nicht. Auch für die Grundgesamtheit der Stufen der
Prüffaktoren muss man die Auswahl der in den Versuch einzubeziehenden Stufen
nach einem Zufallsstichprobenverfahren vornehmen, wenn nicht alle Stufen der
Grundgesamtheit im Versuch auftreten. Im letzteren Fall sprechen wir von Modell
I, im anderen Fall von Modell II, wenn die Grundgesamtheit der Stufen eines Fak-
tors unendlich ist.

Beispielsweise werden im Feldversuchswesen oft Blockversuche durchgeführt
(für eine Erklärung von Blockversuchen siehe Kap. 9 unter Beispiel 9.1), in denen
die Blocks zum Bodenausgleich auf einem fest vorgegebenen Versuchsfeld liegen.
Zufällig ist lediglich die Zuordnung der Behandlungen zu den Blocks. Damit beziehen sich die statistischen Schlüsse auf die Verhältnisse des ausgewählten Versuchsfelds und sind nicht ohne Weiteres auf andere Bedingungen übertragbar.

Stichproben sollen nicht danach beurteilt werden, welche Elemente sie enthalten, sondern danach, wie sie erhalten (gezogen) wurden. Die Art und Weise, wie eine Stichprobe erhoben wird, heißt Stichprobenverfahren. Es kann entweder auf die Objekte als Merkmalsträger oder auf die Grundgesamtheit der Merkmalswerte angewendet werden. Im letzteren Fall entsteht die Stichprobe der Merkmalswerte unmittelbar. Im ersteren Fall muss das Merkmal an den ausgewählten Objekten noch erfasst werden.

Im Folgenden wird nicht zwischen Stichproben der Objekte und der Merkmalswerte unterschieden, die Definitionen gelten für beide.

Ein Stichprobenverfahren ist eine Vorschrift für die Auswahl einer endlichen Teilmenge, genannt Stichprobe, aus einer wohldefinierten endlichen Population (Grundgesamtheit), man spricht von zufällig, wenn jedes Element der Grundgesamtheit mit derselben Wahrscheinlichkeit p in die Stichprobe gelangen kann. Eine (konkrete) Stichprobe ist das Ergebnis der Anwendung eines Stichprobenverfahrens. Stichproben, die das Ergebnis eines zufälligen Stichprobenverfahrens sind, heißen (konkrete) zufällige Stichproben oder (konkrete) Zufallsstichproben. Wir verwenden ab jetzt die Begriffe Population und Grundgesamtheit synonym.

Einer konkreten Stichprobe entspricht im einfachsten Fall die Realisation $(y_1, \ldots, y_n)$ der Zufallsstichprobe $(y_1, \ldots, y_n)$. Ein Vektor von Zufallsvariablen heißt Zufallsstichprobe vom Umfang n, wenn die y_i unabhängig voneinander nach der gleichen Verteilung verteilt sind. Realisierte Zufallsstichproben können nach verschiedenen Verfahren entstehen, die in Rasch et al. (2020) und ausführlich in den folgenden Verfahren in Rasch et al. (1978, 1996, 2008) beschrieben sind.

1/31/0000	Stichprobenauswahl
1/31/1110	Stichprobenauswahl aus endlichen Grundgesamtheiten – vollständige Zufallsauswahl mit und ohne Zurücklegen
1/31/1210	Stichprobenauswahl aus endlichen Grundgesamtheiten – Systematische Auswahl mit Zufallsstart
1/31/2010	Randomisieren von Versuchsanlagen
1/31/2110	Stichprobenauswahl aus endlichen Grundgesamtheiten – Auswahl mit Wahrscheinlichkeit proportional zur Größe der Einheiten
1/31/3100	Stichprobenauswahl aus endlichen Grundgesamtheiten – Mehrstufige Auswahl und Klumpenauswahl
1/31/4100	Stichprobenauswahl aus endlichen Grundgesamtheiten – Geschichtete Auswahl
1/31/5100	Stichprobenauswahl aus endlichen Grundgesamtheiten – Mehrphasige Auswahl
1/31/6100	Linienstichprobenverfahren

Statistische Verfahren haben zur Voraussetzung, dass

- bei Erhebungen die Stichprobeneinheiten zufällig aus einer abgegrenzten Gesamtheit von Auswahleinheiten ausgewählt werden,
- bei Versuchen (im engeren Sinne) den bereits als Stichprobe vorgegebenen Versuchseinheiten zufällig Behandlungen zugeordnet werden.

In der Praxis sind Grundgesamtheiten immer endlich. Die Grundgesamtheit, aus der eine Stichprobe zu ziehen ist, besteht damit aus einer endlichen Anzahl N von Einheiten, die in einer sogenannten Auswahlgrundlage (zum Beispiel in einem Rinderherdbuch) erfasst sind. Von diesen N Einheiten sind $n < N$ Einheiten (Stichprobe) nach einem geeigneten Zufallsverfahren auszuwählen, wobei jede Einheit der Grundgesamtheit mit einer bestimmten vorgegebenen Wahrscheinlichkeit in die Stichprobe gelangen kann.

Eine unendliche Grundgesamtheit liegt vor, wenn die Gesamtheit, auf die sich der statistische Rückschluss beziehen soll, nicht durch eine endliche Anzahl von (in sachlicher, räumlicher und zeitlicher Hinsicht) konkret abgrenzbaren Einheiten definiert werden kann oder keine für die Durchführung einer Zufallsauswahl verwendbare Auswahlgrundlage vorliegt.

Solche Grundgesamtheiten werden häufig durch gewisse sachlogische Modellvorstellungen über konstant wirkende Ursache-Wirkungs-Beziehungen (zum Beispiel der Ertrag einer bestimmten Getreidesorte unter geeignet abgegrenzten Nebenbedingungen wie Standort, Düngung u. Ä.) festgelegt. In mathematischer Hinsicht ist eine unendliche Grundgesamtheit durch bestimmte Annahmen über die Wahrscheinlichkeitsverteilung des Untersuchungsmerkmals definiert.

Wir gehen von einer endlichen Grundgesamtheit mit N Elementen aus, deren Merkmalswerte $(y_1, \ldots, y_n)$ sind. Es ist eine Zufallsstichprobe vom Umfang n zu erheben. Dafür gibt es prinzipiell zwei Möglichkeiten:

Es werden entweder n Elemente gleichzeitig zufällig entnommen und die entnommenen Elemente werden nicht in die Grundgesamtheit zurückgelegt. Man nennt dies Auswahl ohne Zurücklegen.

Oder es werden Elemente nacheinander entnommen, y_i wird registriert und das Element in die Grundgesamtheit zurückgelegt. Man nennt das eine Auswahl mit Zurücklegen.

Im Fall ohne Zurücklegen gibt es genau $\binom{N}{n}$ verschiedene Stichproben, jede tritt mit der Wahrscheinlichkeit $\dfrac{1}{\binom{N}{n}}$ auf. Im Fall mit Zurücklegen gibt es $\binom{N+n-1}{n}$ verschiedene Stichproben. Hier haben nicht alle Stichproben dieselbe Wahrscheinlichkeit aufzutreten. Zum Beispiel tritt für $n = 2$ die Stichprobe $(1,2)$ doppelt so häufig auf wie $(1,1)$, weil $(1,2)$ und $(2,1)$ als Stichprobe gleich sind. Trotzdem hat auch hier jedes Element dieselbe Chance, in eine Stichprobe zu gelangen. Wenn wir davon ausgehen, dass die Anzahl der Elemente in der Grundgesamtheit sehr groß ist, ergibt sich bei der Anzahl möglicher Stichproben kaum ein Unterschied. Angenommen $N = 10000$ und $n = 40$.

Dann ist $\binom{10000}{40} = A$ mit **R** berechnet:

```
> a = lchoose(10000, 40)
> A = exp(a)
> A
[1] 1.133536e+112
```

und $\begin{pmatrix} 10039 \\ 40 \end{pmatrix} = B$:

```
> b = lchoose(10039 , 40)
> B = exp(b)
> B
[1] 1.324907e+112
```

Wir werden in den meisten Fällen davon ausgehen, dass N sehr groß ist, und Stichproben ohne Zurücklegen entnehmen. Damit können Schätzungen wie in Kap. 3 beschrieben durchgeführt werden.

Sequenzielle Stichprobennahme und Verfahren finden in der Agrarforschung kaum Anwendung und werden in diesem Buch nicht behandelt (siehe hierzu Kubinger et al., 2011).

In der Literatur zur angewandten Statistik ist es üblich, auch die Realisation einer Zufallsstichprobe als Zufallsstichprobe zu bezeichnen. Man hat dabei mehr das Verfahren als die konkrete Stichprobe im Auge, verwendet also den Begriff eigentlich als Abkürzung dafür, dass die Stichprobe nach einem Zufallsstichprobenverfahren erhoben wurde. Diese auch zum Teil in diesem Buch verwendete Bezeichnungsweise führt hier zu keinen Verwechslungen, da Zufallsvariablen fett gedruckt werden.

Eine Stichprobe heißt zensiert, wenn nur ein Teil der Stichprobenelemente dem Wert nach bei der Auswertung berücksichtigt werden kann. Eine zensierte Stichprobe kommt dadurch zustande, dass für einige Stichprobenelemente nur festgestellt wird, ob sie in gewisse Klassen fallen.

Wir unterscheiden zwei Typen von zensierten Stichproben:

Typ I: Eine Zufallsstichprobe $(y_1, \ldots, y_n)$ heißt (rechtsseitig) zensiert vom Typ I, wenn Realisationen nur registriert werden, wenn sie unterhalb der Grenze y_0 liegen. Die Anzahl der Elemente mit Messergebnissen ist dann zufällig.

Typ II: Eine Zufallsstichprobe heißt (rechtsseitig) zensiert vom Typ II, wenn nur die $n-r$ der n Stichprobenelemente mit den kleinsten Merkmalswerten beobachtet werden und der Versuch dann abgebrochen wird. Analog ist zweiseitiges Zensieren definiert. Zensierte Stichproben sind nicht mit Stichproben aus gestutzten Verteilungen zu verwechseln!

Ein Versuch wird durchgeführt, um bestimmte Informationen über den Versuchsgegenstand zu erhalten und diese gegebenenfalls zu verallgemeinern. Für die Versuchsplanung ist es äußerst wichtig, dass man weiß, zu welchem Zweck der Versuch durchgeführt werden soll. Die Ziele eines Versuchs lassen sich meist einer der Kategorien

- Schätzen,
- Vergleichen,
- Auswählen oder
- Vorhersagen

zuordnen.

Auf der anderen Seite gibt es die Methoden der mathematischen Statistik zur Verarbeitung von Versuchsergebnissen, wie

- Punktschätzung,
- Konfidenzschätzung,
- Toleranzschätzung,
- Selektion (Auswahlverfahren),
- Tests,
- Vorhersageverfahren,
- Faktoranalyse,
- Diskriminanzanalyse und
- Clusteranalyse.

Wie viele Versuchseinheiten zu erfassen sind, hängt sowohl vom Auswertungsverfahren als auch von den vorgegebenen Risiken von Fehlentscheidungen ab. Wir beschreiben die Festlegung der Versuchsumfänge daher bei den in den folgenden Kapiteln beschriebenen Auswertungsverfahren.

Literatur

Kubinger, K., Rasch, D., & Yanagida, T. (2011). *Statistik in der Psychologie*. Hogrefe.

Montgomery, D. C., & Runger, G. C. (2002). *Applied statistics and probability for engineers* (3. Aufl.). Wiley.

Rasch, D. (1995). *Einführung in die Mathematische Statistik*. Johann Ambrosius Barth.

Rasch, D., & Guiard, V. (2004). The robustness of parametric statistical methods. *Psychology Science, 46*, 175–208.

Rasch, D., Herrendörfer, G., Bock, J., & Busch, K. (1978). *Verfahrensbibliothek Versuchsplanung und -auswertung* (Bd. I, II). VEB Deutscher Landwirtschaftsverlag.

Rasch, D., Herrendörfer, G., Bock, J., Victor, N., & Guiard, V. (1996). *Verfahrensbibliothek Versuchsplanung und -auswertung* (2. Aufl., Bd. I, II). Oldenbourg Verlag.

Rasch, D., Herrendörfer, G., Bock, J., Victor, N., & Guiard, V. (2008). *Verfahrensbibliothek Versuchsplanung und -auswertung* (3. Aufl., Bd. I, II). Oldenbourg Verlag.

Rasch, D., Verdooren, R., & Pilz, J. (2020). *Applied statistics – Theory and problem solutions with R*. Wiley.

Die Schätzung von Parametern

3

Zusammenfassung

Für die Schätzung der in Formeln für Verteilungen auftretenden Konstanten – Parameter genannt – präsentieren wir die Methode der kleinsten Quadrate und, wenn die Verteilung bekannt ist, die Maximum-Likelihood-Methode. Wir unterscheiden zum einen Schätzfunktionen, das sind als Funktionen der die Merkmale modellierenden Zufallsvariablen auch Zufallsvariablen, und zum anderen deren Realisationen, die aus Beobachtungen berechnet werden können und damit nicht zufällig sind. Es werden erwartungstreue Schätzfunktionen eingeführt. Neben den Parametern der Lage und der Variation führen wir Schiefe und Exzess ein. Zur Bestimmung des Stichprobenumfangs vor Versuchsbeginn werden erste Angaben gemacht. Es folgt ein Abschnitt über diskrete Verteilungen, die in diesem Buch jedoch nur eine geringe Rolle spielen.

Statistiker bezeichnen mit dem Begriff Parameter eine in den Verteilungsfunktionen von Zufallsvariablen auftretende Konstante. Beispiele für Parameter sind Erwartungswert, Regressionskoeffizient, Varianz und viele andere. In den Lebenswissenschaften wird der Begriff Parameter auch als Synonym des Begriffs Merkmal verwendet – dies vermeiden wir in unserem Buch.

Wenn ein Parameter unbekannt ist, versucht man, sich über Beobachtungen des durch die Zufallsvariable modellierten Merkmals einen Eindruck von dem Wert dieses Parameters zu verschaffen, dies nennt man Parameterschätzung. Wir unterscheiden vor allem Parameter der Lage und Skalenparameter. Ein Lageparameter ist ein Punkt auf der x-Achse, der die mittlere Lage der Werte der Zufallsvariablen kennzeichnet. Das Gleiche gilt für Beobachtungswerte, deren mittlere Lage wir durch Maßzahlen der Lage nach Kap. 1 beschrieben haben. Skalenparameter kennzeichnen die Variabilität der Zufallsvariablen. Allgemein entsprechen den Parametern von Zufallsvariablen Maßzahlen für Beobachtungswerte, die oft denselben Namen tragen. Weiter spielen noch die Schiefe (Abweichung von der Symmetrie) und der Exzess eine Rolle. In (3.12) und in (3.13) findet man die Formeln für die Schiefe bzw. für den Exzess.

Die wichtigsten Schätzmethoden für Lageparameter sind die Methode der kleinsten Quadrate und die Maximum-Likelihood-Methode. Beide werden wir demonstrieren. Ausnahmsweise wollen wir die Methode der kleinsten Quadrate hier für den Erwartungswert einer Zufallsvariablen ableiten.

Wir nennen den Erwartungswert μ und schreiben für die Realisationen $y_1, y_2, \ldots, y_n$ der Werte $\boldsymbol{y}_1, \boldsymbol{y}_2, \ldots, \boldsymbol{y}_n$ einer Zufallsstichprobe vom Umfang n

$$y_i = \mu + e_i, \, i = 1, 2, \ldots, n \tag{3.1}$$

Hierbei ist, wie auch in späteren Kapiteln, e_i die Realisation eines sogenannten Fehlerglieds $\boldsymbol{e}_i$, das den Erwartungswert 0 und die Varianz 1 hat.

Gleichung (3.1) ist ein realisiertes, einfaches, lineares Modell (kompliziertere Modelle lernen wir in den Kapiteln über Varianz- und Regressionsanalyse kennen). Nicht für alle Parameter können wir derartige Modelle aufschreiben, zum Beispiel geht das nicht für die Varianz.

3.1   Die Methode der kleinsten Quadrate

Die Methode der kleinsten Quadrate wird zunächst auf realisierte Modelle angewendet. Aus ihnen ergeben sich Schätzwerte. Diese sind Realisationen von Schätzungen, die man erhält, indem man wieder zu Zufallsvariablen $\boldsymbol{y}_i$ übergeht. Dieser Umweg ist erforderlich, weil man viele mathematische Methoden nicht mit Zufallsvariablen durchführen kann, zum Beispiel kann man sie nicht differenzieren oder ihr Maximum bestimmen. Um den Schätzwert $\hat{\mu}$ von μ zu erhalten, minimieren wir wie folgt:

$$S = \sum_{i=1}^{n} e_i^2 = \sum_{i=1}^{n} \left(y_i - \mu\right)^2.$$

Die erste Ableitung von S nach μ ist

$$\frac{\partial s}{\partial \mu} = \frac{\partial}{\partial \mu} \sum_{i=1}^{n} \left(y_i - \mu\right)^2 = -2 \sum_{i=1}^{n} \left(y_i - \mu\right)^{\square}.$$

Setzt man diesen Ausdruck gleich Null, ergibt sich die Gleichung für $\hat{\mu}$

$$\sum_{i=1}^{n} \left(y_i - \hat{\mu}\right) = 0$$

und daraus $\hat{\mu} = \frac{\sum_{i=1}^{n} y_i}{n} = \overline{y}$, das arithmetische Mittel oder kurz der Mittelwert der Zahlen $y_1, y_2, \ldots, y_n$ als Schätzwert von μ. Dass $\hat{\mu}$ die Größe S wirklich minimiert, erkennt man, weil die zweite Ableitung von S nach μ positiv ist, wodurch sich tatsächlich ein Minimum ergibt.

▶ **Übung 3.1** Zeigen Sie, dass die zweite Ableitung von $\sum_{i=1}^{n}(y_i - \mu)^2$ nach μ an der Stelle $\hat{\mu} = \overline{y}$ positiv ist.

Ersetzt man die Realisationen $y_1, y_2, \ldots, y_n$ durch die Zufallsvariablen $\mathbf{y}_1, \mathbf{y}_2, \ldots, \mathbf{y}_n$, so gelangt man nach der Methode der kleinsten Quadrate zur Schätzfunktion

$$\hat{\mu} = \frac{\sum_{i=1}^{n} y_i}{n} = \overline{y} \ .$$

Wenn der Erwartungswert einer Schätzfunktion gleich dem zu schätzenden Parameter ist, heißt die Schätzfunktion erwartungstreu. Wir berechnen

$$E(\overline{y}) = E\left(\frac{\sum_{i=1}^{n} y_i}{n}\right) = \frac{\sum_{i=1}^{n} E(y_i)}{n} = \frac{n\mu}{n} = \mu \qquad (3.2)$$

und stellen fest, dass das arithmetische Mittel eine erwartungstreue Schätzfunktion für μ ist.

Die Varianz von $\overline{y}$ erhält man aus

$$var(\overline{y}) = \frac{\sigma^2}{n} \qquad (3.3)$$

und die Standardabweichung aus

$$std(\overline{y}) = \sqrt{var(\overline{y})} = \frac{\sigma}{\sqrt{n}}. \qquad (3.4)$$

3.2 Maximum-Likelihood-Methode

Im Gegensatz zur Methode der kleinsten Quadrate wird bei der Maximum-Likelihood-Methode vorausgesetzt, dass der Typ der Verteilung bekannt ist. Betrachten wir die Dichtefunktion $f(y, \theta)$ einer Zufallsvariable y nicht als Funktion eines bekannten Parameters θ, sondern setzen für y Beobachtungswerte ein, so heißt $f(y, \theta)$ als Funktion von θ Likelihood-Funktion. Ersetzt man nun y durch einen Wert $y_i\ i = 1, 2, \ldots, n$, so erhält man die Likelihood-Funktion $f(y_i, \theta)$ von y_i. Da in Zufallsstichproben alle Elemente gleich verteilt und unabhängig sind, ist die Likelihood-Funktion $f(y_1, \ldots y_n, \theta)$ aller Beobachtungen $y_1, y_2, \ldots, y_n$ durch

$$f(y_1, \ldots y_n, \theta) = \prod_{i=1}^{n} f(y_i, \theta)$$

gegeben. Als Schätzwert benutzt man den Wert $\tilde{\theta}$ in dem für θ zulässigen Bereich Ω, dem sogenannten Parameterraum, für den die Likelihood-Funktion ihr Maximum annimmt.

Denselben Schätzwert erhält man wegen der Monotonie der Logarithmusfunktion, wenn man das Maximum von

$$\sum_{i=1}^{n} ln\big(f\left(y_i,\theta\right)\big)$$

bestimmt.

In unserem Beispiel mit dem Parameter $\theta = \mu$ ist für die Normalverteilung

$$\sum_{i=1}^{n} ln\big(f\left(y_i,\theta\right)\big) = \sum_{i=1}^{n}\left[ln\frac{1}{\sigma\sqrt{2\pi}} - \frac{\left(y_i-\mu\right)^2}{2\sigma^2}\right]. \tag{3.5}$$

Differenziert man nach μ und setzt die Ableitung gleich Null, so ergibt sich für $\tilde{\mu}$ der Wert $\overline{y}$ und damit derselbe Wert, wie für die Methode der kleinsten Quadrate und die Schätzfunktion $\overline{y}$. Die zweite Ableitung nach μ ist n und da n positiv ist, ist $\overline{y}$ ein Maximum.

Für σ^2 ergibt sich der Maximum-Likelihood-Schätzwert

$$\tilde{\sigma}^2 = \frac{1}{n}\sum_{i=1}^{n}\left(y_i-\overline{y}\right)^{2^\square}.$$

Die zugehörige Schätzfunktion hat den Erwartungswert $E\left[\frac{1}{n}\sum_{i=1}^{n}\left(y_i-\overline{y}\right)^2\right] = \frac{n-1}{n}\sigma^2$, sie ist also nicht erwartungstreu. Daher geht man oft zu der erwartungstreuen Schätzfunktion $\frac{n}{n-1}\frac{1}{n}\sum_{i=1}^{n}\left(y_i-\overline{y}\right)^2 = s^2$ über. Den zugehörigen Schätzwert haben wir bereits im Kap. 1 kennengelernt.

Für die Schätzung von σ muss man (3.5) nach σ und nicht nach σ^2 ableiten.

▶ **Übung 3.2** Leiten Sie (3.5) nach σ ab und berechnen Sie den Maximum-Likelihood-Schätzwert für σ.

Die Versuchsplanung bezieht sich auf den erforderlichen Stichprobenumfang, wenn für die Varianz oder die Standardabweichung *std* (Wurzel aus der Varianz) eine obere Grenze angegeben ist.

Fordert man, dass $std\left(\overline{y}\right) < c$ mit einer vorzugebenden Konstante c ist, so folgt aus $\frac{\sigma}{\sqrt{n}} < c \rightarrow n > \frac{\sigma^2}{c^2}$.

3.3   Maximum-Likelihood-Methode für die Weibull-Verteilung

Beispiel 3.1

In Niederhausen (2022) in Kapitel von Rasch und Verdooren (2022) findet man in Abb. 3.1 ein Histogramm mit Windenergiedaten aus dem Jahr 2019.

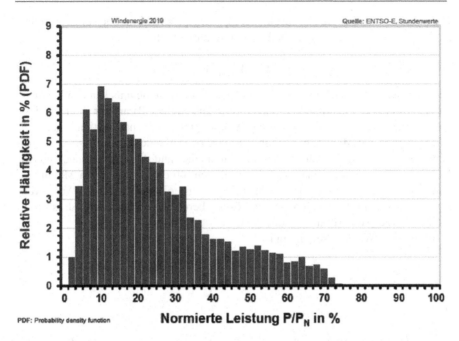

Abb. 3.1 Relative Häufigkeiten der normierten Leistung von Windenergieanlagen 2019 in %

Wie man in Abb. 3.1 sieht, ist die Verteilung weder symmetrisch noch treten negative Werte auf. Damit fällt die Normalverteilung als Modell für die empirische Verteilung aus.

Um Windenergiedaten auszuwerten, verwendet man oft die Weibull-Verteilung
(Näheres zu dieser Verteilung findet man in Rasch, 1995).

Im Fall der Weibull-Verteilung mit den Parametern λ und k hat die Verteilungsfunktion von y die Form

$$F\left(y\right) = 1 - e^{-\left(\lambda y\right)^k} ; k > 0, \lambda > 0, y \geq 0. \tag{3.6}$$

Für $y < 0$ ist $F(y) = 0$.

Die erste Ableitung existiert und hat die Form

$$f\left(y\right) = \lambda k \left(\lambda y\right)^{k-1} e^{-\left(\lambda y\right)^k}, k > 0, \lambda > 0, y \geq 0. \tag{3.7}$$

Man bezeichnet λ als Skalenparameter und k als Formparameter.

Der Erwartungswert ist

$$\frac{1}{\lambda} \Gamma\left(1 + \frac{1}{k}\right) \tag{3.8}$$

und die Varianz ist

$$\frac{1}{\lambda^2} \Gamma\left(1 + \frac{2}{k}\right) - \left[\Gamma\left(1 + \frac{1}{k}\right)\right]^2 . \tag{3.9}$$

Hat man $n>2$ unabhängige Beobachtungen $y_1, \ldots, y_n$ als Realisationen einer Zufalls-stichprobe $y_1, \ldots, y_n$, so ist die Likelihood-Funktion durch

$$L\left(y_1, \ldots, y_n, \lambda, k\right) = \prod_{i=1}^{n} \lambda k \left(\lambda y_i\right)^{k-1} e^{-\left(\lambda y_i\right)^k}$$

gegeben. Wenn Beobachtungswerte vorliegen, kann man die unbekannten Parameter schätzen, und wenn man die Schätzwerte anstelle der Parameter in obige Formeln einsetzt, kann man die Verteilungsfunktion und die Dichtefunktion schätzen.

Man erhält die Maximum-Likelihood-Schätzwerte, indem man $L(y_1, \ldots, y_n, \lambda, k)$ oder $lnL(y_1, \ldots, y_n, \lambda, k)$ nach den Parametern ableitet und diese Ableitungen gleich Null setzt. Danach muss man noch kontrollieren, ob diese Lösung ein Maximum von $L(y_1, \ldots, y_n, \lambda, k)$ ergibt. Das geht am einfachsten, wenn man die Werte von $L(y_1, \ldots, y_n, \lambda, k)$ in der Umgebung der Lösung berechnet und feststellt, dass diese kleiner als die Werte für die Lösung sind.

Im Fall der Weibull-Verteilung ist

$$ln\left[L\left(y_1, \ldots, y_n, \lambda, k\right)\right] = n\,ln\,\lambda + n\,ln\,k + \left(k-1\right)\left[n\,ln\,\lambda + \sum_{i=1}^{n} ln\,y_i\right] - \sum_{i=1}^{n}\left(\lambda y_i\right)^k$$

und

$$\frac{\partial\left[ln\,L\left(y_1, \ldots, y_n, \lambda, k\right)\right]}{\partial k} = \frac{n}{k} + n\,ln\,\lambda + \sum_{i=1}^{n} ln\,y_i - \sum_{i=1}^{n}\left[\left(\lambda y_i\right)^k ln\left(\lambda y_i\right)\right] \quad (3.10)$$

sowie

$$\frac{\partial\left[ln\,L\left(y_1, \ldots, y_n, \lambda, k\right)\right]}{\partial \lambda} = \frac{nk}{\lambda} - k\lambda^{k-1} \sum_{i=1}^{k} y_i^k. \quad (3.11)$$

Wenn man diese Ableitungen gleich Null setzt, ergeben sich die Maximum-Likelihood-Schätzwerte. Die Gleichungen sind nicht nach beiden Parametern exakt lösbar. Man verwendet daher in Rechnerprogrammen wie **R** iterative Näherungs-lösungen.

Beispiel 3.1 – Fortsetzung

Um die Parameter schätzen zu können, müssen wir die Werte der Abb. 3.1 nume-risch erfassen, es ergeben sich die Werte in Tab. 3.1. Alle verwendeten Programme sind **R**-Programme.

Das bedeutet, wir haben insgesamt 996 Beobachtungen.

In einer Datei haben wir die Daten Y und FREQ mit „Notepad" in „Leistung. txt" gespeichert. Nun erzeugen wir einen Dateivektor y mit 996 Beobachtungen. Das Programm für die Erzeugung von y ist ohne schwierige **R**-Kommandos zu benutzen.

Danach installieren wir das **R**-Paket fitdistrplus aus Delignette-Muller et al. (2015). Im Paket fitdistrplus rufen wir den Befehl fitdist(Y, "weibull") auf, um die „*maximum Likelihood estimates*" der Weibull-Vertei-lung zu berechnen. fitdistrplus benötigt auch die Pakete MASS und survival, die wir daher ebenfalls installieren.

Tab. 3.1 Werte der empirischen Verteilung, abgeleitet mit FREQ (Frequenz = Häufigkeit) aus Abb. 3.1

Y	FREQ	Y	FREQ	Y	FREQ
3	10	27	43	51	13
5	34	29	32	53	14
7	61	31	31	55	13
9	53	33	34	57	12
11	69	35	22	59	12
13	65	37	21	61	8
15	64	39	18	63	9
17	58	41	17	65	10
19	52	43	17	67	8
21	51	45	16	69	8
23	44	47	11	71	7
25	43	49	12	73	4

```
> Leistung = read.table(file.choose(), header=TRUE)
```

Der Befehl `file.choose()` öffnet eine Dialogmöglichkeit, die es uns erlaubt, zur `Leistung.txt`-Datei zu navigieren und diese zu öffnen.

```
> attach(Leistung)
> head(Leistung)
    Y FREQ
1   3   10
2   5   34
3   7   61
4   9   53
5  11   69
6  13   65
> y1= c(rep(Y[1], FREQ[1]))
> y1
 [1] 3 3 3 3 3 3 3 3 3 3
> y2=  c(rep(Y[2], FREQ[2]))
> y3=  c(rep(Y[3], FREQ[3]))
> y4=  c(rep(Y[4], FREQ[4]))
> y5=  c(rep(Y[5], FREQ[5]))
> y6=  c(rep(Y[6], FREQ[6]))
> y7=  c(rep(Y[7], FREQ[7]))
> y8=  c(rep(Y[8], FREQ [8]))
> y9=  c(rep(Y[9], FREQ[9]))
> y10= c(rep(Y[10], FREQ[10]))
> y11= c(rep(Y[11], FREQ[11]))
> y12= c(rep(Y[12], FREQ[12]))
> y13= c(rep(Y[13], FREQ[13]))
```

```
> y14= c(rep(Y[14], FREQ[14]))
> y15= c(rep(Y[15], FREQ[15]))
> y16= c(rep(Y[16], FREQ[16]))
> y17= c(rep(Y[17], FREQ[17]))
> y18= c(rep(Y[18], FREQ[18]))
> y19= c(rep(Y[19], FREQ[19]))
> y20= c(rep(Y[20], FREQ[20]))
> y21= c(rep(Y[21], FREQ[21]))
> y22= c(rep(Y[22], FREQ[22]))
> y23= c(rep(Y[23], FREQ[23]))
> y24= c(rep(Y[24], FREQ[24]))
> y25= c(rep(Y[25], FREQ[25]))
> y26= c(rep(Y[26], FREQ[26]))
> y27= c(rep(Y[27], FREQ[27]))
> y28= c(rep(Y[28], FREQ[28]))
> y29= c(rep(Y[29], FREQ[29]))
> y30= c(rep(Y[30], FREQ [30]))
> y31= c(rep(Y[31], FREQ[31]))
> y32= c(rep(Y[32], FREQ[32]))
> y33= c(rep(Y[33], FREQ[33]))
> y34= c(rep(Y[34], FREQ [34]))
> y35= c(rep(Y[35], FREQ[35]))
> y36= c(rep(Y[36], FREQ[36]))
> y<- c(y1,y2,y3,y4,y5,y6,y7,y8,y9,y10,y11,y12,y13,y14,y15,y16,
y17,y18,y19,y20,y21,y22,y23,y24,y25,y26,y27,y28,y29,y30,y31,
y32,y33,y34,y35,y36)
> y
  [1]   3   3   3   3   3   3   3   3   3   3   5   5   5   5   5   5   5   5   5   5
 5   5   5   5   5
 [26]   5   5   5   5   5   5   5   5   5   5   5   5   5   5   5   5   5   5   5   7
 7   7   7   7   7
 [51]   7   7   7   7   7   7   7   7   7   7   7   7   7   7   7   7   7   7   7   7
 7   7   7   7   7
 [76]   7   7   7   7   7   7   7   7   7   7   7   7   7   7   7   7   7   7   7   7
 7   7   7   7   7
[101]   7   7   7   7   7   9   9   9   9   9   9   9   9   9   9   9   9   9   9   9
 9   9   9   9   9
[126]   9   9   9   9   9   9   9   9   9   9   9   9   9   9   9   9   9   9   9   9
 9   9   9   9   9
[151]   9   9   9   9   9   9   9   9  11  11  11  11  11  11  11  11  11  11  11  11
11  11  11  11  11
[176]  11  11  11  11  11  11  11  11  11  11  11  11  11  11  11  11  11  11  11  11
11  11  11  11  11
[201]  11  11  11  11  11  11  11  11  11  11  11  11  11  11  11  11  11  11  11  11
11  11  11  11  11
```

```
[226]  11  11  13  13  13  13  13  13  13  13  13  13  13  13  13  13  13  13  13  13
 13  13  13  13  13
[251]  13  13  13  13  13  13  13  13  13  13  13  13  13  13  13  13  13  13  13  13
 13  13  13  13  13
[276]  13  13  13  13  13  13  13  13  13  13  13  13  13  13  13  13  13  15  15  15
 15  15  15  15  15
[301]  15  15  15  15  15  15  15  15  15  15  15  15  15  15  15  15  15  15  15  15
 15  15  15  15  15
[326]  15  15  15  15  15  15  15  15  15  15  15  15  15  15  15  15  15  15  15  15
 15  15  15  15  15
[351]  15  15  15  15  15  15  17  17  17  17  17  17  17  17  17  17  17  17  17  17
 17  17  17  17  17
[376]  17  17  17  17  17  17  17  17  17  17  17  17  17  17  17  17  17  17  17  17
 17  17  17  17  17
[401]  17  17  17  17  17  17  17  17  17  17  17  17  17  17  19  19  19  19  19  19
 19  19  19  19  19
[426]  19  19  19  19  19  19  19  19  19  19  19  19  19  19  19  19  19  19  19  19
 19  19  19  19  19
[451]  19  19  19  19  19  19  19  19  19  19  19  19  19  19  19  19  21  21  21  21
 21  21  21  21  21
[476]  21  21  21  21  21  21  21  21  21  21  21  21  21  21  21  21  21  21  21  21
 21  21  21  21  21
[501]  21  21  21  21  21  21  21  21  21  21  21  21  21  21  21  21  23  23  23
 23  23  23  23  23
[526]  23  23  23  23  23  23  23  23  23  23  23  23  23  23  23  23  23  23  23  23
 23  23  23  23  23
[551]  23  23  23  23  23  23  23  23  23  23  23  25  25  25  25  25  25  25  25  25
 25  25  25  25  25
[576]  25  25  25  25  25  25  25  25  25  25  25  25  25  25  25  25  25  25  25  25
 25  25  25  25  25
[601]  25  25  25  25  27  27  27  27  27  27  27  27  27  27  27  27  27  27  27  27
 27  27  27  27  27
[626]  27  27  27  27  27  27  27  27  27  27  27  27  27  27  27  27  27  27  27  27
 27  27  29  29  29
[651]  29  29  29  29  29  29  29  29  29  29  29  29  29  29  29  29  29  29  29  29
 29  29  29  29  29
[676]  29  29  29  29  31  31  31  31  31  31  31  31  31  31  31  31  31  31  31  31
 31  31  31  31  31
[701]  31  31  31  31  31  31  31  31  31  31  33  33  33  33  33  33  33  33  33  33
 33  33  33  33  33
[726]  33  33  33  33  33  33  33  33  33  33  33  33  33  33  33  33  33  33  33  35
 35  35  35  35  35
[751]  35  35  35  35  35  35  35  35  35  35  35  35  35  35  35  35  37  37  37  37
 37  37  37  37  37
```

```
[776]  37  37  37  37  37  37  37  37  37  37  37  37  39  39  39  39  39  39  39  39
39  39  39  39  39
[801]  39  39  39  39  39  41  41  41  41  41  41  41  41  41  41  41  41  41  41  41
41  41  43  43  43
[826]  43  43  43  43  43  43  43  43  43  43  43  43  43  43  45  45  45  45  45  45
45  45  45  45  45
[851]  45  45  45  45  45  47  47  47  47  47  47  47  47  47  47  47  49  49  49  49
49  49  49  49  49
[876]  49  49  49  51  51  51  51  51  51  51  51  51  51  51  51  51  53  53  53  53
53  53  53  53  53
[901]  53  53  53  53  53  55  55  55  55  55  55  55  55  55  55  55  55  55  57  57
57  57  57  57  57
[926]  57  57  57  57  57  59  59  59  59  59  59  59  59  59  59  59  59  61  61  61
61  61  61  61  61
[951]  63  63  63  63  63  63  63  63  63  65  65  65  65  65  65  65  65  65  65  67
67  67  67  67  67
[976]  67  67  69  69  69  69  69  69  69  69  71  71  71  71  71  71  71  73  73  73  73
> library(fitdistrplus)
Loading required package: MASS
> library(MASS)
> library(survival)

> fw <- fitdist(y, "weibull")

> summary(fw)
Fitting of the distribution ' weibull ' by maximum likelihood
Parameters :
       estimate   Std. Error
shape   1.62200   0.03942363
scale  28.81819   0.59558692
Loglikelihood:  -4071.962    AIC:  8147.923    BIC:  8157.731
Correlation matrix:
            shape       scale
shape  1.0000000   0.3266492
scale  0.3266492   1.0000000

> denscomp(fw)
```

Über Abb. 3.1 kann man eine Weibull-Verteilung mit dem geschätzten Skalenparameter $\frac{1}{\lambda} = 28,82$ und dem geschätzten Formparameter $k = 1,622$ legen. Die Dichte hat dann die Form $f(y) = 0,05628(0,034698y)^{0,622} e^{\left(-(0,34698y)^{1,622}\right)}$. Sie ist in Abb. 3.2 zu finden.

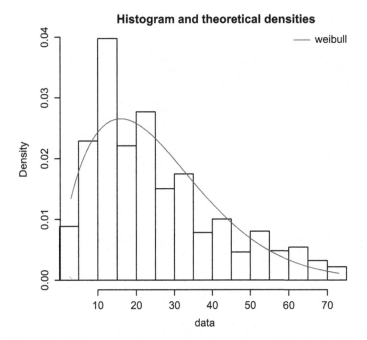

Abb. 3.2 Histogramm der Daten aus Abb. 3.1 und die angepasste Dichtefunktion der Weibull-Verteilung (R-Ausgabe)

Der Erwartungswert ist $E(y) = 28{,}82\Gamma\left(1+\dfrac{1}{1{,}622}\right) = 25{,}81$.

Mit **R** berechnet man $M = E(y)$ durch

```
> M = 28.82*gamma(1+1/1.622)
> M
[1] 25.80781
```

3.4 Schiefe und Exzess

Mit **R** berechnen wir nun aus dem Vektor y die Schätzwerte für die Schiefe g_1:

$$g_1 = \frac{m_3 n^2}{s^3 (n-1)(n-2)} \quad \text{mit} \quad m_3 = \frac{1}{n}\sum_{i=1}^{n}(y_i - \bar{y})^3 \tag{3.12}$$

und die Schätzwerte für den Exzess g_2:

$$g_2 = \frac{\left[(n+1)m_4 - 3(n-1)^3 s^4/n^2\right]n^2}{(n-1)(n-2)(n-3)s^4} \quad \text{mit} \quad m_4 = \frac{1}{n}\sum_{i=1}^{n}(y_i - \bar{y})^4 . \tag{3.13}$$

```
> n = length(y)
> n
[1] 996
> My = mean(y)
> My
[1] 25.67068
> sd =sd(y)
> sd
[1] 16.74593
> dev_y = y-My
> dev_y3 = dev_y^3
> m3 = sum(dev_y3)/n
> m3
[1] 4465.271
>   g1 =(m3*n^2)/(sd^3*(n-1)*(n-2))    # Schiefe
> g1
[1] 0.9537386
> dev_y4 = dev_y^4
> m4 = sum(dev_y4)/n
> m4
[1] 243410.2
>   A = (n+1)*m4
> Zaehler = (A-B)*n^2
> A = (n+1)*m4
> B = 3*((n-1)^3)*(sd^4)/n^2
> Zaehler = (A-B)*n^2
> Nenner = (n-1)*(n-2)*(n-3)*sd^4
> g2 = Zaehler/Nenner  # Exzess
> g2
[1] 0.1080784
```

Die berechneten Werte von g_1 und g_2 rechtfertigen die Verwendung einer anderen Verteilung als die Normalverteilung, da für die Normalverteilung Schiefe und Exzess gleich Null sind.

3.5   Diskrete Verteilungen

Nun wollen wir uns diskreten Verteilungen zuwenden. Für die Binomialverteilung in Gl. (2.2) gelten der Erwartungswert $E(y) = np$ und die Varianz $var(y) = np(1 - p)$.

Um den Parameter p der in Gl. (2.2) gegebenen Binomialverteilung zu schätzen, verwenden wir wieder die Maximum-Likelihood-Methode. Wir berechnen zunächst

$$ln\left[\binom{n}{y} p^y \left(1-p\right)^{n-y}\right] = ln\binom{n}{y} + ln\, p^y + ln\left(1-p\right)^{n-y}.$$

▶ **Übung 3.3** Leiten Sie $\ln p^y + \ln(1-p)^{n-y}$ nach p ab, setzen Sie die Ableitung gleich Null und beweisen Sie, dass die Lösung ein Maximum ist.

Als Lösung der Übung 3.3 ergibt sich der Maximum-Likelihood-Schätzwert

$$\hat{p} = \frac{y}{n}$$

sowie die Maximum-Likelihood-Schätzfunktion

$$\hat{p} = \frac{y}{n}. \tag{3.14}$$

Daraus folgt $E(\hat{p}) = E\left(\dfrac{y}{n}\right) = p$, sodass $\hat{p}$ eine erwartungstreue Schätzfunktion für p ist. Außerdem ist

$$\operatorname{var}(\hat{p}) = np(1-p)/n^2 = p(1-p)/n. \tag{3.15}$$

Diese Varianz nimmt ihr Maximum an, wenn $p = 0{,}5$ ist.

Stichprobenumfang
Möchte man den Stichprobenumfang vor einem Versuch so festlegen, dass die Varianz der Schätzung von p mit Sicherheit unter einer vorgegebenen Konstante c liegt, so gehen wir, da wir p nicht kennen (falls wir es kennen, müssen wir es ja nicht schätzen), vom ungünstigsten Fall aus und wählen die maximale Varianz mit $p = 0{,}5$. Das gibt $0{,}25/n$, sodass $0{,}25/n < c \to n > \dfrac{1}{4c}$ wird.

▶ **Übung 3.4** Bestimmen Sie den minimalen Stichprobenumfang, sodass die Varianz der Schätzfunktion für den Parameter p einer Binomialverteilung gleich 0,01 ist.

Wir wenden uns nun einer weiteren häufig verwendeten, diskreten Verteilung zu, der Poisson-Verteilung. Sie wird oft bei selten auftretenden Ereignissen verwendet.

Eine Zufallsvariable y mit Poisson-Verteilung hat die Wahrscheinlichkeitsfunktion mit dem Parameter $\lambda > 0$

$$P(y = y) = \frac{\lambda^y e^{-\lambda}}{y!}, > 0, y = 0,1,2,\ldots \tag{3.16}$$

Mit ihr kann die Anzahl von Ereignissen modelliert werden, die bei konstanter mittlerer Rate unabhängig voneinander in einem festen Zeitintervall oder in einem räumlichen Gebiet eintreten.

Der Erwartungswert ist $E(y) = \lambda$ und die Varianz $\operatorname{var}(y) = \lambda$. Die Verteilung ist schief und nähert sich mit wachsendem λ einer symmetrischen Verteilung an.

Den Parameter λ schätzt man wieder nach der Maximum-Likelihood-Methode. Eine erwartungstreue Schätzfunktion ist gegeben durch

$$\hat{\lambda} = \frac{\sum_{i=1}^{n} y_i}{n}. \tag{3.17}$$

Die Poisson-Verteilung ergibt sich als Grenzfall der Binomialverteilung, wenn n gegen unendlich strebt, aber $\lambda = np$ konstant bleibt. Als Daumenregel kann man sagen, dass diese Grenzverteilung für die Binomialverteilung schon recht gut ist, wenn $n \geq 20$ und $np < 5$ oder $n(1 - p) < 5$ ist.

Beispiel 3.2

Ist y mit $n = 40$ und $p = 0,1$ binomialverteilt, dann berechnen wir $P\left(y \leq 10\right)$ mit **R** (exakt) und über die Poisson-Approximation.

```
> pbinom(10, size = 40, p = 0.1)
[1] 0.9985303
> lambda = 40*0.1
> ppois(10, lambda)
[1] 0.9971602
```

Beispiel 3.3

Ott und Longnecker (2001) geben folgendes Beispiel. Sie untersuchen die Verteilung von Hügeln der Feuerameise (Genus *Solenopsis*) auf Grasland, indem sie das Grasland in Quadrate von 50 m² unterteilen und die Anzahl von Ameisenhügeln in jedem Quadrat feststellen. Man kann annehmen, dass etwa die gleiche Anzahl von Ameisenhügeln in den Quadraten auftreten. Eine zufällige Verteilung könnte ergeben, dass die Varianz der Hügel etwa gleich dem Erwartungswert ist: $\sigma^2 = \mu$. Das gälte für die Poisson-Verteilung $\lambda = \sigma^2 = \mu$. Gilt für die Verteilung $\sigma^2 > \mu$, so liegt eine Überdispersion vor. Gilt für die Verteilung $\sigma^2 < \mu$, so liegt eine Unterdispersion vor. In der Datei der Beobachtungswerte ist y_i die Anzahl von Ameisenhügeln pro 50 m² und n_i bezeichnet die Anzahl 50 m² mit y_i Hügeln.

y_i: 0   1   2   3   4   5   6   7   8   9   12   15
n_i: 2   6   8   10   12   15   13   12   10   6   3   2

```
>  y = c(0,  1, 2, 3, 4, 5, 6, 7, 8,  9, 12, 15)
>  n = c(2, 6, 8, 10, 12, 15, 13, 12, 10, 6, 3, 2)
> data = y*n
> head(data)
[1]  0   6 16 30 48 75
> sum(data)
[1] 537
> sum(n)
[1] 99
> lambda = sum(data)/sum(n)
> lambda
[1] 5.424242
> data2= n*y^2
> head(data2)
[1]    0   6  32  90 192 375
```

```
> varianz = (sum(data2) - (sum(data)^2)/sum(n))/(sum(n)-1)
> varianz
[1] 8.634508
```

Da `varianz` > `lambda` ist, liegt eine Überdispersion vor.

▶ **Übung 3.5** Snedecor und Cochran (1998) geben die Anzahl schädlichen Un-krautsamens in 98 Teilstichproben von Wiesengras (*Phleum pratense*) an. Jede Teil-stichprobe wog ¼ Unze und enthielt natürlich viele Samen, von denen ein kleiner Anteil schädlich war. Es sei S die Anzahl der schädlichen Samen und F deren Häufigkeit:

S: 0 1 2 3 4 5 6 7 8 9 10 und mehr
F: 3 17 26 16 18 9 3 5 0 1 0

Schätzen Sie den Parameter λ der Poisson-Verteilung und geben Sie den Schätzwert für die erwartete Anzahl von Teilstichproben mit 0 schädlichen Samenkörnern an. Berechnen Sie nun die Stichprobenvarianz s^2 und ziehen Sie Schlussfolgerungen.

3.6 Schätzung des Erwartungswerts aus zensierten Stichproben

In der Agrarforschung treten häufig Situationen auf, in denen die Zufallsstichproben aus zu beurteilenden Grundgesamtheiten in bestimmter Weise eingeschränkt sind, wie bei zensierten Stichproben oder bei gestutzten Verteilungen etwa nach Selek-tion. Statistische Schlüsse sollen aber bezüglich der Parameter der Ausgangsver-teilungen gezogen werden. Aus einer Population wird eine Zufallsstichprobe $(y_1, ..., y_N)$ vom Umfang N erhoben. Beobachtungswerte wurden aber nur von den n Werten registriert, die größer als eine untere Schranke (y_u) oder kleiner als eine obere Schranke (y_o) sind. Die kleinsten (n_u) oder größten (n_o) Werte wurden nicht erfasst. Dann liegt eine einseitig (links- bzw. rechtsseitig) zensierte Stichprobe vom Typ I vor.

Wenn eine gestutzte Verteilung (Kap. 2) vorliegt, kann man realisierte Stichpro-ben nur aus dem nichtgestutzten Teil der Verteilung ziehen.

Wir verwenden in diesem Buch nur die rechtsseitige Zensur vom Typ I und die linksseitige Stutzung.

Wir bezeichnen mit $y_1, ..., y_n$ die Beobachtungswerte der Zufallsstichprobe aus einer $N(\mu, \sigma^2)$-Verteilung. Das sind also entweder Beobachtungen aus einer gestutz-ten Verteilung oder die tatsächlich gemessenen n Werte aus einer zensierten Stich-probe vom Typ I. Liegt eine zensierte Stichprobe vom Typ I vor, dann berech-net man aus

$$\bar{y} = \frac{1}{n}\sum y_i \text{ und } s^2 = \frac{1}{n-1}\sum_{i=1}^{n}(y_i - \bar{y})^2$$

die Schätzwerte mit der Maximum-Likelihood-Methode

$$\hat{\mu} = \bar{y} - \hat{\lambda} \cdot (\bar{y} - y_0) \quad \text{und} \quad \tilde{\sigma}^2 = s^2 + \lambda (\bar{y} - y_0)^2 \tag{3.18}$$

für rechtsseitige Zensur. Die Größe λ ist eine Funktion von

$$h = \frac{n}{N} \quad \text{und} \quad u = -\frac{y_o - \mu}{\sigma}$$

in der Formel

$$\lambda(h; u) = \frac{g(h; u)}{g(h; u) - u} \tag{3.19}$$

mit

$$g(h; u) = \frac{h}{1 - h} \frac{\varphi(u)}{\Phi(u)}.$$

Weiter ist $\hat{\lambda}(h, \hat{u}) = g(h, \hat{u}) / (g(h, \hat{u}) - \hat{u})$ mit $\hat{u} = s^2 / (\bar{y} - y_0)^2$ und $g(h, \hat{u}) = (h / (1 - h))(\varphi(\hat{u}) / \Phi(\hat{u}))$.

Mit **R** ist $\hat{\lambda}(h, \hat{u})$ einfach zu berechnen.

Beispiel 3.4
Cohen (2020) zitiert ein Beispiel von Gupta (1952), in dem die Lebensdauer von zehn Labormäusen nach der Beimpfung mit einer menschlichen Kultur von Mykobakterien (Erreger der Tuberkulose) beobachtet wurde. Der Test wurde nach dem Tod der siebten Maus beendet. Damit liegt eine rechtsseitig zensierte Stichprobe vom Typ II vor. Gupta (1952) nahm an, dass $x = log10(y)$ mit der Überlebensdauer y nach $N(\mu, \sigma^2)$ verteilt ist. Die Überlebensdauer y in Tagen zwischen der Impfung und dem Tod der sieben Mäuse war:

y: 41 44 46 54 55 58 60

Wir haben also $N = 10$, $n = 7$, $h = 0{,}3$, $x_0 = log10(60) = 1{,}7782$. Der Mittelwert von x ist 1,704786 und der Schätzwert $\tilde{\sigma}^2$ (mit 7 im Nenner) der Varianz ist $\tilde{\sigma}^2 = 0{,}003548047$.

Mit dem **R**-Paket `fitdistrplus`, das ebenso wie MASS und `survival` in **R** installiert werden muss, berechnen wir:

```
>  Y = c(41, 44, 46, 54, 55, 58, 60, 70, 71, 72)
>  X = log10(Y)
>  X
>  X
   [1]  1.612784 1.643453 1.662758 1.732394 1.740363 1.763428
1.778151 1.845098
   [9]  1.851258 1.857332
> x = c(1.6128, 1.6435, 1.6628, 1.7324, 1.7404, 1.7634,
```

```
           1.7782,1.8451, 1.8513, 1.8573)
> left = x
> right = c(1.6128, 1.6435, 1.6628, 1.7324, 1.7404, 1.7634,
           1.7782, NA, NA, NA)
> data = data.frame(left, right)
> data
      left   right
1   1.6128 1.6128
2   1.6435 1.6435
3   1.6628 1.6628
4   1.7324 1.7324
5   1.7404 1.7404
6   1.7634 1.7634
7   1.7782 1.7782
8   1.8451    NA
9   1.8513    NA
10  1.8573    NA
>  M.uncens = mean(data$right, na.rm = TRUE)
> M.uncens = mean(data$right, na.rm = TRUE)
> M.uncens
[1] 1.704786
>  V.uncens = var(data$right, na.rm = TRUE)
>  V.uncens
> V.uncens
[1] 0.004139388
  >  N = 10
  >  n = 7
  > S2.uncens = (n-1)*V.uncens/n
  > S2.uncens
  [1] 0.003548047
> library(fitdistrplus)
> Fit = fitdistcens(data, "norm")
 > Fit
Fitting of the distribution ' norm ' on censored data by maximum
likelihood
  Parameters:
        estimate
  mean 1.7686296
  sd   0.1136022
  > summary(Fit)
Fitting of the distribution ' norm ' By maximum likelihood on cen-
sored data
Parameters
        estimate Std. Error
  mean 1.7686296 0.03811559
  sd    0.1136022 0.03305157
```

```
Loglikelihood:   2.360127   AIC:   -0.7202545   BIC:  -0.1150844
Correlation matrix:
            mean          sd
mean 1.0000000 0.2110672
sd   0.2110672 1.0000000
```

Beispiel 3.5

Wenn ein Lebensdauertest endet, bevor Geräte ausgefallen sind, kann man über die noch intakten Geräte nur sagen, dass sie eine Lebensdauer haben, die die Dauer des Tests übersteigt. In einer Fabrik für batteriebetriebene Scheren wurden 50 Apparate zufällig aus der Produktion genommen. Nach 254 Stunden wird der Test beendet. In **R** sind unter DATA in der Spalte „right" die Stunden angegeben, bis die Batterie leer ist. Die Lebensdauer wird als normalverteilt betrachtet. Wir schätzen den Erwartungswert der Lebensdauer der Geräte und berechnen ein approximatives 95-%-Konfidenzintervall für den Erwartungswert.

```
> DATA = read.table(file.choose(), header = TRUE)
> # in \R_examples file lebensalter.txt
> attach(DATA)
> DATA
    left right
1    188    188
2    214    214
3    243    243
4    247    247
5    236    236
6    242    242
7    246    246
8    228    228
9    255     NA
10   241    241
11   221    221
12   237    237
13   236    236
14   256     NA
15   201    201
16   193    193
17   193    193
18   218    218
19   257     NA
20   231    231
21   258     NA
22   218    218
23   214    214
```

```
24   235   235
25   253·  253
26   259    NA
27   249   249
28   260    NA
29   249   249
30   222   222
31   261    NA
32   262    NA
33   263    NA
34   206   206
35   253   253
36   232   232
37   249   249
38   183   183
39   184   184
40   203   203
41   207   207
42   246   246
43   253   253
44   249   249
45   220   220
46   253   253
47   264    NA
48   238   238
49   218   218
50   221   221
> N = 50
> x = complete.cases(DATA$right)
> n= sum(x)
> n
[1] 40
> n0 = N - n    # number of right censored data
> n0
[1] 10
> MAX.uncens = max(DATA$right, na.rm=TRUE)
> MAX.uncens
[1] 253
> Mxuncens = mean(DATA$right, na.rm = TRUE)
> Mxuncens
[1] 226.75
> Vxuncens
[1] 445.2179
> Maxxuncens = max(DATA$right, na.rm=TRUE)
> Maxxuncens
```

```
[1] 253
> S2xuncens = (n-1)*Vxuncens/n
> S2xuncens
[1] 434.0875
> library(fitdistrplus)
> Fit = fitdistcens(DATA, "norm")
> Fit
Fitting of the distribution ' norm ' on censored data by maximum
likelihood
Parameters:
      estimate
mean 236.36418
sd    27.38913
> summary(Fit)
Fitting of the distribution ' norm ' By maximum likelihood on cen-
sored data
Parameters
      estimate Std. Error
mean 236.36418   3.992446
sd    27.38913   3.213911
Loglikelihood:  -199.3815   AIC:  402.7629   BIC:  406.5869
Correlation matrix:
          mean        sd
mean 1.0000000 0.1252385
sd   0.1252385 1.0000000
> Var =  27.38913^2
> Var
[1] 750.1644
  > M.Wert = 236.36418
  > s.Wert = 27.38913
  > q=qnorm(0.975)
  > q
  [1] 1.959964
  > KI.unter=M.Wert-q*s.Wert
  > KI.unter
  [1] 182.6825
  > KI.oben=M.Wert+q*s.Wert
  > KI.oben
  [1] 290.0459
```

Der Erwartungswert der Lebensdauer ist 236 Stunden und das Konfidenzintervall ist [183; 290] Stunden. Was ein Konfidenzintervall ist, wird in Kap. 4 erklärt.

Beispiel 3.6

Rasch und Herrmann (1980) schrieben, dass Aufgabenstellungen in der Tierernährung wie die Ermittlung der Fruchtbarkeitsleistung von Sauen oft Untersuchungen mit großem Stichprobenumfang erfordern. Zur Festlegung der Energie-, Protein- und Aminosäurebedarfsnormen für weibliche Jungschweine galt es zu klären, welcher Wachstumsverlauf bei der Aufzucht von Jungsauen die günstigsten Voraussetzungen für hohe Fruchtbarkeitsleistungen gewährleistet.

In einem Versuch mit unterschiedlicher Energieversorgung in den Aufzuchtabschnitten 100.–172. Lebenstag und 173.–255. Lebenstag wurde der Einfluss des Wachstumsverlaufs auf den Eintritt der Geschlechtsreife und die Erstabferkelleistung an 1133 Tieren geprüft. Am 255. Lebenstag wurde mit der Brunstsynchronisation begonnen. Zur Feststellung des Eintritts der Geschlechtsreife y erfolgte, beginnend mit dem 160. Lebenstag bis zum Alter von 255 Tagen, bei allen Tieren mithilfe eines Suchebers die Brunstkontrolle. Die Ergebnisse dieser Untersuchungen sind in Tab. 3.2 dargestellt. Sie zeigen, dass eine verhaltene Fütterung im ersten Aufzuchtabschnitt und eine intensive Energieversorgung im Abschnitt 173.–255. Lebenstage (Variante NH) zu einer statistisch gesicherten höheren Pubertätsrate (prozentualer Anteil der Tiere mit Geschlechtsreife bis zum 255. Lebenstag) führt.

Bei der Berechnung des mittleren Alters bei Pubertätseintritt ist zu berücksichtigen, dass mit dem Beginn der Brunstsynchronisation am 255. Lebenstag ein Abbruch der Erfassung des Eintritts der Geschlechtsreife erfolgte. Da vor dem 160. Lebenstag nicht mit der Pubertät gerechnet werden kann, liegt in diesem Fall eine rechtsseitig zensierte Stichprobe mit $y_o = 255$ vor. Werden für die Berechnung des mittleren Pubertätsalters nur die Tiere herangezogen, bei denen die Geschlechtsreife festgestellt wurde, werden die tatsächlichen Verhältnisse zwischen den Fütterungsvarianten nicht richtig widergespiegelt. In der Gruppe NH konnten 14,9, in den Gruppen MM und HN jedoch 28,5 bzw. 29,0 % der Tiere nicht in die Berechnung des Stichprobenmittels (vergleiche Pubertätsrate) einbezogen werden. Wir wollen nun die Schätzung von Erwartungswert und Varianz vornehmen, indem wir die erfolgte Zensur in die Berechnung einbeziehen. Mit **R** erhalten wir die Ergeb-

Tab. 3.2 Einfluss der Energieeinnahme und der täglichen Lebendmassezunahme auf den Eintritt der Geschlechtsreife bei weiblichen Jungschweinen

Merkmal	Dimension	Fütterungsvariante		
		NH	MM	HM
Tieranzahl	N	368	396	369
Energieeinnahme	91.–172. Lebenstag	987	1126	1265
	173.–255. Lebenstag	1621	1470	1342
Gewichtszunahme	g/Tier/Tag			
	91.–172. Lebenstag	443	530	601
	173.–255. Lebenstag	601	528	452
Tiere mit Geschlechtsreife	n	313	283	262
Tiere ohne Geschlechtsreife	n_0	55	113	107
Pubertätsrate	%	85,1	71,5	71

nisse von Rasch und Herrmann (1980), nämlich $\hat{\mu}$ = 233,0 und $\tilde{\sigma}^2$ = 529,2. Das mittlere Alter bei Pubertätseintritt wird somit in der Fütterungsvariante NH auf 233 Tage geschätzt. In gleicher Weise ergeben sich in den anderen Fütterungsvarianten die bei Rasch und Herrmann (1980) in Tab. 5 zusammengestellten Ergebnisse.

3.7 Weiterführende Hinweise

Wir haben uns bisher auf die in den Agrarwissenschaften gebräuchlichsten Punktschätzungen beschränkt. Es gibt aber zahlreiche weitere Schätzungen wie robuste Schätzungen von Mittelwerten. Im Folgenden geben wir die entsprechenden Titel aus dem Buch *Verfahrensbibliothek Versuchsplanung und -auswertung* von Rasch et al. (1978, 1996, 2008) an.

Nummer	Titel
3/12/2010	Homogenitätstest für zwei Stichproben (Test von Wilcoxon bzw. Mann-Whitney
3/12/2020	Homogenitätstest für zwei Stichproben (Kolmogorov-Smirnov-Test)
3/21/0052	Schätzung des Mittelwertes einer Normalverteilung mit unbekannter Varianz bei einseitiger Stutzung
3/21/0053	Schätzung des Mittelwertes und der Standardabweichung einer Normalverteilung bei zweiseitiger Stutzung und bekannten Stutzungspunkten
3/21/0111	Kostenoptimale Schätzung des Mittelwertes einer Normalverteilung
3/21/0115	Regressionsschätzung des Mittelwertes einer Normalverteilung mit unbekannter Varianz bei Berücksichtigung von Kosten
3/21/0161	Schätzung des Mittelwertes einer Normalverteilung mit unbekannter Varianz aus einseitig zensierten Stichproben vom Typ I oder vom Typ II –Punktschätzung
3/21/0211	Sequentielle Bestimmung eines Konfidenzintervalls mit vorgegebener Breite 2d für den Mittelwert einer Normalverteilung
3/21/3121	Schätzung des Mittelwertes einer Lognormalverteilung
3/21/3201	Schätzung des Parameters einer Poissonverteilung
3/21/3202	Sequentielle Schätzung des Parameters einer Poissonverteilung
3/21/3205	Schätzung des Parameters einer linksseitig gestutzten Poissonverteilung
3/21/3400	Robuste Schätzer des Mittelwertes
3/21/3401	α-getrimmtes Mittel
3/21/3402	α-winsorisiertes Mittel
3/21/3403	Andrews' Sinus M-Schätzer
3/21/3404	Huber-Schätzer des Mittelwertes
3/21/3405	Hampel-Schätzer des Mittelwertes
3/21/5000	Schätzung von Lageparametern endlicher Grundgesamtheiten
3/21/5010	Schätzung des Mittelwertes einer endlichen Grundgesamtheit – Vollständige Zufallsauswahl mit oder ohne Zurücklegen
3/21/5030	Schätzung des Mittelwertes einer endlichen Grundgesamtheit – Systematische Auswahl mit Zufallsstart
3/21/5050	Schätzung des Mittelwertes einer endlichen Grundgesamtheit – Einstufige Klumpenauswahl
3/21/5070	Schätzung des Mittelwertes einer endlichen Grundgesamtheit – Mehrstufige Auswahl
3/21/5090	Schätzung des Mittelwertes einer endlichen Grundgesamtheit – Geschichtete Auswahl

Literatur

Cohen, A. C. (2020). *Truncated and censored samples, theory and applications*. CRC Press, Taylor & Francis Group.

Delignette-Muller, M.-L., & Dutang, C. (2015). fitdistrplus: An R package for fitting distributions. *Journal of Statistical Software, 64*(4), 1–23. http://www.jstatsoft.org/

Gupta, A. K. (1952). Estimation of the mean and standard deviation of a normal population from a censored sample. *Biometrika, 39*, 260–273.

Ott, R. L., & Longnecker, M. L. (2001). *An introduction to statistical methods and data analysis* (5. Aufl.). Duxburry.

Rasch, D. (1995). *Einführung in die Mathematische Statistik*. Johann Ambrosius Barth.

Rasch, D., & Herrmann, U. (1980). Eingeschränkte Stichproben in der Tierproduktionsforschung. *Archives für Tierzucht, 23*, 282–293.

Rasch, D., & Verdooren, L. R. (2022). Die Weibullverteilung. In Niederhausen H. (Hrsg) (2022) Generationenprojekt Energiewende. BoD-Verlag, 267–275.

Rasch, D., Herrendörfer, G., Bock, J., & Busch, K. (1978). *Verfahrensbibliothek Versuchsplanung und -auswertung* (Bd. I, II). VEB Deutscher Landwirtschaftsverlag.

Rasch, D., Herrendörfer, G., Bock, J., Victor, N., & Guiard, V. (1996). *Verfahrensbibliothek Versuchsplanung und -auswertung* (2. Aufl., Bd. I, II). Oldenbourg Verlag.

Rasch, D., Herrendörfer, G., Bock, J., Victor, N., & Guiard, V. (2008). *Verfahrensbibliothek Versuchsplanung und -auswertung* (3. Aufl., Bd. I, II). Oldenbourg Verlag.

Snedecor, G. W., & Cochran, W. G. (1998). *Statistical Methods* (8. Aufl.). Iowa State University Press.

Konfidenzschätzungen und Tests

4

Zusammenfassung

Neben der Punktschätzung von unbekannten Modellparametern spielen Konfidenzschätzungen und die Prüfung von Hypothesen durch statistische Tests eine große Rolle. Die Herleitung solcher Verfahren erfolgt unter der Voraussetzung, dass die Verteilung der infrage kommenden Zufallsvariablen die Normalverteilung ist. Da aber die hier behandelten Verfahren mit ihren Wahrscheinlichkeitsaussagen in guter Näherung auch für andere kontinuierliche Verteilungen gelten, wie in umfangreichen Simulationsuntersuchungen gezeigt wurde, bedeutet dies kaum eine Einschränkung. Konfidenzkoeffizienten werden gleich 0,95 gesetzt und das Risiko 1. Art analog gleich 0,05 gewählt. Dies entspricht der in den Agrarwissenschaften vorwiegend verwendeten Vorgehensweise.

4.1 Einführung

In den Natur- und Landwirtschaftswissenschaften stellt man sehr oft Vermutungen an, von denen man gerne wissen möchte, ob sie mehr oder weniger bestätigt werden können. Ob sie wahr sind, lässt sich durch empirische Untersuchungen nicht klären, beweisen lassen sich Aussagen vor allem in der Mathematik oder der theoretischen Physik. Versuche können uns höchstens in unseren Vermutungen bestärken. Statistiker übersetzen Vermutungen über ein Merkmal in eine Hypothese über den Parameter einer dem Merkmal entsprechenden Verteilung. Diese Hypothese prüft man mit einem statistischen Test.

Oft möchte man über ein Merkmal mehr als nur einen Zahlenwert, etwa das arithmetische Mittel, wissen. Dann konstruiert man ein Intervall, von dem man hofft, dass der unbekannte Parameter der Verteilung darin liegt. Solche Intervalle heißen (realisierte) Konfidenzintervalle, das Verfahren heißt Konfidenzschätzung.

D. Rasch, R. Verdooren, *Angewandte Statistik mit R für Agrarwissenschaften*, https://doi.org/10.1007/978-3-662-67078-1_4

Wir beschreiben Konfidenzschätzungen und Tests gemeinsam in diesem Kapitel, weil die statistischen Hintergründe nahe beieinanderliegen.

Die Punktschätzung allein besitzt nicht genügend Aussagekraft, da sie keine Angabe der erreichten Genauigkeit enthält. Man gibt daneben einen Bereich an, in dem der zu schätzende Parameter(vektor) θ mit vorgegebener Mindestwahrscheinlichkeit $1 - \alpha$ enthalten ist. Solche Bereiche werden Konfidenzbereiche genannt. $1 - \alpha$ heißt Konfidenzkoeffizient oder Konfidenzniveau.

Bei nur einem Parameter ergibt sich in der Regel ein Intervall mit zumindest einer zufälligen Grenze. Die Wahrscheinlichkeitsaussage bezieht sich auf das zufällige Intervall (den zufälligen Bereich); $1 - \alpha$ bezieht sich auf das zufällige Intervall (den Zufallsbereich); $1 - \alpha$ ist die Mindestwahrscheinlichkeit dafür, dass das zufällige Intervall den festen Parameterwert θ überdeckt.

Ist eine der Grenzen des Intervalls durch eine Grenze des Parameterraums Ω vorgegeben (zum Beispiel $-\infty$ oder $+\infty$ bei $\theta = \mu$ und 0 oder ∞ bei $\theta = \sigma^2$), so spricht man von einem einseitigen Konfidenzintervall.

In den Agrarwissenschaften interessieren vor allem Erwartungswerte, andere Parameter, wie etwa die Schiefe, werden selten untersucht und in diesem Buch nicht behandelt. Wir geben aber in Abschn. 4.3 Hinweise auf Verfahren, die an anderen Parametern Interessierte nutzen können. Das Grundprinzip, das hier für Erwartungswerte vorgestellt wird, ist bei anderen Parametern das Gleiche.

Zum Beispiel stellt bei einer Zufallsstichprobe $(y_1, \ldots, y_n)$ aus einer Normalverteilung $N(\mu, \sigma^2)$ und bekannter Varianz σ^2 mit u_p als p-Quantil der Standardnormalverteilung $N(0,1)$

$$I = \left[\overline{y} - u_{1-\frac{\alpha}{2}} \frac{\sigma}{\sqrt{n}}; \ \overline{y} + u_{1-\frac{\alpha}{2}} \frac{\sigma}{\sqrt{n}} \right] \qquad (4.1)$$

ein zweiseitiges $(1 - \alpha)$-Konfidenzintervall aus einer Zufallsstichprobe vom Umfang n für den Erwartungswert μ einer nach $N(\mu; \sigma^2)$ verteilten Zufallsvariablen dar, da

$$P\left(\mu \in I \right) = P\left[-u_{1-\frac{\alpha}{2}} \leq \frac{\overline{y} - \mu}{\sigma} \sqrt{n} \leq u_{1-\frac{\alpha}{2}} \right] = 1 - \alpha \qquad (4.2)$$

gilt.

Die halbe Länge des Konfidenzintervalls (4.1) beträgt $2u_{1-\frac{\alpha}{2}} \dfrac{\sigma}{\sqrt{n}}$.

Die Wahrscheinlichkeit α, dass μ_0 nicht im Intervall (4.1) liegt, wird meist gleichmäßig auf beide Seiten des Intervalls aufgeteilt. Allgemeiner könnte man schreiben

$$I = \left[\overline{y} - u_{1-\alpha_1} \frac{\sigma}{\sqrt{n}}; \ \overline{y} + u_{1-\alpha_2} \frac{\sigma}{\sqrt{n}} \right] \qquad (4.3)$$

mit $\alpha_1 + \alpha_2 = \alpha(= 0{,}05)$. Wie erwähnt, verwenden wir in diesem Buch durchgehend den Wert $\alpha = 0{,}05$, der in den Agrarwissenschaften gebräuchlich ist. Die halbe Länge des Konfidenzintervalls (4.1) beträgt

$$\left(u_{1-\alpha_2} + u_{1-\alpha_1}\right)\frac{\sigma}{2\sqrt{n}}. \tag{4.4}$$

Mit **R** berechnen wir die Länge des Konfidenzintervalls (4.3) für verschiedene Aufteilungen von α in Tab. 4.1.

Der kleinste Wert ergibt sich für $\alpha_1 = \alpha_2 = 0{,}025$. Solche Konfidenzintervalle nennt man symmetrisch.

Wäre σ nicht bekannt gewesen, so wäre die Länge des Konfidenzintervalls zufällig. Zur Bewertung wird in diesen Fällen die erwartete Länge h herangezogen.

Bei der Interpretation ist zu beachten, dass das aus den Beobachtungswerten errechnete Intervall nicht das Konfidenzintervall, sondern nur eine Realisation davon ist.

Will man nun die Vermutung überprüfen, dass der Erwartungswert μ einer nach $N(\mu; \sigma^2)$ verteilten Zufallsvariablen den Wert μ_0 annimmt, so lautet die Hypothese im statistischen Modell $\mu = \mu_0$. Man bezeichnet eine Hypothese, die einen Punkt im Parameterraum festlegt, oft als Nullhypothese H_0. Die Hypothese, dass H_0 nicht stimmt, wird Alternativhypothese H_A genannt. Wir haben also das Hypothesenpaar $H_0 : \mu = \mu_0$; $H_A : \mu \neq \mu_0$ anhand einer Zufallsstichprobe $(y_1, \ldots, y_n)$ aus einer $N(\mu; \sigma^2)$-Verteilung zu bewerten.

Beim Hypothesentesten kann man zwei Fehler begehen. Der Fehler 1. Art besteht darin, H_0 abzulehnen, obwohl H_0 richtig ist. Der Fehler 2. Art besteht darin, H_0 anzunehmen, obwohl H_0 falsch ist. Die Wahrscheinlichkeit, einen Fehler zu begehen, nennt man Risiko. Man bezeichnet diese Wahrscheinlichkeiten mit fest vereinbarten Buchstaben. Das Risiko 1. Art, also die Wahrscheinlichkeit, einen Fehler 1. Art zu begehen, nennen wir α, und das Risiko 2. Art, also die Wahrscheinlichkeit, einen Fehler 2. Art zu begehen, nennen wir β. In den Agrarwissenschaften wird meist $\alpha = 0{,}05$ verwendet.

Tab. 4.1 Halbe Länge des Konfidenzintervalls (4.3) für verschiedene Aufteilungen von α

α_1	α_2	Breite von (4.3)
0,01	0,04	$2{,}038517\,\dfrac{\sigma}{\sqrt{n}}$
0,015	0,035	$1{,}991001\,\dfrac{\sigma}{\sqrt{n}}$
0,02	0,03	$1{,}967271\,\dfrac{\sigma}{\sqrt{n}}$
0,025	0,025	$1{,}959964\,\dfrac{\sigma}{\sqrt{n}}$

Wir lehnen nun im obigen Fall $H_0 : \mu = \mu_0$ mit dem Risiko 1. Art $\alpha = 0{,}05$ ab, falls

$$\frac{\bar{y} - \mu_0}{\sigma} \sqrt{n} < -u_{1-\frac{\alpha}{2}} \text{ oder } \frac{\bar{y} - \mu_0}{\sigma} \sqrt{n} > u_{1-\frac{\alpha}{2}} \tag{4.5}$$

ist.

Wir können aber auch die Nullhypothese ablehnen, falls μ_0 außerhalb des Intervalls (4.1) liegt, bzw. wir können die Nullhypothese annehmen, falls μ_0 innerhalb des Intervalls (4.1) liegt.

Hier zeigt sich die enge Verbindung zwischen Konfidenzintervallen und statistischen Tests. Wesentliche Unterschiede ergeben sich jedoch bei der Planung des Stichprobenumfangs. In den folgenden Abschnitten geben wir in den Überschriften die Parameter an, für die die Konfidenzschätzungen und die Tests beschrieben werden. Bei den Erwartungswerten der Normalverteilung setzen wir voraus, dass die Varianz unbekannt ist.

4.2   Erwartungswert einer Normalverteilung

Die $n > 1$-Komponenten einer Zufallsstichprobe $(y_1, y_2, \dots, y_n)$ seien $N(\mu, \sigma^2)$-verteilt, wobei σ^2 unbekannt ist. Dann ist $\bar{y} = \dfrac{\sum_{i=1}^{n}(y_i)}{n}$ nach $N(\mu, \dfrac{\sigma^2}{n})$ verteilt. Da σ^2 unbekannt ist, schätzen wir es erwartungstreu, wie in Kap. 3 beschrieben, durch $\dfrac{1}{n-1}\sum_{i=1}^{n}(y_i - \bar{y})^2 = s^2$.

Beispiel 4.1
Wir verwenden die erste Spalte der Tab. 1.1 mit Wurfgewichten von 13 Labormäusen.

4.2.1   Punktschätzung

Den Erwartungswert μ schätzen wir durch das arithmetische Mittel $\bar{y}$ der Beobachtungswerte bzw. die Schätzfunktion (aus den Zufallsvariablen) $\bar{y}$.

Die Varianz von $\bar{y}$ ist $var(\bar{y}) = \dfrac{\sigma^2}{n}$ und die Wurzel aus der Varianz $\dfrac{\sigma}{\sqrt{n}}$ heißt Standardfehler des Mittelwerts. Auch deren Schätzwert $\dfrac{s}{\sqrt{n}}$ heißt Standardfehler des Mittelwerts.

Der geschätzte Erwartungswert der Werte aus Tab. 4.2, berechnet mit **R**, ist

```
> Y=c(7.6,13.2,9.1,10.6,8.7,10.6,6.8,9.9,7.3,10.4,13.3,
    10.0,9.5)
> MY = mean(Y)
> MY
```

Tab. 4.2 Wurfgewicht von Labormäusen (Ausschnitt aus Tab. 1.1)

i	y_i
1	7,6
2	13,2
3	9,1
4	10,6
5	8,7
6	10,6
7	6,8
8	9,9
9	7,3
10	10,4
11	13,3
12	10,0
13	9,5

```
[1] 9.769231
ȳ = 9.769231

> s = sd(Y)
> s
[1] 1.986783
> n = length(Y)
> n
[1] 13
> SF = s/sqrt(n)
> SF
[1] 0.5510345
```

und der Standardfehler des Mittelwerts ist 0,551.

4.2.2   Die *t*-Verteilung

In (4.2) ersetzen wir nun $\dfrac{\bar{y} - \mu_0}{\sigma/\sqrt{n}}$ durch $\dfrac{\bar{y} - \mu_0}{s/\sqrt{n}}$. Diese Größe ist nun aber nicht normal verteilt, sondern sie folgt einer *t*-Verteilung.

Die Größe $t = \dfrac{\bar{y} - \mu}{s}\sqrt{n}$ folgt einer nichtzentralen *t*-Verteilung mit $n - 1$ Freiheitsgraden und dem Nichtzentralitätsparameter (*nzp*) $\lambda = \dfrac{\mu - \mu_0}{\sigma}$. Die Dichtefunktion dieser kontinuierlichen Verteilung findet man zum Beispiel in Rasch (1995). Für $\mu = \mu_0$ ist $\lambda = 0$; dann nennen wir die Verteilung eine zentrale *t*-Verteilung mit $n - 1$ Freiheitsgraden.

Eine zentrale *t*-Verteilung ist symmetrisch zu Null und mit unendlich vielen Freiheitsgraden ist sie die Standardnormalverteilung.

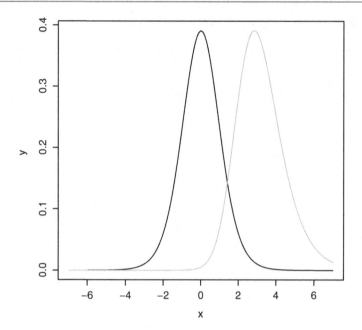

Abb. 4.1 Zentrale *t*-Verteilung mit *t*(12, *nzp* = 0) in schwarz und nicht zentrale *t*-Verteilung mit *t*(12, *nzp* = 3) in grau

Wir geben nun in Abb. 4.1 die Grafik von zwei *t*-Verteilungen mit $\lambda = 0$, *t*(12, *nzp* = 0) = *t*(12) und mit $\lambda=3$, *t*(12, *nzp* = 3) an. **R** braucht `ncp` (engl. *non-centrality parameter*) für *nzp*.

```
>   x = seq(-7,7, by =0.1)
>   y1 = dt(x,df=12)
>   y2 = dt(x,df = 12, ncp = 3)
> plot(x,y1, type = "l", col="black")
> par(new="TRUE")
>   plot(x,y2, type = "l", col="gray")
```

Bemerkung Der Erwartungswert $E(t(12, nzp = 0)) = 0$ der zentralen *t*-Verteilung ist Null, aber der Erwartungswert $E(t(12, nzp = 3))$ von *t*(12, *nzp* = 3) ist 3 ($\sqrt{(12/2)}$) ($\Gamma((12\text{-}1)/2)/\ \Gamma\ (12/2) = 3{,}21$.

Mit **R** berechnen wir diesen Erwartungswert `ERW`

```
> ERW = 3* sqrt(12/2)*gamma((12-1)/2)/ gamma(12/2)
> ERW
[1] 3.205327
```

und sehen, dass $E(t(12, nzp = 3)) = 3{,}205327$ größer als der Nichtzentralitätsparameter $\lambda = 3$ ist.

Für Konfidenzschätzungen und Tests benötigen wir die Quantile der t-Verteilung mit $n-1$ Freiheitsgraden. Diese berechnen wir wie folgt mit **R**. In **R** muss man für *nzp* die Größe ncp verwenden:

```
>  qt(p,df,ncp) # p=Chance, df = Freiheitsgrade, ncp = λ
```

▶ **Übung 4.1** Berechnen Sie das 0,1- und das 0,9-Quantil der zentralen t-Verteilung mit 10, 20 und 50 Freiheitsgraden.

4.2.3 Konfidenzintervall für μ

Ein symmetrisches Konfidenzintervall bei unbekannter Varianz ist durch

$$\bar{y} - t\left(n-1,1-\frac{\alpha}{2}\right)\frac{s}{\sqrt{n}}\,;\bar{y} + t\left(n-1,1-\frac{\alpha}{2}\right)\frac{s}{\sqrt{n}} \tag{4.6}$$

gegeben. Die halbe erwartete Breite ist, wenn wir näherungsweise $E(s) \cong \sigma$ setzen (was ab $n > 20$ zulässig ist):

$$t\left(n-1,1-\frac{\alpha}{2}\right)\frac{E(s)}{\sqrt{n}} \approx t\left(n-1,1-\frac{\alpha}{2}\right)\frac{\sigma}{\sqrt{n}}. \tag{4.7}$$

Beispiel 4.1 – Fortsetzung
Das (realisierte) 0,95-Konfidenzintervall kann berechnet werden, wenn wir weiter mit unserem **R**-Programm arbeiten:

```
> t.test ( x=Y, alternative = "two.sided", mu = 0,
        conf.level = 0.95)
        One Sample Tukey test
data:  Y
t = 17.729, df = 12, p-value = 5.67e-10
alternative hypothesis: true mean is not equal to 0
95 percent confidence interval:
  8.56863 10.96983
sample estimates:
mean of x
 9.769231
```

Das realisierte 0,95-Konfidenzintervall ist [8,57; 10,97].

▶ **Übung 4.2** Im Boden kommt Kohlenstoff auch in anorganischer Form als Carbonat (C-Carbonat) vor. Im Labor wird der Gesamtkohlenstoffgehalt (Ct-Gehalt) bestimmt. Auf einer Ackerfläche wurden von 20 zuverlässigen Probeentnahmestellen der Ct-Gehalt (mg/100 g Boden) im Oberboden ermittelt:

0,70 0,88 0,79 0,74 0,73 0,72 0,63 0,47 0,71 0,68
0,65 0,66 0,65 0,71 0,85 0,76 0,78 0,70 0,55 0,76

Berechnen Sie das realisierte 0,95-Konfidenzintervall des Erwartungswerts des Ct-Gehalts.

4.2.4 Stichprobenumfang für die Konfidenzschätzung

Neben der Versuchsauswertung gehört die Versuchsplanung zu einer ordentlichen empirischen Untersuchung. Die Versuchsplanung ist eine umfangreiche selbständige statistische Disziplin, von der wir in diesem Buch nur einige, für die Agrarforschung wesentliche Teile behandeln. Bevor man mit dem Versuch beginnt, sollte man sich überlegen, wie genau die Ergebnisse sein sollten. Das ist die Frage nach der minimalen Anzahl von Versuchsobjekten, um bestimmte Genauigkeitswünsche erfüllen zu können. Ein solcher Wunsch kann zum Beispiel darin bestehen, dass das Konfidenzintervall nicht zu breit ist, genauer, dass die halbe erwartete Breite eines Konfidenzintervalls für μ nicht größer als ein vorzugebender Wert d ist. Wir fordern also

$$t\left(n-1,1-\frac{\alpha}{2}\right)\frac{E(s)}{\sqrt{n}} \le d. \tag{4.8}$$

Für Handrechnungen wählen wir die Approximation (4.7), **R** benutzt die exakte Formel für $E(s)$.

Es ist nicht einfach, die Ungleichung (4.7) mit dem kleinstmöglichen Wert für n zu lösen. Wir gehen wie folgt vor:

Wir wählen einen Anfangswert n_0 und berechnen iterativ die Werte $n_1, n_2, n_3, ...$,

für die $t\left(n-1;1-\frac{\alpha}{2}\right)\frac{\sigma}{\sqrt{n}} < d$ bei gegebenem Wert d/σ erfüllt ist, und zwar so lange,

bis entweder $n_i = n_{i-1}$ oder $|n_i - n_{i-1}| > |n_{i-1} - n_{i-2}|$ gilt. Im ersten Fall ist $n = n_i = n_{i-1}$ die Lösung. Im zweiten Fall finden wir die Lösung durch systematisches Suchen, beginnend mit $n = \min(n_{i-1}, n_{i-2})$. Dieser Algorithmus konvergiert oft nach zwei oder drei Schritten; wir werden ihn auch in anderen Abschnitten und Kapiteln verwenden.

Beispiel 4.1 – Fortsetzung
Wie viele Würfe von Labormäusen hätte man mindestens untersuchen müssen, um ein realisiertes zweiseitiges 0,95-Konfidenzintervall zu erhalten, dessen halbe erwartete Breite nicht größer als $d = \sigma$ ist?

Mit Formel (4.7) muss $t\left(n-1;1-\frac{0,05}{2}\right)\frac{\sigma}{\sqrt{n}} \le \sigma$ sein oder $n \ge [t(n-1; 0,975)]^2$

Mit **R** berechnen wir $[t(n-1; 0,975)]^2$ mit > (qt(0.975,n-1))^2.

n	> (qt(0.975,n-1))^2	
11	[1] 4.964603	$\rightarrow n = 5$
5	[1] 7.708647	$\rightarrow n = 8$
8	[1] 5.591448	$\rightarrow n = 6$
6	[1] 6.607891	$\rightarrow n = 7$
7	[1] 5.987378	$\rightarrow n = 6$

Damit haben wir die Lösung $n = 6$ gefunden.

Wenn wir Formel (4.8) verwenden, bedeutet das, dass dieses Konfidenzintervall einem Test mit zweiseitigem $\alpha = 0{,}05$ und Güte $1 - \beta$ gleich $0{,}50$ entspricht mit Nichtzentralitätsparameter `delta` $= d/\sigma$ der nichtzentralen t-Verteilung (Abschn. 4.2.5).

Mit **R**-Paket OPDOE verwenden wir den Befehl `power.t.test( )`:

```
> library(OPDOE)
> power.t.test(type = "one.sample", power = 0.5,
     delta =1, sd =1,sig.level = 0.05, alternative = "two.sided")
     One-sample t test power calculation
             n = 5.93213
         delta = 1
            sd = 1
     sig.level = 0.05
```

Damit haben wir mithilfe von **R** direkt die Lösung $n = 6$ gefunden.

4.2.5 Hypothesenprüfung

Anhand einer Zufallsstichprobe $y_1, y_2, \ldots, y_n$ vom Umfang $n > 1$ aus einer Normalverteilung mit unbekannter Varianz σ^2 soll die Nullhypothese $H_0 : \mu = \mu_0$, genauer gesagt, die zusammengesetzte Nullhypothese $H_0 : \mu = \mu_0$, σ^2 beliebig, geprüft werden. Im Gegensatz zu einer einfachen Hypothese, bei der ein fester Punkt im Parameterraum festgelegt wird (zum Beispiel legt $H_0 : \mu = \mu_0$, $\sigma^2 = 1$ einen Punkt in der $(\mu; \sigma^2)$-Ebene fest), enthält eine zusammengesetzte Nullhypothese mindestens zwei Punkte im Parameterraum. Durch $H_0 : \mu = \mu_0$, σ^2 wird in der $(\mu; \sigma^2)$-Ebene eine Gerade bestimmt, die durch den Wert μ_0 der μ-Achse geht. Fälschlicherweise sprechen manche (leider auch Statistiker) davon, dass die Nullhypothese $H_0 : \mu = \mu_0$ bei unbekannter Varianz eine einfache Hypothese ist.

Wir testen also $H_0 : \mu = \mu_0$, σ^2 beliebig gegen $H_A : \mu \neq \mu_0$, σ^2 beliebig. Die Prüfzahl ist

$$t = \frac{\bar{y} - \mu_0}{s} \sqrt{n}. \tag{4.9}$$

Bei einem Risiko 1. Art α wird H_0 abgelehnt, falls $\lfloor t \rfloor > t\left(n-1;1-\dfrac{\alpha}{2}\right)$ gilt, und ansonsten angenommen. In **R** wird H_0 abgelehnt, falls der sogenannte P-Wert (p-value), das ist die Wahrscheinlichkeit dafür, dass die Nullhypothese richtig ist, kleiner als α (= 0,05) ist. Natürlich kann man H_0 auch ablehnen, wenn man bereits ein $(1 - \alpha)$-Konfidenzintervall hat, in dem μ_0 nicht liegt.

Die Prüfzahl (4.9) ist nichtzentral t-verteilt mit n–1 Freiheitsgraden und dem Nichtzentralitätsparameter

$$\lambda = \frac{\mu - \mu_0}{\sigma} \sqrt{n}. \tag{4.10}$$

Unter der Nullhypothese $\mu = \mu_0$ verschwindet der Zähler in (4.10) und es wird $\lambda = 0$. Wir wollen nun die Wahrscheinlichkeit berechnen, dass die Nullhypothese angenommen wird. Falls sie gilt, ist mit $\alpha = 0,05$ trivialerweise $P\left(\lfloor t \rfloor \leq t(n - 1; 0,975)\right) = 0,95$.

Gilt die Nullhypothese nicht, gilt $P(\lfloor t \rfloor \leq t(n - 1; \lambda; 0,975)) = 1 - \pi(\mu)$. Man nennt $\pi(\mu)$ als Funktion von μ die Gütefunktion dieses Tests. Je größer die Güte $\pi(\mu)$ ist, desto kleiner ist das Risiko 2. Art $\beta = 1 - \pi(\mu)$.

Wünscht man, dass die Güte einen vorgegebenen Wert, sagen wir 0,9, annimmt, so muss der Stichprobenumfang entsprechend gewählt werden. Wir kommen damit zur Bestimmung des Stichprobenumfangs (vor Versuchsbeginn selbstverständlich).

4.2.6 Bestimmung des Stichprobenumfangs für die Hypothesenprüfung

Der Versuchsansteller sollte vor Versuchsbeginn zunächst festlegen, von welcher Größe an eine Abweichung von μ_0 groß genug ist, dass er sie erkennen möchte. Wir nennen die Differenz $\mu - \mu_0$ die praktisch interessante Mindestdifferenz. Das *Statistische Jahrbuch über Ernährung, Landwirtschaft und Forsten der Bundesrepublik Deutschland* weist im Jahr 2021 eine durchschnittliche Laktationsleistung aller Kühe von 8488 kg in 305 Tagen aus. Geht man von einer Spannweite von 4488 bis 12488, also von 8000 kg, aus, erhält man etwa eine Standardabweichung von 8000/6 = 1330 kg. Als mögliche praktisch interessante Mindestdifferenz könnte man 500 kg festlegen.

Wir wollen nun den notwendigen Versuchsumfang bestimmen, um die Nullhypothese, dass die durchschnittliche Laktationsleistung einer Herde 8500 kg beträgt, gegen die Alternative, dass sie nicht 8500 kg ist, zu testen.

Wir verwenden die obigen Werte und setzen den Nichtzentralitätsparameter $\lambda = \dfrac{500}{1330} = 0,376$. Wir prüfen also $H_0 : \mu = 8500$ gegen $H_A : \mu \neq 8500$ mit $\alpha = 0,05$ und fordern, dass die Gütefunktion bei einem zu ermittelnden Stichprobenumfang für $\mu = 8500$ den Wert $\alpha = 0,05$ und den Wert $1 - \beta = 0,8$ für die beiden Werte 8000 und 9000 annimmt. Das Risiko 2. Art soll also nicht größer als 0,2 sein, solange die praktisch interessierende Mindestdifferenz von 500 eingehalten wird.

Die Berechnung des Mindeststichprobenumfangs berechnen wir nach Installation des **R**-Pakets OPDOE wie folgt. In OPDOE muss man delta für $\lambda = 0{,}376$ verwenden.

```
> library(OPDOE)
> size.t.test (type ="one.sample", power = 0.8, delta = 0.376,
       sd = 1, sig.level= 0.05, alternative = "two.sided")
 [1] 58
```

Damit haben wir mit **R** direkt die Lösung $n = 58$ gefunden.

Beispiel 4.2
Wir haben eine Zufallsstichprobe $y_1, y_2, ..., y_n$ vom Umfang $n = 13$ aus $N(\mu; \sigma^2)$.

Wir testen die Nullhypothese $H_0 : \mu = \mu_0$ gegen die Alternativhypothese $H_A : \mu \neq \mu_0$ (zweiseitige Alternative) mit $\alpha = 0{,}05$.

Wenn die Prüfzahl t von (4.9) kleiner ist als $t(13 - 1; 0{,}025) =$ KGL (kritische Grenze links) oder größer ist als $t(13 - 1; 0{,}975) =$ KGR (kritische Grenze rechts) wird die Nullhypothese abgelehnt.

Die Gütefunktion hängt im Fall $\mu = \mu_1 > \mu_0$ vom Nichtzentralitätsparameter λ in (4.10) ab. Dann ist $\lambda > 0$.

Mit **R** berechnen wir die Güte G.lambda für einige Werte von λ.

```
> n = 13
> KGL = qt(0.025, df= n-1)
> KGL
[1] -2.178813
> KGR = qt(0.975, df = n-1)
> KGR
[1] 2.178813
> lambda = 1
> G.lambda = pt(KGL, df = n-1, ncp = lambda) + 1 -  pt(KGR, df =
n-1, ncp = lambda)
> G.lambda
[1] 0.1515563
> lambda = 1.5
> G.lambda = pt(KGL, df = n-1, ncp = lambda) + 1 -  pt(KGR, df =
n-1, ncp = lambda)
> G.lambda
[1] 0.2817943
> lambda = 2
> G.lambda = pt(KGL, df = n-1, ncp = lambda) + 1 -  pt(KGR, df =
n-1, ncp = lambda)
> G.lambda
[1] 0.4521937
> lambda = 2.5
> G.lambda = pt(KGL, df = n-1, ncp = lambda) + 1 -  pt(KGR, df =
n-1, ncp = lambda)
```

```
> G.lambda
[1] 0.632005
> lambda = 3
> G.lambda = pt(KGL, df = n-1, ncp = lambda) + 1 -   pt(KGR, df =
n-1, ncp = lambda)
> G.lambda
[1] 0.7862877
> lambda = 3.5
> G.lambda = pt(KGL, df = n-1, ncp = lambda) + 1 -   pt(KGR, df =
n-1, ncp = lambda)
> G.lambda
[1] 0.8941852
```

4.2.7 Der Wilcoxon-Vorzeichen-Rang-Test

Wir hatten bemerkt, dass Tests und Konfidenzintervalle, die auf der t-Maßzahl basieren, relativ robust gegen Nichtnormalität sind. Genauer bedeutet das, dass das α maximal um 20 % vom Nominalwert abweicht. Im Fall $\alpha = 0,05$ würde das tatsächliche α maximal zwischen 0,04 und 0,06 liegen. Wer lieber ein Verfahren wählen möchte, welches das vorgegebene α exakt einhält und dafür etwas Verlust an Güte in Kauf nimmt, wird hier auf ein Verfahren von Wilcoxon verwiesen.

Der Wilcoxon-Vorzeichen-Rang-Test (Wilcoxon, 1947, 1949) wird bei kontinuierlichen Verteilungen verwendet, um zu prüfen, ob der Median M gleich M_0 ist. Wir nehmen an, wir hätten N Zufallsvariablen $x_1, x_2, \ldots, x_N$ als Kopien einer Zufallsvariablen aus einer Grundgesamtheit mit kontinuierlicher Verteilung. Wir subtrahieren von den Beobachtungen x_i ($i = 1, \ldots, N$), den Realisationen der x_i, den Hypothesenwert M_0 und erhalten $y_i = x_i - M_0$ ($i = 1, \ldots, N$). Angenommen, die Verteilung der Grundgesamtheit der x_i ist symmetrisch, dann ist die Verteilung der y_i symmetrisch um Null. Es seien n subtrahierte Beobachtungen y_i positiv und m negativ, die y_i gleich Null werden nicht berücksichtigt (Wilcoxon, 1949), also gilt $n + m \leq N$. Die absoluten Werte der verbleibenden $n + m$-Werte y_i ordnen wir der Größe nach und versehen die Ränge mit den Vorzeichen der y_i. Die realisierte Prüfzahl V ist die Summe der positiven Ränge. Die zufällige Prüfzahl V hat den Erwartungswert $N(N+1)/4$ und die Varianz $N(N+1)(2N+1)/24$.

In **R** verwenden wir den Befehl `wilcox.test( )`.

Beispiel 4.3

In einer Untersuchung wurden für Lämmer einer Rasse nach 12 Wochen Lebenszeit folgende Gewichte (kg) festgestellt ($N = 14$):

21,8 16,5 21,7 19,2 18,8 20,2 13,4 20,9 18,5 19,6 16,3 11,5 18,6 21,3

Man vermutet nun, dass für diese Rasse der Median gleich 20 kg ist.
Stimmt das?

```
> x =c(21.8, 16.5, 21.7, 19.2, 18.8, 20.2, 13.4, 20.9, 18.5,
     19.6, 16.3, 11.5, 18.6, 21.3)
> wilcox.test(x, alternative = "two.sided", mu = 20,
        exact = TRUE, conf.int = TRUE)
        Wilcoxon signed rank exact test
data:  x
V = 30, p-value = 0.1726
alternative hypothesis: true location is not equal to 20
95 percent confidence interval:
 16.50 20.25
sample estimates:
(pseudo)median
        18.9
```

Bemerkung Der Pseudomedian einer Verteilung F ist der Median der Verteilung von $(u+v)/2$, wobei u und v unabhängig sind, jeweils mit Verteilung F. Wenn F symmetrisch ist, fallen Pseudomedian und Median zusammen.

Wenn wir 20 (Median unter H_0) zu den y_i addieren, ergibt sich für V der Wert Null und es erscheint eine Warnung, die Nullen zu entfernen.

```
> z = c(x, 20)
> z
 [1] 21.8 16.5 21.7 19.2 18.8 20.2 13.4 20.9 18.5 19.6 16.3 11.5
18.6 21.3 20.0
> wilcox.test(z, alternative = "two.sided", mu = 20,
     exact = TRUE, conf.int = TRUE)         Wilcoxon signed rank
test with continuity correction
data:  z
V = 30, p-value = 0.1673
alternative hypothesis: true location is not equal to 20
95 percent confidence interval:
 16.40004 20.25004
sample estimates:
(pseudo)median
        18.89998
Warning messages:
1: In wilcox.test.default(z, alternative = "two.sided", mu =
20, exact = TRUE, :
  cannot compute exact p-value with zeroes
2: In wilcox.test.default(z, alternative = "two.sided", mu =
20, exact = TRUE, :
  cannot compute exact confidence interval with zeroes
```

Bemerkung Mit Nullen in den Daten erscheint `wilcox.test( )` und es wird eine Normalapproximation der p-Werte verwendet. Wenn wir aber das **R**-Paket `exactRankTests` installieren, erhalten wir die exakten P-Werte, und zwar die gleichen wie nach dem Löschen der y_i-Werte, die gleich Null sind.

```
> library(exactRankTests)
 Package 'exactRankTests' is no longer under development.
 Please consider using package 'coin' instead.
Warning message:
package 'exactRankTests' was built under R version 4.1.3
> wilcox.exact(z, alternative="two.sided",mu=20,
      exact=TRUE,conf.int=TRUE)
         Exact Wilcoxon signed rank test
data:  z
V = 30, p-value = 0.1726
alternative hypothesis: true mu is not equal to 20
95 percent confidence interval:
 16.50 20.25
sample estimates:
(pseudo)median
          18.9
```

▶ **Übung 4.3** In Richter (2002) sind 240 Ährenlängen der Winterroggensorte Pluto als Realisationen einer kontinuierlichen Zufallsvariable x gegeben. Hier folgt eine zufällige Stichprobe von 15 Ährenlängen (in cm) aus der Urliste:

6,0 9,1 7,5 8,0 6,4 7,7 7,0 6,8 9,0 9,5 8,2 7,3 8,4 5,3 11,0.

Man will nun wissen, ob der Median der Ährenlänge 8,8 cm ist. Weiter ist man am realisierten Konfidenzintervall des Medians interessiert. Es ist nicht sicher, ob die Ährenlängen normalverteilt sind. Lösen Sie das Problem!

4.3 Zwei Erwartungswerte aus Normalverteilungen

Wir verweisen hier im Voraus auf den Beginn von Kap. 5, wo die zweidimensionale Normalverteilung eingeführt wird. Wir betrachten an dieser Stelle nur die Erwartungswerte μ_x und μ_y zweier Zufallsvariablen x und y. Wir greifen auf die Wurfgewichte in Tab. 1.1 zurück und denken uns die 13 Messwerte der linken Spalte als Realisationen einer Zufallsvariablen x und die 13 Messwerte der rechten Spalte als Realisationen einer Zufallsvariablen y. Wir nehmen zunächst einmal an, dass es sich um die Wurfgewichte im ersten (x) und im zweiten Wurf derselben 13 Labormäuse handelt. In diesem Fall sind x und y voneinander abhängig, wir sprechen von gepaarten Beobachtungen.

Eine andere Möglichkeit wäre, anzunehmen, dass x und y Wurfgewichte von je 13 Labormäusen zweier Rassen modellieren. Dann kann man davon ausgehen, dass x und y voneinander unabhängig sind. Beide Fälle werden wir jetzt diskutieren. Die Punktschätzung kann man für jede Variable getrennt, wie in Abschn. 4.2.1 beschrieben, vornehmen.

4.3.1 Konfidenzintervall für die Erwartungswerte zweier abhängiger Zufallsvariablen

Wir nehmen zunächst einmal an, dass es sich um die Wurfgewichte im ersten (x) und im zweiten (y) Wurf derselben 13 Labormäuse handelt. In diesem Fall sind x und y voneinander abhängig. Wir berechnen nun für jede Maus die Differenzen

$$\delta_i = y_i - x_i;\ i = 1,\dots,13$$

und schätzen die Varianz σ_δ^2 wie in Abschn. 4.2.1 beschrieben aus diesen Differenzen als

$$s_\delta^2 = \frac{1}{12} \sum_{i=1}^{13} \left(\delta_i - \overline{\delta} \right)^2 \tag{4.11}$$

mit $\overline{\delta} = \overline{y} - \overline{x}$. Nun können wir, wie im Fall eines Erwartungswerts, das Intervall (4.6) konstruieren mit σ_δ anstelle von s und $\overline{\delta}$ anstelle von $\overline{y}$. Die Bestimmung des Stichprobenumfangs erfolgt wie in Abschn. 4.2.4 beschrieben.

Beispiel 4.1 – Fortsetzung
Wir demonstrieren das mit den Werten aus Tab. 1.1. Die Beobachtungsvektoren y1 und y2 mit **R** sind in Übung 1.1 zu finden.

Beispiel 4.4

```
> y1=c(7.6,13.2,9.1,10.6,8.7,10.6,6.8,9.9,7.3,
     10.4,13.3,10.0,9.5)
> y2=c(7.8,11.1,16.4,13.7,10.7,12.3,14.0,11.9,
     8.8,7.7,8.9,16.4,10.2)
> y1.y2 = y1-y2   # Differenz Vektor
> y1.y2
 [1] -0.2  2.1 -7.3 -3.1 -2.0 -1.7 -7.2 -2.0 -1.5
     2.7  4.4 -6.4 -0.7
> n= length(y1.y2)
> n
[1] 13
> MDifferenz = mean(y1.y2)
> MDifferenz
[1] -1.761538
```

```
> SdDifferenz = sd(y1.y2)
> SdDifferenz
[1] 3.652519
> SEDifferenz = SdDifferenz/sqrt(n)
> SEDifferenz
[1] 1.013027
> t.test(y1.y2, alternative = "two.sided", conf.level
    = 0.95)
          One Sample t-test
data:  y1.y2
t = -1.7389, df = 12, p-value = 0.1076
alternative hypothesis: true mean is not equal to 0
95 percent confidence interval:
 -3.9687338  0.4456569
sample estimates:
mean of x
-1.761538
```

Das gesuchte Konfidenzintervall ist [−3,97; 0,45].

Angenommen, wir wollen unter sonst gleichen Voraussetzungen den Umfang eines weiteren Versuchs so bestimmen, dass die halbe erwartete Länge des 0,95-Konfidenzintervalls nicht größer als $1{,}2\,\sigma_d$ ist, wobei wir den aus Beispiel 4.3 stammenden Schätzwert der Standardabweichung $s_d = 3.652519$ der $d_i = y_i - x_i$ als σ_d einsetzen. Das bedeutet:

```
>  Delta = 1.2/3.652519
> Delta
[1] 0.3285404
> library(OPDOE)
>  power.t.test(type = "one.sample", power = 0.5,
    delta = Delta, sd =1,sig.level = 0.05,
    alternative = "two.sided")
    One-sample t test power calculation
              n = 37.54081
          delta = 0.3285404
             sd = 1
      sig.level = 0.05
          power = 0.5
    alternative = two.sided
```

Also ist $n = 38$.

4.3.2 Konfidenzintervall für die Erwartungswerte zweier unabhängiger Zufallsvariablen

Wir betrachten nun zwei Normalverteilungen mit den Mittelwerten μ_x und μ_y und den Varianzen σ_x^2 und σ_y^2. Für die Konstruktion des Konfidenzintervalls setzen wir nicht voraus, dass die Varianzen σ_x^2 und σ_y^2 gleich sind. Dafür gibt es zwei Gründe:

- Zunächst ist nicht zu erwarten, dass μ_x und μ_y unbekannt sind, aber man weiß, dass $\sigma_x^2 = \sigma_y^2$ ist.
- Wenn man nicht vollkommen sicher ist, dass $\sigma_x^2 = \sigma_y^2$ gilt, sollte man das in den meisten Statistikbüchern empfohlene, auf dem Zwei-Stichproben-t-Test beruhende Verfahren nicht benutzen, aber auch die Hypothese $H_0 : \sigma_x^2 = \sigma_y^2$ nicht in einem Vortest prüfen. Dazu verweisen wir auf Rasch et al. (2011). Dort wird mit umfangreichen Simulationen gezeigt, dass es besser ist, immer mit dem auf Welch (1947) zurückgehenden Verfahren zu arbeiten. Dieses Verfahren ist zudem extrem robust gegen Abweichungen von der Normalverteilung.

Das auf Welch (1947) basierende Konfidenzintervall für die Differenz $\mu_x - \mu_y$ ist gegeben durch

$$\left[\overline{x} - \overline{y} - t\left(f^*, 1 - \frac{\alpha}{2} \right) \sqrt{\frac{s_x^2}{n_x} + \frac{s_y^2}{n_y}}, \; \overline{x} - \overline{y} + t\left(f^*, 1 - \frac{\alpha}{2} \right) \sqrt{\frac{s_x^2}{n_x} + \frac{s_y^2}{n_y}} \right] \qquad (4.12)$$

mit f^* aus

$$f^* = \frac{\left(\dfrac{s_x^2}{n_x} + \dfrac{s_y^2}{n_y} \right)^2}{\dfrac{s_x^4}{(n_x - 1)n_x^2} + \dfrac{s_y^4}{(n_y - 1)n_y^2}}. \qquad (4.13)$$

Beispiel 4.5
Für eine Untersuchung zweier Zwiebelsorten A und B bezüglich des Ertrags in Tonnen pro Hektar nimmt man eine zufällige Stichprobe mit Zurücklegen von 10 Betrieben mit Sorte A und 13 Betrieben mit Sorte B. Die Erträge sind:

A: 39, 47, 39, 45, 49, 39, 41, 50, 42, 44.
B: 37, 39, 35, 39, 30, 37, 42, 38, 37, 41, 32, 47, 40.

Mit **R** berechnen wir das Konfidenzintervall (4.12) mit $\alpha = 0{,}05$.

```
> A = c(39,47, 39, 45, 49, 39, 41, 50, 42, 44)
> B = c(37, 39, 35, 39, 30, 37, 42, 38, 37, 41, 32, 47, 40)
> t.test(A, B, alternative = "two.sided", conf.level = 0.95)
        Welch Two Sample t-test
```

```
data:   A and B
t = 3.0868, df = 19.849, p-value = 0.005853
alternative hypothesis: true difference in means is not equal to 0
95 percent confidence interval:
 1.781436 9.218564
sample estimates:
mean of x mean of y
     43.5      38.0
```

Das 0,95-Konfidenzintervall für die Differenz $\mu_x - \mu_y$ ist gegeben durch [1,78; 9,22] Tonnen pro Hektar.

Bemerkung Normalerweise ist `var.equal = FALSE` und ergibt den Welch-Test, `var.equal = TRUE` ergibt den `t.test()`. Diesen Zweig empfehlen wir nicht. **R** gibt standardmäßig das auf dem Welch-Test basierende Konfidenzintervall an.

4.3.3 Bestimmung des Versuchsumfangs für Abschn. 4.3.2

Wir wollen die Stichprobenumfänge n_x und n_y so bestimmen, dass bei vorgegebenem α (wir wählen wieder $\alpha = 0{,}05$) die halbe erwartete Breite des Intervalls in (4.12) nicht größer als Δ ist. Angenommen, dass die Schätzwerte s_x^2 und s_y^2 für die Varianzen σ_x^2 und σ_y^2 bekannt sind, so berechnen wir n_x und n_y iterativ aus

$$n_x = \left\lceil \frac{\sigma_x \left(\sigma_x + \sigma_y \right)}{\Delta^2} t^2 \left(f^*; 0{,}975 \right) \right\rceil \qquad (4.14)$$

mit f^* aus (4.13) und mit dem Endwert von n_x ist $n_y = \dfrac{n_x \sigma_y}{\sigma_x}$.

Hier bedeutet $\lceil z \rceil$ die kleinste positive ganze Zahl $\geq z$.

Beispiel 4.6
Wir greifen auf die Wurfgewichte in Tab. 1.1 zurück und denken uns die 13 Messwerte der linken Spalte als Realisationen einer Zufallsvariablen x und die 13 Messwerte der rechten Spalte als Realisationen einer Zufallsvariablen y. Wir nehmen nun an, dass die Wurfgewichte beider Rassen und damit x und y voneinander unabhängig sind.
    Wir wissen bereits aus Übung 1.1:

```
> x=c(7.6,13.2,9.1,10.6,8.7,10.6,6.8,9.9,7.3,
      10.4,13.3,10.0,9.5)
> y=c(7.8,11.1,16.4,13.7,10.7,12.3,14.0,11.9,
      8.8,7.7,8.9,16.4,10.2)
> n1 = length(x)
> n1
```

```
[1] 13
> Mx = mean(x)
> Mx
[1] 9.769231
> Vx = var(x)
> Vx
[1] 3.947308
> n2 = length(y)
> n2
[1] 13
> My = mean(y)
> My
[1] 11.53077
> Vy = var(y)
> Vy
[1] 8.713974
```

Somit ergeben sich $\bar{x} = 9,7692$, $\bar{y} = 11,5308$, $s_x^2 = 3,947$ und $s_y^2 = 8,714$ und ferner $n_x = n_y = 13$.

Obwohl wir empfehlen, das auf dem Welch-Test basierende Konfidenzintervall zu berechnen, geben wir hier erst das für ungleiche Varianzen äußerst sensible Intervall an, das auf dem Zwei-Stichproben-t-Test aufbaut.

Wenn man $\sigma_1^2 = \sigma_2^2 = \sigma^2$ voraussetzt (was in den Agrarwissenschaften keine vernünftige Modellannahme ist), dann ist

$$s^2 = \frac{(n_x - 1)s_x^2 + (n_y - 1)s_y^2}{n_x + n_y - 2}$$

eine erwartungstreue Schätzung für σ^2.

In unserem Beispiel ergibt das den Schätzwert

$$s^2 = \frac{12.3,947 + 12.8,714}{24} = 6,33$$

mit $s = 2,516$ und

$$\left[9,77 - 11,53 - t(24;0,975)\sqrt{\frac{26}{169}} \cdot 2,516; \; 9,77 - 11,53 + t(24;0,975) \cdot \sqrt{\frac{26}{169}} \cdot 2,516 \right].$$

Da $t(24; 0,975) = 2,0639$ ist, erhalten wir das Intervall $[-3,80; 0,28]$.

Mit **R** rechnen wir wie folgt:

```
> t.test(x,y, alternative="two.sided", var.equal = TRUE,
      conf.level = 0.95)

      Two Sample t-test
```

```
data:   x and y
t = -1.7849, df = 24, p-value = 0.08692
alternative hypothesis: true difference in means is not equal to 0
95 percent confidence interval:
 -3.798372  0.275295
sample estimates:
mean of x mean of y
 9.769231 11.530769
```

Wir erwähnen dieses nicht empfehlenswerte Vorgehen, weil es in den meisten Statistikbüchern noch beschrieben ist und auch in vielen Vorlesungen vermittelt wird. In der Praxis sollte man besser mit ungleichen Varianzen ein 0,95-Konfidenzintervall berechnen; in **R** ist dies das Standardvorgehen:

```
> t.test(x,y, alternative="two.sided", var.equal = FALSE,
     conf.level = 0.95)
        Welch Two Sample t-test

data:   x and y
t = -1.7849, df = 21.021, p-value = 0.08871
alternative hypothesis: true difference in means is not equal to 0
95 percent confidence interval:
 -3.8137583  0.2906814
sample estimates:
mean of x mean of y
 9.769231 11.530769
```

Das Konfidenzintervall mit der t-Prüfzahl von Welch (ungleiche Varianzen) ist: $[-3,81; 0,29]$.

Das Konfidenzintervall mit der t-Prüfzahl (gleiche Varianzen) ist: $[-3,80; 0.28]$.

Vor der Versuchsumfangsberechnung ist f^* in (4.13) gleich df $= 21.021$. Wir setzen für σ_x^2 und σ_y^2 die Schätzwerte $s_x^2 = 3{,}947$ und $s_y^2 = 8{,}714$ ein. Fordern wir

$$\text{DELTA} = \Delta = t\left(f^*, 1 - \frac{\alpha}{2}\right)\sqrt{\frac{s_x^2}{n_x} + \frac{s_y^2}{n_y}} = 1{,}5,$$ so ergibt eine iterative Prozedur von

(4.14) mit **R** die folgende Lösung:

```
> DF= 21.021
> sx = sqrt(3.947)
> sy = sqrt(8.714)
> DELTA = 1.5
> T = qt(0.975,df=DF)
> T
[1] 2.079487
> nx1 = (sx*(sx+sy)*T^2)/DELTA^2
```

```
> nx1
[1] 18.85698
> DF = 19 -1
>   T = qt(0.975,df=DF)
> T
[1] 2.100922
> nx2 = (sx*(sx+sy)*T^2)/DELTA^2
> nx2
[1] 19.24773
> DF = 20-1
>   T = qt(0.975,df=DF)
> T
[1] 2.093024
> nx3 = (sx*(sx+sy)*T^2)/DELTA^2
> nx3
[1] 19.10329
```

Damit ist $n_x = 20$.

```
> ny = sy*20/sx
> ny
[1] 29.71702
```

Damit ist $n_y = 30$.

Als Kontrolle für Δ mit $n_x = 20$ und $n_x = 30$ berechnen wir:

```
> nx = 20
> ny = 30
> A = ((sx^2)/nx + (sy^2)/ny )^2
> A
[1] 0.2379651
> B = (sx^4)/((nx-1)*nx^2) + (sy^4)/((ny-1)*ny^2)
> B
[1] 0.004959184
> f = A/B
> f
[1] 47.98473
> T = qt(0.975,df=f)
> T
[1] 2.010651
> DELTA.new = T*sqrt((sx^2)/nx + (sy^2)/ny)
> DELTA.new
[1] 1.404317
```

Will man für eine bestimmte, vorgegebene Differenz DELTA zwischen den Erwartungswerten von *x* und *y* den Versuchsumfang für ein 0,95-Konfidenzintervall
berechnen, dann muss man das **R**-Paket `MKpower` installieren.

Mit $\bar{x}$ = 9,7692, $\bar{y}$ = 11,5308 ist DELTA = 11,53 − 9, 77 = 1.76. Ferner war
s_x^2 = 3,947 und s_y^2 = 8,714.

```
> library(MKpower)


> DELTA = 11.53 - 9.77 #Differenz von Stichproben Mittelwerten
> DELTA
[1] 1.76
> SD1 = sqrt(3.947)
> SD1
[1] 1.986706
> SD2 = sqrt(8.714)
> SD2
[1] 2.951949
> POWER = power.welch.t.test(delta = DELTA, sd1 = SD1,
    sd2 = SD2, power = 0.50, alternative = "two.sided")
> POWER
      Two-sample Welch t test power calculation
              n = 16.85008
          delta = 1.76
            sd1 = 1.986706
            sd2 = 2.951949
      sig.level = 0.05
          power = 0.5
    alternative = two.sided
NOTE: n is number in *each* group
```

Ist die Differenz der Mittelwerte $\bar{x} - \bar{y}$ gleich 1,76, so sind für jede Stichprobe
n = 17 Beobachtungen nötig.

4.3.4 Test auf Gleichheit zweier Erwartungswerte von abhängigen Zufallsvariablen

Wie in Abschn. 4.3.1 berechnen wir für voneinander abhängige normalverteilte Zufallsvariablen *x* und *y* mit ihren *n* Realisationen x_i bzw. y_i die Differenzen

$$\delta_i = y_i - x_i : i = 1, \dots, n \tag{4.15}$$

und schätzen die Varianz σ_δ^2 wie in Abschn. 4.2.1 beschrieben aus diesen Differenzen als

$$s_\delta^2 = \frac{1}{n-1} \sum\nolimits_{i=1}^{n} \left(\delta_i - \bar{\delta} \right)^2 \tag{4.16}$$

mit $\bar{\delta} = \bar{y} - \bar{x}$.

Nun können wir wieder, wie im Fall eines Erwartungswerts, die Nullhypothese

$$E(y - x) = E(\delta) = 0$$

mit einer Prüfzahl analog zu (4.9) mit σ_δ anstelle von s und $\bar{\delta}$ anstelle von $\bar{y}$ prüfen. Die Prüfzahl ist folglich

$$t = \frac{\bar{\delta}}{s_\delta} \sqrt{n} \tag{4.17}$$

mit $s_\delta = \frac{1}{\sqrt{n-1}} \sqrt{\sum_{i=1}^{n} (\delta_i - \bar{\delta})^2}$. Diese Prüfzahl ist unter H_0: $E(\bar{\delta}) = 0$ zentral t-verteilt mit $n-1$ Freiheitsgraden und unter H_A: $E(\bar{\delta}) = \delta \neq 0$ nichtzentral t-verteilt mit $n-1$ Freiheitsgraden und Nichtzentralitätsparameter $\lambda = (\delta \sqrt{n})/\sigma_\delta{}^\square$.

Dieser Test ist robust gegen Nichtnormalität.

Der erforderliche Mindeststichprobenumfang ergibt sich aus den vorzugebenden Risiken $\alpha = 0{,}05$ und β aus $t(n - 1; 0{,}975) = t(n - 1; \beta)$.

Wir verwenden zunächst **R**, um n zu berechnen.

Im folgenden Befehl ist rdelta gleich $\delta/\sigma_\delta{}^\square$ und p gleich $1 - \alpha/2$.

```
>  size = function(p, rdelta, beta)
  { f = function(n, p, rdelta, beta)
    { A = qt(p, n-1, 0)
      B = qt(beta, n-1, rdelta*sqrt(n))
      C = A-B
      }
    k = uniroot(f,c(2,1000), p=p, rdelta = rdelta, beta = beta)$root
      k0 = ceiling(k)
      print(paste("optimum sample number: n = " , k0),
        quote = F)}
```

Beispiel 4.1 – Fortsetzung
Wir suchen für $\delta = 0{,}5\sigma_\delta{}^\square$ und $\beta = 0{,}2$ den Mindeststichprobenumfang n für $\alpha = 0{,}05$.
Wir verwenden die Funktion size.

```
> x=c(7.6,13.2,9.1,10.6,8.7,10.6,6.8,9.9,7.3,
      10.4,13.3,10.0,9.5)
> y=c(7.8,11.1,16.4,13.7,10.7,12.3,14.0,11.9,
      8.8,7.7,8.9,16.4,10.2)
> diff.yx = y-x
> diff.yx
 [1]  0.2 -2.1  7.3  3.1  2.0  1.7  7.2  2.0  1.5 -2.7 -4.4  6.4  0.7
> var.diff.yx = var(diff.yx)
```

```
> var.diff.yx
[1] 13.3409
> sd.diff.yx = sqrt(var.diff.yx)
> sd.diff.yx
[1] 3.652519


>  size(p = 0.975, rdelta = 0.5, beta = 0.2)
[1] optimum sample number: n = 34
```

Alternativ kann man, wenn man das Risiko 1. Art bei nichtnormalen, aber kontinuierlich und symmetrisch verteilten Zufallsvariablen exakt einhalten, wenn wir den
Wilcoxon-Vorzeichen-Rang-Test (Abschn. 4.2.7) verwenden mit. Wir gehen wieder
von den Differenzen (4.15) durch, mit Median $M_0 = 0$.

Beispiel 4.1

```
> x=c(7.6,13.2,9.1,10.6,8.7,10.6,6.8,9.9,7.3,
      10.4,13.3,10.0,9.5)
> y=c(7.8,11.1,16.4,13.7,10.7,12.3,14.0,11.9,
      8.8,7.7,8.9,16.4,10.2)
> wilcox.test(y,x,alternative="two.sided", mu=0, paired=TRUE,
      exact = TRUE, conf.int = TRUE)
        Wilcoxon signed rank test with continuity correction
data:  y and x
V = 66, p-value = 0.1621
alternative hypothesis: true location shift is not equal to 0
95 percent confidence interval:
 -0.6499832  4.3499332
sample estimates:
(pseudo)median
     1.749948
Warning messages:
1: In wilcox.test.default(y, x, alternative = "two.sided", mu = 0,  :
   cannot compute exact p-value with ties
2: In wilcox.test.default(y, x, alternative = "two.sided", mu = 0,  :
   cannot compute exact confidence interval with ties
```

Wir können den Wilcoxon-Vorzeichen-Rang-Test nach Abschn. 4.2.7 verwenden.

```
 > diff.yx = y-x
> diff.yx
 [1]  0.2 -2.1  7.3  3.1  2.0  1.7  7.2  2.0  1.5 -2.7 -4.4  6.4  0.7
sort(diff.yx )
 [1] -4.4 -2.7 -2.1  0.2  0.7  1.5  1.7  2.0  2.0  3.1  6.4  7.2  7.3
> wilcox.test(diff.yx,alternative="two.sided", mu=0,
      exact = TRUE, conf.int = TRUE)
```

```
        Wilcoxon signed rank test with continuity correction
data:  diff.yx
V = 66, p-value = 0.1621
alternative hypothesis: true location is not equal to 0
95 percent confidence interval:
 -0.6499832  4.3499332
sample estimates:
(pseudo)median
      1.749948
Warning messages:
1:  In  wilcox.test.default(diff.yx,  alternative  =  "two.sided",
mu = 0,  :
   cannot compute exact p-value with ties
2:  In  wilcox.test.default(diff.yx,  alternative  =  "two.sided",
mu = 0,  :
   cannot compute exact confidence interval with ties
```

Verwenden wir das **R**-Paket `exactRankTests`, erhalten wir dasselbe Ergebnis:

```
> x=c(7.6,13.2,9.1,10.6,8.7,10.6,6.8,9.9,7.3,
      10.4,13.3,10.0,9.5)
> y=c(7.8,11.1,16.4,13.7,10.7,12.3,14.0,11.9,
      8.8,7.7,8.9,16.4,10.2)
> library(exactRankTests)
 Package 'exactRankTests' is no longer under development.
 Please consider using package 'coin' instead.
Warning message:
package 'exactRankTests' was built under R version 4.1.3
> wilcox.exact(y,x,alternative="two.sided", mu=0, paired=TRUE,
      exact = TRUE, conf.int = TRUE)
        Exact Wilcoxon signed rank test
data:  y and x
V = 66, p-value = 0.1626
alternative hypothesis: true mu is not equal to 0
95 percent confidence interval:
 -0.65  4.35
sample estimates:
(pseudo)median
         1.7
```

Im **R**-Ausdruck steht der Begriff `Pseudomedian`. Sind v_1 und v_2 voneinander unabhängig mit der gleichen Verteilung verteilt, so ist der Median von $\dfrac{v_1 + v_2}{2}$ der Pseudomedian dieser Verteilung. Für symmetrische Verteilungen sind Pseudomedian und Median identisch.

4.3.5 Test auf Gleichheit zweier Erwartungswerte von unabhängigen Zufallsvariablen und Bestimmung des Versuchsumfangs

Analog zu der Konstruktion von Konfidenzintervallen können wir von normalverteilten Zufallsvariablen ausgehen und im Fall ungleicher Varianzen beider Verteilungen den Welch-Test (standardmäßig in **R**) oder bei der nicht empfehlenswerten Annahme gleicher Varianzen den Zwei-Stichproben-t-Test verwenden. Wenn wir nicht wissen, ob die Komponenten der Stichprobe eines Zwei-Stichproben-Problems Normalverteilungen folgen, aber die Verteilungen kontinuierlich sind, alle Momente existieren und lediglich die Erwartungswerte verschieden sind, können wir den Wilcoxon-Test anwenden.

Der **Welch-Test** verwendet eine t-verteilte Prüfzahl mit f^* Freiheitsgraden nach (4.13). Wir demonstrieren das Vorgehen anhand von Beispiel 4.4. Als Standardeinstellung verwendet das **R**-Programm den Welch-Test.

Die Prüfzahl des **Zwei-Stichproben-Welch-Tests** ist

$$t = (\overline{x} - \overline{y}) / \sqrt{\left[\left(s_x^{\,2} / n_x \right) + \left(s_y^{\,2} / n_y \right) \right]}$$

und t hat unter der Nullhypothese H_0: $\mu_x = \mu_y$ eine zentrale t-Verteilung mit

$$f^* \, \frac{\left(\dfrac{s_x^2}{n_x} + \dfrac{s_y^2}{n_y} \right)^2}{\dfrac{s_x^4}{(n_x - 1) n_x^{\,2}} + \dfrac{s_y^4}{(n_y - 1) n_y^{\,2}}}$$

Freiheitsgraden.

Unter der Alternativhypothese H_A: $\mu_x \neq \mu_y$ hat t eine nichtzentrale Verteilung mit Nichtzentralitätsparameter $\lambda = \delta / \sqrt{[(\sigma_x^2/n_x) + (\sigma_y^2/n_y)]}$ mit $\delta = |\mu_1 - \mu_2| > 0$.

Wir rufen in **R** für die Hypothesenprüfung t.test() und für die Güteberechnung power.t.test() auf.

Beispiel 4.6
Wir testen H_0: $\mu_x = \mu_y$ gegen H_a: $\mu_x \neq \mu_y$ mit den Daten aus Tab. 1.1.

```
> x=c(7.6,13.2,9.1,10.6,8.7,10.6,6.8,9.9,7.3,
      10.4,13.3,10.0,9.5)
> y=c(7.8,11.1,16.4,13.7,10.7,12.3,14.0,11.9,
      8.8,7.7,8.9,16.4,10.2)
> t.test(x,y,alternative="two.sided")
        Welch Two Sample t-test
data:  x and y
t = -1.7849, df = 21.021, p-value = 0.08871
alternative hypothesis: true difference in means is not equal to 0
```

```
95 percent confidence interval:
 -3.8137583  0.2906814
sample estimates:
mean of x mean of y
 9.769231 11.530769
```

Wegen „p-value = 0.08871" > $\alpha = 0{,}05$ wurde H_0 nicht abgelehnt.

Wenn man für eine bestimmtes, vorgegebenes $\lambda = 2$ den Versuchsumfang für $\alpha = 0{,}05$ und $\beta = 0{,}10$ für den Welch-Test berechnen will, dann muss man das **R**-Paket MKpower installieren. Wir haben schon $s_x^2 = 3{,}947$ und $s_y^2 = 8{,}714$ und nehmen diese Werte an für σ_x^2 und σ_y^2.

```
> library(MKpower)
Warning message:
package 'MKpower' was built under R version 4.1.3

> DELTA = 2 # Werte von λ
> DELTA
[1] 2
> SD1 = sqrt(3.947)
> SD1
[1] 1.986706
> SD2 = sqrt(8.714)
> SD2
[1] 2.951949
> POWER = power.welch.t.test(delta = DELTA, sd1 = SD1,
      sd2 = SD2, power = 1- 0.10, alternative = "two.sided")
POWER
      Two-sample Welch t test power calculation
               n = 34.38826
           delta = 2
             sd1 = 1.986706
             sd2 = 2.951949
       sig.level = 0.05
           power = 0.9
     alternative = two.sided
NOTE: n is number in *each* group
```

Die benötigte Stichprobenumfang ist $n_x = n_y = 35$.

Wenn man doch den t-Test mit gleichen Varianzen benutzen will, dann ist die Prüfzahl $t = (\bar{x} - \bar{y})/ \sqrt{[(s^2 \cdot (1/n_x + 1/n_y)]}$ und t hat unter der Nullhypothese H_0: $\mu_x = \mu_y$ eine zentrale t-Verteilung mit $f = n_x + n_y - 2$ Freiheitsgraden. Unter der Alternativhypothese H_A: $\mu_x \neq \mu_y$ hat t eine nichtzentrale Verteilung mit Nichtzentralitätsparameter $\lambda = \delta/\sqrt{[\,(\sigma^2\,(1/n_x + 1/n_y)\,]}$ mit $\delta = |\mu_x - \mu_y| > 0$.

Wir rufen in **R** für den Test t.test( ) mit gleichen Varianzen auf:

```
> t.test(x,y,alternative="two.sided", var.equal = TRUE)
        Two Sample t-test
data:  x and y
t = -1.7849, df = 24, p-value = 0.08692
alternative hypothesis: true difference in means is not equal to 0
95 percent confidence interval:
 -3.798372  0.275295
sample estimates:
mean of x mean of y
 9.769231 11.530769
```

Da der „p-value = 0.08692" $> \alpha = 0{,}05$ wurde H_0 nicht abgelehnt.

Wir wollen nun für den t-Test mit gleiche Varianzen die Güte berechnen für $n_x = n_y = 13$ und $\lambda = 2$ (im **R**-Befehl nimmt man delta = λ):

```
> power.t.test(n = 13, delta = 2, sd = 1, type = "two.sample",
        alternative="two.sided")
    Two-sample t test power calculation
            n = 13
        delta = 2
           sd = 1
    sig.level = 0.05
        power = 0.9982848
  alternative = two.sided
NOTE: n is number in *each* group
```

Die Güte ist also 0,998.

Wir wollen nun $n_x = n_y = n$ berechnen für $\beta = 0{,}10$ und $\lambda = 2$:

```
> power.t.test(power=1-0.1, delta = 2, sd = 1,
      type ="two.sample", alternative="two.sided")
    Two-sample t test power calculation
            n = 22.0211
        delta = 1
           sd = 1
    sig.level = 0.05
        power = 0.9
  alternative = two.sided
NOTE: n is number in *each* group
```

Das bedeutet, beide Stichprobenumfänge müssen $n = 23$ sein.

4.3.6 Der Wilcoxon-Test

Wenn wir nicht wissen, ob die Komponenten der Stichproben eines Zwei-Stichproben-Problems Normalverteilungen folgen, aber die Verteilungen kontinuierlich sind, alle Momente existieren und lediglich die Erwartungswerte verschieden sind, können wir den Wilcoxon-Rangsummen-Test mit $\alpha = 0{,}05$ anwenden und testen

$$H_0 : \mu_1 = \mu_2 = \mu, \text{alle höheren Momente gleich, aber beliebig}$$

gegen

$$H_A : \mu_1 \neq \mu_2, \text{alle höheren Momente gleich, aber beliebig.}$$

Sind aber höhere Momente der beiden Verteilungen verschieden (ist zum Beispiel $\sigma_1^2 \neq \sigma_2^2$ oder sind die Schiefen bzw. die Exzesswerte der beiden Verteilungen verschieden), so folgt aus der Ablehnung der Nullhypothese nichts für die Erwartungswerte. Wenn aber die Gleichheit aller k-ten Momente ($k \geq 2$) beider Verteilungen vorausgesetzt werden kann, so kann man nichtparametrische Tests zur Prüfung von H_0 verwenden. Wir wollen den Wilcoxon-Rangsummen-Test (auch Wilcoxon-Mann-Whitney-Test genannt) beschreiben (Wilcoxon, 1945, 1947; Mann und Whitney, 1947). Wilcoxon hat Tabellen für gleiche Stichprobenumfänge $n_1 = n_2$ angegeben. Später haben Mann und Whitney die Tabellen auch für ungleiche Stichprobenumfänge publiziert.

Es sei für $i = 1, .., n_1; j = 1, \ldots, n_2$

$$d_{ij} = \begin{cases} 1 \text{ für } y_{2j} < y_{1i} \\ 0 \text{ für } y_{2j} > y_{1i} \end{cases}$$

Die Gleichheit tritt bei kontinuierlichen Zufallsvariablen mit der Wahrscheinlichkeit Null auf.

Die Prüfzahl U von Mann und Whitney ist

$$U = \sum_{i=1}^{n_1} \sum_{j=1}^{n_2} d_{ij}.$$

Die $n_1 \cdot n_2$ Zufallsvariablen d_{ij} sind nach mit $E(d_{ij}) = p$ und $var\left(d_{ij}^2\right) = p(1-p)$ binomialverteilt. Mann und Whitney (1947) konnten zeigen, dass

$$E\left(U|H_0\right) = \frac{n_1 n_2}{2}; \quad var\left(U|H_0\right) = \frac{n_1 n_2 \left(n_1 + n_2 + 1\right)}{12}$$

gilt. Ferner ist unter H_0 die Verteilung von U symmetrisch zu $\dfrac{n_1 n_2}{2}$. Wir setzen $U' = n_1 n_2 - U$. Wir lehnen für $U < c_{\alpha/2}$ oder $U' < c_{\alpha/2}$ die Nullhypothese ab und nehmen sie ansonsten an.

Wenn $c_{\alpha/2}$ so festgelegt wird, dass $P(U< c_{\alpha/2}|H_0)= \alpha/2$ gilt, wird H_0 abgelehnt, falls $U < c_{\alpha/2}$ oder $U' < c_{\alpha/2}$ ist und anderenfalls angenommen. Die Wilcoxon-Testgröße für die kleinste Stichprobe $n_1 \le n_2$ ist

$$W = U + \frac{n_1\left(n_1+1\right)}{2}$$

Man kann sie alternativ zum Prüfen verwenden und H_0 ablehnen, falls $W < W_{U\,\alpha/2}$ oder $W > W_{O\,\alpha/2}$ ist. Die Quantile $W_{U\,\alpha/2}$ und $W_{O\,\alpha/2}$ dieses Tests kann man mit **R** berechnen, wie im folgenden Beispiel demonstriert wird. Die Größe W ist die Summe von der Rangzahlen der kleinsten Stichprobe mit $N = n_1 + n_2$:

$$E\left(W|H_0\right)= \frac{n_1\left(N+1\right)}{2}; \;\; var\left(W|H_0\right)= \frac{n_1 n_2\left(N+1\right)}{12}$$

Wir müssen darauf hinweisen, dass dieser Test auch dann zur Ablehnung der Nullhypothese führt, wenn Varianzen, Schiefe oder Exzess beider Verteilungen verschieden sind.

Beispiel 4.7
Horn und Vollandt (1995) beschreiben folgendes Experiment. Zwei Mutanten, A und B, eines penicillinproduzierenden Mikroorganismenstamms werden verglichen. Die Leistungen der Mutanten werden in einer mikrobiologischen Testung durch die Durchmesser sogenannter Hemmhöfe (in mm) eingeschätzt. Auf den Testplatten befindet sich eine Agarschicht, die mit bestimmten Bakterien beimpft ist. Aus der Agarschicht werden Scheiben von 5 mm Durchmesser ausgestanzt und in jedes der Löcher wird eine bestimmte Menge einer Suspension gefüllt, die Mikroorganismen jeweils einer Mutante erhält. Nach einer gewissen Zeit produzieren diese Mikroorganismen Penicillin. Dieses diffundiert in die Agarschicht und hemmt in einem bestimmten Bereich um das Stanzloch herum das Wachstum der Bakterien. Dieser runde Bereich ist deutlich an seiner weißen Färbung zu erkennen. Er wird als Hemmhof bezeichnet. Der Hemmhofdurchmesser ist umso größer, je größer die im Stanzloch produzierte Penicillinmenge ist. Es ergaben sich folgende Durchmesser in mm:

A: 24,81 24,03 23,95 24,31 23,45 23,92 24,07 25,22
B: 21,91 23,07 22,98 23,77 22,55 23,32 22,27 22,78

Wir berechnen mit **R** ein 0,95-Konfidenzintervall für die Differenz der Mediane.

```
> A = c(39,47, 39, 45, 49, 39, 41, 50, 42, 44)
> B = c(37, 39, 35, 39, 30, 37, 42, 38, 37, 41, 32, 47, 40)
> wilcox.test(A,B, alternative = "two.sided", conf.int=TRUE)
Wilcoxon rank sum test with continuity correction
data:  A and B
W = 108.5, p-value = 0.007259
alternative hypothesis: true location shift is not equal to 0
```

```
95 percent confidence interval:
 1.999995 9.999952
sample estimates:
difference in location
                5.000005
Warning messages:
1:  In  wilcox.test.default(A,  B,  alternative  =  "two.sided",
conf.int = TRUE) :
  cannot compute exact p-value with ties
2:  In  wilcox.test.default(A,  B,  alternative  =  "two.sided",
conf.int = TRUE) :
  cannot compute exact confidence intervals with ties
```

Das 0,95-Konfidenzintervall ist [2; 10] mm.

▶ **Übung 4.4** In Beispiel 4.5 seien die Beobachtungen keine Realisationen einer normalverteilten Zufallsvariablen. Berechnen Sie ein 0,95-Konfidenzintervall in Tonnen pro Hektar aus den Differenzen vom Median der Werte von Zwiebelsorte *A* beziehungsweise *B*.

Um den Versuchsumfang für den Wilcoxon-Rangsummen-Test zu bestimmen, muss man das **R**-Paket samplesize installieren. Wir verwenden nun Beispiel 4.5.

```
> A = c(39, 47, 39, 45, 49, 39, 41, 50, 42, 44)
> B = c(37, 39, 35, 39, 30, 37, 42, 38, 37, 41, 32, 47, 40)
> nA=length(A)
> nA
[1] 10
> MA = median(A)
> MA
[1] 43
> AltMA = A[ A < 43] # Data von A < Median von A
> AltMA
[1] 39 39 39 41 42
> mA =length(AltMA)
> mA
[1] 5
> pA = mA/nA   # Fraktion von A < MA
> pA
[1] 0.5
> nB = length(B)
> nB
[1] 13
> MB = median(B)
> MB
[1] 38
```

```
> BltMB = B[ B < 38] # Data von B < Median von B
> BltMB
[1] 37 35 30 37 37 32
> mB = length(BltMB)
> mB
[1] 6
> pB = mB/nB  # Fraktion von B < MB
> pB
[1] 0.4615385
> t = nA/nB  # Verhältnis von die Stichproben Umfangen
> t
[1] 0.7692308
> library(samplesize)
> n.wilcox.ord(power = 0.9, alpha=0.05, t = 0.77,
    p=c(0.5,0.5), q= c(0.46,0.54))
$`total sample size`
[1] 9236
$m
[1] 2124
$n
[1] 7112
> n.wilcox.ord(power = 0.8, alpha=0.05, t = 0.77,
    p=c(0.5,0.5), q= c(0.46,0.54))
$`total sample size`
[1] 6899
$m
[1] 1587
$n
[1] 5312
> n.wilcox.ord(power = 0.5, alpha=0.05, t = 0.77,
    p=c(0.5,0.5), q= c(0.46,0.54))
$`total sample size`
[1] 3377
$m
[1] 777
$n
[1] 2600
```

4.4   Hinweise auf weiterführende Literatur

Wir haben uns bisher auf die in den Agrarwissenschaften gebräuchlichsten
Kontingenzschätzungen und Tests beschränkt. Dabei war die Vorgabe, dass es sich
um Erwartungswerte von Normalverteilungen handelt, nicht wirklich einschränkend,
weil umfangreiche Simulationsuntersuchungen, zum Beispiel von Rasch und
Guiard (2004), zeigen konnten, dass für kontinuierliche Verteilungen, die keine

Normalverteilungen sind, die unter Normalitätsvoraussetzungen für Erwartungswerte abgeleiteten Tests auch sehr gut geeignet sind und alle Risiken weitgehend
eingehalten werden. (Wir geben unten auch Konfidenzschätzungen und Tests für
Varianzen an.)

Anders verhält es sich teilweise für diskrete Verteilungen wie die Binomialverteilung oder die Poisson-Verteilung. Für diese Verteilungen wurden eigene Verfahren abgeleitet.

Wir geben hier aus dem Buch *Verfahrensbibliothek Versuchsplanung und -aus-
wertung* (Rasch et al., 1978, 1996, 2008) die Verfahren an, die sowohl die Versuchsplanung als auch die Auswertung (allerdings mit dem kommerziellen Programmpaket SAS) enthalten. Ferner verweisen wir auf sequenzielle Dreieckstests.

Nummer	Titel
3/22/1500	Sequentieller Vergleich des Mittelwertes einer Normalverteilung mit einer Konstanten bei bekannter Varianz mit minimalem erwarteten Stichprobenumfang
3/22/1501	Sequentieller Vergleich des Mittelwertes einer Normalverteilung bei bekannter Varianz mit einer Minimax-Bedingung für den Stichprobenumfang
3/22/2001	Vergleich des Mittelwertes einer Poissonverteilung mit einer Konstanten
3/22/3401	Robuster Test mit α-getrimmtem Mittel
3/22/3402	Robuster Test mit α-winsorisiertem Mittel
3/22/4105	Vergleich des Parameters der einparametrischen Exponentialverteilung mit einer Konstanten
3/22/4701	Prüfung von Hypothesen über den Mittelwert im Einstichprobenproblem bei unbekannten, kontinuierlichen Verteilungen
3/22/4705	Test auf Gleichheit der Erwartungswerte der Randverteilungen in zweidimensionalen Verteilungen (Vorzeichen-Rang-Test)
3/23/4002	Schätzung der Differenz der Mittelwerte zweier Poissonverteilungen

Sequenzielle Vergleiche des Mittelwerts einer Normalverteilung mit einer Konstanten bei bekannter Varianz und für binäre Daten sind in Kap. 5 (*Sequential design*) von Rasch et al. (2011) gegeben.

Im **R**-Paket OPDOE sind folgende Befehle für sequenzielle Tests enthalten:

- triangular.test für sequenzielle Dreieckstests
- triangular.test.norm für sequenzielle Dreieckstests für Normalverteilungen
- triangulartest.prop für sequenzielle Dreieckstests für Binomialver-
  teilungen
- update.triangular.test für den Druck der Ergebnisse von sequenziel-
  len Dreieckstests

Literatur

Horn, M., & Vollandt, R. (1995). *Multiple Tests und Auswahlverfahren*. Gustav Fischer Verlag.
Mann, H. B., & Whitney, D. R. (1947). On a test whether one of two random variables is stochas-
tically larger than the other. *Annals of Mathematical Statistics, 18,* 50–60.
Rasch, D. (1995). *Einführung in die Mathematische Statistik*. Johann Ambrosius Barth.

Rasch, D., & Guiard, V. (2004). The robustness of parametric statistical methods. *Psychology Science, 46*, 175–208.

Rasch, D., Herrendörfer, G., Bock, J., & Busch, K. (1978). *Verfahrensbibliothek Versuchsplanung und -auswertung* (Bd. I, II). VEB Deutscher Landwirtschaftsverlag.

Rasch, D., Herrendörfer, G., Bock, J., Victor, N., & Guiard, V. (1996). *Verfahrensbibliothek Versuchsplanung und -auswertung* (2. Aufl., Bd. I, II). Oldenbourg Verlag.

Rasch, D., Herrendörfer, G., Bock, J., Victor, N., & Guiard, V. (2008). *Verfahrensbibliothek Versuchsplanung und -auswertung* (3. Aufl., Bd. I, II). Oldenbourg Verlag.

Rasch, D., Pilz, J., Verdooren, R., & Gebhardt, A. (2011). *Optimal experimental design with R*. Chapman & Hall/CRC, Taylor & Francis Group.

Richter, C. (2002). *Einführung in die Biometrie 1, Grundbegriffe und Datenanalyse*. Senat der Bundesforschungsanstalten des Bundesministeriums für Verbraucherschutz, Ernährung und Landwirtschaft.

Statistisches Jahrbuch über Ernährung, Landwirtschaft und Forsten, Jahrbuch 2021. (2021). Bundesinformationszentrum Landwirtschaft. Landwirtschaftsverlag.

Welch, B. L. (1947). The generalisation of "Student's" problem when several different population variances are involved. *Biometrika, 34*, 28–35.

Wilcoxon, F. (1945). Individual comparisons by ranking methods. *Biometrics Bulletin, 1*, 80–83.

Wilcoxon, F. (1947). Probability tables for individual comparisons by ranking methods. *Biometrics, 3*, 119–122.

Wilcoxon, F. (1949). *Some rapid approximate statistical procedures*. American Cynamic Co.

Zweidimensionale Normalverteilung, Selektion und Modell II der Regressionsanalyse

5

Zusammenfassung

In diesem Kapitel wird zunächst die zweidimensionale Normalverteilung der beiden Zufallsvariablen x und y eingeführt mit der Kovarianz zwischen den beiden Zufallsvariablen und dem Korrelationskoeffizienten. Ist x der genotypische und y der phänotypische Wert in einer züchterisch bearbeiteten Population, so kann der Zuchtfortschritt durch linksseitige Stutzung berechnet werden. Bedingte Normalverteilungen führen zu Modell II der Regressionsanalyse. Für die einfache lineare Regression kann man die Regression von x auf y oder die von y auf x betrachten. Für die Parameter der Regressionsfunktionen werden Punktschätzungen, Konfidenzintervalle und Tests angegeben. Anschließend diskutieren wir die mehrfache lineare Regression.

Bisher haben wir ein Merkmal y und dessen statistisches Modell einer Zufallsvariablen y betrachtet. Gerade in der Züchtung von Pflanzen und Tieren, aber auch anderweitig, werden oft zwei Merkmale gemeinsam betrachtet. Das, was wir an Zuchtobjekten messen, ist ihr phänotypisches Erscheinungsbild $y = P$, ihr phänotypischer Wert. Verbessern wollen wir aber durch Selektion die genetische Veranlagung der Zuchtobjekte. Der phänotypische Wert hängt vom genotypischen Wert G und von Umwelteinflüssen u ab. Bei Pflanzen gehören zu den Umwelteinflüssen das Düngen, die Bodenqualität, die Regenmenge u. a. und bei Tieren zum Beispiel die Fütterung und die Haltung. Wir benötigen zunächst etwas Theorie.

D. Rasch, R. Verdooren, *Angewandte Statistik mit R für Agrarwissenschaften*, https://doi.org/10.1007/978-3-662-67078-1_5

5.1   Zweidimensionale Normalverteilung

Wir nennen $\begin{pmatrix} x \\ y \end{pmatrix}$ einen Zufallsvektor mit den Komponenten x und y. Ein Schema $\begin{pmatrix} \sigma_x^2 & \sigma_{xy} \\ \sigma_{xy} & \sigma_y^2 \end{pmatrix}$ heißt Kovarianzmatrix mit den beiden Varianzen in der Haupt-diagonalen und der sogenannten Kovarianz zwischen x und y

$$\sigma_{xy} = E\left[\left(x - \mu_{x,} \right)\left(y - \mu_y \right) \right]. \tag{5.1}$$

Wir setzen voraus, dass die gemeinsame Verteilung der G- und P-modellierenden Zufallsvariablen $G = x$ und $P = y$ eine zweidimensionale Normalverteilung mit der Dichtefunktion

$$f(x,y) = \frac{1}{2\pi\sigma_x\sigma_y\sqrt{1-\rho^2}} e^{\left\{ \frac{1}{2(1-\rho^2)}\left[\frac{(x-\mu x)^2}{\sigma_x^2} \right] - 2\rho\left(\frac{x-\mu_x}{\sigma_x} \right)\left(\frac{y-\mu_y}{\sigma_y} \right) + \frac{(y-\mu_y)^2}{\sigma_y^2} \right\}} \tag{5.2}$$

mit $-\infty < \mu_{x,}\,\mu_y, < \infty;\ \sigma_x^2, \sigma_y^2 > 0,\ -1 < \rho < 1$

ist. Diese Verteilung hat 5 Parameter, die Erwartungswerte von x und y, die geneti-sche Varianz $\sigma_x^2 = \sigma_g^2$, die phänotypische Varianz $\sigma_y^2 = \sigma_p^2$ und den Korrelationsko-effizienten ρ zwischen x und y. Den Quotienten $\vartheta = \dfrac{\sigma_g^2}{\sigma_p^2}$ nennt man den Heritabili-tätskoeffizienten, sein Schätzwert wird mit h^2 bezeichnet. Die beiden eindimensionalen Verteilungen von $G = x$ und $P = y$ heißen Randverteilungen. Sie sind Normalverteilungen mit den Erwartungswerten und den Varianzen der zwei-dimensionale Normalverteilung. Ihre Verteilungsfunktionen seien $F(x) = F(G)$ und $F(y) = F(P)$.

Die Kovarianz zwischen x und y hängt wie folgt mit dem Korrelationsko-effizienten zwischen x und y zusammen:

$$\rho = \frac{\sigma_{xy}}{\sigma_x \cdot \sigma_y} \quad \text{mit} \quad -1 \le \rho \le 1. \tag{5.3}$$

Ist $\rho = 0$, so heißen x und y unkorreliert, aber nur im Fall der zweidimensionalen Normalverteilung folgt, dass x und y auch stochastisch unabhängig sind.

Die Formel (5.2) kann man auch unabhängig von der genetischen Interpretation verwenden. Zum Beispiel könnte man die Jahresmilchmengenleistung x und den Fettgehalt der Milch y einer Rinderpopulation durch (5.2) modellieren.

Mit **R** kann man die Werte von (5.2) berechnen und die Dichtefunktion grafisch darstellen. Wenn $\sigma_x^2 = \sigma_y^2 = 1$ und $\rho = 0$ ist, liegt eine zweidimensionale Standard-normalverteilung vor.

In **R** verwenden wir den Vektor `mu` $= c(\mu_x, \mu_y)$ für die Erwartungswerte und die Kovarianzmatrix

```
sigma = matrix(c(σ²ₓ,ρ σₓ σᵧ,ρ σₓ σᵧ,σ²ᵧ), nrow = 2).
```

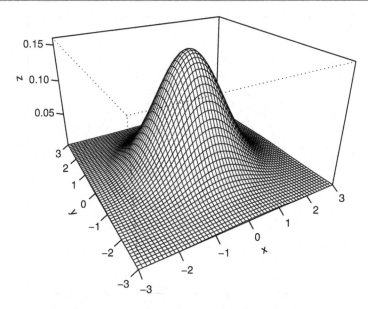

Abb. 5.1 Dichtefunktion der zweidimensionalen Normalverteilung mit Kovarianzmatrix $\begin{pmatrix} \sigma_x^2 & \sigma_{xy} \\ \sigma_{xy} & \sigma_y^2 \end{pmatrix} = \begin{pmatrix} 1 & 0 \\ 0 & 1 \end{pmatrix}$ und Erwartungswerten gleich Null.

Wir installieren das **R**-Paket mnormt, um die Dichtefunktion der zwei-dimensionalen Standardnormalverteilung grafisch darzustellen (Abb. 5.1).

```
> library(mnormt)
> x = seq(-3,3,0.1)
> y = seq(-3,3,0.1)
> mu = c(0,0)
> sigma = matrix(c(1, 0, 0, 1), nrow=2)
> sigma
      [,1] [,2]
[1,]    1    0
[2,]    0    1
> f = function(x,y) dmnorm(cbind(x,y), mu, sigma)
> z = outer(x,y,f)
>       persp(x,y,z,theta=-30,phi=25,expand=0.6,ticktype =
      "detailed")
```

Verwenden wir die contour( )-Funktion des **R**-Pakets mnormt, so erhalten wir eine Art Höhenlinien, die eine zweidimensionale Darstellung der zwei-dimensionalen Standardnormalverteilung ergeben (Abb. 5.2).

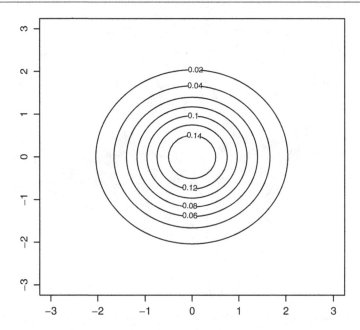

Abb. 5.2 Höhenlinien der zweidimensionalen Standardnormalverteilung

```
> x = seq(-3,3,0.1)
> y = seq(-3,3,0.1)
> mu = c(0,0)
> sigma = matrix(c(1, 0, 0, 1), nrow=2)
> f = function(x,y) dmnorm(cbind(x,y), mu, sigma)
> z = outer(x,y,f)
```

Wir gehen weiter mit unserem **R**-Programm > contour(x,y,z).

```
> contour(x,y,z)
```

▶ **Übung 5.1** Erstellen Sie für die zweidimensionale Normalverteilung mit Erwartungswert Vektor mu = c(0,0) und der Kovarianzmatrix sigma= matrix (c(2,-1,-1,2),nrow=2) eine grafische Darstellung.

Geben Sie die Werte von ρ an.

5.2   Selektion in der Züchtung

In der Tier- und Pflanzenzüchtung, aber auch im Gartenbau versucht man, Erträge, Leistungen aber auch Farben durch verschiedene Methoden zu verbessern oder zu verändern. Wir beschreiben hier die Selektion durch linksseitige Stutzung einer

Normalverteilung. Diese Verteilung hat 5 Parameter, die Erwartungswerte von G und P, μ_g und μ_p, die genetische Varianz σ_g^2, die phänotypische Varianz σ_p^2 und den Korrelationskoeffizienten ρ_{gp} zwischen G und P. Selektieren können wir nur nach den phänotypischen Werten, die genotypischen sind uns nicht bekannt. Linksseitige Stutzung nach P bedeutet, dass wir alle Individuen mit realisierten P-Werten kleiner als y_s, der Selektionspunkt, von der Weiterzucht ausschließen. Standardisierter Selektionspunkt ist

$$u_s = \frac{y_s - \mu_p}{\sigma_p}. \tag{5.4}$$

Die Größe $F(y_s) = P(P \leq y_s)$ heißt Selektionsintensität. Ferner ist mit dem Erwartungswert μ_{ps} von P in dem nach der Selektion verbleibenden Teil der Phänotypen die Selektionsdifferenz

$$d = \mu_{ps} - \mu_p \tag{5.5}$$

und die standardisierte Selektionsdifferenz

$$d_s = \frac{\mu_{ps} - \mu_p}{\sigma_p} = \frac{\varphi(u_s)}{1 - \phi(u_s)}, \tag{5.6}$$

wobei $\varphi(u)$ bzw. $\phi(u)$ die Dichte- bzw. Verteilungsfunktion der eindimensionalen Standardnormalverteilung sind.

Ist μ_{gs} der Erwartungswert von G nach der Selektion, so ist der Selektionserfolg

$$\Delta_G = \mu_{gs} - \mu_g.$$

Wir betrachten nun den Vektor $\begin{pmatrix} x \\ y \end{pmatrix}$ der beiden normalverteilten Zufallsvariablen mit dem Vektor der Erwartungswerte $\begin{pmatrix} \mu_x \\ \mu_y \end{pmatrix}$ und der Kovarianzmatrix $\begin{pmatrix} \sigma_x^2 & \sigma_{xy} \\ \sigma_{xy} & \sigma_y^2 \end{pmatrix}$, in deren Hauptdiagonale die beiden Varianzen und in deren Nebendiagonale die Kovarianz $\sigma_{xy} = E[(x - \mu_x) \cdot (y - \mu_y)]$ zwischen x und y stehen. Wir setzen nun in diesem Abschnitt $x = G$ und $y = P$ und schreiben dann

$$\begin{pmatrix} x \\ y \end{pmatrix} = \begin{pmatrix} G \\ P \end{pmatrix}, \begin{pmatrix} \mu_x \\ \mu_y \end{pmatrix} = \begin{pmatrix} \mu_g \\ \mu_p \end{pmatrix}, \begin{pmatrix} \sigma_x^2 & \sigma_{xy} \\ \sigma_{xy} & \sigma_y^2 \end{pmatrix} = \begin{pmatrix} \sigma_g^2 & \sigma_{gp} \\ \sigma_{gp} & \sigma_p^2 \end{pmatrix} \text{ und } \rho = \frac{\sigma_{gp}}{\sigma_g \sigma_p}.$$

Wir betrachten das einfache populationsgenetische Modell für die i-te Leistung von n Zuchtobjekten

$$P_i = G_i + u_i = \mu + g_i + u_i, i = 1, \ldots, n$$

mit dem phänotypischen Wert P_i, dem genotypischen Wert bzw. Effekt G_i bzw. g_i und dem Umwelteffekt u_i des Zuchtobjekts i. Es mögen die Nebenbedingungen $E(g_i) = E(u_i) = 0$, $var(g_i) = \sigma_g^2$, $var(P_i) = \sigma_p^2 var(u_i) = \sigma_u^2$ für alle i und $cov(g_i, u_{j,}) = cov(u_i, u_{j,}) = 0$ für alle $i, j = 1, \ldots, n$ gelten. Falls die letzte Bedingung nicht gilt, liegt eine Genotyp-Umwelt-Wechselwirkung vor. Dann gilt $\mu_g = \mu_p = \mu$ und $cov\left(P_i, g_i\right) = \sigma_g^2$.

Nach Satz 3.2 in Rasch und Herrendörfer (1990) erhält man nach der Selektion bezüglich P im Punkt y_s mit $u_s = \dfrac{y_s - \mu_p}{\sigma_p}$ und $d_s = \dfrac{\varphi\left(u_s\right)}{1 - \phi\left(u_s\right)}$ folgende Parameter

$$\mu_{gs} = \mu + \frac{\sigma_g^2}{\sigma_p^2} d_s \sigma_p = \mu + \vartheta d_s \sigma_p \tag{5.7}$$

mit dem Heritabilitätskoeffizienten $\vartheta = \dfrac{\sigma_g^2}{\sigma_p^2}$,

$$\mu_{ps} = \mu + d_s \sigma_p, \tag{5.8}$$

$$\sigma_{gs}^2 = \sigma_g^2 \left[1 + d_s \vartheta \left(u_s - d_s\right)\right], \tag{5.9}$$

$$\sigma_{ps}^2 = \sigma_p^2 \left[1 + d_s \left(u_s - d_s\right)\right], \tag{5.10}$$

$$cov_s\left(G, P\right) = \sigma_g^2 \left[1 + d_s \left(u_s - d_s\right)\right]. \tag{5.11}$$

Beispiel 5.1
Wir nehmen an, dass die Laktationsleistung von schwarzbunten Kühen $\mu_p = 8000$ kg beträgt und $\sigma_p^2 = 2250000$ kg^2 ist. Alle Kühe mit einer Laktationsleistung unter 7000 kg als Selektionspunkt werden von der Weiterzucht ausgeschlossen. Dann ist

$$u_s = \frac{y_s - \mu_p}{\sigma_p} = -\frac{1000}{1500} = -0{,}667 \quad \text{und} \quad d_s = \frac{\varphi\left(u_s\right)}{1 - \phi\left(u_s\right)} = 0{,}43.$$

Mit **R** berechnen wir d_s:

```
> us = -0.667
> A = dnorm(us)
> A
[1] 0.319377
> B = pnorm( us, lower.tail = FALSE)
> B
[1] 0.7476139
> ds =A/B
> ds
[1] 0.4271951.
```

Also ergibt sich $d_s \approx 0{,}43$.

Nach (5.7) ist nun der Selektionserfolg (Zuchterfolg)

$$\Delta_G = \mu_{gs} - \mu_g = \vartheta d_s \sigma_p = 0{,}43\vartheta \cdot 1500 = 645\vartheta.$$

Nach Seeland et al. (1984) ist für die 305-Tage-Leistung schwarzbunter Rinder von $\hat{\vartheta} = h^2 = 0,24$ auszugehen. Damit ist der Selektionserfolg durch Stutzungsselektion $\Delta_G \approx 155\ kg$.

▶ **Übung 5.2** Berechnen Sie den Selektionserfolg in Beispiel 5.1 für den Fall, dass der Selektionspunkt bei

a) 6000 kg
b) 7500 kg

liegt.

5.3 Bedingte Normalverteilungen und Regressionsfunktionen

Wenn man in einer zweidimensionalen Verteilung eine der Zufallsvariablen auf einem reellen Wert hält, ergibt sich eine sogenannte bedingte Verteilung. Im Fall der zweidimensionalen Normalverteilung ist jede der beiden möglichen bedingten Verteilungen wieder eine (aber jetzt eindimensionale) Normalverteilung. Die Erwartungswerte der bedingten Verteilungen sind lineare Funktionen der bedingenden Variablen.

5.3.1 Einfache lineare Regression – Punktschätzung

Nach Übergang zu zufälligem x nennen wir die Gleichung $E(y) = \beta_0 + \beta_1 x$ bzw.

$$y = \beta_0 + \beta_1 x + e \tag{5.12}$$

die Regressionsgerade oder Modell II der Regressionsanalyse. Das sogenannte Fehlerglied e wird als $N(0, \sigma^2)$-verteilt angenommen. Die Variable x auf der rechten Seite von (5.12) nennen wir den Regressor und y nennen wir den Regressanden. Aus (5.12) erhält man für Wertepaare (x_i, y_i) die Modellgleichung

$$y_i = \beta_0 + \beta_1 x_i + e_i, \quad i = 1, \ldots, n > 2,$$
$$cov(e_i, e_j) = \delta_{ij}\sigma^2, cov(x_i, e_j) = 0. \tag{5.13}$$

Um die Parameter β_0 und β_1, die Regressionskoeffizienten genannt werden, zu schätzen, kann man wieder die Methode der kleinsten Quadrate anwenden und minimiert nach Übergang zu reellen Größen y_i und x_i:

$$\sum_{i=1}^{n} e_i^2 = \sum_{i=1}^{n}(y_i - \beta_0 - \beta_1 x_i)^2, i = 1, \ldots, n > 2. \tag{5.14}$$

Wir leiten daher (5.14) partiell nach β_0 und β_1 ab und erhalten zuerst die Ableitung nach β_0:

$$-2\sum_{i=1}^{n}(y_i - \beta_0 - \beta_1 x_i).$$

und danach die Ableitung nach β_1:

$$-2\sum_{i=1}^{n}\left(y_i - \beta_0 - \beta_1 x_i\right)x_i.$$

Nun setzen wir beide Gleichungen gleich Null, die Lösungen nennen wir b_0 bzw. b_1. Für sie ergeben sich nach einigen Umformungen die geschätzten Regressionskoeffizienten $b_0 = \overline{y} - b_1\overline{x}$ und $b_1 = \dfrac{s_{xy}}{s_x^2}$.

Dass es sich tatsächlich um ein Minimum handelt, erkennt man daran, dass die Matrix der zweiten Ableitung

$$2\begin{pmatrix} n & \sum x_i \\ \sum x_i & \sum x_i^2 \end{pmatrix}$$

wegen $n\sum_{i=1}^{n}\left(x_i - \overline{x}\right)^2 = \left[n\sum x_i^2 - \left(\sum x_i\right)^2\right] > 0$ eine positive Determinante hat. Nach dem Übergang zur Zufallsvariablen erhält man die Schätzfunktionen

$$\boldsymbol{b_0} = \overline{\boldsymbol{y}} - \boldsymbol{b_1}\overline{\boldsymbol{x}} \quad \text{und} \quad \boldsymbol{b_1} = \frac{\boldsymbol{s}_{xy}}{\sigma_x^2}.$$

Es gilt nach Lemma 10.1 in Graybill (1961), dass $E(\boldsymbol{b_0}) = \beta_0$ und $E(\boldsymbol{b_1}) = \beta_1$. Beide Schätzungen sind also erwartungstreu, aber $\boldsymbol{b_0}$ und $\boldsymbol{b_1}$ sind nicht normalverteilt. Ferner ist $\text{var}\left(\boldsymbol{b_1}\right) = \dfrac{\sigma^2}{n\sigma_x^2}$.

Die Varianz σ^2 von $\boldsymbol{e}, \sigma^2 = var(\boldsymbol{e})$ schätzt man durch

$$\boldsymbol{s}^2 = \frac{1}{n-2}\sum_{i=1}^{n}\left(\boldsymbol{y_i} - \boldsymbol{b_0} - \boldsymbol{b_1}\boldsymbol{x_i}\right)^2. \tag{5.15}$$

Diese Schätzfunktion ist mit $n - 2$ Freiheitsgraden $\chi^2\text{-}CQ(n - 2)$-verteilt.

Die χ^2-Verteilung (Chi-Quadrat-Verteilung)

Die χ^2-Verteilung ist neben der t-Verteilung und der F-Verteilung (Kap. 6) eine der wichtigsten Prüfverteilungen; ihr Quantil benötigt man für die Konstruktion von Konfidenzintervallen. Dichte- und Verteilungsfunktion der zentralen und nichtzentralen χ^2-Verteilung geben wir hier nicht an (Rasch, 1995).

Es seien $u_1,\ldots,u_k$ unabhängig standardnormalverteilte Zufallsvariablen. Ist zudem $\chi_k^2 = \sum_{i=1}^{k}u_i^2$, dann ist χ_k^2 nach χ^2 verteilt mit $E\left(\chi_k^2\right) = k, var\left(\chi_k^2\right) = 2k$ und k Freiheitsgraden.

Die benötigten p-Quantile von χ_k^2 erhält man mit **R**:

```
> qchisq(p, df = k).
```

Wenn $x_1,\ldots,x_k$ k stochastisch unabhängige, normalverteilte Zufallsvariablen mit Erwartungswerten $\mu_1,\ldots,\mu_k$ und Varianzen gleich 1 sind, dann ist $\chi_k^2(\lambda) = \sum_{i=1}^{k}x_i^2$

nichtzentral Chi-Quadrat-verteilt mit den Parametern n, den Freiheitsgraden und dem Nichtzentralitätsparameter $\lambda = \sum_{i=1}^{k} \mu_i^2$. Der Erwartungswert ist $E\left(\chi_k^2(\lambda)\right) = k + \lambda$ und die Varianz ist $var\left(\chi_k^2(\lambda)\right) = 2\left(k + 2\lambda\right)$.

Die Dichtefunktion der zentralen Chi-Quadrat-Verteilung mit 10 Freiheitsgraden kann man mit dem **R**-Befehl

```
> curve(dchisq(x, df = 10), from = 0, to = 40)
```

erhalten (Abb. 5.3).

Die erwartungstreue Schätzfunktion für die Varianz σ^2 einer normalverteilten Zufallsvariablen x mit der Verteilung $N(\mu; \sigma^2)$ ist $s^2 = \sum_{i=1}^{n}\left(x_i - \bar{x}\right)^2 / \left(n - 1\right)$.

Nun ist $\sum_{i=1}^{n}\left(x_i - \bar{x}\right)^2 = \left(n - 1\right)s^2$ verteilt wie eine zentrale χ^2-Verteilung mit $(n - 1)$ Freiheitsgraden, $CQ(n - 1)$. Das zweiseitige $(1–0{,}05)$-Konfidenzintervall von σ^2 ist

$$\left[\frac{\left(n-1\right)s^2}{CQ\left(n-1; 0{,}975\right)}; \frac{\left(n-1\right)s^2}{CQ\left(n-; 0{,}025\right)}\right]. \tag{5.16}$$

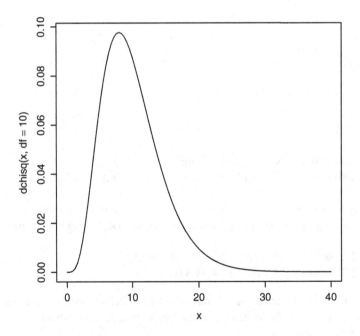

Abb. 5.3 Dichtefunktion der zentralen Chi-Quadrat-Verteilung mit 10 Freiheitsgraden

Beispiel 5.2
Sumpf und Moll (2004) geben die Fettkilogrammleistung y von $n = 20$ Kühen an:

120 250 175 215 180 175 210 200 209 187
195 180 215 225 230 160 280 210 190 176

Bei Unterstellung einer Normalverteilung für das Modell y der Fettkilogrammleistung y erhält man mit **R** ein zweiseitiges 0,95-Konfidenzintervall für die Varianz σ^2.

```
> y = c(120, 250, 175, 215, 180, 175, 210, 200, 209, 187,
        195, 180, 215, 225, 230, 160, 280, 210, 190, 176)
> n = length(y)
> n
[1] 20
> s2 = var(y)
> s2
[1] 1161.042
> A = (n-1)*s2
> A
[1] 22059.8
> B = qchisq(0.975, df= n-1)
> B
[1] 32.85233
> C = qchisq(0.025, df= n-1)
> C
[1] 8.906516
> KI.unten = A/B
> KI.unten
[1] 671.4836
> KI.oben = A/C
> KI.oben
[1] 2476.816
```

Die Schätzung von σ^2 ist $s^2 = 1161{,}042$ kg^2.
   Das 0,95-Konfidenzintervall von σ^2 ist [671,48; 2476,82] in kg^2.

▶ **Übung 5.3** Nach Sumpf und Moll (2004) wurde in einem Feldversuch mit 22
Parzellen zum gleichen Zeitpunkt Petersilie geerntet. Der Ertrag y in kg ist:

3,48 2,92 2,96 3,80 3,32 3,22 3,72 3,04 3,48 3,98 3,18
4,22 3,92 3,26 3,06 4,14 2,86 3,54 4,34 3,04 3,48 3,08

Berechnen Sie unter der Annahme, dass die Daten Realisationen normalverteilter
Zufallsvariablen sind, die Varianz und das zweiseitige 95-%-Konfidenzintervall für
die Varianz.

Der Quotient

$$\rho_{x,y} = \frac{\sigma_{xy}}{\sigma_x \sigma_y}, \quad -1 \le \rho_{x,y} \le 1 \tag{5.17}$$

heißt Korrelationskoeffizient zwischen x und y, sein Quadrat ist das theoretische Bestimmtheitsmaß ρ_{xy}^2.

Das Bestimmtheitsmaß ρ_{xy}^2 und seine Schätzung können wie folgt interpretiert werden. Je höher das Bestimmtheitsmaß ist, umso größer ist der Teil der Varianz der einen Variablen, der durch die Varianz der anderen Variablen erklärt werden kann (und umgekehrt). Zum Beispiel besagt ein Bestimmtheitsmaß von 0,64, dass 64 % der Varianz von y durch die Varianz von x erklärt werden kann (und umgekehrt), 36 % der Varianz, der Variabilität, von y hängt von anderen, nicht bekannten (Einfluss-)Faktoren ab. Ein Bestimmtheitsmaß von 0,50 zeigt an, dass die Hälfte der Varianz der Variablen wechselseitig erklärt wird, man kann von einem mittelmäßigen Zusammenhang sprechen. Gerade beim Bestimmtheitsmaß wird in der Symbolik oft nicht zwischen Parameter und Schätzwert unterschieden, beide werden mitunter durch B symbolisiert, meist wird mit B aber das Bestimmtheitsmaß in der Stichprobe bezeichnet. Wir wollen hier von dieser üblichen Bezeichnungsweise auch nicht abweichen, vermeiden das Symbol B für die Grundgesamtheit und schreiben, wie bereits geschehen, in der Grundgesamtheit für das Bestimmtheitsmaß ρ_{xy}^2.

Der Korrelationskoeffizient ρ_{xy} in (5.17) wird geschätzt durch den Stichprobenkorrelationskoeffizienten

$$r_{x,y} = \frac{s_{x,y}}{s_{x_i} s_y} = \frac{\text{SP}_{x,y}}{\sqrt{\text{SS}_{x_i} \text{SS}_y}} \tag{5.18}$$

mit den Bezeichnungen

$$\bar{x} = \frac{1}{n} \sum_{i=1}^{n} x_i, \bar{y} = \frac{1}{n} \sum_{i=1}^{n} y_i,$$

$$SP_{xy} = \sum_{i=1}^{n} (x_i - \bar{x})(y_i - \bar{y}) \tag{5.19}$$

und

$$SQ_x = SP_{xx}. \tag{5.20}$$

Die Schätzung von $\rho_{x,y}$ aus (5.18) ist nicht erwartungstreu.

Eine erwartungstreue Schätzung r_u von $\rho_{x,y}$ ist gegeben durch Olkin und Pratt (1958):

$$r_u = r \left[1 + \left(1 - r^2 \right) / \left(2(n-3) \right) \right]. \tag{5.21}$$

Sie ist 0,01-exakt für $n \ge 8$ und 0,001-exakt für $n \ge 18$.

Bevor wir uns Konfidenzschätzungen und Tests zuwenden, geben wir ein Beispiel.

Beispiel 5.3

Von 30 schwarzbunten Kühen des Forschungszentrums Dummerstorf wurden Widerristhöhe und Brustumfang gemessen (Tab. 5.1).

Bevor wir mit diesen Daten rechnen, sollte man sich mit einer Punktwolke, das ist die Darstellung von (x_i, y_i) als Punkte in einem (x, y)-Koordinatensystem, Gewissheit verschaffen, ob eine Gerade durch die Punkte passt.

```
>  y = c(110,112,108,108,112,111,114,112,121,119,
            113,112,114,113,115,121,120,114,108,111,
            108,113,109,104,112,124,118,112,121,114)
>  x = c(143,156,151,148,144,150,156,145,155,157,
            159,144,145,139,149,170,160,156,155,150,
            149,145,146,132,148,154,156,151,155,140)
> plot(x,y, xlab = "Brustumfang in cm",
            ylab = "Widerristhöhe in cm")
```

Abb. 5.4 zeigt keinen sehr guten, aber doch linearen Zusammenhang.

Nun schätzen wir mit **R** die Parameter der Regressionsfunktion, den Korrelationskoeffizienten und das Bestimmtheitsmaß.

```
> Model.yx = lm( y ~x )
> Model.yx
Call:
lm(formula = y ~ x)
Coefficients:
(Intercept)             x
     56.938         0.376
> summary(Model.yx)
```

Tab. 5.1 Messwerte der Widerristhöhe (y_j) und des Brustumfangs (x_j) von 30 Kühen in cm

Nummer der Kuh j	y_j	x_j	Nummer der Kuh j	y_j	x_j
1	110	143	16	121	170
2	112	156	17	120	160
3	108	151	18	114	156
4	108	148	19	108	155
5	112	144	20	111	150
6	111	150	21	108	149
7	114	156	22	113	145
8	112	145	23	109	146
9	121	155	24	104	132
10	119	157	25	112	148
11	113	159	26	124	154
12	112	144	27	118	156
13	114	145	28	112	151
14	113	139	29	121	155
15	115	149	30	114	140

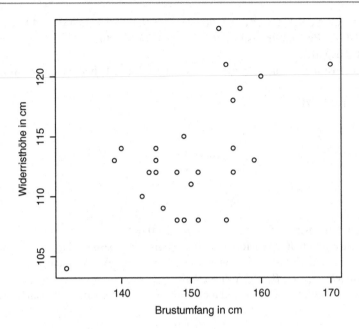

Abb. 5.4 Punktwolke der Werte aus Tab. 5.1

```
Call:
lm(formula = y ~ x)
Residuals:
    Min      1Q  Median      3Q     Max
-7.2129 -2.5075 -0.2168  2.5129  9.1630
Coefficients:
            Estimate Std. Error t value Pr(>|t|)
(Intercept) 56.93754   14.33273   3.973 0.000452 ***
x            0.37597    0.09527   3.946 0.000485 ***
---
Signif. codes:  0 '***' 0.001 '**' 0.01 '*' 0.05 '.' 0.1 ' ' 1

Residual standard error: 3.848 on 28 degrees of freedom
Multiple R-squared:  0.3574,    Adjusted R-squared:  0.3345
F-statistic: 15.57 on 1 and 28 DF,  p-value: 0.000485
> r = cor(x,y)
> r
[1] 0.5978505
> r.quadrat = r*r
> r.quadrat
[1] 0.3574252
```

Wir finden die Schätzwerte $b_0 = 56{,}938$; $b_1 = 0{,}376$, $s^2 = 3{,}848^2 = 14{,}807$ und $r = 0{,}598$ und das Bestimmtheitsmaß $B = r^2 = 0{,}3574$ (= "Multiple R-squared" in der **R**-Ausgabe).

Einen erwartungstreuen Schätzwert von $\rho_{x,y}$ mit (5.21) berechnen wir mit **R**:

```
> n = length(y)
> n
[1] 30
> r = 0.5978505
> r.U = r*(1 + (1-r^2)/(2*(n-3)))
> r.U
[1] 0.6049646
```

Der erwartungstreue Schätzwert von $\rho_{x,y}$ ist 0,605.

Eine Besonderheit von Modell II der Regression besteht darin, dass man die Rolle der beiden Zufallsvariablen vertauschen kann. Wir können also auch von einem Modell $E(x) = \beta_0^* + \beta_1^* y$ ausgehen.

Die Regression von x auf y und auch ein Modell II der Regressionsanalyse ist

$$x = \beta_0^* + \beta_1^* x + e^* \tag{5.22}$$

▶ **Übung 5.4** Geben Sie die Formeln analog zu (5.12) und (5.13) und die Schätzwerte der Regressionskoeffizienten sowie die Punktwolke für Modell II (5.22) für Beispiel 5.3 an.

Die Realisationen der Schätzungen $y = \beta_0 + \beta_1 x$ bzw. $x = \beta_0^* + \beta_0^* y$ sind

$$y = \beta_0 + \beta_1 x \tag{5.23}$$

und

$$x = \beta_0^* + \beta_0^* y. \tag{5.24}$$

Sie sind Funktionen zweier Regressionsgraden. Diese Regressionsgeraden unterscheiden sich, außer es gilt $\rho_{x,y} = 1$ oder $\rho_{x,y} = -1$.

▶ **Übung 5.5** Schätzen Sie mit **R** für Beispiel 5.3 die Parameter der Regressionsfunktion (5.22), die Varianz, den Korrelationskoeffizienten und das Bestimmtheitsmaß.

Beispiel 5.2 – Fortsetzung
In Abb. 5.5 sehen wir die beiden geschätzten Regressionsgeraden für die Werte der Tab. 5.1.

Die geschätzte Regressionsgerade von y auf x in (5.12) ist $y = 56{,}938 + 0{,}376x$.

Die geschätzte Regressionsgerade von x auf y in (5.23) ist in der Lösung von Übung 5.2 $x = 42{,}4285 + 0{,}9507y$ enthalten, also ist $y = (x - 42{,}4285)/0{,}9507$ oder $y = -44{,}629 + 1{,}052x$.

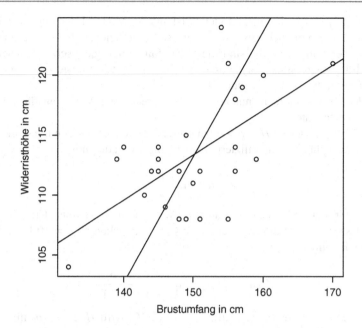

Abb. 5.5 Die beiden geschätzten Regressionsgeraden für die Werte der Tab. 5.1

```
>  y = c(110,112,108,108,112,111,114,112,121,119,
           113,112,114,113,115,121,120,114,108,111,
           108,113,109,104,112,124,118,112,121,114)
>  x = c(143,156,151,148,144,150,156,145,155,157,
           159,144,145,139,149,170,160,156,155,150,
           149,145,146,132,148,154,156,151,155,140)
> plot(x,y, xlab = "Brustumfang in cm",
        ylab = "Widerristhöhe in cm")
> abline(coef = c(56.938, 0.376))
> abline(coef = c(-44.629, 1.052))
```

5.3.2   Einfache lineare Regression – Konfidenzschätzung und Tests

Da wir die Verteilung von b_0 und b_1 nicht angegeben haben, können wir Konfidenzintervalle und Prüfzahlen in Tests für die Regressionskoeffizienten nicht direkt ableiten. Wir betrachten daher die bedingte Verteilung von y unter der Bedingung $x = x$:

$$E\left(y_i | x = x_i\right) = \beta_0 + \beta_1 x_i, i = 1, \ldots n > 2. \tag{5.25}$$

Formel (5.25) entspricht einer Modellgleichung für Modell I der Regressionsanalyse in Kap. 6. Da die Schätzung der Regressionskoeffizienten für die Parameter in (5.25) vorgenommen wurde, sind die Schätzfunktionen identisch mit denen von Modell I der Regressionsanalyse und wir können die dort angegebene Konfidenzschätzung und die Tests verwenden.

Es bleiben uns nunmehr nur noch die entsprechenden Verfahren für den Korrelationskoeffizienten.

Um $H_0 : \rho \leq \rho_0$ gegen $H_A : \rho > \rho_0$ zu prüfen, verwenden wir den transformierten Koeffizienten r über die modifizierte Fisher-Transformation mit

$$u = \ln \frac{1+r}{1-r} \qquad (5.26)$$

, die auch für relative kleine $n > 3$ näherungsweise normalverteilt ist. Cramér (1946) zeigte, dass die Approximation für $-0,8 \leq \rho \leq 0,8$ schon ab $n = 10$ hinreichend genau ist. Es gilt

$$E(u) = \zeta(\rho) = ln\left(\frac{1+\rho}{1-\rho}\right) + \frac{\rho}{n-1}$$

und $var(u) = \dfrac{4}{n-3}$. Mit der Prüfzahl u in (5.26) wird $H_0 : \rho \leq \rho_0$ mit einem Risiko 1. Art α verworfen, wenn $u \geq \zeta(\rho_0) + u_{1-\alpha} \cdot \dfrac{2}{\sqrt{n-3}}$ bzw. $ln\dfrac{1+r}{1-r} - ln\left(\dfrac{1+\rho_0}{1-\rho_0}\right) \geq u_{1-\alpha} \cdot \dfrac{2}{\sqrt{n-3}}$ ist.

Der minimale Stichprobenumfang, dass bei vorgegebenen Risiken 1. bzw. 2. Art α bzw. β und $ln\dfrac{1+r}{1-r} - ln\left(\dfrac{1+\rho_0}{1-\rho_0}\right) \geq \delta$ gilt, ist durch $n = \left\lceil \dfrac{\left(u_{1-\alpha} + u_{1-\beta}\right)^2}{\delta^2} \right\rceil + 3$ gegeben.

Der Werte $\left\lceil \dfrac{a}{b} \right\rceil$ ist die kleinste ganze Zahl $\geq \dfrac{a}{b}$.

In **R** verwenden wir das Programm mit $\delta = 0,5$, $\alpha = 0,05$ und $\beta = 0,10$.

```
> u.1minusalpha = qnorm(0.95)
> u.1minusalpha
[1] 1.644854
> u.1minusbeta = qnorm(0.90)
> u.1minusbeta
[1] 1.281552
> delta=0.5
> n = ceiling(((u.1minusalpha + u.1minusbeta)/delta)^2  + 3)
> n
38
```

Der minimale Stichprobenumfang ist 38.

Ein approximatives $(1 - \alpha)$-100-%-Konfidenzintervall für ϱ ist

$$\left\langle \tanh\left(\ln\frac{1+r}{1-r} - \frac{u_{1-\frac{\alpha}{2}}}{\sqrt{n-3}} \right), \tanh\left(\ln\frac{1+r}{1-r} + \frac{u_{1-\frac{\alpha}{2}}}{\sqrt{n-3}} \right) \right\rangle. \qquad (5.27)$$

Den minimalen Stichprobenumfang, dass $P(r \geq \rho - \delta) = 1 - \alpha$ gilt, berechnen wir mithilfe von

$$\Delta = ln\frac{1+\rho}{1-\rho} - ln\frac{1+\rho-\delta}{1-\rho+\delta}$$

zu $n = \left\lceil \dfrac{4u\left(1-\dfrac{\alpha}{2}\right)}{\Delta} \right\rceil + 1$.

In **R** verwenden wir das Programm mit $\Delta = 0{,}5$ *und* $\alpha = 0{,}05$.

```
> Zähler = 4*qnorm(0.975)
> Zähler
[1] 7.839856
> DELTA = 0.5
> n = ceiling(Zähler/DELTA + 1)
> n
[1] 17
```

Der minimale Stichprobenumfang ist 17.

5.4   Mehrfache lineare Regression

Die mehrfache lineare Regression nach Modell II mit k zufälligen Regressoren erhält man analog zur einfachen Regression aus nun einer $(k + 1)$-dimensionalen Normalverteilung (Rasch, 1995). Wir wollen uns hier der Einfachheit halber auf $k = 2$ beschränken. Wie man für größere k rechnen kann, wird nach den entsprechenden Programmen von **R** beschrieben. Der bedingte Erwartungswert beschreibt jetzt keine Regressionsgerade, sondern eine Regressionsfläche. Die Regressionsgleichung lautet nun

$$y_i = \beta_0 + \beta_1 x_{1i} + \beta_2 x_{2i} + e_i, i = 1, \dots n > 3. \qquad (5.28)$$

Die Schätzwerte b_0, b_1, b_2 für β_0, β_1, β_2 erhält man wieder nach der Methode der kleinsten Quadrate, indem man $S = \sum (y_i - \beta_0 - \beta_1 x_{1i} - \beta_2 x_{2i})^2$ nach $\beta_0, \beta_1, \beta_2$ partiell ableitet und die Ableitungen gleich Null setzt. Da S eine konvexe Funktion ist, ergibt sich an den Nullstellen b_0, b_1, b_2 tatsächlich ein Minimum. Wir geben die Formeln hier nicht an, da wir ohnehin mit **R** rechnen.

Tab. 5.2 Messwerte der Widerristhöhe (y_j), des Brustumfangs (x_{1j}) und der Rumpflänge (x_{2j}) von 30 Kühen in cm

Nummer der Kuh j	y_j	x_{1j}	x_{2j}	Nummer der Kuh j	y_j	x_{1j}	x_{2j}
1	110	143	119	16	121	170	139
2	112	156	118	17	120	160	129
3	108	151	126	18	114	156	130
4	108	148	128	19	108	155	123
5	112	144	118	20	111	150	124
6	111	150	128	21	108	149	120
7	114	156	131	22	113	145	123
8	112	145	125	23	109	146	123
9	121	155	126	24	104	132	116
10	119	157	132	25	112	148	121
11	113	159	129	26	124	154	126
12	112	144	118	27	118	156	132
13	114	145	121	28	112	151	126
14	113	139	125	29	121	155	132
15	115	149	124	30	114	140	124

Beispiel 5.4

Tab. 5.1 war ein Ausschnitt aus Tab. 5.2 (Tab. 5.7 in Rasch et al., 1978, 1996, 2008). Wir schätzen die Parameter $\beta_0, \beta_1, \beta_2$ von

$$y_i = \beta_0 + \beta_1 x_{1i} + \beta_2 x_{2i} + e_i, i = 1, \ldots, n = 30,$$

mit **R** und geben die Regressionsfläche für die Gleichung an.

```
> y = c(110, 112, 108, 108, 112, 111, 114, 112, 121, 119,
        113, 112, 114, 113, 115, 121, 120, 114,108, 111,
        108, 113, 109, 104, 112, 124, 118, 112,121, 114)
> x1 = c(143, 156, 151, 148, 144, 150, 156, 145, 155, 157,
         159, 144, 145, 139, 149, 170, 160, 156, 155, 150,
         149, 145, 146, 132, 148, 154, 156, 151, 155, 140)
> x2 = c(119, 118, 126, 128, 118, 128, 131,125, 126, 132,
         129, 118, 121, 125, 124, 139, 129, 130, 123, 124,
         120, 123, 123, 116, 121, 126, 132, 126, 132, 124)
> model = lm(y ~ x1 + x2)
> model
Call:
lm(formula = y ~ x1 + x2)
Coefficients:
(Intercept)          x1            x2
    41.3888        0.2037        0.3309
> summary(model)
Call:
lm(formula = y ~ x1 + x2)
```

```
Residuals:
    Min      1Q  Median      3Q      Max
-5.8982 -2.6308 -0.0599  2.2250   9.5414
Coefficients:
            Estimate Std. Error t value Pr(>|t|)
(Intercept)  41.3888    16.7643   2.469   0.0202 *
x1            0.2037     0.1390   1.466   0.1542
x2            0.3309     0.1994   1.660   0.1085
---
Signif. codes:  0 '***' 0.001 '**' 0.01 '*' 0.05 '.' 0.1 ' ' 1
Residual standard error: 3.733 on 27 degrees of freedom
Multiple R-squared:  0.4169,    Adjusted R-squared:  0.3737
F-statistic: 9.653 on 2 and 27 DF,  p-value: 0.0006874
```

Die Funktion der geschätztenRegressionsfläche ist $y = 41{,}3888 + 0{,}2037x_1 + 0{,}3309x_2$.

▶ **Übung 5.6** Schätzen Sie mit **R** die Parameter von

$$x_{1i} = \beta_0^* + \beta_1^* y_i + \beta_2^* x_{2i} + e_i, \ i = 1,\ldots n = 30 \text{ sowie von}$$

$$x_{2i} = \beta_0^{**} + \beta_1^{**} x_{1i} + \beta_2^{**} y_i + e_i, \ i = 1,\ldots n = 30$$

und geben Sie die Funktionen der Regressionsflächen an.

Betrachten wir jeweils zwei der drei Zufallsvariablen $y = x_3, x_1, x_2$ für einen vorgegebenen Wert der dritten Zufallsvariablen, so folgen sie jeweils einer bedingten zweidimensionalen Normalverteilung mit den drei bedingten oder partiellen Korrelationskoeffizienten

$$\rho_{ij.k} = \frac{\rho_{ij} - \rho_{ik}\rho_{jk}}{\sqrt{\left(1-\rho_{ik}^2\right)\left(1-\rho_{jk}^2\right)}} \left(i \neq j \neq k; i, j, k = 1, 2, 3\right). \tag{5.29}$$

In (5.29) sind $\rho_{ij}, \rho_{ik}, \rho_{jk}$ die Korrelationskoeffizienten der drei zweidimensionalen Randverteilungen.

Diese partiellen Korrelationskoeffizienten schätzt man, indem man $\rho_{ij}, \rho_{ik}, \rho_{jk}$ durch ihre Schätzwerte (r_{ij}, r_{ik}, r_{jk}) ersetzt, also

$$r_{ij.k} = \frac{r_{ij} - r_{ik}r_{jk}}{\sqrt{\left(1-r_{ik}^2\right)\left(1-r_{jk}^2\right)}} \left(i \neq j \neq k; i, j, k = 1, 2, 3\right). \tag{5.30}$$

Ein Konfidenzintervall für $\rho_{ij.k}$ erhält man, indem man in (5.26) $u = ln\dfrac{1+r}{1-r}$ durch

$u = ln\dfrac{1+r_{ij.k}}{1-r_{ij.k}}$ und wie nach (5.27) beschrieben fortfährt $\Delta = ln\dfrac{1+\rho}{1-\rho} - ln\dfrac{1+\rho-\delta}{1-\rho+\delta}$.

Mit $\Delta = ln\dfrac{1+\rho_{ij.k}}{1-\rho_{ij.k}} - ln\dfrac{1+\rho_{ij.k}-\delta}{1-\rho_{ij.k}+\delta}$ können wir den Stichprobenumfang

$$n_i = \left\lceil \frac{4u\left(1-\dfrac{\alpha}{2}\right)}{\Delta^2} \right\rceil + 1$$

berechnen.

▶ **Übung 5.7** Schätzen sie die partiellen Korrelationskoeffizienten $\rho_{12.3}$, $\rho_{13.2}$, $\rho_{23.1}$ mit Index $1 = y$, $2 = x_1$ und $3 = x_2$.

Literatur

Cramér, H. (1946). *Mathematical methods of statistics*. Princeton University Press.

Graybill, A. F. (1961). *An introduction to linear statistical models*. McGraw Hill.

Olkin, I., & Pratt, J. W. (1958). Unbiased estimation of certain correlation coefficients. *Annals of Mathematical Statistics, 29*, 201–211.

Rasch, D. (1995). *Einführung in die Mathematische Statistik*. Johann Ambrosius Barth.

Rasch, D., Herrendörfer, G., Bock, J., & Busch, K. (1978). *Verfahrensbibliothek Versuchsplanung und -auswertung* (Bd. I, II). VEB Deutscher Landwirtschaftsverlag.

Rasch, D., & Herrendörfer, G. (1990). *Handbuch der Populationsgenetik und Züchtungsmethodik. Ein wissenschaftliches Grundwerk für Pflanzen- und Tierzüchter*. Deutsche Landwirtschaftsverlag.

Rasch, D., Herrendörfer, G., Bock, J., Victor, N., & Guiard, V. (1996). *Verfahrensbibliothek Versuchsplanung und -auswertung* (2. Aufl., Bd. I, II). Oldenbourg Verlag.

Rasch, D., Herrendörfer, G., Bock, J., Victor, N., & Guiard, V. (2008). *Verfahrensbibliothek Versuchsplanung und -auswertung* (3. Aufl., Bd. I, II). Oldenbourg Verlag.

Seeland, G., Schönmuth, G., & Wilke, A. (1984). Heritabilitäts- und genetische Korrelationskoeffizienten der Rasse, Schwarzbuntes Milchrind. *Tierzucht, 38*, 91–94.

Sumpf, D., & Moll, E. (2004). *Einführung in die Biometrie 2, Schätzen eines Parameters und Vergleich bis zu zwei Parametern*. Senat der Bundesforschungsanstalten im Geschäftsbereich des Bundesministeriums für Verbraucherschutz, Ernährung und Landwirtschaft.

Modell I der Regressionsanalyse

6

Zusammenfassung

Wir haben in Kap. 5 den Begriff Regressionsanalyse eingeführt, um den Zusammenhang zwischen zwei Zufallsvariablen zu beschreiben. In diesem Kapitel verwenden wir diesen Begriff, um die Abhängigkeit einer Zufallsvariablen y von einer nichtzufälligen Variablen x darzustellen. Die Werte von x werden vom Versuchsansteller vor dem Versuch festgelegt. Dies führt neben der Bestimmung des Versuchsumfangs zu weiteren Problemen der Versuchsplanung, die ausführlich besprochen werden. Neben Modellen der einfachen und der mehrfachen linearen Regression stellen wir quasilineare und eigentlich nichtlineare Regressionsfunktionen vor, schätzen ihre Parameter und geben Konfidenzintervalle, Tests und optimale Versuchspläne an.

6.1 Lineare Regression

Wir beginnen wieder mit dem einfachsten, aber sehr oft verwendeten Fall der linearen Regression.

Beispiel 6.1
Angenommen es soll geprüft werden, ob und wie sich der Karotingehalt von Gras während der Lagerung zwischen 1 Tag und 303 Tagen verändert und man weiß, dass eine solche Abhängigkeit nur linear sein kann.

Wir verwenden Daten von Steger und Püschel (1960) für zwei Lagerungsarten – Lagerung 1 im Glasbehälter, Lagerung 2 im Sack –, wiedergegeben in Tab. 6.1.
Die Lagerzeiten wurden von den Versuchsanstellern fest ausgewählt und sind damit nicht zufällig.

© Der/die Autor(en), exklusiv lizenziert an Springer-Verlag GmbH, DE, ein Teil von Springer Nature 2023
D. Rasch, R. Verdooren, *Angewandte Statistik mit R für Agrarwissenschaften*, https://doi.org/10.1007/978-3-662-67078-1_6

Tab. 6.1 Karotingehalt y_{1i} und y_{2i} in mg/100 g Trockenmasse von Gras in Abgängigkeit von der Lagerungsdauer x_i (in Tagen) für zwei Arten der Lagerung nach Steger und Püschel (1960)

Lagerzeit x_i	Lagerung im Glas y_{1i}	Lagerung im Sack y_{2i}
1	31,25	31,25
60	30,47	28,71
124	20,34	23,67
223	11,84	18,13
303	9,45	15,53

Für derartige Abhängigkeiten verwenden wir mit stochastisch unabhängigen e_i, die $N(0, \sigma^2)$-verteilt sind, ein lineares Modell der Form

$$y_i = \beta_0 + \beta_1 x_i + e_i; i = 1,\ldots,n > 2$$
$$var(y_i) = var(e_i) = \sigma^2 > 0, x_u \leq x_i \leq x_o. \tag{6.1}$$

Wir nennen die Variable der rechten Seite von (6.1) den Regressor und die Zufallsvariable der linken Seite den Regressanden. Im Modell I hat es keinen Sinn, beide zu vertauschen.

Das Intervall $B = [x_u, x_o]$, in dem alle vorgegebenen Werte x_i des Regressors liegen, heißt Versuchsbereich.

Gl. (6.1) ähnelt Modellgleichung (5.12), in (6.1) sind lediglich die x_i nicht zufällig.

6.1.1 Punktschätzung

Das hat Auswirkungen auf die Eigenschaften der Schätzfunktionen von β_0 und β_1, die Schätzwerte sind aber mit denen in Abschn. 5.3.1 identisch, da die gleichen Quadratsummen zu minimieren sind. Also erhalten wir für die geschätzten Regressionskoeffizienten

$$b_0 = \bar{y} - b_1 \bar{x} \tag{6.2}$$

mit der Schätzfunktion $b_0 = \bar{y} - b_1 \bar{x}$ und

$$b_1 = \frac{s_{xy}}{s_x^2} \tag{6.3}$$

mit der Schätzfunktion $b_1 = \dfrac{s_{xy}}{s_x^2}$.

Die geschätzte Regressionsgerade ist

$$\hat{y}_i = b_0 + b_1 x_i \tag{6.4}$$

mit x_i aus dem Versuchsbereich und ihre Schätzfunktion ist

$$\hat{y}_i = b_0 + b_1 x_i.$$

Der Erwartungswert von $\hat{y}_i$ ist für jedes i durch

$$E(\hat{y}_i) = \beta_0 + \beta_1 x_i \qquad (6.5)$$

gegeben.

Die Differenzen

$$y_i - \hat{y}_i = y_i - b_0 - b_1 x_i$$

heißen ebenso wie ihre Realisationen $y_i - \hat{y}_i = y_i - b_0 - b_1 x_i$
Residuen.

Es ist sehr riskant, die geschätzte Regressionsgerade auch außerhalb des Versuchsbereichs zu verwenden, da man nicht sicher sein kann, dass dort immer noch Linearität herrscht. Wir machen das an einem Beispiel deutlich.

Beispiel 6.2

Barath et al. (1996) publizierten die gemessene Höhe von Hanfpflanzen in cm in Tab. 6.2.

Die Punktwolke für diese Messungen zeigt Abb. 6.1.

```
> x = seq(1, 14, by = 1)
> y1 = c(8.3, 15.2, 24.7, 32.0, 39.3, 55.4, 69.0)
> y2 = c(84.4, 98.1, 107.7, 112.0, 116.9, 119.9, 121.1)
> y = c(y1, y2)
```

Wir entnehmen Tab. 6.2, die wir in Abschn. 6.3 weiter bearbeiten, die Werte zwischen der 5. und der 9. Woche und nehmen sie in Tab. 6.3 auf.

Wir berechnen die Schätzwerte einer linearen Regression durch diese 5 Punkte $(x_i\,y_i)$ und erhalten $b_0 = -33{,}38$, $b_1 = 14{,}66$ sowie die geschätzte Regressionsfunktion in Versuchsbereich $B = [5; 9]$

$$\hat{y} = -33{,}38 + 14{,}66 x.$$

Tab. 6.2 Höhe von Hanfpflanzen (y) in cm während des Wachstums (x = Alter in Wochen)

x_i	y_i	x_i	y_i
1	8,3	8	84,4
2	15,2	9	98,1
3	24,7	10	107,7
4	32,0	11	112,0
5	39,3	12	116,9
6	55,4	13	119,9
7	69,0	14	121,1

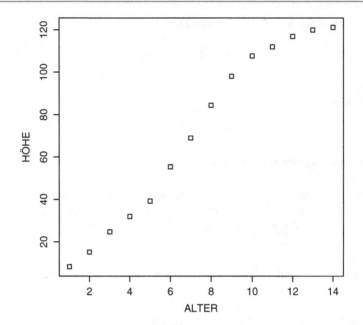

Abb. 6.1 Punktwolke für die Daten aus Tab. 6.2

Tab. 6.3 Höhe von Hanfpflanzen (y)
in cm während des Wachstum
von der 5. bis zur 9. Woche

x_i	y_i
5	39,3
6	55,4
7	69,0
8	84,4
9	98,1

Wenn wir nun diese Regressionsgerade auf den ursprünglichen Versuchsbereich $B = [1; 14]$ extrapolieren, sehen wir, welchen Fehler wir damit machen (Abb. 6.2).

```
>   x = seq(1,14, by = 1)
>   y = c(8.3, 15.2, 24.7, 32.0, 39.3, 55.4, 69.0,
        84.4, 98.1, 107.7, 112.0, 116.9, 119.9, 121.1)
> x1 = seq(5, 9, by = 1)
> y1 = c(39.3, 55.4, 69.0, 84.4, 98.1)
> fit = lm(y1 ~ x1)
> summary(fit)
Call:
lm(formula = y1 ~ x1)

Residuals:
      1      2      3      4      5
  -0.62   0.82  -0.24   0.50  -0.46
```

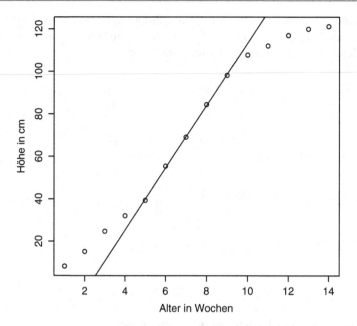

Abb. 6.2 Extrapolierte, geschätzte Regressionsfunktion über den Versuchsbereich [5, 9] hinaus

```
Coefficients:
             Estimate Std. Error t value Pr(>|t|)
(Intercept) -33.3800     1.6368  -20.39 0.000258 ***
x1           14.6600     0.2292   63.96 8.42e-06 ***
---
Signif. codes:  0 `***' 0.001 `**' 0.01 `*' 0.05 `.' 0.1 ` ' 1
Residual standard error: 0.7248 on 3 degrees of freedom
Multiple R-squared: 0.9993,    Adjusted R-squared: 0.999
F-statistic:  4091 on 1 and 3 DF,  p-value: 8.421e-06

> plot(x,y,type="p",xlab="Alter in Wochen",ylab="Höhe in cm")
> abline(a= -33.38, b= 14.66)
```

Die Schätzfunktionen unterscheiden sich von denen in Abschn. 5.3.1, da wir nur für die y_i zu Zufallsvariablen übergehen:

$$b_0 = \bar{y} - b_1\bar{x} \tag{6.6}$$

$$b_1 = \frac{s_{xy}}{s_x^2} = \frac{\sum(x_i - \bar{x})(y_i - \bar{y})}{\sum(x_i - \bar{x})^2} = \frac{SP_{xy}}{SQ_x}. \tag{6.7}$$

Sowohl b_0 als auch b_1 sind linear von den Zufallsvariablen y_i abhängig. Nach einem Satz der Wahrscheinlichkeitsrechnung sind lineare Funktionen von normalverteilten Zufallsvariablen ebenfalls normalverteilt. Da

$$var(b_0) = \sigma_0^2 = \sigma^2 \frac{\sum x_i^2}{n \sum (x_i - \bar{x})^2} \tag{6.8}$$

$$var(b_1) = \sigma_1^2 = \frac{\sigma^2}{\sum (x_i - \bar{x})^2} \text{ und} \tag{6.9}$$

$$cov(b_0, b_1) = -\frac{\sigma^2 \sum x_i}{\sum (x_i - \bar{x})^2} \tag{6.10}$$

gilt, ist der Vektor

$$\begin{pmatrix} b_0 \\ b_1 \end{pmatrix}$$

zweidimensional normalverteilt mit der Kovarianzmatrix

$$\Sigma = \sigma^2 \begin{pmatrix} \dfrac{\sum x_i^2}{n \sum (x_i - \bar{x})^2} & -\dfrac{\sum x_i}{\sum (x_i - \bar{x})^2} \\[4mm] -\dfrac{\sum x_i}{\sum (x_i - \bar{x})^2} & \dfrac{1}{\sum (x_i - \bar{x})^2} \end{pmatrix}. \tag{6.11}$$

Die Determinante der Kovarianzmatrix ist

$$|\Sigma| = \frac{\sigma^4}{\sum (x_i - \bar{x})^4} \left(\frac{\sum x_i^2}{n} - (\sum x_i)^2 \right) = \frac{\sigma^4}{n \sum (x_i - \bar{x})^2} = \frac{\sigma^4}{n SQ_x}. \tag{6.12}$$

Wir benötigen sie für die optimale Versuchsplanung. Die Schätzfunktionen für die Varianzen σ^2, σ_0^2 und σ_1^2 sind:

$$\hat{\sigma}^2 = s^2 = \frac{\sum_{i=1}^{n} (y_i - \hat{y}_i)^2}{n-2} \tag{6.13}$$

$$\hat{\sigma}_0^2 = s_0^2 = s^2 \frac{\sum x_i^2}{n \sum (x_i - \bar{x})^2} \tag{6.14}$$

$$\hat{\sigma}_1^2 = s_1^2 = s^2 \frac{1}{\sum (x_i - \bar{x})^2} \tag{6.15}$$

Beispiel 6.1 – Fortsetzung

Wir berechnen mit **R** die geschätzten Regressionskoeffizienten für die Spalte „Sack"
in Tab. 6.1 und die geschätzten Varianzen der Regressionsgeraden.

```
> Lagerzeit = c(1, 60, 124, 223, 303)
> Karotinsack = c(31.25, 28.71, 23.67, 18.13, 15.53)
> model = lm( Karotinsack ~ Lagerzeit)
> summary(model)
Call:
lm(formula = Karotinsack ~ Lagerzeit)
Residuals:
       1       2       3       4       5
 0.0889  0.7676 -0.7809 -0.9200  0.8444
Coefficients:
             Estimate Std. Error t value Pr(>|t|)
(Intercept) 31.21565    0.70588   44.22 2.55e-05 ***
Lagerzeit   -0.05455    0.00394  -13.85 0.000815 ***
---
Signif. codes:  0 '***' 0.001 '**' 0.01 '*' 0.05 '.' 0.1 ' ' 1
Residual standard error: 0.9603 on 3 degrees of freedom
Multiple R-squared:  0.9846,    Adjusted R-squared:  0.9795
F-statistic: 191.8 on 1 and 3 DF,  p-value: 0.0008152
> confint(model)
                 2.5 %      97.5 %
(Intercept) 28.96924550 33.46206154
Lagerzeit   -0.06709217 -0.04201688
```

Die Schätzwerte sind $b_1 = -0{,}0546$ und $b_0 = 31{,}216$ und die geschätzte Regressionsgerade ist $\hat{y}_{\text{Sack}} = 31{,}2156 - 0{,}0545x$. Der Schätzwert von σ^2 ist $s^2 = 0{,}9603^2 = 0{,}9222$, der Schätzwert von σ_0^2 ist $s_0^2 = 0{,}70588^2 = 0{,}4983$ und der Schätzwert von σ_1^2 ist $s_1^2 = 0{,}00394^2 = 0{,}0000155$.

▶ **Übung 6.1** Berechnen Sie die geschätzten Regressionskoeffizienten für die Spalte „Gras" in Tab. 6.1 und die geschätzten Varianzen der Regressionsgeraden.

In Abb. 6.3 werden die beiden Regressionsgleichungen für die Lagerung im Sack und im Glas gemeinsam dargestellt.

```
> x = seq(0, 325, by = 25)
> y = seq(2.5, 35, by = 2.5)
> plot(x, y, type = "n")
>  abline(a= 32.1854, b = -0.0810) #für Karotinglas
>  abline(a=31.21565, b = -0.05455) # für Karotinsack
```

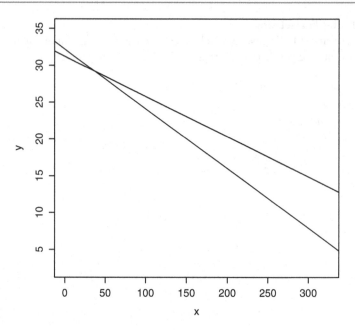

Abb. 6.3 Geschätzte Regressionsfunktionen für Beispiel 6.1

6.1.2   Konfidenzintervalle und Konfidenzgürtel

Wir gehen weiterhin von der Voraussetzung normalverteilter y_i in (6.1) aus. Dann erhalten wir mit den Quantilen der zentralen t-Verteilung mit $n - 2$ Freiheitsgraden 95-%-Konfidenzintervalle für β_0 und β_1 für $\alpha = 0{,}05$ wie folgt.

$$\left[b_0 - t\left(n - 2, 0{,}975\right) s_0 \,;\, b_0 + t\left(n - 2, 0{,}975\right) s_0 \right] \qquad (6.16)$$

und

$$\left[b_1 - t\left(n - 2, 0{,}975\right) s_1 \,;\, b_1 + t\left(n - 2, 0{,}975\right) s_1 \right]. \qquad (6.17)$$

Diese (theoretischen) Intervalle enthalten den jeweiligen Parameter mit der Wahrscheinlichkeit 0,95. Die realisierten (aus den Beobachtungen berechneten) Konfidenzintervalle

$$\left[b_0 - t\left(n - 2, 0{,}975\right) s_0 \,;\, b_0 + t\left(n - 2, 0{,}975\right) s_0 \right] \qquad (6.18)$$

und

$$\left[b_1 - t\left(n - 2, 0{,}975\right) s_1 \,;\, b_1 + t\left(n - 2, 0{,}975\right) s_1 \right] \qquad (6.19)$$

dagegen, wie wir wissen, enthalten Konfidenzintervalle die Parameter oder sie enthalten sie nicht.

In Beispiel 6.1 – Fortsetzung sind die 95-%-Konfidenzintervalle für den Karotingehalt im Sack schon berechnet:

```
> model = lm(Karotinsack ~ Lagerzeit)
> confint(model)
                2.5 %       97.5 %
(Intercept) 28.96924550 33.46206154
Lagerzeit   -0.06709217 -0.04201688
```

Und in Übung 6.1 sind sie für den Karotingehalt im Glas berechnet:

```
> model = lm(Karotinglas ~ Lagerzeit)
> confint(model)
                2.5 %       97.5 %
(Intercept) 25.8014854 38.56924295
Lagerzeit   -0.1166097 -0.045350
```

Wir erhalten 95-%-Konfidenzintervalle für die Erwartungswerte $\beta_0 + \beta_1 x_i$ der geschätzten Regressionsgeraden in (6.5) für jeden Wert $x_0 \in [x_u, x_o]$ mithilfe der Größen

$$K_0 = \sqrt{\frac{\sum x_j^2 - 2x_0 \sum x_j + nx_0^2}{n \sum (x_j - \bar{x})^2}}, x_0 \in [x_u, x_o]$$

$$\left[b_0 + b_1 x - t(n-2, 0{,}975) s K_0 ; b_0 + b_1 x + t(n-2, 0{,}975) s K_0 \right] \qquad (6.20)$$

Man nennt (6.20) auch Prognosebereich.

Wir können auch für die Varianz σ^2 ein 95-%-Konfidenzintervall angeben:

Es hängt von den Quantilen der zentralen Chi-Quadrat-Verteilung $CQ(n-2)$ und der Schätzfunktion (bzw. dem Schätzwert) von σ^2 ab.

$$\left[\frac{\sum_{i=1}^{n} (y_i - \hat{y}_i)^2}{CQ(n-2; 0{,}975)} ; \frac{\sum_{i=1}^{n} (y_i - \hat{y}_i)^2}{CQ(n-2; 0{,}025)} \right]. \qquad (6.21)$$

Im Gegensatz zu den Quantilen der um Null symmetrischen, zentralen t-Verteilung müssen wir in (6.21) zwei Quantile berechnen.

Beispiel 6.1 – Fortsetzung

Wir berechnen mit **R** die Konfidenzintervalle für die Lagerung im Sack, die

95-%-Konfidenzgrenzen für σ^2 und die $E(\hat{y}_i)$ in Beispiel 6.1.

```
> Lagerzeit = c(1, 60, 124, 223, 303)
> Karotinsack = c(31.25, 28.71, 23.67, 18.13, 15.53)
> x = Lagerzeit
> y = Karotinsack
> n = length(x)
> fit = lm( y ~x )
> predict(fit, se.fit= TRUE, interval = "confidence")
$fit
         fit        lwr        upr
1 31.16110  28.92463  33.39757
2 27.94238  26.23068  29.65408
3 24.45089  23.06530  25.83648
4 19.04999  17.34881  20.75118
5 14.68563  12.25001  17.12125
$se.fit
[1] 0.7027520 0.5378560 0.4353846 0.5345534 0.7653301
$df
[1] 3
$residual.scale
[1] 0.9220933
```

Für die lineare Regression ist der Schätzwert der Varianz $s^2 = 0{,}9602569^2 = 0{,}9220933$ mit $FG = 3$ Freiheitsgraden, $SQ_{Rest} = FG \cdot s^2 = 3 \cdot 0{,}9220933 = 2{,}76628$.

```
> FG = 3
> s2 = 0.9220933
> SQRest = FG*s2
> CQ0.975 = qchisq(0.975, df = FG)
> CQ0.975
[1] 9.348404
> CQ0.025 = qchisq(0.025, df = FG)
> CQ0.025
[1] 0.2157953
> Unter.KI = SQRest/CQ0.975
> Unter.KI
[1] 0.2959093
> Oben.KI = SQRest/CQ0.025
> Oben.KI
[1] 12.819
```

Ein 95-%-Konfidenzintervall für σ^2 ist [0,296; 12,819].

95-%-Konfidenzintervalle für die Erwartungswerte $\beta_0 + \beta_1 x_i$ für jeden Wert $x_0 \in [x_u, x_o]$ wurden oben schon berechnet mit

```
> predict(fit, se.fit= TRUE, interval = "confidence")
```

Tab. 6.4 Konfidenzgrenzen für $E(\hat{y}_i)$ an den Regressorwerten für die Lagerung im Sack

x_i	$\hat{y}_i$	$K_{0(i)}$	Konfidenzgrenze	
			untere	obere
1	31,16	0,73184	28,92	33,40
60	27,94	0,56012	26,23	29,65
124	24,45	0,45340	23,07	25,84
223	19,05	0,55668	17,35	20,75
303	14,69	0,79701	12,25	17,12

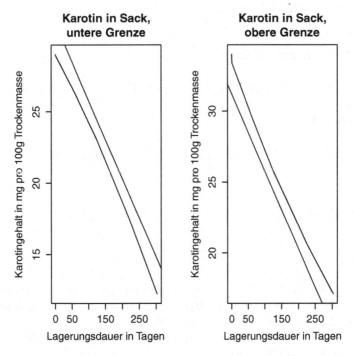

Abb. 6.4 Unterer und oberer 0,95-Konfidenzgürtel

und sind in Tab. 6.4 angegeben.

Verbindet man die unteren bzw. die oberen Konfidenzgrenzen für alle $x_0 \in [x_u, x_o]$, so erhält man den Konfidenzgürtel (Abb. 6.4).

```
> x = c(0, 1, 60, 124, 223, 303)
> yu = c(29, 28.92, 26.23, 23.07, 17.35, 12.25)
> par(mfrow=c(1,2))
> plot(x,yu, type = "l" ,
        main= "Karotin in Sack, Untere Grenze",
        xlab="Lagerungsdauer in Tagen",
        ylab="Karotingehalt in mg per 100g Trockenmasse")
```

```
> abline(a=31.21565, b = -0.05455)
> yo = c(34, 33.40, 29.65, 25.84, 20.75, 17.12)
> plot(x,yo, type = "l",
      main= "Karotin in Sack, Obere Grenze",
      xlab="Lagerungsdauer in Tagen",
      ylab="Karotingehalt in mg per 100g Trockenmasse")
> abline(a=31.21565, b = -0.05455)
```

▶ **Übung 6.2** Berechnen Sie mit **R** die Konfidenzintervalle für die Lagerung im Glas.

Berechnen Sie auch 95-%-Konfidenzgrenzen für σ^2 und die $E(\hat{y}_i)$ in Beispiel 6.1 und geben Sie den Konfidenzgürtel an.

6.1.3 Hypothesenprüfung

Wir wollen die Hypothesen $H_0^{(0)} : \beta_0 = \beta_0^*$ und $H_0^{(1)} : \beta_1 = \beta_1^*$ bei einem Risiko 1. Art von 0,05 testen.

Wir verwenden die Prüfzahlen:

$$t = \frac{b_0 - \beta_0^*}{s} \sqrt{\frac{n \sum (x_i - \overline{x})^2}{\sum x_i^2}} = \frac{b_0 - \beta_0^*}{s_0} \tag{6.22}$$

und

$$t = \frac{b_1 - \beta_1^*}{s} \sqrt{\sum (x_i - \overline{x})^2} = \frac{b_1 - \beta_1^*}{s_1}, \tag{6.23}$$

die bei Gültigkeit der jeweiligen Nullhypothese zentral nach $t(n-2)$ verteilt sind.

Die Nullhypothesen werden bei $H_A : \beta_0 \neq \beta_0^*$ (bzw. $\beta_1 \neq \beta_1^*$) abgelehnt, falls für t aus (6.22) (bzw. aus (6.23)) $|t| > t(n-2,0,975)$ gilt.

Die Hypothese $\beta_1 = 0$ besteht in der Annahme, dass die Zufallsvariable y von den Regressorwerten unabhängig ist.

Beispiel 6.1 – Fortsetzung
Wir prüfen die Hypothese, dass bei der Lagerung im Sack kein Karotinverlust auftritt. Diese Hypothese $H_0^{(1)} : \beta_1 = 0$ bedeutet, dass der Anstieg (hier Abfall) gleich Null ist. Als Alternativhypothese $H_a^{(1)}$ kommt aber nur infrage, dass $\beta_1 < 0$ ist, denn eine Zunahme des Karotingehalts ist unmöglich. Damit kann man keine zweiseitige Alternativhypothese verwenden, sondern eben eine einseitige. Das hat wiederum zur Folge, dass man t aus (6.23) nicht mit $t(n-2, \ 0,975)$, sondern mit $t(n-2, \ 0,95)$ vergleichen muss. Dies ist einer der wenigen Fälle, bei denen es aus sachlichen Gründen nur eine einseitige Alternative geben kann.

Abschließend wollen wir die Hypothese prüfen, dass zwei Regressionsgeraden

$$y_i^{(j)} = \beta_0^j + \beta_1^j x_i^{(j)} + e_i^{(j)}; \; i = 1,\ldots,n_j > 2, \; j = 1,2$$

$$var\left(y_i^{(j)}\right) = var\left(e_i^{(j)}\right) = \sigma^{2(j)} > 0, x_u^{(j)} \le x_i^{(j)} \le x_o^{(j)}$$

den gleichen Anstieg besitzen. Die $e_i^{(j)}$ sind stochastisch unabhängige normalverteilte $[N(0, \sigma^{2\,(j)}), j = 1,2]$ Fehlervariablen.

Wir prüfen diese Hypothese mit einem Test analog zum Test von Welch (1947) mit der Prüfzahl

$$t^* = \frac{b_1^{(1)} - b_1^{(2)}}{s_d}. \tag{6.24}$$

Für s_d verwenden wir die Wurzel aus

$$s_d^2 = \frac{\sum_{i=1}^{n_1}\left(y_i^{(1)} - b_0^1 - b_0^1 x_i^{(1)}\right)^2}{\left(n_1 - 2\right)\sum_{i=1}^{n_1}\left(x_i^{(1)} - \overline{x}^{(1)}\right)^2} + \frac{\sum_{i=1}^{n_2}\left(y_i^{(2)} - b_0^2 - b_0^2 x_i^{(2)}\right)^2}{\left(n_2 - 2\right)\sum_{i=1}^{n_2}\left(x_i^{(2)} - \overline{x}^{(2)}\right)^2} = s_1^{*2} + s_2^{*2}.$$

Man lehnt H_0 ab, falls $|t^*|$ größer als das 0,975-Quantil der zentralen t-Verteilung mit f Freiheitsgraden ist, wobei

$$f = \frac{\left(s_1^{*2} + s_2^{*2}\right)^2}{\dfrac{s_1^{*4}}{\left(n_1 - 2\right)} + \dfrac{s_2^{*4}}{\left(n_2 - 2\right)}} \text{ ist.}$$

Wir verwenden die Messwerte der Tab. 6.1, um herauszufinden, ob der Karotinverlust für beide Lagerungsarten gleich schnell vonstatten geht.

In Beispiel 6.1 – Fortsetzung nach (6.15) haben wir für das Karotin im Sack $b_1^{(1)} = -0,05455$ mit $s_1^* = 0,00394$ und $n_1 = 5$ gefunden.

In Übung 6.1 haben wir für das Karotin im Glas $b_1^{(2)} = -0,08098$, $s_2^* = 0,01120$ und $n_2 = 5$ gefunden.

```
>  b1.1 = -0.05455
>  b1.2 = -0.08098
> s1.stern = 0.00394
> s2.stern = 0.01120
>  n1 = 5
>  n2 = 5
>  A =b1.1-b1.2
>  A
[1] 0.02643
```

```
>  B = sqrt( s1.stern^2 + s2.stern^2)
> B
[1] 0.01187281
> t.stern =A/B
> t.stern
[1] 2.226095
> C = (s1.stern^2 + s2.stern^2)^2
> C
[1] 1.987074e-08
> D = ((s1.stern^4)/(n1-2)+(s2.stern^4)/(n2-2))
> D
[1] 5.325392e-09
> f.stern =C/D
> f.stern
[1] 3.731319
> P.Wert = 2*(1-pt(q=t.stern, df=f.stern))
> P.Wert
[1] 0.09485371
```

Die Nullhypothese $\beta_1^{(1)} = \beta_1^{(2)}$ wird für $\alpha = 0,05$ nicht abgelehnt, denn es gilt ein *P*-Wert = 0,095 > 0,05. Der Karotinverlust ist in beiden Behältern offensichtlich gleich.

6.1.4 Versuchsplanung

Im Modell I der Regressionsanalyse besteht die Versuchsplanung aus zwei Teilen. Neben der Bestimmung des erforderlichen Mindestumfangs eines Versuchs strebt man auch nach einer optimalen Wahl der Messstellen. Die entsprechende Theorie ist, verglichen mit anderen statistischen Methoden, relativ jung und geht auf Kiefer und Wolfowitz (1959) zurück. Wir bezeichnen den Versuchsbereich mit $B = [x_u, x_o]$; er muss vor Versuchsbeginn vom Versuchsansteller festgelegt werden. Jede Menge von Paaren

$$\xi_m = \begin{Bmatrix} x_1 & x_2 & \cdots & x_m \\ p_1 & p_2 & \cdots & p_m \end{Bmatrix}$$

mit $x_i \in B, 0 < p_i \leqq 1 (i = 1, \ldots, m)$, $x_i \neq x_j$ für $i \neq j (i, j = 1, \ldots, m)$ und $\sum_{i-1}^{m} p_i = 1$ heißt diskreter *m*-Punkt-Versuchsplan, die p_i heißen Gewichte, $x_1, \ldots, x_m$ heißt Spektrum von ξ_m. Ist *n* der Versuchsumfang, so heißt ein diskreter Versuchsplan ein konkreter (soll heißen ausführbarer) Versuchsplan, wenn die np_i ganzzahlig sind. Er hat

dann die Form $\begin{Bmatrix} x_1 & x_2 & \cdots & x_m \\ np_1 & np_2 & \cdots & np_m \end{Bmatrix}$.

In Beispiel 6.1 ist der verwendete Versuchsplan in $B = [1,303]$ durch
$$\left\{ \begin{matrix} 1 & 60 & 124 & 223 & 303 \\ 1 & 1 & 1 & 1 & 1 \end{matrix} \right\} \text{ festgelegt worden.}$$

Von zahlreichen Kriterien für die Wahl eines konkreten Versuchsplans wollen wir hier und in den folgenden Abschnitten nur das Kriterium der D-Optimalität und das der G-Optimalität verwenden.

Im Fall der einfachen linearen Regression, den wir gerade diskutieren, heißt ein Versuchsplan D-optimal, wenn er den kleinsten Wert der Determinante $|\Sigma| = \dfrac{\sigma^4}{nSQ_x}$ in (6.12) erreicht. Wird das Minimum der maximal möglichen Varianz der Vorhersage in einem festgelegten Prognosebereich (6.20) erreicht, so heißt der entsprechende Versuchsplan G-optimal (für eine mathematische Definition des G-optimalen Versuchsplans siehe den Abschnitt unter Formel (6.30)). Falls n gerade ist, sind der D-optimale und der G-optimale Versuchsplan identisch, man muss jeweils $\dfrac{n}{2}$ Messungen an den beiden Endpunkten des Versuchsbereichs durchführen. Bei ungeraden n misst man beim G-optimalen Versuchsplan jeweils $\dfrac{n-1}{2}$-mal an den beiden Endpunkten des Versuchsbereichs und führt eine weitere Messung im Punkt $\dfrac{x_0 - x_u}{2}$, also in der Mitte des Versuchsbereichs, durch. Dagegen misst man beim D-optimalen Versuchsplan je $\dfrac{n-1}{2}$-mal an beiden Endpunkten des Versuchsbereichs und führt eine weitere Messung entweder am linken oder rechten Rand des Versuchsbereichs durch.

Beispiel 6.1 – Fortsetzung
Wir wollen zunächst die Werte der beiden Kriterien für den in Beispiel 6.1 verwendeten Versuchsplan mit **R** berechnen und dann die optimalen Pläne bestimmen.

Nach (6.12) ist die Determinante der Kovarianzmatrix

$$|\Sigma| = \frac{\sigma^4}{n \sum (x_i - \bar{x})^2} = \frac{\sigma^4}{nSQ_x}.$$

Der D-optimale Versuchsplan ist entweder
$\begin{pmatrix} 1 & 303 \\ 2 & 3 \end{pmatrix}$ oder $\begin{pmatrix} 1 & 303 \\ 3 & 2 \end{pmatrix}$. Für beide ist die Determinante der Kovarianzmatrix gleich.

Mit **R** berechnen wir $n \sum (x_i - \bar{x})^2 = n(n-1)\,var\,(x)$.

```
> x1 = c(1,1,303,303,303)
> n=length(x1)
> Nenner.x1 = n*(n-1)*var(x1)
> Nenner.x1
```

```
[1] 547224
> x2 = c(1,1,1,303,303)
> n=length(x2)
> n
[1] 5
> Nenner.x2 = n*(n-1)*var(x2)
> Nenner.x2
[1] 547224
```

Der *G*-optimale Versuchsplan ist

$$\begin{pmatrix} 1 & 152 & 303 \\ 2 & 1 & 2 \end{pmatrix}.$$

```
> x3 =c(1, 1, 152, 303, 303)
> n = length(x3)
> Nenner.x3 =  n*(n-1)*var(x3)
> Nenner.x3
[1] 456020
```

Also ist die Determinante des *G*-optimalen Versuchsplans gleich $\sigma^4/456020$ und damit größer als die Determinante des *D*-optimalen Versuchsplans $\sigma^4/547224$. Der *D*-optimale Versuchsplan minimiert die Determinante $|\Sigma| = \dfrac{\sigma^4}{n\sum(x_i - \bar{x})^2}$.

6.2   Mehrfache Regression

Bisher haben wir die einfache lineare Regression betrachtet. Schon in Kap. 5 ist uns der Fall begegnet, bei dem ein Regressand durch zwei Regressoren beeinflusst wurde.

6.2.1   Mehrfache lineare Regression

Im Modell I der Regressionsanalyse verwenden wir für ein Modell mit mehreren (k) Regressoren analog zu Gl. (6.1) mit e_i, stochastisch unabhängigen $N(0, \sigma^2)$ Variablen und mit Modellgleichung

$$y_i = \beta_0 + \beta_1 x_{1i} + \beta_2 x_{2i} + \ldots + \beta_k x_{ki} + e_i; i = 1,\ldots,n > k+1,$$

$$var(y_i) = var(e_i) = \sigma^2 > 0, x_{ju} \le x_{ji} \le x_{jo}, j = 1,\ldots,k. \tag{6.25}$$

Wir haben es bei der grafischen Darstellung nicht mehr mit Regressionsgeraden, sondern mit Regressionsflächen der Dimension k zu tun.

Die geschätzten Regressionskoeffizienten nach der Methode der kleinsten Quadrate sind

$$b_0 = \bar{y} - b_1\bar{x}_1 - b_2\bar{x}_2 - \ldots - b_k\bar{x}_k \tag{6.26}$$

mit der Schätzfunktion

$$\boldsymbol{b}_0 = \bar{\boldsymbol{y}} - \boldsymbol{b}_1\bar{\boldsymbol{x}}_1 - \boldsymbol{b}_2\bar{\boldsymbol{x}}_2 - \ldots - \boldsymbol{b}_k\bar{\boldsymbol{x}}_k$$

und

$$b_j = \frac{s_{x_jy}}{s_{x_j}^2}, j = 1,2,\ldots,k \tag{6.27}$$

mit der Schätzfunktion

$$\boldsymbol{b}_j = \frac{\boldsymbol{s}_{x_jy}}{\boldsymbol{s}_{x_j}^2}.$$

Die geschätzte Regressionsfläche ist

$$\hat{y}_i = b_0 + b_1x_{1i} + b_2x_{2i} + \ldots + b_kx_{ki} \tag{6.28}$$

mit x_i aus dem Versuchsbereich. Ihre Schätzfunktion ist

$$\hat{\boldsymbol{y}}_i = \boldsymbol{b}_0 + \boldsymbol{b}_1x_{1i} + \boldsymbol{b}_2x_{2i} + \ldots + \boldsymbol{b}_kx_{ki}$$

Der Erwartungswert von $\hat{y}_i$ ist für jedes i durch

$$E(\hat{y}_i) = \beta_0 + \beta_1x_{1i} + \beta_2x_{2i} + \ldots + \beta_kx_{ki} \tag{6.29}$$

gegeben.

Die Differenzen

$$y_i - \hat{y}_i = y_i - b_0 - b_1x_{1i} - b_2x_{2i} - \ldots - b_kx_{ki}$$

heißen ebenso wie ihre Realisationen

$$\boldsymbol{y}_i - \hat{\boldsymbol{y}}_i = \boldsymbol{y}_i - \boldsymbol{b}_0 - \boldsymbol{b}_1x_{1i} - \boldsymbol{b}_2x_{2i} - \ldots - \boldsymbol{b}_kx_{ki}$$

Residuen.

Wir können die Schreibweise vereinfachen, indem wir zu Matrizen übergehen. Wer sich mit Vektoren und Matrizen nicht auskennt, kann das Folgende überspringen und sich mit den **R**-Programmen begnügen, die wir anschließend angeben. Es sei $\beta^T = (\beta_0, \beta_1\ldots, \beta_k)$ der transponierte Vektor von

$$\beta = \begin{pmatrix} \beta_0 \\ \beta_1 \\ \cdot \\ \cdot \\ \cdot \\ \beta_k \end{pmatrix}.$$

Beim Transponieren von Vektoren und Matrizen vertauscht man einfach die Zeilen und die Spalten, transponierte Vektoren benötigen weniger Platz im Manuskript.

Wir benötigen weiter den (transponierten) Vektor der Regressanden $y^T = (y_1, ..., y_n)$, den Vektor der Fehlerglieder $e^T = (e_1, ..., e_n)$, den Vektor der Regressionskoeffizienten $\beta^T = (\beta_0, ..., \beta_k)$ und die Matrix der Regressoren

$$X = \begin{pmatrix} 1 & x_{11} & \cdots & x_{k1} \\ 1 & x_{12} & \cdots & x_{k2} \\ \vdots & \vdots & \vdots & \vdots \\ 1 & x_{1n} & \cdots & x_{kn} \end{pmatrix}.$$

Diese Matrix hat n Zeilen und $k + 1$ Spalten und den Rang $k + 1$.

Anstelle von (6.25) erhalten wir in Matrizenschreibweise

$$y = X\beta + e, n > k+1,\ E(e) = 0_n; (var(y) = var(e) = \sigma^2 E_n, \sigma^2 > 0$$

$$x_{ju} \leq x_{ji} \leq x_{jo}, j = 1, ..., k \tag{6.25a}$$

In (6.25a) ist 0_n der Nullvektor von n Nullen, E_n die Einheitsmatrix der Ordnung n, sie enthält in der Hauptdiagonalen Einsen und besteht sonst aus Nullen.

Die geschätzten Regressionskoeffizienten nach der Methode der kleinsten Quadrate sind nun

$$b = \left(X^T X\right)^{-1} X^T y \tag{6.30}$$

mit der inversen Matrix $M = (X^T X)^{-1}$ von $(X^T X)$.

Nun ist ein konkreter Versuchsplan für ein Regressionsmodell $y = X\beta + e$ und den Versuchsbereich $B = [x_u, x_o]$ G-optimal, wenn $x^T M x$ für $x \in B$ maximal ist.

Anstelle von (6.8) bis (6.10) haben wir nun die Kovarianzmatrix

$$var(b) = \sigma^2 \left(X^T X\right)^{-1}, \tag{6.31}$$

in deren Hauptdiagonalen die Varianzen der b_j, $j = 0,1, ..., k$ stehen. Ansonsten findet man die Kovarianzen zwischen den b_r und b_s, $r, s = 0,1, ..., k$.

Beispiel 6.3

Voshaar (1995) prüfte, ob der Ertrag einer neuen Weizensorte von Düngermengen in kg/Teilstück abhängt. Die Düngerarten waren x_1 (Stickstoff), x_2 (Phosphor), x_3 (Kalium) und x_4 (Magnesium). Ein Versuch wurde durchgeführt, um die optimale Düngerkombination zu ermitteln. Die Regressorvariable y ist der Preis des Ertrags pro Teilstück in Euro, vermindert um alle Kosten für Dünger, Arbeitsaufwand usw.

Die Versuchsergebnisse waren folgende:

x_1	x_2	x_3	x_4	y
10	5	3	3	45,2
30	5	3	9	43,5
10	15	3	9	44,4
30	15	3	3	49,6
10	5	9	9	45,7
30	5	9	3	42,7
10	15	9	3	42,9
30	15	9	9	51,3
20	10	6	6	49,0
20	10	6	6	47,6
10	5	3	9	43,6
30	5	3	3	43,8
10	15	3	3	44,6
30	15	3	9	50,8
10	5	9	3	43,9
30	5	9	9	44,1
10	15	9	9	41,8
30	15	9	3	49,1
20	10	6	6	49,9
20	10	6	6	49,7
0	10	6	6	38,5
40	10	6	6	44,3
20	0	6	6	38,0
20	20	6	6	43,5
20	10	0	6	49,2
20	10	12	6	49,5
20	10	6	0	48,2
20	10	6	12	47,0
20	10	6	6	48,6
20	10	6	6	48,2

Das Modell y für die beobachteten Werte von y sei nach $N(E(y), \sigma^2)$ verteilt mit

$$E(y) = \beta_0 + \beta_1 x_1 + \beta_2 x_2 + \beta_3 x_3 + \beta_4 x_4 + \beta_{11} x_1^2 + \beta_{22} x_2^2 + \beta_{33} x_3^2 +$$

$$\beta_{44} x_4^2 + \beta_{12} x_1 x_2 + \beta_{13} x_1 x_3 + \beta_{14} x_1 x_4 + \beta_{23} x_2 x_3 + \beta_{24} x_2 x_4 + \beta_{34} x_3 x_4.$$

Damit beschreibt $E(y)$ eine quadratische Wirkungsfläche mit den vier Regressorvariablen. Die Parameter des linearen Modells schätzen wir mit **R**:

```
> x1=c(10,30,10,30,10,30,10,30,20,20,
    10,30,10,30,10,30,10,30,20,20,
    0,40,20,20,20,20,20,20,20,20)
> x2=c(5,5,15,15,5,5,15,15,10,10,
    5,5,15,15,5,5,15,15,10,10,
    10,10,0,20,10,10,10,10,10,10)
> x3=c(3,3,3,3,9,9,9,9,6,6,
    3,3,3,3,9,9,9,9,6,6,
    6,6,6,6,0,12,6,6,6,6)
> x4=c(3,9,9,3,9,3,3,9,6,6,
    9,3,3,9,3,9,9,3,6,6,
    6,6,6,6,6,6,0,12,6,6)
> y=c(45.2,43.5,44.4,49.6,45.7,42.7,42.9,51.3,49.0,47.6,
    43.6,43.8,44.6,50.8,43.9,44.1,41.8,49.1,49.9,49.7,
    38.5,44.3,38.0,43.5,49.2,49.5,48.2,47.0,48.6,48.2)
> x11 = x1*x1
> x22 = x2*x2
> x33 = x3*x3
> x44 = x4*x4
> x12 = x1*x2
> x13 = x1*x3
> x14 = x1*x4
> x23 = x2*x3
> x24 = x2*x4
> x34 = x3*x4
> model = lm( y~x1 + x2 + x3 + x4 + x11 + x22 + x33 + x44 +
          x12 + x13 + x14 + x23 + x24 + x34)
> summary(model)
Call:
lm(formula = y ~ x1 + x2 + x3 + x4 + x11 + x22 + x33 + x44 +
    x12 + x13 + x14 + x23 + x24 + x34)
Residuals:
      Min       1Q    Median       3Q       Max
-1.23333 -0.45729 -0.06875  0.43750  1.40417
Coefficients:
             Estimate Std. Error t value Pr(>|t|)
(Intercept) 39.300000   2.813215  13.970 5.28e-10 ***
x1           0.342500   0.110992   3.086 0.007532 **
x2           1.113333   0.221984   5.015 0.000154 ***
x3          -0.516667   0.369974  -1.396 0.182888
x4          -0.205556   0.369974  -0.556 0.586679
```

```
x11          -0.017479   0.001807   -9.671 7.74e-08 ***
x22          -0.076417   0.007229  -10.570 2.40e-08 ***
x33           0.026620   0.020082    1.326 0.204803
x44          -0.021991   0.020082   -1.095 0.290757
x12           0.039250   0.004733    8.293 5.51e-07 ***
x13           0.006250   0.007888    0.792 0.440505
x14           0.011667   0.007888    1.479 0.159815
x23          -0.019167   0.015776   -1.215 0.243165
x24           0.003333   0.015776    0.211 0.835501
x34           0.036111   0.026293    1.373 0.189803
---
Signif. codes:  0 '***' 0.001 '**' 0.01 '*' 0.05 '.' 0.1 ' ' 1
Residual standard error: 0.9465 on 15 degrees of freedom
Multiple R-squared:  0.9618,    Adjusted R-squared:  0.9261
F-statistic: 26.96 on 14 and 15 DF,  p-value: 4.333e-08
> anova(model)
Analysis of Variance Table
Response: y
          Df  Sum Sq Mean Sq  F value    Pr(>F)
x1         1  49.307  49.307  55.0332 2.154e-06 ***
x2         1  45.375  45.375  50.6449 3.527e-06 ***
x3         1   0.482   0.482   0.5376   0.4747
x4         1   0.042   0.042   0.0465   0.8322
x11        1  68.327  68.327  76.2622 2.879e-07 ***
x22        1 104.380 104.380 116.5031 1.813e-08 ***
x33        1   2.009   2.009   2.2422   0.1550
x44        1   1.074   1.074   1.1992   0.2908
x12        1  61.623  61.623  68.7794 5.511e-07 ***
x13        1   0.562   0.562   0.6278   0.4405
x14        1   1.960   1.960   2.1876   0.1598
x23        1   1.322   1.322   1.4761   0.2432
x24        1   0.040   0.040   0.0446   0.8355
x34        1   1.690   1.690   1.8863   0.1898
Residuals 15  13.439   0.896
---
Signif. codes:  0 '***' 0.001 '**' 0.01 '*' 0.05 '.' 0.1 ' ' 1
```

Aus der **R**-Ausgabe erkennen wir, dass der Einfluss von Kalium und Magnesium vernachlässigbar ist, da alle Regressoren, in denen im Index 3 oder 4 steht, P-Werte > 0,05 haben.

Wir fahren nun mit einer reduzierten quadratischen Wirkungsfläche für $E(y)$ der Form

$$E(y) = \beta_0 + \beta_1 x_1 + \beta_2 x_2 + \beta_{11} x_1^2 + \beta_{22} x_2^2 + \beta_{12} x_1 x_2 \text{ fort.}$$

```
> model.1 = lm( y~x1 + x2 + x11 + x22 + x12)
> summary(model.1)
Call:
lm(formula = y ~ x1 + x2 + x11 + x22 + x12)
Residuals:
    Min      1Q  Median      3Q     Max
-1.8750 -0.5755 -0.2802  0.8167  1.4146
Coefficients:
              Estimate Std. Error t value Pr(>|t|)
(Intercept) 36.433333   1.429041  25.495  < 2e-16 ***
x1           0.452083   0.089726   5.038 3.77e-05 ***
x2           1.022500   0.179453   5.698 7.19e-06 ***
x11         -0.017531   0.001820  -9.631 1.02e-09 ***
x22         -0.076625   0.007281 -10.524 1.80e-10 ***
x12          0.039250   0.004854   8.086 2.61e-08 ***
---
Signif. codes:  0 '***' 0.001 '**' 0.01 '*' 0.05 '.' 0.1 ' ' 1
Residual standard error: 0.9708 on 24 degrees of freedom
Multiple R-squared:  0.9357,    Adjusted R-squared:  0.9223
F-statistic: 69.81 on 5 and 24 DF,  p-value: 1.662e-13
> anova(model.1)
Analysis of Variance Table
Response: y
          Df   Sum Sq Mean Sq  F value     Pr(>F)
x1         1   49.307  49.307   52.313 1.792e-07 ***
x2         1   45.375  45.375   48.142 3.560e-07 ***
x11        1   68.327  68.327   72.493 1.030e-08 ***
x22        1  104.380 104.380  110.744 1.798e-10 ***
x12        1   61.623  61.623   65.380 2.612e-08 ***
Residuals 24   22.621   0.943
---
Signif. codes:  0 '***' 0.001 '**' 0.01 '*' 0.05 '.' 0.1 ' ' 1.
```

Um zum Beispiel mehrere Regressionsparameter zu testen

$$H_0 : \begin{pmatrix} \beta_i \\ \beta_j \\ \vdots \\ \beta_l \end{pmatrix} = \begin{pmatrix} 0 \\ 0 \\ \vdots \\ 0 \end{pmatrix} \text{gegen } H_A : \begin{pmatrix} \beta_i \\ \beta_j \\ \vdots \\ \beta_l \end{pmatrix} \neq \begin{pmatrix} 0 \\ 0 \\ \vdots \\ 0 \end{pmatrix},$$

analysieren wir erst das vollständige Modell VM mit allen Regressionsparametern $\beta_0, \beta_1, \beta_k$. Mit dem **R**-Befehl lm( ) finden wir für das vollständige Modell VM eine Schätzung für die Restvarianz VMs^2 und die zugehörigen Freiheitsgrade $VMFG$. Wir berechnen dann die Quadratsumme $VMSQ = VMFG \cdot VMs^2$. Danach analysieren wir das reduzierte Modell BM ohne die Regressionsparameter β_i, β_j, β_l. Die Schätzung der Restvarianz von Modell BM ist dann BMs^2 mit den zugehörigen Freiheitsgraden $BMFG$. Wir berechnen dann die Quadratsumme $BMSQ = BMFG \cdot BMs^2$. Dann berechnen wir die Quadratsumme $A = BMSQ - VMSQ$ mit den zugehörigen Freiheitsgraden $AFG = BMFG - VMFG$. Weiter definieren wir $B = VMSQ$ mit den zugehörigen Freiheitsgraden $BMFG = VMFG$. Die Prüfzahl $F = \dfrac{\dfrac{A}{AFG}}{\dfrac{B}{BMFG}}$ ist die Realisation einer zentralen F-Verteilung mit AFG- und $BMFG$-Freiheitsgraden.

Die zentrale F-Verteilung mit den Freiheitsgraden a und b ist definiert als der Quotient

$$F(a,b) = (A \, / \, a)\big/(B \, / \, b),$$

wobei A eine Chi-Quadrat-Verteilung $CQ(a)$ mit a Freiheitsgraden und B eine Chi-Quadrat-Verteilung $CQ(b)$ mit b Freiheitsgraden hat. Ferner muss A stochastisch unabhängig von B sein. Der Erwartungswert von $F(a, b)$ ist $b/(b-2)$ für $b > 2$ und die Varianz ist $\dfrac{2b^2(a+b-2)}{a(b-2)^2(b-4)}$ für $b > 4$.

Beispiel 6.3 – Fortsetzung
Das vollständige Modell VM in R ist `model` mit einem Schätzwert der Restvarianz $VMs = 0{,}9465^2 = 0{,}8959$ mit $VMFG = 15$ Freiheitsgraden.

Die Quadratsumme ist $VMSQ = 15 \cdot 0{,}8959 = 13{,}4385$.

In der letzten Zeile der Varianzanalysetabelle der **R**-Ausgabe `anova(model)` sehen wir $VMFG$ und die Quadratsumme $VMSQ$: `Residuals 15 13.439`.

Das beschränkte Modell BM ist `model.1` mit einem Schätzwert der Restvarianz $BMs^2 = 0{,}9708^2 = 0{,}9425$ mit $BMFG = 24$ Freiheitsgraden.

Wir erhalten die Quadratsumme $BMSQ = 24 \cdot 0{,}9425 = 22{,}62$.

In der letzten Zeile der Varianzanalysetabelle von `anova(model.1)` sehen wir $BMFG$ und die Quadratsumme $BMSQ$: `Residuals 24 22.621`.

```
> VMSQ = 13.4385
> VMf = 15
> BMSQ = 22.62
> BMf = 24
> A=BMSQ-VMSQ
> A
[1] 9.1815
> Af =BMf-VMf
> Af
```

```
[1] 9
> B = VMSQ
> Bf = VMf
> P.Wert = 1-pf(F,Af,Bf)
> P.Wert
[1] 0.3956712
```

Da der P-Wert $= 0,3957 > 0,05$ ist, wird die Nullhypothese „$\beta_3 = 0$; $\beta_4 = 0$; $\beta_{33} = 0$; $\beta_{44} = 0$; $\beta_{13} = 0$; $\beta_{14} = 0$; $\beta_{23} = 0$; $\beta_{24} = 0$; $\beta_{34} = 0$" für $\alpha = 0,05$ nicht abgelehnt.

Um festzustellen, ob im obigen Beispiel die geschätzte Wirkungsfläche tatsächlich ein Maximum ergibt, muss man zunächst die ersten partiellen Ableitungen von $y = 36,433333 + 0,452083\,x_1 + 1,0225x_2 - 0,017531x_1^2 - 0,076625x_2^2 + 0,03925x_1x_2$ nach den Variablen x_1 und x_2 bilden:

$$\frac{\partial y}{\partial x_1} = 0,452083 - 0,035062x_1 + 0,03925x_2$$

$$\frac{\partial y}{\partial x_2} = 1,0225 - 0,15325x_2 + 0,03925x_1.$$

Diese setzen wir gleich Null und erhalten die Matrizengleichung

$$\begin{pmatrix} 0,035062 & -0,03925 \\ -0,03925 & 0,15325 \end{pmatrix} \begin{pmatrix} x_1 \\ x_2 \end{pmatrix} = \begin{pmatrix} 0,452083 \\ 1,0225 \end{pmatrix}.$$

Mit **R** berechnen wir die Lösung für den stationären Punkt (x_{1s}, x_{2s}):

```
> A = matrix(c(0.035062,-0.03925, -0.03925, 0.15325), nrow=2)
> A
          [,1]       [,2]
[1,]   0.035062  -0.03925
[2,]  -0.039250   0.15325
> b = c(0.452083, 1.0225)
> solve(A,b)
[1] 28.54780 13.98369
```

$x_{1s} = 28,54780$ und $x_{2s} = 13,98369$.

Nun bilden wir die zweiten Ableitungen:

$$\frac{\partial^2 y}{\partial x_1 \partial x_2} = -0,03925$$

$$\frac{\partial y}{\partial x_2 \partial x_1} = -0,03925$$

Da die beiden zweiten Ableitungen negativ sind, liegt ein Maximum vor. Wären beide zweiten Ableitungen positiv, läge ein Minimum vor, hätten beide Ableitungen verschiedene Vorzeichen, läge ein Sattelpunkt vor.

Wir haben nun ein Maximum für $x_{1s} = 28{,}54780$ und $x_{2s} = 13{,}98369$.

```
> A = 36.433333 + 0.452083*28.54780 + 1.0225*13.98369
> B = -0.017531*28.54780^2 - 0.076625*13.98369^2
> C = 0.03925*28.54780*13.98369
> Maximum.y = A + B + C
> Maximum.y
[1] 50.03548
```

▶ **Übung 6.3** Voshaar (1995) untersucht in einem Versuch, ob der Ertrag von Zuckerrüben (in kg) linear von Stickstoff (N) und Phosphor (P) in kg pro Teilstück abhängt. 16 Teilstücke auf einem Versuchsfeld wurden entsprechend unten stehender Tabelle randomisiert gedüngt. Die Ergebnisse systematisch angeordnet findet sind in der Tabelle aufgeführt.

N	P	Ertrag	N	P	Ertrag
0	0	56	0	5	63
0	10	71	0	15	87
10	0	72	10	5	71
10	10	76	10	15	87
20	0	73	20	5	86
20	10	87	20	15	96
30	0	79	30	5	92
30	10	100	30	15	115

Beantworten Sie die Versuchsfrage.

6.2.2 Polynomiale Regression

Eine nichtlineare Regression heißt quasilinear, wenn die nichtlinearen Funktionen ausschließlich Funktionen von x sind und keine unbekannten Parameter enthalten. Ist Letzteres der Fall, sprechen wir von einer eigentlich nichtlinearen Funktion bzw. Regression. So kann man e^{3x} in der Regressionsfunktion $f(x) = \beta_0 + \beta_1 x + \beta_2 e^{3x}$ wie folgt einbauen. Anstelle von x_1 setzen wir x und $x_2 = e^{3x}$. Die Funktion $\beta_0 + \beta_1 x + \beta_2 e^{3x}$ ist zwar nichtlinear, kann aber wie eine mehrfache lineare Funktion behandelt werden. Die ist für die Funktion $\beta_0 + \beta_1 x + \beta_2 e^{rx}$ nicht möglich, sie wird in Abschn. 6.3.2 behandelt.

Wir besprechen von den quasilinearen Regressionen hier nur die polynomiale Regression. Wir wenden uns nun dem Fall zu, dass die nichtlinearen Funktionen Potenzen von x sind. Speziell verwenden wir die quadratische Regressionsfunktion

Tab. 6.5 Mittlere Widerristhöhe (in cm) von 112 schwarzbunten Kühen in den ersten 60 Lebensmonaten

j	Alter (in Monaten)	Höhe (in cm)
1	0	77,2
2	6	94,5
3	12	107,2
4	18	116,0
5	24	122,4
6	30	126,7
7	36	129,2
8	42	129,9
9	48	130,4
10	54	130,8
11	60	131,2

$$f(x) = \beta_0 + \beta_1 x + \beta_2 x^2 \qquad (6.32)$$

und die kubische Regressionsfunktion

$$f(x) = \beta_0 + \beta_1 x + \beta_2 x^2 + \beta_3 x^3, \qquad (6.33)$$

die wir auf den Fall der zwei- bzw. dreifachen Regressionsfunktion zurückführen können. Hierfür setzen wir $x_1 = x$, $x_2 = x^2$ und $x_3 = x^3$.

Beispiel 6.4
In Tab. 6.5 sind die durchschnittlichen Werte der Widerristhöhe von 112 schwarzbunten Kühen gegeben.

```
>  x=c(0,6,12,18,24,30,36,42,48,54,60)
>  y=c(77.2,94.5,107.2,116.0,122.4,126.7,129.2,129.9,130.4,
       130.8,131.2)
> plot(x,y, type = "p", xlab="Alter (in Monaten)",
       ylab="Höhe (in cm)")
```

Die Punktwolke in Abb. 6.5 lässt erkennen, dass eine lineare Funktion nicht gut passen würde. Stattdessen passen wir eine quadratische Regressionsfunktion mit **R** an (Abb. 6.6).

```
> x0 = rep( 0, 11)
> x2 = x*x
> model = lm( y ~ x + x2)
> summary(model)
Call:
lm(formula = y ~ x + x2)
```

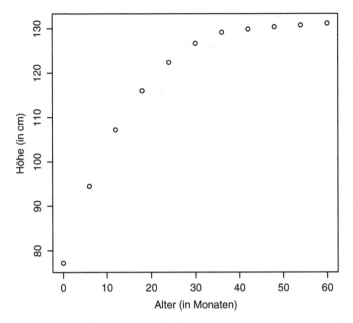

Abb. 6.5 Punktwolke aus Alter und Widerristhöhe (Daten aus Tab. 6.5)

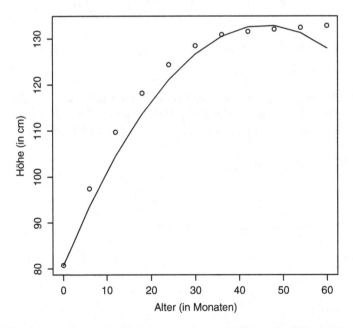

Abb. 6.6 Quadratische Regressionsfunktion, angepasst an die Daten der Widerristhöhe von Kühen (Tab. 6.5)

```
Residuals:
    Min      1Q  Median      3Q      Max
-3.5615 -1.8837 -0.0075  1.8090   3.2203
Coefficients:
             Estimate Std. Error t value Pr(>|t|)
(Intercept) 80.761538   1.969299   41.01 1.38e-10 ***
x            2.276092   0.152706   14.90 4.05e-07 ***
x2          -0.024819   0.002451  -10.12 7.74e-06 ***
---
Signif. codes:  0 `***' 0.001 `**' 0.01 `*' 0.05 `.' 0.1 ` ' 1
Residual standard error: 2.585 on 8 degrees of freedom
Multiple R-squared:  0.9832,    Adjusted R-squared:  0.9791
F-statistic: 234.8 on 2 and 8 DF,  p-value: 7.875e-08
> confint(model)
                  2.5 %       97.5 %
(Intercept) 76.22032654 85.30275039
x            1.92395179  2.62823158
x2          -0.03047138 -0.01916602
> AIC(model)
[1] 56.60661
```

Der AIC-Wert wird in Abschn. 6.4, Formel (6.40), definiert.

```
> par(new = TRUE)
> y1 = 80.76154 + 2.27609*x -0.02482*x2
> plot(x, y1, type = "l")
```

Für (6.33) (die kubische Regression) verwenden wir die Daten zum Alter und zur Größe von Hanfpflanzen aus Beispiel 6.2. Die Punktwolke der Abb. 6.1 lässt vermuten, dass eine kubische Regression sinnvoll wäre. Sie ist in Abb. 6.7 dargestellt.

Beispiel 6.2 – Fortsetzung

```
> x = seq(1,14, by = 1)
> y = c(8.3, 15.2, 24.7, 32.0, 39.3, 55.4, 69.0,
        84.4, 98.1, 107.7, 112.0, 116.9, 119.9, 121.1)
> x0 = rep(0,14)
> x1 = x
> x2 = x1*x1
> x3 = x1*x2
>  plot(x1,y, type = "p", xlab="Alter (in Wochen)",
        ylab="Höhe (in cm)")
> Model = lm(y ~x1 + x2 + x3)
> summary(Model)
Call:
```

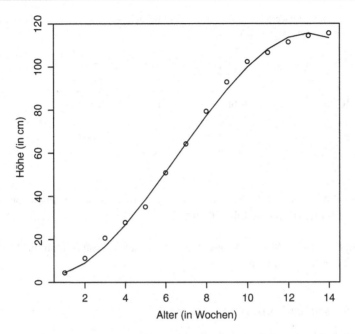

Abb. 6.7 Kubische Regression zwischen Alter und Höhe von Hanfpflanzen aus Beispiel 6.2

```
lm(formula = y ~ x1 + x2 + x3)
Residuals:
    Min     1Q  Median     3Q     Max
-4.3411 -1.3761 -0.3067  1.8701  3.2052
Coefficients:
            Estimate Std. Error t value Pr(>|t|)
(Intercept)  8.56294    3.64586   2.349   0.0407 *
x1          -1.11969    2.03233  -0.551   0.5938
x2           2.17310    0.30931   7.026 3.60e-05 ***
x3          -0.10921    0.01359  -8.038 1.13e-05 ***
---
Signif. codes:  0 '***' 0.001 '**' 0.01 '*' 0.05 '.' 0.1 ' ' 1
Residual standard error: 2.542 on 10 degrees of freedom
Multiple R-squared: 0.9972,    Adjusted R-squared: 0.9963
F-statistic: 1178 on 3 and 10 DF,  p-value: 4.833e-13
> confint(Model)
                 2.5 %       97.5 %
(Intercept)  0.4394511 16.68642305
x1          -5.6480077  3.40863040
x2           1.4839163  2.86228752
x3          -0.1394806 -0.07893431
> AIC(Model)
[1] 71.14317
```

Tab. 6.6 Beobachtungswerte aus einer Arbeit von Michaelis und Menten 1913 (obere Zeile Zeit in Minuten, untere Zeile Drehung in Grad)

Minuten	0	1	6	17	27	38	62	95	1372	1440
Grad	0	0,025	0,117	0,394	0,537	0,727	0,877	1,023	1,136	1,178

Der AIC-Wert wird in Abschn. 6.4, Formel (6.40), definiert.

```
> y1 = 8.56294*x0 -1.11969*x1 + 2.17310*x2 -0.10921*x3
> par(new=TRUE)
> plot(x1,y1,type="l")
```

▶ **Übung 6.4** Geben Sie die Anpassung der quadratischen Funktion an die Michaelis-Menten-Daten in Tab. 6.6 an.

▶ **Übung 6.5** Geben Sie die Anpassung der kubischen Funktion an die Michaelis-Menten-Daten in Tab. 6.6 an.

6.2.3 Versuchsplanung

D- und G-optimale Versuchspläne für polynomiale Regressionsfunktionen kann man nach Pukelsheim (1993) wie folgt erhalten:

Für die quadratische Regression ist der D- und G-optimale Versuchsplan mit $N = 3m$ Messwerten in $[x_u, x_o]$ gleich

$$\begin{pmatrix} x_u & \dfrac{x_u + x_o}{2} & x_o \\ m & m & m \end{pmatrix}.$$

Für die kubische Regression ist der D- und G-optimale Versuchsplan mit $N = 4m$ Messwerten in $[x_u, x_o]$ gleich

$$\begin{pmatrix} x_u & 0,7236x_u + 0,2764x_o & 0,2764x_u + 0,7236x_o & x_o \\ m & m & m & m \end{pmatrix}.$$

6.3 Eigentlich nichtlineare Regression

Eigentlich nichtlineare Regressionsfunktionen sind häufig zuerst in Anwendungen aufgetreten und tragen teilweise den Namen dessen, der sie vermutlich erstmalig verwendet hat. Wir haben diese Benennungen beibehalten. Eine weitere Besonderheit ist, dass die Parameter dieser Funktionen anders benannt werden, als es bisher in diesem Kapitel geschah. Auch da haben wir uns an den Gebrauch in den Anwendungen gehalten, obwohl es dadurch zu Doppelbezeichnungen kommt, die Mathematiker zu vermeiden haben. Das betrifft die Parameter α und β, die bisher das Risiko 1. und 2. Art von Tests bezeichneten. Eine Unterscheidung ist aber leicht möglich, aus dem Zusammenhang heraus ist die jeweilige Bedeutung sofort ersichtlich. Die Parameterschätzung erfolgt wieder nach der Methode der kleinsten Quadrate.

Für eigentlich nichtlineare Regressionsfunktionen ergeben sich aber einige Probleme, denn die Lösung der Normalgleichungen führt zu numerischen Schwierigkeiten. Man erhält nur iterative Lösungen und muss dafür oft Anfangswerte vorgeben. Über Varianzen und Verteilungen der Schätzfunktionen ist nur wenig bekannt. Man verwendet daher Ergebnisse, die theoretisch für eine gegen ∞ strebende Anzahl von Messungen gelten, praktisch aber aufgrund umfangreicher Simulationsuntersuchungen von Rasch und Schimke (1983) bereits ab $n = 4$ für die in diesem Buch verwendeten Funktionen anwendbar sind. Auch Konfidenzintervalle und Tests können nicht exakt angegeben werden und die optimale Wahl der Messstellen wird aufgrund der asymptotischen Kovarianzmatrix vorgenommen (Kap. 9 in Rasch & Schott, 2016). Wir bezeichnen eine eigentlich nichtlineare Regressionsfunktion mit einem Regressor x mit $f(x,\theta)$. Sie wird als zweimal stetig nach x differenzierbar vorausgesetzt; diese Voraussetzung erfüllen alle in diesem Abschnitt behandelten Funktionen. Der transponierte Parametervektor $\theta^T = (\theta_1, \ldots, \theta_k)$ enthält k Parameter; in diesem Abschnitt ist k gleich 2 oder 3.

Die optimalen Versuchspläne hängen von der asymptotischen Kovarianzmatrix und außerdem von wenigstens einem unbekannten Parameter ab und werden deshalb als lokal optimal bezeichnet. Sie werden meist durch Suchverfahren bestimmt. Bei Box und Lucas (1959) findet man in Satz 8.1 für die exponentielle Regression $f(x,\theta) = \alpha + \beta e^{\gamma x}$ mit $n = 3$, $\theta_0 = (\alpha_0, \beta_0, \gamma_0)^T$ und $x \in [x_u, x_o]$ für den lokal D-optimalen Versuchsplan eine analytische Lösung. Dieser lokal D-optimale Versuchsplan hängt nur von γ_0 ab und hat die Form

$$\begin{pmatrix} x_u & x_2 & x_o \\ 1 & 1 & 1 \end{pmatrix}$$

$$\text{mit } x_2 = -\frac{1}{\gamma_0} + \frac{x_u e^{\gamma_0 x_u} - x_o e^{\gamma_0 x_o}}{e^{\gamma_0 x_u} - e^{\gamma_0 x_o}}.$$

6.3.1 Michaelis-Menten-Funktion

Vor allem in biochemischen Anwendungen wird oft die Funktion

$$f_M = \frac{\alpha x}{1 + \beta x} \tag{6.34}$$

verwendet, die auf Michaelis und Menten (1913) zurückgeht. Aus Tabelle I zu Versuch 5 zur Untersuchung der Kinetik der Invertinwirkung in dieser Arbeit stammen die Werte in Tab. 6.6 mit den Ergebnissen zur Rotation (in Grad) in Abhängigkeit von der Zeit (in Minuten).

Die folgenden Berechnungen stammen aus unserer Beratungstätigkeit am mathematischen Institut der Universität Wageningen (NL), die in Boer et al. (2000) publiziert worden sind. Dabei wird das Modell

$$y_i = \frac{\alpha x_i}{1+\beta x_i} + e_i, i = 1,\ldots,n, E(e_i) = 0, var(e_i) = \sigma^2, cov(e_i,e_j) = 0, i \neq j \quad (6.35)$$

verwendet.

Die asymptotische Kovarianzmatrix hat mit $z_i = \dfrac{x_i}{1+\beta x_i}$

die Determinante $\alpha^2 \left(\sum_{i=1}^{n} z_i^2 \sum_{i=1}^{n} z_i^4 - \left[\sum_{i=1}^{n} z_i^3 \right]^2 \right) = \alpha^2 \Delta$.

Mit **R** berechnen wir zunächst die Schätzwerte der Parameter in (6.35), wobei wir die Anfangswerte $\alpha_0 = 0{,}026$ und $\beta_0 = 0{,}0213$ aus Boer et al. (2000) verwenden. Der **R**-Befehl nls ( ) ergibt die Schätzwerte $a = 0{,}026$ und $b = 0{,}0213$.

```
> x <- c(0,1,6,17,27,38,62,95,1372,1440)
> y <- c(0,0.025,0.117,0.394,0.537,0.727,0.877,1.023,
     1.136,1.178)
> n=length(x)
> n
[1] 10
> model <- nls(y~ a*x/(1 + b*x),start=list(a= 0.026,
     b = 0.0213))
> summary(model)
Formula: y ~ a * x/(1 + b * x)
Parameters:
  Estimate Std. Error t value Pr(>|t|)
a 0.041347   0.004467   9.257 1.51e-05 ***
b 0.033925   0.004386   7.735 5.56e-05 ***
---
Signif. codes:  0 `***' 0.001 `**' 0.01 `*' 0.05 `.' 0.1 ` ' 1

Residual standard error: 0.06055 on 8 degrees of freedom
Number of iterations to convergence: 6
Achieved convergence tolerance: 5.338e-06
> confint(model)
Waiting for profiling to be done...
        2.5%       97.5%
a 0.03290764 0.05271890
b 0.02589440 0.04538928
> AIC(model)
```

```
[1] -23.9371
> y.p = predict(model)
> y.p
 [1] 0.00000000 0.03999005 0.20612395 0.44579456 0.58266105
0.68635943
 [7] 0.82604454 0.93016097 1.19314050 1.19432672
```

Damit ist die Realisation der Schätzfunktion $a = \hat{a}$ von α gleich 0,04135 und die Realisation der Schätzfunktion $b = \hat{\beta}$ von β gleich 0,033925.

Als Schätzwert $s^2 = \dfrac{1}{n-2} \sum_{i=1}^{n} \left[y_i - \dfrac{ax_i}{1+bx_i} \right]^2$ der Restvarianz σ^2 ergab sich

$s^2 = 0{,}06055^2 = 0{,}00367$ mit $n = 10 - 2 = 8$ Freiheitsgraden.

Die mit **R** an die Daten angepasste Regressionsfunktion findet man in Abb. 6.8.

```
> plot(x, y, type="p", xlab="Zeit", ylab="Rotation")
> par(new= TRUE)
> plot(x, y.p, type="l")
```

Wir prüfen

$$H_{0(a)} : \alpha = \alpha_0$$

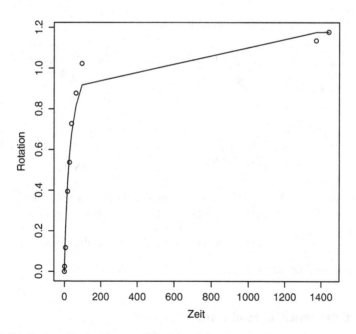

Abb. 6.8 Die Punktwolke der Werte aus Tab. 6.6 und die angepasste Michaelis-Menten-Funktion

gegen

$$H_{A(a)} : \alpha \neq \alpha_0$$

mit

$$t_\alpha = \frac{(a - \alpha_0)\sqrt{\hat{\Delta}}}{s\sqrt{\sum_{i=1}^{n} z_i^{*4}}}$$

und

$$H_{0(b)} : \beta = \beta_0$$

gegen

$$H_{A(b)} : \beta \neq \beta_0$$

mit

$$t_\beta = \frac{(b - \beta_0)\sqrt{\hat{\Delta}}}{s\sqrt{\dfrac{1}{\alpha^2}\sum_{i=1}^{n} z_i^{*2}}}.$$

Asymptotische 95-%-Konfidenzintervalle sind

$$\left[a - t(n-2,0{,}975)\frac{s}{\sqrt{\hat{\Delta}}}\sqrt{\sum_{i=1}^{n} z_i^{*4}} \; ; \; a + t(n-2,0{,}975)\frac{s}{\sqrt{\hat{\Delta}}}\sqrt{\sum_{i=1}^{n} z_i^{*4}} \right]$$

und

$$\left[b - t(n-2,0{,}975)\frac{s}{a\sqrt{\hat{\Delta}}}\sqrt{\sum_{i=1}^{n} z_i^{*2}} \; ; \; b + t(n-2,0{,}975)\frac{s}{a\sqrt{\hat{\Delta}}}\sqrt{\sum_{i=1}^{n} z_i^{*2}} \right].$$

Die lokal optimalen Pläne wurden von Boer et al. (2000) für 10 Messungen berechnet. Im Versuchsbereich [0, 1440] ergab sich folgender lokal D-optimale Versuchsplan: $\begin{pmatrix} 28{,}12 & 1440 \\ 5 & 5 \end{pmatrix}$ für die oben gefunden Schätzwerte, die für die unbekannten Parameter eingesetzt wurden.

6.3.2   Exponentielle Funktion

Die dreiparametrische exponentielle Regressionsfunktion ist am gebräuchlichsten und hat die Form $f_E = \alpha + \beta e^{\gamma x}$, das Regressionsmodell hat die Form

$y_i = E(y_i) + e_i$, mit e_i stochastisch unabhängige Zufallsstichproben von $N(E(y_i), \sigma^2)$,

$$E(y_i) = \alpha + \beta e^{\gamma x_i}, i = 1,\ldots,n > 3, E(e_i) = 0, var(e_i) = \sigma^2,$$

$$cov(e_i, e_j) = 0, i \neq j. \tag{6.36}$$

Die nach der Methode der kleinsten Quadrate entstehenden Normalgleichungen sind nicht explizit, sondern nur iterativ lösbar. Es werden für die Schätzung der drei Parameter wieder Anfangswerte benötigt. Wie man sich die beschaffen kann, machen wir an den Daten in Tab. 6.5 zur Widerristhöhe von Kühen deutlich, für die wir in Abb. 6.5 die Punktwolke und die kubische Regression finden. Zunächst stellen wir für die exponentielle Funktion fest, dass $f_E = \alpha + \beta e^{\gamma x}$ an der Stelle $x = 0$ den Wert $\alpha + \beta$ annimmt und für $n \to \infty$ gegen α strebt, wenn $\gamma < 0$ ist. Als Anfangswerte können wir nun wählen: $\alpha_0 = 132$, $\beta_0 = 77 - 132 = -55$. Um einen Anfangswert für γ zu erhalten, wählen wir die 6. Zeile der Tab. 6.5, nämlich 30 126,7, und setzen in $\alpha + \beta e^{\gamma x_i}$ ein. Es ergibt sich
$132 - 77e^{\gamma \cdot 30}$. Hieraus berechnen wir γ_0, indem wir $126,7 = 132 - 77e^{\gamma \cdot 30}$ nach γ

auflösen via $-53 = -77e^{\gamma \cdot 30}$, $e^{\gamma \cdot 30} = \dfrac{53}{77} = 0,6883$ und $\gamma_0 = \dfrac{1}{30} ln(0,6883) = -0,012$.

Mit $\alpha_0 = 132$, $\beta_0 = -55$, $\gamma_0 = -0,012$ beginnen wir nun die Iteration.

```
>   x=c(0,6,12,18,24,30,36,42,48,54,60)
>   y=c(77.2,94.5,107.2,116.0,122.4,126.7,129.2,129.9,130.4,
        130.8,131.2)
> model <- nls(y~ a + b*exp(c*x),start=list(a= 132,
        b = -55, c = -0.012))
> summary(model)
Formula: y ~ a + b * exp(c * x)
Parameters:
      Estimate Std. Error t value Pr(>|t|)
a 132.962228    0.591559  224.77  < 2e-16 ***
b -56.420967    0.873484  -64.59 3.67e-12 ***
c  -0.067696    0.002707  -25.01 7.00e-09 ***
---
Signif. codes:  0 '***' 0.001 '**' 0.01 '*' 0.05 '.' 0.1 ' ' 1
Residual standard error: 0.8721 on 8 degrees of freedom
Number of iterations to convergence: 10
Achieved convergence tolerance: 4.246e-06
> y.p = predict(model)
> y.p
 [1]   76.54126  95.37490 107.92176 116.28041 121.84889 125.55859
128.02996
 [8] 129.67638 130.77322 131.50392 131.99071
> confint(model)
Waiting for profiling to be done...
```

```
         2.5%          97.5%
a  131.6738161  134.35491184
b  -58.4353638  -54.40726004
c   -0.0739094   -0.06180529
> AIC(model)
[1] 32.70298
```

Die Schätzwerte sind für α: 132,962, für β: $-56,421$ und für γ: $-0,0677$, die geschätzte Exponentialfunktion ist $y = 132,962 - 56,421e^{-0,0677x}$.

Wir prüfen:

$$H_{0(a)} : \alpha = \alpha_0 \text{ gegen } H_{A(a)} : \alpha \neq \alpha_0 \text{ mit}$$

$$t_\alpha = \frac{(a-\alpha_0)\sqrt{\hat{\Delta}}}{s_n\sqrt{\sum_{i=1}^{n}e^{2cx_i}\sum_{i=1}^{n}x_i^2 e^{2cx_i} - \left(\sum_{i=1}^{n}x_i e^{2cx_i}\right)^2}},$$

$$H_{0(b)} : \beta = \beta_0 \text{ gegen } H_{A(b)} : \beta \neq \beta_0 \text{ mit}$$

$$t_\beta = \frac{(b-\beta_0)\sqrt{\hat{\Delta}}}{s_n\sqrt{n\sum_{i=1}^{n}x_i^2 e^{2cx_i} - \left(\sum_{i=1}^{n}x_i e^{cx_i}\right)^2}}. \text{ sowie}$$

$$H_{0(c)} : \gamma = \gamma_0 \text{ gegen } H_{A(c)} : \gamma \neq \gamma_0 \text{ mit}$$

$$t_\gamma = \frac{(c-c_0)|b|\sqrt{\hat{\Delta}}}{s_n\sqrt{\left(n\sum_{i=1}^{n}e^{2cx_i} - \left(\sum_{i=1}^{n}e^{cx_i}\right)^2\right)}}$$

Zahlreiche eigene Untersuchungen konnten zeigen, dass alle gefundenen lokal D-optimalen Versuchspläne Dreipunktpläne waren und das optimale Spektrum gleich dem von Box und Lucas (1959, S. 34) ist.

Ein lokal D-optimaler Versuchsplan für die Widerristhöhe von Kühen in $[0; 60]$ mit den Schätzwerten 132,962, 56,421 und $-0,0677$ anstelle der Parameter ist

$$\begin{pmatrix} 0 & 13,72 & 60 \\ 4 & 4 & 3 \end{pmatrix}.$$

Nun erzeugen wir mit Daten aus Tab. 6.5 die exponentielle Funktion für die Widerristhöhe von Kühen (Abb. 6.9).

```
>  plot(x,y, type = "p", xlab="Alter (in Monaten)",
         ylab="Höhe (in cm)")
> par(new=TRUE)
> plot(x, y.p, type = "l")
```

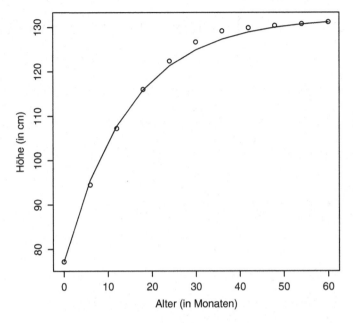

Abb. 6.9 Exponentielle Funktion, angepasst an Daten zur Widerristhöhe von Kühen (Tab. 6.5)

Tab. 6.7 Blattoberfläche von Ölpalmen

Messzeitpunkt in Jahren	Blattoberfläche in m^2
1	2,02
2	3,62
3	5,71
4	7,13
5	8,33
6	8,29
7	9,81
8	11,30
9	12,18
10	12,67
11	12,62
12	13,01

Beispiel 6.5

Auf der Versuchsstation Bah Lias, nahe dem Toba-See in Nord-Sumatra (Indonesien), wurde von Teilstücken mit Ölpalmen (*Elais guinensis* Jacquin) von 36 Palmen die mittlere Blattoberfläche (in m^2) in den Wachstumsjahren 1–12 ermittelt (Tab. 6.7).

Wir passen nun die exponentielle Regression auch an die Daten von Beispiel 6.7 an, mit $\alpha_0 = 13$, $\beta_0 = 2 - 13 = -11$. Wegen $7{,}13 = 13 - 2e^{\gamma \cdot 4}$,

$$-5{,}87 = -11e^{\gamma \cdot 4} \text{ ist } e^{\gamma \cdot 4} = \frac{5{,}87}{11} = 0{,}5427 \text{ wird } \gamma_0 = \frac{1}{4}ln\left(0{,}5427\right) = -0{,}1528 \quad .$$

```
>  x = seq(1,12, by = 1)
>  y = c(2.02, 3.62, 5.71, 7.13, 8.33, 8.29,
         9.81, 11.30, 12.18, 12.67, 12.62, 13.01)
> model <- nls(y~ a + b*exp(c*x),start=list(a= 13,
      b = -11, c = -0.01528))
> summary(model)
Formula: y ~ a + b * exp(c * x)
Parameters:
   Estimate Std. Error t value Pr(>|t|)
a  16.47894    1.37728  11.965 7.89e-07 ***
b -16.65002    1.04679 -15.906 6.77e-08 ***
c  -0.13796    0.02554  -5.402 0.000432 ***
---
Signif. codes:  0 '***' 0.001 '**' 0.01 '*' 0.05 '.' 0.1 ' ' 1
Residual standard error: 0.4473 on 9 degrees of freedom
Number of iterations to convergence: 14
Achieved convergence tolerance: 5.025e-07
> confint(model)
Waiting for profiling to be done...
          2.5%        97.5%
a  14.2208468   21.49037838
b -20.7272253  -14.80346554
c  -0.1969779   -0.08206646
> AIC(model)
[1] 19.29583
> y.p = predict(model)
> y.p
 [1]  1.974527  3.843645  5.471898  6.890326  8.125967  9.202376
10.140074
 [8] 10.956934 11.668530 12.288425 12.828438 13.298861
```

Wir erhalten die geschätzte exponentielle Funktion $\hat{y} = 16{,}479 - 16{,}650e^{-0{,}138x}$.

Jetzt erzeugen wir mit Daten aus Tab. 6.7 die exponentielle Funktion für die Blattoberfläche von Ölpalmen (Abb. 6.10).

```
>  plot(x,y, type="p", xlab="Jahren",
     ylab="Blattoberfläche in m^2")
>  par(new=TRUE)
> plot(x, y.p, type="l")
```

Wir prüfen mit den Wurzeln s_a, s_b und s_c der asymptotischen Varianzen:

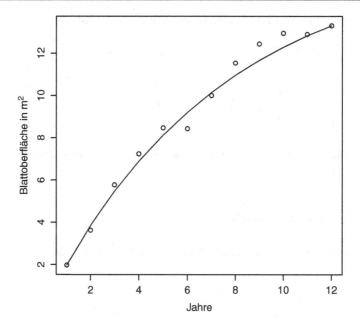

Abb. 6.10 Exponentielle Funktion, angepasst an die Daten zur Blattoberfläche von Ölpalmen (Tab. 6.7)

$H_{0(a)} : \alpha = \alpha_0$ gegen $H_{A(a)} : \alpha \neq \alpha_0$ mit

$$t_\alpha = \frac{(a - \alpha_0)}{s_a}$$

$t_a = 11{,}965$ mit dem P-Wert $= 7{,}89\text{e-}07 < \alpha = 0{,}05$,
   $H_{0(b)} : \beta = \beta_0$ gegen $H_{A(b)} : \beta \neq \beta_0$ mit

$$t_\beta = \frac{(b - \beta_0)}{s_b}$$

$t_b = -15{,}906$ mit P-Wert $= 0{,}000432 < \alpha = 0{,}05$ sowie
   $H_{0(c)} : \gamma = \gamma_0$ gegen $H_{A(c)} : \gamma \neq \gamma_0$ mit

$$t_\gamma = \frac{(c - c_0)}{s_c}$$

$t_c = -5{,}402$ mit dem P-Wert $= 7{,}89\text{e-}07 < \alpha = 0{,}05$.

▶ **Übung 6.6** Geben Sie die asymptotischen 95-%-Konfidenzintervalle für die drei Parameter der exponentiellen Funktion der Daten zur Blattoberfläche von Ölpalmen (Tab. 6.7) an.

Versuchsplan für die Blattoberfläche von Ölpalmen in Tab. 6.7

Der Kriteriumswert $0,00015381\sigma^6$ des lokal D-optimalen Plans $\begin{pmatrix} 1 & 5.16 & 12 \\ 4 & 4 & 4 \end{pmatrix}$ ist

wesentlich kleiner als $\begin{pmatrix} 1 & 2 & 3 & 4 & 5 & 6 & 7 & 8 & 9 & 10 & 11 & 12 \\ 1 & 1 & 1 & 1 & 1 & 1 & 1 & 1 & 1 & 1 & 1 & 1 \end{pmatrix}$ von Bei-

spiel 6.5, der gleich $0,0004782\sigma^6$ ist.

▶ **Übung 6.7** Geben Sie die Anpassung der exponentiellen Funktion an die Michaelis-Menten-Daten in Tab. 6.6 an.

6.3.3 Logistische Funktion

Die Gleichung mit e_i in stochastisch unabhängigen Stichproben, die nach $N(E(y_i, \sigma^2)$ verteilt sind, ist

$$y_i = f_L(x) = \frac{\alpha}{1 + \beta e^{\gamma x_i}} + e_i. i = 1,\ldots,n > 3, \theta^T = (\alpha\ \beta\ \gamma), \alpha \cdot \beta \cdot \gamma \neq 0. \quad (6.37)$$

Es ist das Modell der logistischen Regression. $\alpha\beta\gamma \neq 0$ bedeutet, dass keiner der drei Parameter Null ist.

An der Stelle

$$x_w = -\frac{1}{\gamma} ln\ \beta, f_L(x_w) = \frac{\alpha}{2}$$

hat die logistische Funktion einen Wendepunkt.

Beispiel 6.2 – Fortsetzung
An die Daten zum Alter und zur Höhe von Hanfpflanzen in Tab. 6.2 wollen wir die logistische Funktion anpassen. Wir legen wieder Anfangswerte für die iterative Parameterschätzung aus den Beobachtungswerten fest. Für $x = 0$ ist $f_L(0) = \frac{\alpha}{1+\beta}$

und für $\gamma < 0$ ist $\lim_{x \to \infty} \frac{\alpha}{1+\beta e^{\gamma x}} = \alpha$. Daher wählen wir als Anfangswerte $\alpha_0 = 121$

und $\frac{\alpha_0}{1+\beta_0} = \frac{121}{1+\beta_0} = 8$ und $\beta_0 = 14,125$. Für $x = 7$ ist $f_L(7) = 69$ und wir erhalten

mit den bereits bestimmten Anfangswerten $\frac{121}{1+14,125e^{7\gamma_0}} = 69$ und daraus

$\gamma_0 = -0,42$. Aus diesen Anfangswerten erhalten wir iterativ die Schätzwerte mit **R**.

```
> x<-  c(1,2,3,4,5,6,7,8,9,10,11,12,13,14)
> y <-c(8.3,15.2,24.7,32,39.3,55.4,69,84.4,98.1,107.7,
        112,116.9,119.9,121.1)
> model = nls(y ~ a/(1+b*exp(c*x)),start=list(a=121,b=14.125,
       c = -0.42))
> summary(model)
Formula: y ~ a/(1 + b * exp(c * x))
Parameters:
   Estimate Std. Error t value Pr(>|t|)
a 126.19103    1.66303    75.88 2.59e-16 ***
b  19.73482    1.70057    11.61 1.64e-07 ***
c  -0.46074    0.01631   -28.25 1.28e-11 ***
---
Signif. codes:  0 '***' 0.001 '**' 0.01 '*' 0.05 '.' 0.1 ' ' 1
Residual standard error: 1.925 on 11 degrees of freedom
Number of iterations to convergence: 5
Achieved convergence tolerance: 1.182e-06
> confint(model)
Waiting for profiling to be done...
           2.5%         97.5%
a 122.7680721 129.9786940
b  16.4464798  24.0839797
c  -0.4974559  -0.4264059
> AIC(model)
[1] 62.68706
> y.p = predict(model)
> y.p
 [1]     9.382904   14.253960   21.194936   30.592105   42.470392
        56.247174
 [7]    70.718032   84.418440   96.171543  105.431015  112.248476
117.021832
```

Wir erhalten damit die geschätzte Regressionsfunktion

$$\hat{y} = \frac{126{,}191}{1+19{,}7348 \cdot e^{-0{,}4607x}} \text{ mit den Schätzwerten } a = 126{,}1910,\ b = 19{,}7348 \text{ und}$$

$c = -0{,}4607$. Die geschätzte Restvarianz ist mit $n - 3 = 11$ Freiheitsgraden

$$s^2 = \frac{1}{11}\sum_{i=1}^{14}\left(y_i - \hat{y}_i\right)^2 = 40{,}75.$$

Die Grafik der Funktion $\hat{y} = \dfrac{126{,}191}{1+19{,}7348 \cdot e^{-0{,}4607x}}$ findet man in Abb. 6.11.

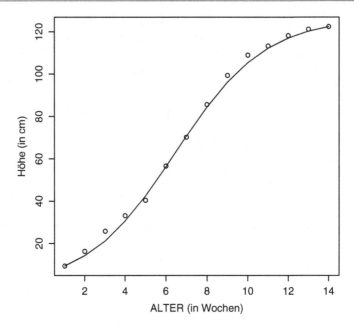

Abb. 6.11 Die logistische Funktion, angepasst an die Daten zum Alter und zur Höhe von Hanfpflanzen (Tab. 6.2)

```
> plot(x, y, type="p", xlab ="ALTER (in Wochen)",
       ylab="Höhe (in cm)")
> par(new = TRUE)
> plot(x, y.p, type = "l")
```

Versuchsplan für die Höhe von Hanfpflanzen in Tab. 6.2
Einer der drei lokal D-optimalen Versuchspläne mit den Schätzwerten $a = 126,1910$,
$b = 19,7348$ und $c = -0,4607$ anstelle der Parameter ist

$$\begin{pmatrix} 3,695 & 8,249 & 14 \\ 5 & 5 & 4 \end{pmatrix}.$$

Wir prüfen mit s_a, s_b und s_c:

$H_{0(a)} : \alpha = \alpha_0$ gegen $H_{A(a)} : \alpha \neq \alpha_0$ mit

$$t_\alpha = \frac{(a - \alpha_0)}{s_a},$$

$H_{0(b)} : \beta = \beta_0$ gegen $H_{A(b)} : \beta \neq \beta_0$ mit

$$t_\beta = \frac{(b - \beta_0)}{s_b}. \text{ sowie}$$

$H_{0(c)} : \gamma = \gamma_0$ gegen $H_{A(c)} : \gamma \neq \gamma_0$ mit

$$t_\gamma = \frac{(c - c_0)}{s_c}$$

▶ **Übung 6.8** Geben Sie die Prüfzahlen für die Prüfung der Hypothesen

$$H_{0a} : \alpha = 120 \text{ gegen } H_{Aa} : \alpha \neq 120,$$

$$H_{0\beta} : \beta = 10 \text{ gegen } H_{A\beta} : \beta \neq 10$$

und

$$H_{0\gamma} : \gamma = -0,5 \text{ gegen } H_{A\gamma} : \gamma \neq -0,5$$

an.

Berechnen Sie auch die asymptotischen 95-%-Konfidenzintervalle für alle Parameter dieses Beispiels.

▶ **Übung 6.9** Nehmen Sie die Anpassung der logistischen Funktion an die Daten zur Blattoberfläche von Ölpalmen (Tab. 6.7) vor.

6.3.4 Gompertz-Funktion

Wie die meisten Funktionen im Abschn. 6.3 diente auch die Gompertz-Funktion zunächst als Wachstumsfunktion. Der englische Versicherungsmathematiker Gompertz (1825) verwendete sie, um Sterbetafeln in einer einzigen Funktion zu erfassen. Dabei nahm er an, dass die Sterblichkeitsrate mit zunehmendem Alter exponentiell abnimmt. Die Funktion ist mit e_i in unabhängigen Stichproben von $N(0, \sigma^2)$:

$$y_i = f_G(x_i, \theta) + e_i = \alpha \cdot e^{\beta \cdot e^{\gamma x_i}} + e_i, i = 1, \dots, n > 3, \alpha, \gamma \neq 0, \beta < 0,$$

$$E(e_i) = 0, var(e_i) = \sigma^2, cov(e_i, e_j) = 0, i \neq j. \tag{6.38}$$

Wir passen diese Funktion an die Daten der Beispiele 6.2, 6.4 und 6.5 an.

Wir verwenden die Daten von Beispiel 6.2 in Tab. 6.2 zur Höhe von Hanfpflanzen.

Wir benötigen erst von nls( ) den Befehl SSgompertz [= Self Starting Gompertz].

```
>   x = seq(1,14, by = 1)
>   y = c(8.3, 15.2, 24.7, 32.0, 39.3, 55.4, 69.0,
        84.4, 98.1, 107.7, 112.0, 116.9, 119.9, 121.1)
```

```
> n = length(x)
> n
[1] 14
> Output = nls(y ~SSgompertz(x,Asym, b2, b3))
> summary(Output)
Formula: y ~ SSgompertz(x, Asym, b2, b3)
Parameters:
       Estimate Std. Error t value Pr(>|t|)
Asym 139.49218    5.72334   24.37 6.35e-11 ***
b2     4.14181    0.37398   11.07 2.64e-07 ***
b3     0.77041    0.01732   44.49 9.03e-14 ***
---
Signif. codes:  0 '***' 0.001 '**' 0.01 '*' 0.05 '.' 0.1 ' ' 1
Residual standard error: 3.695 on 11 degrees of freedom
Number of iterations to convergence: 0
Achieved convergence tolerance: 2.875e-06
> AIC(Output)
[1] 80.95176
> y.p = predict(Output)
> y.p
 [1]    5.738029  11.937827  20.991380  32.425047  45.327796
58.674170
 [7]  71.580766  83.429720  93.879745 102.814954 110.274591
116.388667
[13] 121.329231 125.278056
```

Die Schätzwerte der Parameter sind $a = 139{,}492$, $b = -4{,}142$, $c = -0{,}770$.

Bemerkung: **R** in nls ( ) verwendet für SSgompertz ( ) die Funktion

$$\alpha \, exp(-\beta \, exp\!\left(-\gamma \, x\right).$$

Die Schätzfunktion für die Varianz σ^2 ist

$$s^2 = \frac{1}{n-3} \sum_{i=1}^{n} \left[y_i - a\mathrm{e}^{-b\mathrm{e}^{cx_i}} \right]^2$$

Der Schätzwert von s^2 mit $n - 3 = 14 - 3 = 11$ Freiheitsgraden ist $s^2 = 13{,}653$, $s = 3{,}695$.

Nun erzeugen wir mit Daten zum Alter und zur Höhe von Hanfpflanzen in Tab. 6.2 die Gompertz-Funktion (Abb. 6.12).

```
> plot(x, y, type="p", xlab ="ALTER (in Wochen)",
        ylab="Höhe (in cm)")
> par(new = TRUE)
> plot(x, y.p, type = "l")
```

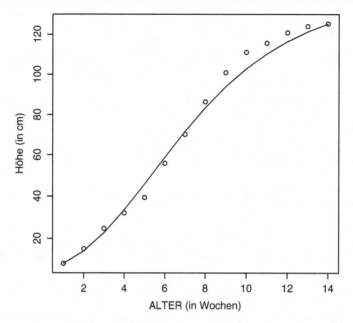

Abb. 6.12 Die Gompertz-Funktion, angepasst an die Daten zum Alter und zur Höhe von Hanf-pflanzen (Tab. 6.2)

Einer der drei lokal *D*-optimalen Versuchspläne mit den Schätzwerten $a = 139{,}492$, $b = -4{,}142$, $c = -0{,}770$ anstelle der Parameter für die Gompertz-Funktion für die Daten zum Alter und zur Höhe von Hanfpflanzen ist

$$\begin{pmatrix} 1{,}19 & 3{,}169 & 14 \\ 5 & 5 & 4 \end{pmatrix}$$

Wir geben nun die Daten zur Widerristhöhe von Kühen aus Beispiel 6.4 (Tab. 6.5) in **R** ein.

```
>  x=c(0,6,12,18,24,30,36,42,48,54,60)
>  y=c(77.2,94.5,107.2,116.0,122.4,126.7,129.2,129.9,130.4,
       130.8,131.2)
>  n = length(x)
>  n
[1] 11
>  Output = nls(y ~SSgompertz(x,Asym, b2, b3))
>  summary(Output)
Formula: y ~ SSgompertz(x, Asym, b2, b3)
Parameters:
      Estimate Std. Error t value Pr(>|t|)
Asym 1.322e+02  3.248e-01   406.9  < 2e-16 ***
```

```
b2   5.414e-01  6.181e-03    87.6 3.22e-13 ***
b3   9.226e-01  1.694e-03   544.7  < 2e-16 ***
---
Signif. codes:  0 '***' 0.001 '**' 0.01 '*' 0.05 '.' 0.1 ' ' 1
Residual standard error: 0.5372 on 8 degrees of freedom
Number of iterations to convergence: 0
Achieved convergence tolerance: 8.212e-06
> AIC(Output)
[1] 22.04485
> y.p = predict(Output)
> y.p
 [1]  76.92400  94.66508  107.59005 116.42599 122.23322 125.95805
128.31154
 [8] 129.78482 130.70181 131.27055 131.62253
```

Bemerkung: **R** in nls ( ) verwendet für SSgompertz ( ) die Funktion

$$\alpha\,exp(-\beta\,exp\left(-\gamma\,x\right).$$

Die Schätzwerte der Parameter sind $a = 132,191$, $b = -0,541$, $c = -0,08$. Varianz der Schätzung mit $n - 3 = 11 - 3 = 8$ Freiheitsgraden ist $s^2 = 0,289$, $s = 0,538$. Nun erzeugen wir mit Daten aus Beispiel 6.4 und Tab. 6.5 die Gompertz-Funktion für die Widerristhöhe von Kühen (Abb. 6.13).

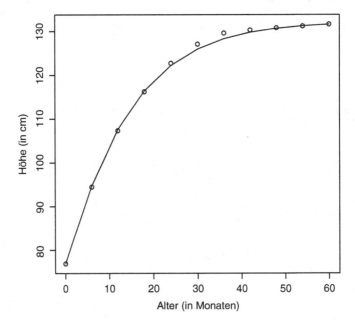

Abb. 6.13 Die Gompertz-Funktion, angepasst an die Daten zur Widerristhöhe von Kühen (Tab. 6.5)

```
> plot(x,y, type = "p", xlab="Alter (in Monaten)",
        ylab="Höhe (in cm)")
> par(new = TRUE)
> plot(x, y.p, type = "l")
```

Einer der drei lokal D-optimalen Versuchspläne mit den Schätzwerten $a = 132,191$, $b = -0,541$, $c = -0,08$ anstelle der Parameter für die Gompertz-Funktion für die Widerristhöhe ist $\begin{pmatrix} 0 & 14,24 & 60 \\ 4 & 4 & 3 \end{pmatrix}$.

Die Daten zur Blattoberfläche von Ölpalmen aus Beispiel 6.5 (Tab. 6.7) werden in **R** eingegeben.

```
>   x = seq(1,12, by = 1)
>   y = c(2.02, 3.62, 5.71, 7.13, 8.33, 8.29,
          9.81, 11.30, 12.18, 12.67, 12.62, 13.01)> n = length(x)>
n[1] 12> Output = nls(y ~SSgompertz(x,Asym, b2, b3))
> summary(Output)
Formula: y ~ SSgompertz(x, Asym, b2, b3)
Parameters:
      Estimate Std. Error t value Pr(>|t|)
Asym 14.14358    0.67915    20.82 6.35e-09 ***
b2    2.34694    0.21366    10.98 1.63e-06 ***
b3    0.75202    0.02708    27.77 4.95e-10 ***
---
Signif. codes:  0 '***' 0.001 '**' 0.01 '*' 0.05 '.' 0.1 ' ' 1
Residual standard error: 0.4899 on 9 degrees of freedom
Number of iterations to convergence: 0
Achieved convergence tolerance: 6.737e-06
> AIC(Output)
[1] 21.47796
> y.p = predict(Output)
> y.p
 [1] 2.421324  3.750864  5.212837  6.676823  8.042829  9.251270
10.278234
 [8] 11.124966 11.807373 12.347996 12.770800 13.098268
```

Bemerkung: **R** in nls ( ) verwendet für SSgompertz ( ) die Funktion

$$\alpha\, exp(-\beta\, exp(-\gamma\, x)).$$

Die Schätzwerten der Parametern sind $a = 14,144$, $b = -2.347$, $c = -0,752$. Varianz der Schätzung mit $n - 3 = 12 - 3 = 9$ Freiheitsgraden ist $s^2 = 0,24$, $s = 0,490$.

Nun erzeugen wir mit Daten aus Tab. 6.7 die Gompertz-Funktion für die Blattoberfläche von Ölpalmen (Abb. 6.14).

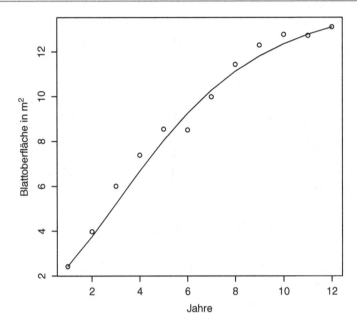

Abb. 6.14 Die Gompertz-Funktion, angepasst an die Daten zur Blattoberfläche von Ölpalmen (Tab. 6.7)

```
>  plot(x,y, type="p", xlab="Jahren",
     ylab="Blattoberfläche in m^2")
>  par(new=TRUE)
>  plot(x, y.p, type="l")
```

Der lokal *D*-optimale Versuchsplan mit den Schätzwerten $a = 14,144$, $b = -2,3469$, $c = -0,752$ anstelle der Parameter für die Gompertz-Funktion ist

$$\begin{pmatrix} 1 & 2,837 & 12 \\ 4 & 4 & 4 \end{pmatrix}$$

6.3.5 Bertalanffy-Funktion

Der Österreicher von Bertalanffy (1938) entwickelte eine Wachstumsfunktion für biologische Objekte, die häufig für die Beschreibung des Rinderwachstums verwendet wurde. Die Funktion hat die Form:

$$y_i = f_B\left(x_i\right) = \left(\alpha + \beta e^{\gamma x_i}\right)^3 + e_i, i = 1,\dots,n, n > 3, \quad \alpha > 0, \beta < 0, \gamma < 0$$

$$E\left(e_i\right) = 0, var\left(e_i\right) = \sigma^2, cov\left(e_i, e_j\right) = 0, i \neq j \qquad (6.39)$$

Obwohl die Funktion zwei Wendepunkte

$$x_{w1} = \frac{1}{\gamma}\ln\left(-\frac{\alpha}{\beta}\right) \text{ und } x_{w2} = \frac{1}{\gamma}\ln\left(-\frac{\alpha}{3\beta}\right)$$

bzw.

$$\text{mit } f_B(x_{w1}) = 0 \text{ und } f_B(x_{w2}) = \left(\frac{2}{3}\alpha\right)^3$$

hat, wenn α und β unterschiedliche Vorzeichen haben, kann sie auch gut zur Beschreibung monotoner Abhängigkeiten verwendet werden.

Wir demonstrieren das an Beispiel 6.5 mit **R**. Wir gewinnen erste Schätzwerte für α, β und γ in Beispiel 6.5:

Für $x = 0$ ist $f_B(0) = (a + b)^3 \approx 0,01 \rightarrow a + b \approx 0,01^{1/3} = 0,013$ **(1)**
Für $x = 1$ ist $f_B(1) = (a + b\exp(c))^3 \approx 2 \rightarrow a + b\exp(c) \approx 2^{1/3} = 1,26$ **(2)**
Für $x = 2$ ist $f_B(2) \approx (a + b\exp(2c))^3 \approx 4 \rightarrow$
$a + b\exp(2c) \approx 4^{1/3} = 1,59$ **(3)**
Für $x = 12$ ist $f_B(12) \approx (a + b\exp(12c))^3 \approx 13 \rightarrow$
$a + b\exp(12c) \approx 13^{1/3} = 2,35$ **(4)**
(2) – **(3)** gibt $b[(\exp(c) - \exp(2c)] = -0,33$ **(5)**
(2) – **(4)** gibt $b[(\exp(c) - \exp(12c)] = -1,09$ **(6)**
(6)/**(5)** gibt $[(\exp(c) - \exp(12c)] = 3,30[(\exp(c) - \exp(2c)]$
$\exp(12c) - 3,30\exp(2c) + 2,30(\exp(c) = 0 \rightarrow$
$\exp(11c) - 3,30\exp(c) + 2,30 = 0$.

Mit diesen Anfangswerten gehen wir in das **R**-Programm.

```
> x=seq(-1,0, by=0.05)
> length(x)
[1] 21
> x0=rep(1,21)
> E11 = exp(11*x)
> E1 = exp(x)
> f = c(E11 -3.30*E1 +2.30*x0)
> Table =data.frame(x,f)
> Table
          x          f
1     -1.00  1.08601455
2     -0.95  1.02378357
3     -0.90  0.95837030
4     -0.85  0.88961769
5     -0.80  0.81736515
6     -0.75  0.74145163
7     -0.70  0.66172132
8     -0.65  0.57803380
9     -0.60  0.49028197
```

```
10 -0.55  0.39842349
11 -0.50  0.30253559
12 -0.45  0.20291051
13 -0.40  0.10022119
14 -0.35 -0.00419096
15 -0.30 -0.10781696
16 -0.25 -0.20611472
17 -0.20 -0.29100833
18 -0.15 -0.34828641
19 -0.10 -0.35309240
20 -0.05 -0.26210729
21  0.00  0.00000000
```

Der Schätzwert c ist –0,34. (**2**) – (**1**) gibt $b(\exp(-0,34) - 1) = 1,247 \rightarrow b = -4,32$. (**1**) gibt $a = 0,037 - (-4,32) = 4,36$.

Den Graphen der Funktion findet man in Abb. 6.15.

```
>  x = seq(1,12, by = 1)
>  y = c(2.02, 3.62, 5.71, 7.13, 8.33, 8.29,
          9.81, 11.30, 12.18, 12.67, 12.62, 13.01)
> model = nls(y ~ (a+b*exp(c*x))^3,start=list(a=4.36,b=-4.32,
         c = -0.34))
```

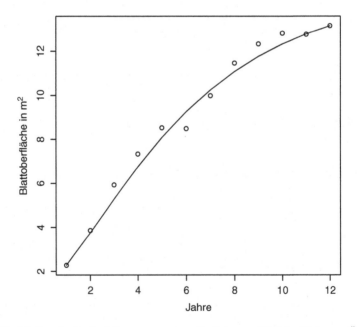

Abb. 6.15 Die Bertalanffy-Funktion, angepasst an die Daten zur Blattoberfläche von Ölpalmen (Tab. 6.7)

```
> summary(model)
Formula: y ~ (a + b * exp(c * x))^3
Parameters:
   Estimate Std. Error t value Pr(>|t|)
a  2.44349    0.04346  56.225 8.96e-13 ***
b -1.43073    0.08785 -16.286 5.51e-08 ***
c -0.23733    0.03167  -7.494 3.72e-05 ***
---
Signif. codes:  0 '***' 0.001 '**' 0.01 '*' 0.05 '.' 0.1 ' ' 1
Residual standard error: 0.467 on 9 degrees of freedom
Number of iterations to convergence: 6
Achieved convergence tolerance: 1.339e-0
> confint(model)
Waiting for profiling to be done...
         2.5%      97.5%
a  2.3619215  2.5741141
b -1.6681409 -1.2589269
c -0.3132436 -0.1685322
> AIC(model)
[1] 20.32773
> y.p =predict(model)
> y.p
 [1]  2.274059  3.748663  5.281399  6.748961  8.081447  9.248177
10.243813
 [8] 11.077671 11.766392 12.329313 12.785762 13.153622
> plot(x,y, type="p", xlab="Jahren", ylab="Blattoberfläche  in m^2")
> par(new=TRUE)
> plot(x, y. p, type="l")
```

Versuchsplan für die Blattoberfläche von Ölpalmen in Tab. 6.7
Der lokal D-optimale Versuchsplan mit den Schätzwerten $a = 2{,}44$; $b = -1{,}43$ und
$c = -0{,}24$ anstelle der Parameter der Bertalanffy-Funktion ist

$$\begin{pmatrix} 1 & 5{,}394 & 12 \\ 4 & 4 & 4 \end{pmatrix}.$$

6.4 Modellwahl

Das Akaike-Kriterium (engl. *Akaike information criterion*, AIC) ist ein weit ver-
breitetes Modellwahlkriterium, das neben der Restvarianz auch die Anzahl der Parameter der Regressionsfunktionen berücksichtigt. Es geht auf Akaike (1973) zurück und kann als Modellwahlkriterium verwendet werden, wenn die zu
vergleichenden Funktionen nicht dieselbe Anzahl von Parametern besitzen. Ist die

Anzahl der Parameter der Regressionsfunktionen gleich, verwendet man die Restvarianz als Kriterium.

Wenn wir zum Beispiel wissen wollen, ob die Michaelis-Menten-Funktion oder die Exponentialfunktion besser zu den Daten zum Alter und zur Höhe von Hanfpflanzen passt, sollten wir das Akaike-Kriterium verwenden. Wenn man $n > k$ Beobachtungswerte an eine Funktion mit k Parametern angepasst hat und s^2 der Schätzwert der Restvarianz σ^2 ist, dann wird das Akaike-Kriterium durch **R** berechnet:

$$AIC = 2k - 2\log(L). \tag{6.40}$$

In (6.40) ist k die Anzahl der Modellparameter und $\log(L)$ ist der log-Likelihood des Modells und mit L als Maximum der Likelihood, den **R** automatisch berechnet.

Wir können das Akaike-Kriterium für einen bestimmten Datensatz für verschiedene Regressionsfunktionen berechnen; die Funktion mit dem kleinsten AIC-Wert passt am besten.

Es folgt eine Zusammenfassung für einige Modelle mit unseren Daten mit AIC, s^2 und FG.

Wenn alle Funktionen einer Tabelle dieselbe Anzahl von Parametern haben, gibt der s^2-Wert dieselbe Indikation für die Modellwahl wie der AIC-Wert (Tab. 6.8, 6.9, 6.10, 6.11).

Tab. 6.8 Kriterien für die Höhe von Hanfpflanzen (y) in cm ($n = 14$) in Tab. 6.2

Modell	Abbildung	AIC	s^2	FG
Gompertz-Funktion	6.12	80,95	13,65	11
Logistische Funktion	**6.11**	**62,69**	**3,71**	**11**
Kubische Regression	6.7	71,14	6,46	10

Tab. 6.9 Kriterien für die Widerristhöhe von Kühen (y) in cm ($n = 11$) in Tab. 6.5

Modell	Abbildung	AIC	s^2	FG
Quadratische Regression	6.6	56,60661	6,682	8
Exponentielle Funktion	6.9	32,70298	0,761	8
Gompertz-Funktion	**6.13**	**22,04485**	**0,289**	**8**

Tab. 6.10 Kriterien für die Michaelis-Menten-Daten (y) in Grad ($n = 10$) in Tab. 6.6

Modell	Abbildung	AIC	s^2	FG
Quadratische Funktion	10.6	1,8960	0,04541	7
Kubische Funktion	10.7	−8,8712	0,01479	6
Exponentielle Funktion	**10.8**	**−41,6131**	**0,00059**	**7**
Michaelis-Menten	6.8	−23,9371	0,0037	8

Tab. 6.11 Kriterien für die Blattoberfläche von Ölpalmen (y) in m² (n = 12) in Tab. 6.7

Modell	Abbildung	AIC	s^2	FG
Gompertz-Funktion	6.14	21,47796	0,240	9
Bertlanffy-Funktion	6.15	20,32773	0,218	9
Exponentielle Funktion	**6.10**	**19,29583**	**0,200**	**9**
Logistische Funktion	10.9	25,03212	0,323	9

Literatur

Akaike, H. (1973). Information theory and an extension of the maximum likelihood principle. In B. N. Petrov & F. Csáki (Hrsg.), *2nd international symposium on information theory, Tsahkadsor, Armenia, USSR, September 2–8, 1971* (S. 267–281). Akadémiai Kiadó.

Barath, C. S., Rasch, D., & Szabo, T. (1996). Összefügges a kiserlet pontossaga es az ismetlesek szama között. *Allatenyesztes es takarmanyozas, 45,* 359–371.

von Bertalanffy, L. (1938). A quantitative theory of organic growth (inquiries on growth laws. II). *Human Biology, 10*(2), 181–213.

Boer, E. P. J., Rasch, D. A. M. K., & Hendrix, E. M. T. (2000). Locally optimal designs in nonlinear regression: A case study of the Michaelis-Menten function. In N. Balaskrishnan, S. M. Ermakov, & V. B. Melas (Hrsg.), *Advances in stochastic simulation methods.* Birkhäuser.

Box, G. E. P., & Lucas, H. L. (1959). Design of experiments in nonlinear statistics. *Biometrics, 46,* 77–96.

Gompertz, B. (1825). On the nature of the function expressive of the law of human mortality, and on a new mode of determining the value of life contingencies. *Philosophical Transactions of the Royal Society of London, 115,* 513–583.

Kiefer, J., & Wolfowitz, J. (1959). Optimal designs in regression problems. *Annals of Mathematical Statistics, 30,* 271–294.

Michaelis, L., & Menten, M. (1913). Die Kinetik der Invertinwirkung. *Biochemische Zeitung, 79,* 333–369.

Oude Voshaar, J. H. (1995), *Statistiek voor Onderzoekers, met voorbeelden uit de landbouw- en milieuwetenschappen, 2ᵉ druk.* Wageningen Pers.

Pukelsheim, F. (1993). *Optimal design of experiments.* Wiley.

Rasch, D., & Schimke, E. (1983). Distribution of estimators in exponential regression: A simulation study. *Scandinavian Journal of Statistics, 10,* 293–300.

Rasch, D., & Schott, D. (2016). *Mathematische Statistik. Für Mathematiker, Natur- und Ingenieurwissenschaftler.* Wiley-VCH, Verlag GmbH & Co, KGaA.

Steger, H., & Püschel, F. (1960). Der Einfluß der Feuchtigkeit auf die Haltbarkeit des Carotins in künstlich Getrocknetem Grünfutter. *Die Deutsche Landwirtschaft, 11,* 301–303.

Welch, B. L. (1947). The generalisation of "Student's" problem when several different population variances are involved. *Biometrika, 34,* 28–35.

Varianzanalyse 7

Zusammenfassung

In der Varianzanalyse wird der Einfluss von zwei oder mehr Stufen eines oder mehrerer Faktoren auf eine Zufallsvariable, die das Modell eines Merkmals ist, untersucht. Wenn die Stufen des Faktors fest vorgegeben sind, sprechen wir von Modell I der Varianzanalyse. Werden die Stufen zufällig aus einer Stufengesamtheit gewählt, so liegt ein Modell II der Varianzanalyse vor. Wir behandeln den Fall der einfachen Varianzanalyse, in der ein Faktor untersucht wird, und den Fall der zweifachen Varianzanalyse mit zwei Faktoren. Neben Modell I und Modell II gibt es in letzterem Fall noch ein gemischtes Modell mit einem festen und einem zufälligen Faktor. Die beiden Faktoren können kreuzklassifiziert oder hierarchisch angeordnet sein.

Der Begriff Varianzanalyse umfasst eine große Anzahl von statistischen Modellen und Anwendungsmöglichkeiten, Der Begriff geht zurück auf Sir Ronald Aymler Fisher, der die Bezeichnung Varianz und deren Analyse in Fisher (1918) einführte, eine erste Anwendung erschien in Fisher (1921) und fand allgemein Anwendung nach Erscheinen des Buchs Fisher (1925). Um einen Schätzwert für die Varianz des Versuchsfehlers zu erhalten, entwickelte Fisher die Varianzanalyse, die erstmals in Fisher und Mackenzie (1923) publiziert wurde. Aber Fisher machte einen Fehler, indem er den Schätzwert für alle Behandlungsvergleiche berechnete und die Struktur von Spaltanlagen (siehe Kap. 9) des analysierten Versuchs bezüglich des dritten Faktors Kalium nicht berücksichtigte. Er bemerkte den Fehler jedoch schnell und veröffentlichte die korrekte Analyse in seinem Buch *Statistical methods for research workers* (1925, § 42).

In der Varianzanalyse betrachtet man den Einfluss von k (qualitativen) Faktoren auf ein quantitatives Merkmal y, das durch eine Zufallsvariable y modelliert wird. Man spricht dann von k-facher Varianzanalyse. Wir werden in diesem Buch nur die einfache und die zweifache Varianzanalyse beschreiben; am Ende des Kapitels geben wir kurze Hinweise auf $k > 2$.

Die theoretischen Grundlagen findet man in statistischen Lehrbüchern oder in speziellen Büchern der Varianzanalyse wie Scheffé (1959), Ahrens und Läuter (1974), Linder und Berchtold (1982) und Hartung et al. (1997).

Die Modellgleichungen der Varianzanalyse gehören ebenso wie die der linearen und quasilinearen Regression zu den linearen statistischen Modellen.

Qualitative Faktoren wie Getreidesorten oder Düngemittelarten nehmen Werte an, die wir Stufen nennen. Wir betrachten zwei Grundsituationen bezüglich der Auswahl der Stufen eines Faktors F:

Situation 1:   Es existieren genau f Stufen, die alle in den Versuch einbezogen werden. Dies nennt man das Modell I der Varianzanalyse oder ein Modell mit festen Effekten.

Situation 2:   Es existieren viele Stufen, deren Anzahl in der Theorie als unendlich groß betrachtet wird. Die in den Versuch einzubeziehenden f Stufen werden zufällig aus der Grundgesamtheit der Stufen ausgewählt; wir nennen dieses das Modell II der Varianzanalyse oder Modell mit zufälligen Effekten.

In der zwei- und mehrfachen Varianzanalyse kann für jeden der Faktoren eine andere Grundsituation vorliegen. In diesem Fall sprechen wir von gemischten Modellen der Varianzanalyse. Sollen Schwankungen der Erträge von acht Weizensorten untersucht werden, so haben wir einem festen Faktor „Sorte", da genau die acht Sorten interessieren und keine anderen. Wollen wir jedoch wissen, welchen Einfluss Besamungsbullen auf die Jahresmilchmengenleistung der Töchter haben, so wählen wir eine noch festzulegende Anzahl von Bullen aus der Gesamtheit der Besamungsbullen aus. Wenn wir Tests durchführen, hängt die auszuwählende Anzahl von den Genauigkeitsforderungen ab und ist Teil der Versuchsplanung. Die festen Parameter werden wieder, wie in der Regressionsanalyse, nach der Methode der kleinsten Quadrate geschätzt.

7.1   Einfache Varianzanalyse

Wir bezeichnen den Faktor einer einfachen Varianzanalyse mit A, die Anzahl der einbezogenen Faktorstufen mit a. Handelt es sich um ein Modell I, ist der Faktor ein fester Faktor A, bei einem Modell II sind die Faktorstufen zufällig ausgewählt worden, wir sprechen von einem zufälligen Faktor A und bezeichnen ihn durch Fettdruck.

7.1.1   Einfache Varianzanalyse – Modell I

Die Modellgleichung der einfachen Varianzanalyse – Modell I hat die Form:

$$y_{ij} = \mu + a_i + e_{ij} \left(i = 1, \ldots, k; \, j = 1, \ldots, n_i \right) \qquad (7.1)$$

Tab. 7.1 Beobachtungswerte y_{ij} einer einfachen Varianzanalyse mit a Stufen eines Faktors A

Nr. der Stufen des Faktors					
1	2	...	i	...	a
y_{11}	y_{21}	...	y_{i1}	...	y_{a1}
y_{12}	y_{22}	...	y_{i2}	...	y_{a2}
$\vdots$	$\vdots$	$\vdots$	$\vdots$		$\vdots$
y_{1n_1}	y_{2n_2}	...	y_{in_i}	...	y_{an_a}

Die a_i heißen die Hauptwirkungen der Faktorstufen A_i. Sie sind reelle Zahlen, das heißt nicht zufällig, μ ist das Gesamtmittel des Versuchs. Die e_{ij} sind voneinander unabhängig normalverteilt $N(0, \sigma^2)$ und es gilt

$$E\left(e_{ij}\right) = 0, var\left(e_{ij}\right) = \sigma^2, cov\left(e_{ij}, e_{kl}\right) = \delta_{ik}\delta_{jl}\sigma^2. \text{ Dabei ist } \delta_{ik} = \begin{cases} 1, & i = k \\ 0, & i \neq k \end{cases}.$$

Es soll ferner entweder die Summe der a_i oder die Summe $\sum_{i=1}^{a} n_i a_i$ der Produkte $n_i a_i$ gleich Null sein; wenn alle $n_i = n$ sind, sind beide Bedingungen identisch. Das Schema der Beobachtungswerte, es sind die Realisationen der y_{ij}, ist in Tab. 7.1 enthalten.

In $Y_{i.}$ verwenden wir die Abkürzung (Punktkonvention) $Y_{i.} = \sum_{j=1}^{n_i} y_{ij}$. Dividiert man $Y_{i.}$ durch die Anzahl n_i der Summanden, so bezeichnet man das Ergebnis mit $\bar{y}_{i.}$. Wir setzen noch $\sum_{i=1}^{a} n_i = N$.

Mit der Methode der kleinsten Quadrate schätzen wir μ und die a_i und erhalten für die Schätzwerte:

$$\hat{\mu} = \frac{1}{a}\sum_{i=1}^{a} \bar{y}_{i.} \text{ und } \hat{a}_i = \frac{a-1}{a}\bar{y}_{i.} - \frac{1}{a}\sum_{j \neq i} \bar{y}_{j.}, \tag{7.2}$$

wenn wir die Nebenbedingung $\sum_{i=1}^{a} a_i = 0$ verwenden.

Verwenden wir die Nebenbedingung $\sum_{i=1}^{a} n_i a_i = 0$, so sind die Schätzwerte

$$\hat{\mu} = \frac{1}{a}\sum_{i=1}^{a} \bar{y}_{i.} \text{ und } \hat{a}_i = \bar{y}_{i.} - \bar{y}_{..} \tag{7.3}$$

, wobei $Y_{..} = \sum_{i=1}^{a}\sum_{j=1}^{n_i} y_{ij}$ und $\bar{y}_{..} = \frac{Y_{..}}{N}$ gilt.

Die Schätzfunktionen

$$\hat{\mu} = \frac{1}{a}\sum_{i=1}^{a} \bar{y}_{i.} \text{ und } \hat{a}_i = \frac{a-1}{a}\bar{y}_{i.} - \frac{1}{a}\sum_{j \neq i} \bar{y}_{j.} \text{ bzw.} \tag{7.4}$$

Tab. 7.2 Varianztabelle der einfachen Varianzanalyse – Modell I ($\sum a_i = 0$)

Variationsursache	SQ	FG	DQ	E(DQ)	F
Zwischen den Stufen von A (A)	$SQ_A = \sum_i \dfrac{Y_{i.}^2}{n_i} - \dfrac{Y_{..}^2}{N}$	$a-1$	$\dfrac{SQ_A}{a-1}$	$\sigma^2 + \dfrac{SQ_A}{a-1}$	$\dfrac{(N-a)SQ_A}{(a-1)SQ_I}$
Innerhalb der Stufen von A (I)	$SQ_I = \sum_{i,j} y_{ij}^2 - \sum_i \dfrac{Y_{i.}^2}{n_i}$	$N-a$	$\dfrac{SQ_I}{N-a}$	σ^2	
Gesamt	$SQ_G = \sum_{i,j} y_{ij}^2 - \dfrac{Y_{..}^2}{N}$	$N-1$			

$$\hat{\mu} = \frac{1}{a}\sum_{i=1}^{a} \overline{y}_{i.} \text{ und } \hat{a}_i = \overline{y}_{i.} - \overline{y}_{..} \tag{7.5}$$

sind erwartungstreu. Wir schätzen σ^2 durch

$$s^2 = \frac{1}{N-a}\left(\sum_{ij} y_{ij}^2 - \sum_i \frac{Y_{i.}^2}{n_i}\right) \tag{7.6}$$

Wir fassen die verschiedenen Größen, die wir brauchen, in einer Varianztabelle genannten Tabelle zusammen (Tab. 7.2).

In dieser Tabelle treten Summen der quadratischen Abweichungen, abgekürzt durch SQ, auf. Diese sind Realisationen von Chi-Quadrat-verteilten Zufallsgrößen mit den in Spalte 3 angegebenen Freiheitsgraden (*FG*). Die Spalte durchschnittliche Quadratsumme (*DQ*) enthält die Quotienten aus den SQ und den Freiheitsgraden. Die Spalte F von F-Werten wird später erläutert.

Zur Mehrdeutigkeit von Schätzungen durch die Wahl der sogenannten Reparametrisierungsbedingungen $\sum_{i=1}^{a} n_i a_i = 0$ bzw. $\sum_{i=1}^{a} a_i = 0$ folgt eine Bemerkung, die sinngemäß auch für mehrfache Klassifikationen zutrifft, in den folgenden Abschnitten aber nicht noch einmal angeführt wird: Die SQ-, DQ- und F-Werte in der Varianztabelle sind von den Reparametrisierungsbedingungen unabhängig.

Für den Fall gleicher Klassenbesetzung gab Tukey (1953a, b) einen Test nach dem F-Test für alle paarweisen Vergleiche zwischen Behandlungsmitteln an, der als Tukey-Test bezeichnet wird. Die Voraussetzungen für diesen Test sind schon in der Modellgleichung (7.1) enthalten. Die umgeschriebene Testgröße des Tukey-Tests ist bei gleichem Versuchsumfang für alle paarweisen Behandlungsdifferenzen als bestes Konfidenzintervall bei einem Gesamtkoeffizienten $(1 - \alpha)$ zu verwenden.

$$\left[\overline{y}_{i.} - \overline{y}_{j.} - |q^*| s\sqrt{\frac{2}{n}}; \overline{y}_{i.} - \overline{y}_{j.} + |q^*| s\sqrt{\frac{2}{n}}\right],$$

wobei $|q^*|\sqrt{2}$ das 95-%-Quantil der Verteilung der studentisierten Spannweite q mit k Behandlungen und FG Freiheitsgraden für die Schätzung s^2 aus dem Versuch ist.

Für ungleiche Klassenbesetzung n_i erhält man mit dem Kramer-Tukey-Test approximative Konfidenzintervalle für alle paarweisen Behandlungsdifferenzen mit einem Gesamtkoeffizienten $(1 - \alpha)$:

$$\left[\bar{y}_{i.} - \bar{y}_{j.} - |q^*| s \sqrt{\frac{1}{n_i} + \frac{1}{n_j}} ; \bar{y}_{i.} - \bar{y}_{j.} + |q^*| s \sqrt{\frac{1}{n_i} + \frac{1}{n_j}} ; \right]$$

Mit **R** erhält man die Quantile der Verteilung der studentisierten Spannweite q mit

```
>  qtukey(p, nmeans, df, nranges = 1, lower.tail = TRUE,
      log.p = FALSE)
```

Beispiel 7.1
Auf einer Rinderbesamungsstation stehen drei Bullen B_1, B_2, B_3. Es liegen von n_i Töchtern Milchfettmengenleistungen $y_{ij}(i = 1,2,3; j = 1,...,n_i)$ vor. Wir nehmen an, dass die y_{ij} Beobachtungswerte von nach $N(\mu + a_i, \sigma^2)$ voneinander unabhängig verteilte Zufallsvariablen sind und dass Modell (7.1) gilt. Tab. 7.3 enthält die Milchfettmengenleistungen y_{ij} der Töchter in kg der drei Bullen.

Anhand dieser Daten wollen wir die Schätzung der Parameter vornehmen.
Die Nullhypothese, dass es keinen Unterschied in den mittleren Milchfettmengenleistungen der drei Bullen gibt, können wir in der Form
$H_0 : a_1 = a_2 = a_3$ schreiben.
Schreibt man Tab. 7.2 mit den Zufallsgrößen, dann sind $\dfrac{SQ_A}{a-1}$ und $\dfrac{SQ_I}{N-a}$ voneinander unabhängig nach Chi-Quadrat verteilt mit a–1 bzw. N–a Freiheitsgraden.

Nach einem Satz der mathematischen Statistik ist dann der Quotient $\dfrac{\dfrac{SQ_A}{a-1}}{\dfrac{SQ_I}{N-a}} = \dfrac{DQ_A}{DQ_I} = F$
bei Gültigkeit der Nullhypothese zentral F-verteilt mit a–1 und N–a Freiheitsgraden.

Tab. 7.3 Milchfettmengenleistung y_{ij} in kg der Töchter der drei Bullen

	Bulle		
	B_1	B_2	B_2
y_{ij}	120	153	130
	155	144	138
	131	147	122
	130		
n_i	4	3	3
$Y_{i.}$	536	444	390
$\bar{y}_{i.}$	134	148	130

Tab. 7.4 Varianztabelle zur Prüfung der Hypothese $a_1 = a_2 = a_3$ von Beispiel 7.1

Variationsursache	SQ	FG	DQ	F
Zwischen den Bullen	546	2	273,00	2,297
Innerhalb der Bullen	832	7	118,86	
Gesamt	1378	9		

In Kap. 6 haben wir schon erklärt:

Die zentrale F-Verteilung mit Freiheitsgraden a und b ist definiert als der Quotient

$$F(a,b) = (A/a)/(B/b)$$

wobei A eine Chi-Quadrat-Verteilung $CQ(a)$ mit a Freiheitsgraden und B eine Chi-Quadrat-Verteilung $CQ(b)$ mit b Freiheitsgraden hat. Ferner muss A stochastisch unabhängig von B sein. Der Erwartungswert von $F(a,b)$ ist $b/(b-2)$ für $b > 2$

und die Varianz ist $\dfrac{2b^2(a+b-2)}{a(b-2)^2(b-4)}$ für $b > 4$.

Wir führen nun die Berechnungen für Beispiel 7.1 mit **R** durch und fassen die Ergebnisse in einer Varianztabelle zusammen (Tab. 7.4).

```
>   x = c(1,1,1,1,2,2,2,3,3,3)
>   y = c(120,155,131,130,153,144,147,130,138,122)
>   Bulle = as.factor(x)
> Model = lm( y ~ Bulle)
> summary(Model)
Call:
lm(formula = y ~ Bulle)
Residuals:
    Min      1Q Median      3Q     Max
-14.00   -4.00  -2.00    3.75   21.00
Coefficients:
            Estimate Std. Error t value Pr(>|t|)
(Intercept)  134.000      5.451  24.582  4.7e-08 ***
Bulle2        14.000      8.327   1.681    0.137
Bulle3        -4.000      8.327  -0.480    0.646
---
Signif. codes:  0 '***' 0.001 '**' 0.01 '*' 0.05 '.' 0.1 ' ' 1
Residual standard error: 10.9 on 7 degrees of freedom
Multiple R-squared:  0.3962,  . Adjusted R-squared:  0.2237
F-statistic: 2.297 on 2 and 7 DF,  p-value: 0.171
> ANOVA = anova(Model)
> ANOVA
Analysis of Variance Table
Response: y
          Df Sum Sq Mean Sq F value Pr(>F)
Bulle      2    546  273.00  2.2969  0.171
Residuals  7    832  118.86
```

Die Varianztabelle 7.4 finden wir über Mean Sq 118.86 mit 7 Freiheitsgraden; damit ist $s^2 = 118{,}86$ der Schätzwert von σ^2 und $s = \sqrt{118{,}86} = 10{,}90229$.

```
> mu = mean(y)
> mu
[1] 137
> DATA = data.frame(Bulle,y)
> DATA
    Bulle    y
1       1  120
2       1  155
3       1  131
4       1  130
5       2  153
6       2  144
7       2  147
8       3  130
9       3  138
10      3  122
> with(DATA, tapply(y,Bulle, mean))
  1   2   3
134 148 130
```

Im **R**-Befehl lm ( ) wird die Reparametrisierung
$E(y) = (\mu + a_1) + (a_i - a_1) = \mu^* + a_i^*$ für $i = 2, \ldots, k$ verwendet.

Coefficients estimates in summary(Model) von **R**:
Intercept = mean(Bulle 1) = 134,
Bulle2 = mean(Bulle 2) − mean(Bulle 1) = 148 − 134 = 14,
Bulle3 = mean(Bulle 3) − mean(Bulle 1) = 130 − 134 = −4.

In Tab. 7.4 sind die F-Werte für „Zwischen den Bullen" $F = 2{,}297$ mit zugehörigen Freiheitsgraden FG Zwischen den Bullen = 2 und FG Innerhalb der Bullen = 7 angegeben. Für P(F (2,7) > 2,297) = 0,171 finden wir in **R** das Konfidenzintervall der Abb. 7.1.

```
>  P.Wert = 1 - pf(2.297 , 2, 7)
>  P.Wert
[1] 0.171012
> TUKEY = aov(Model)
> summary(TUKEY)
            Df Sum Sq Mean Sq F value Pr(>F)
Bulle        2    546   273.0   2.297  0.171
Residuals    7    832   118.9
> tukey.test = TukeyHSD(TUKEY, conf.level = 0.95)
> tukey.test
  Tukey multiple comparisons of means
    95% family-wise confidence level
Fit: aov(formula = Model)
$Bulle
```

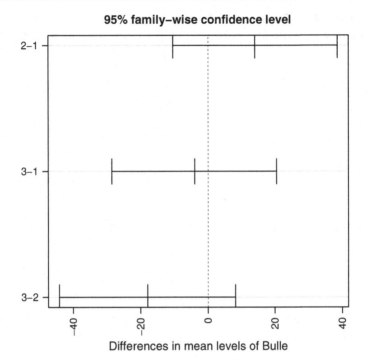

Abb. 7.1 Konfidenzintervall von Bullen in Beispiel 7.1

```
     diff      lwr       upr      p adj
2-1    14 -10.52251 38.522512 0.2770400
3-1    -4 -28.52251 20.522512 0.8825870
3-2   -18 -44.21567  8.215668 0.1770494
> plot(TukeyHSD(TUKEY, conf.level=.95), las = 2)as,factor
```

▶ **Übung 7.1** Analysieren Sie die Daten von Tab. 7.1 ohne den ersten Wert 120 von Bulle 1.

Bemerkung: Die Tukey-Methode ist nur für eine gleichen Klassenbesetzung anwendbar. Kramer (1956) beschreibt eine approximative Methode für ungleiche Klassenbesetzungen.

7.1.2 Planung des Versuchsumfangs in der Varianzanalyse

Zur Versuchsplanung, das heißt zur Festlegung des Umfangs eines Versuchs, sind Genauigkeitsvorgaben erforderlich. Die im Folgenden beschriebene Vorgehensweise ist für alle Modelle mit festen Effekten mit gleicher Klassenbesetzung n.

Die F-Quantile der zentralen bzw. nichtzentralen F-Verteilung, die wir weiter unten benötigen, berechnen wir mit **R**-Programmen.

Wir müssen die Gleichung

$$F\left(f_1,\ f_2, 0 | 0{,}95\right) = F\left(f_1,\ f_2, \lambda | \beta\right), \qquad (7.7)$$

in der f_1 und f_2 die Freiheitsgrade des Zählers und des Nenners der Testgröße sind, nach λ auflösen; $\alpha = 0{,}95$ und β sind die beiden Risiken und λ ist der Nichtzentralitätsparameter.

Neben $f_1, f_2, 0{,}95$ und β gehört zur Genauigkeitsvorgabe die Differenz δ zwischen dem größten und dem kleinsten Effekt der Wirkungen, die gegen Null getestet werden sollen. Die Auflösung nach λ in (7.7) bezeichnen wir mit

$$\lambda = \lambda\left(\alpha, \beta, f_1, f_2\right).$$

Es seien E_{min}, E_{max} das Minimum bzw. das Maximum von q auf Gleichheit zu prüfender Effekte $E_1, E_2, \cdots, E_q$ eines festen Faktors E oder einer Wechselwirkung zwischen zwei Faktoren. Gewöhnlich standardisiert man die Genauigkeitsvorgabe $\tau = \dfrac{\delta}{\sigma}$, wenn σ nicht bekannt ist.

Ist $E_{max} - E_{min} \geq \delta$, so gilt für den Nichtzentralitätsparameter der F-Verteilung (für gerades q).

$$\lambda = \sum_{i=1}^{q}\left(E_i - \bar{E}\right)^2 / \sigma^2 \geq \frac{\dfrac{q}{2}\left(E_{max} - \bar{E}\right)^2 + \dfrac{q}{2}\left(E_{min} - \bar{E}\right)^2}{\sigma^2}$$

$$\geq q\left(E_{max} - E_{min}\right)^2 / \left(2\sigma^2\right) \geq q\delta^2 / \left(2\sigma^2\right).$$

Lassen wir das Zwischenglied

$$\frac{\dfrac{q}{2}\left(E_{max} - \bar{E}\right)^2 + \dfrac{q}{2}\left(E_{min} - \bar{E}\right)^2}{\sigma^2}$$

weg, so ergibt sich

$$\lambda = \sum_{i=1}^{q}\left(E_i - \bar{E}\right)^2 / \sigma^2 \geq q\delta^2 / \left(2\sigma^2\right). \tag{7.8}$$

Der minimal erforderliche Versuchsumfang hängt von λ und damit von der genauen Position aller q Effekte ab. Diese ist aber für die Bestimmung des Versuchsumfangs nicht bekannt. Wir betrachten zwei Extremfälle: die günstigste (zum kleinsten minimalen Umfang n_{min} führende) und die ungünstigste (zum größten minimalen Umfang n_{max} führende) Situation. Der ungünstigste Fall ist der, der zum kleinsten Nichtzentralitätsparameter λ_{min} und zum sogenannten Maxi-min-Umfang n_{max} führt. Das ist der Fall, wenn die q–2 nichtextremen Effekte gleich $\dfrac{E_{max} + E_{min}}{2}$ sind. Für $\bar{E} = 0, \sum_{i=1}^{q}\left(E_i - \bar{E}\right)^2 = qE^2$ entspricht das dem folgenden Schema:

$$\underset{E_1 = -E}{\vdash} \qquad \underset{0 = E_2 = \cdots = E_{q-1}}{\vdash} \qquad \underset{E_q = E}{\vdash}$$

Der günstigste Fall ist der, der zum größten Nichtzentralitätsparameter λ_{max} und zum sogenannten Mini-min-Umfang n_{min} führt. Für gerade $q = 2m$ ist das der Fall, wenn m der E_i gleich E_{min} und die m anderen E_i gleich E_{max} sind. Für ungerade $q = 2m + 1$ müssen wieder m der E_i gleich E_{min} und die m anderen E_i gleich E_{max} gesetzt werden und die verbleibenden Effekte gleich einem der beiden extremen E_{min} oder E_{max}. Für $\bar{E} = 0, \sum_{i=1}^{q} \left(E_i - \bar{E} \right)^2 = qE^2$ zeigt das folgende Schema diese Situation für gerades q:

$$E_1 = E_2 = \cdots = E_m = -E \qquad\qquad 0 \qquad\qquad E_{m+1} = E_{m+2} = \cdots = E_a = E$$

Wir bestimmen nun für den Spezialfall der einfachen Varianzanalyse sowohl für den günstigsten als auch für den ungünstigsten Fall den mindestens erforderlichen Versuchsumfang, das heißt, wir suchen das kleinste n (zum Beispiel $n = 2q$), das (7.8) für $\lambda_{max} = \lambda$ bzw. für $\lambda_{min} = \lambda$ erfüllt.

Der Versuchsansteller muss sich nun für einen Umfang n im Intervall $[n_{min}; n_{max}]$ entscheiden; wenn er sichergehen will, muss er $n = n_{max}$ wählen. Die Lösung der Gl. (7.7) ist aufwendig und erfolgt vorwiegend mit Rechnerprogrammen. Eine gleiche Klassenbesetzung sollte man bei der Umfangsplanung immer wählen; sie ist optimal.

Wir betrachten nun Modellgleichung (7.1) und die Nullhypothese sowie die F-Prüfzahl unter 7.1. Deren Nichtzentralitätsparameter ist bei gleicher Klassenbesetzung $\lambda_A = \dfrac{n \sum_{i=1}^{a} a_i^2}{\sigma^2}$ mit $\lambda_{A\,max} = \dfrac{n a \delta^2}{4\sigma^2}$ und $\lambda_{A\,min} = \dfrac{n \delta^2}{2\sigma^2}$, wenn $a_{max} - a_{min} \geq \delta$ ist.

Mit **R** erhält man die Lösung von (7.7) über

```
> minimin = function( p, a, delta , beta)
   {
   f = function(n, p, a, delta , beta )
   {
     A = qf(p, a-1, a*(n-1), 0)
     B = qf( beta, a-1, a*(n-1), delta*delta*n*a/4)
     C = A-B
   }
   k = uniroot(f, c(2, 1000), p=p, a=a, delta=delta, beta=beta) $root
   k0 = ceiling(k)
   print (paste(" minimin sample number: n = ", k0), quote=F)
   }
```

Ist zum Beispiel $p = 1 - \alpha$, so folgt:

```
> minimin( p=0.95, a=4, delta = 2, beta = 0.1)
[1]  minimin sample number: n =  5
```

bzw.

```
> maximin = function( p, a, delta , beta)
{
    f = function(n, p, a, delta , beta )
    {
        A = qf(p, a-1, a*(n-1), 0)
        B = qf( beta, a-1, a*(n-1), 0.5* delta*delta*n)
        C = A-B
    }
    k = uniroot(f, c(2, 1000), p=p, a=a, delta=delta,
    beta=beta) $root
    k0 = ceiling(k)
    print (paste(" maximin sample number: n = ", k0), quote=F)
}

> maximin( p=0.95, a=4, delta = 2, beta = 0.1)
[1]  maximin sample number: n =  9
```

Das Programm OPDOE von **R** gestattet auch die Bestimmung des minimalen Versuchsumfangs für den günstigsten und den ungünstigsten Fall in Abhängigkeit von α, β, δ bzw. τ und der Anzahl der Behandlungen für alle in diesem Kapitel beschriebenen Fälle. Dabei kommt ein Algorithmus zur Anwendung, der auf Lenth (1987) und Rasch et al. (1997) zurückgeht. Wir demonstrieren beide Programme an einem Beispiel. Auf jeden Fall kann man zeigen, dass der minimale Versuchsumfang am kleinsten ist, wenn $n_1 = n_2 = \ldots = n_a = n$ ist, was man bei der Planung des Versuchs zunächst einmal fordern kann. Die Versuchsplanungsfunktion des **R**-Pakets OPDOE für die Varianzanalyse heißt size.anova( ) und hat für einfache Varianzanalyse den Aufruf

```
> size.anova(model="a", a= ,alpha= ,beta= ,delta= ,case= )
```

Es ist der minimale gleiche Umfang jeder der a Stufen des Faktors A zu bestimmen, und zwar für ein Modell I. Dann werden die Risiken, die praktisch interessierende relative Mindestdifferenz δ/σ (delta) und die Optimierungsstrategie (case: "maximin" oder "minimin") eingegeben. Bei Zahleneingaben sind unbedingt Dezimalpunkte zu verwenden.

Wir demonstrieren dies an einem Beispiel.

Beispiel 7.2

Es sollen n_{min} und n_{max} für $a = 4$, $\alpha = 0,05$, $\beta = 0,1$ und $\delta/\sigma = 2$ ($\delta = a_{max} - a_{min}$) mit dem **R**-Paket OPDOE werden.

```
> library(OPDOE)
> size.anova(model="a", a=4, alpha=0.05, beta=0.1,
        delta=2, case="minimin")
n
5
> size.anova(model="a", a=4, alpha=0.05, beta=0.1,
        delta=2, case="maximin")
n
9
```

Nun muss der Anwender einen Wert von n zwischen 5 und 9 wählen.

In Rasch et al. (2011) findet man weitere Informationen über OPDOE auch für mehrfache Klassifikationen.

▶ **Übung 7.2** Berechnen Sie n_{min} und n_{max} für $a = 12$, $\alpha = 0,05$, $\beta = 0,1$ und $\delta/\sigma = 1,5$ ($\delta = a_{max} - a_{min}$).

7.1.3   Einfache Varianzanalyse – Modell II

Wir betrachten Gl. (7.1) für den Fall, dass die Hauptwirkungen jetzt zufällig sind und

$$y_{ij} = \mu + a_i + e_{ij} \left(i = 1, \ldots, k;\ j = 1, \ldots, n_i \right) \tag{7.9}$$

erhalten. Dieses Modell hat folgende Nebenbedingungen: $E(a_i) = 0$, $E(e_{ij}) = 0$, $var\left(a_i\right) = \sigma_a^2$, $cov(a_i, a_j) = 0$, $i \neq j$, $var(e_{ij}) = \sigma^2$, $cov(e_{ij}, e_{kl}) = 0$, $i \neq k$, $cov(e_{ij}, a_j) = 0$. σ_a^2 und σ^2 heißen Varianzkomponenten, deren Schätzung in Kap. 8 besprochen wird.

Die Varianzmatrix von $\boldsymbol{Y}^T = \left(\boldsymbol{y}_{11}, \ldots \boldsymbol{y}_{1n_1}, \ldots \boldsymbol{y}_{an_a} \right)$ wollen wir hier nicht angeben (sie ist eine direkte Summe von Teilmatrizen), um die Darstellung nicht zu komplizieren. Wir geben die entsprechenden **R**-Programme in Kap. 8 an.

7.2   Zweifache Varianzanalyse

Von zweifacher Varianzanalyse spricht man, wenn gleichzeitig der Einfluss zweier qualitativer Faktoren auf ein quantitatives Merkmal untersucht werden soll. Angenommen, es sollen verschiedene Weizensorten und verschiedene Düngemittel in ihrer Wirkung auf den Ernteertrag (zum Beispiel pro ha) geprüft werden, dann ist einer der zu untersuchenden Faktoren der Faktor Sorte (Faktor A), der andere der Faktor Düngemittel (Faktor B). Bei Versuchen mit zwei Faktoren wird das Versuchsmaterial in zwei Richtungen klassifiziert; es liegt eine sogenannte Zweifachklassifikation vor. Dies kann auf verschiedene Arten geschehen. Wenn jede der a Stufen des Faktors A mit jeder der b Stufen des Faktors B kombiniert mindestens einen Beobachtungswert enthält, liegt eine vollständige Kreuzklassifikation $A \times B$ vor. Wir sprechen davon, dass $a \cdot b$ Klassen (A_i, B_j); $i = 1, \ldots, a$; $j = 1, \ldots, b$ vorliegen. Tritt in jeder dieser Klassen genau ein Messwert auf, so handelt es sich um eine einfache Klassenbesetzung, treten in jeder der Klassen genau n Beobachtungen auf, so liegt eine gleiche Klassenbesetzung vor. Wir unterscheiden drei Modelle der zweifachen Kreuzklassifikation:

- Beide Faktoren sind fest (Abschn. 7.2.1 und 7.2.2).
- Beide Faktoren sind zufällig (Abschn. 7.2.4).
- Ein Faktor ist fest (o.B.d.A. der Faktor A, was stets durch Umbenennung erreichbar ist), der andere ist zufällig – wir haben ein gemischtes Modell (Abschn. 7.2.6).

Neben der Kreuzklassifikation gibt es die hierarchische Klassifikation von A und B. Einer der Faktoren, sagen wir der Faktor A, ist übergeordnet, der andere untergeordnet $A \succ B$ oder $B \prec A$. Wir unterscheiden vier Modelle der zweifachen hierarchischen Klassifikation:

- Beide Faktoren sind fest (Abschn. 7.2.3).
- Beide Faktoren sind zufällig (Abschn. 7.2.5).
- Faktor A ist fest, B ist zufällig (Abschn. 7.2.7).
- Faktor B ist fest, A ist zufällig (Abschn. 7.2.8).

Den zufälligen Faktor kennzeichnen wir, ebenso wie die Zufallsvariablen, durch Fettdruck.

7.2.1 Zweifache Varianzanalyse – Modell I – Kreuzklassifikation

Dieses Modell schreiben wir als $A \times B$. Die Beobachtungswerte bei ungleicher Klassenbesetzung finden wir in Tab. 7.5.

In der Modellgleichung (7.10) ist μ wie im Fall der einfachen Varianzanalyse wieder der allgemeine Erwartungswert. Der wahre Mittelwert der Klasse (i, j) sei η_{ij}. Die Differenz $a_i = \overline{\eta}_{i.} - \mu$ wird Hauptwirkung der i-ten Stufe des Faktors A, die Differenz $b_j = \overline{\eta}_{.j} - \mu$ Hauptwirkung der j-ten Stufe des Faktors B genannt. Die Differenz $\left(a,b\right)_{ij} = \eta_{ij} - \overline{\eta}_{i.} - \overline{\eta}_{.j} + \overline{\eta}_{..}$ heißt Wirkung der i-ten Stufe des Faktors A unter der Bedingung, dass Faktor B in der j-ten Stufe auftritt. Analog heißt $\eta_{ij} - \overline{\eta}_{i.}$ Wirkung der j-ten Stufe des Faktors B unter der Bedingung, dass Faktor A in der i-ten Stufe auftritt.

Tab. 7.5 Beobachtungswerte y_{ij} einer vollständigen Zweifachklassifikation mit ungleicher Klassenbesetzung n_{ij}

Stufen von B		B_1	B_2	$\cdots$	B_b
Stufen des Faktors A	A_1	y_{111}	y_{121}		y_{1b1}
		$\vdots$	$\vdots$	$\cdots$	$\vdots$
		$y_{11n_{11}}$	$y_{12n_{12}}$		$y_{1bn_{1b}}$
	A_2	y_{211}	y_{221}		y_{2b1}
		$\vdots$	$\vdots$	$\cdots$	$\vdots$
		$y_{21n_{21}}$	$y_{22n_{2}}$		$y_{2bn_{2b}}$
	$\vdots$	$\vdots$	$\vdots$	$\cdots$	$\vdots$
	A_a	y_{a11}	y_{a21}		y_{ab1}
		$\vdots$	$\vdots$	$\cdots$	$\vdots$
		$y_{a1n_{a1}}$	$y_{a2n_{a2}}$		$y_{abn_{ab}}$

Die Unterscheidung zwischen Hauptwirkung und bedingter Wirkung, die wir
auch Wechselwirkung nennen, ist dann von Bedeutung, wenn die Stufen des einen
Faktors in ihrer Wirkung auf die Beobachtungswerte davon abhängen, welche Stufe
des anderen Faktors vorliegt. In der Varianzanalyse spricht man dann davon, dass
eine Wechselwirkung zwischen den beiden Faktoren besteht. Man definiert die Effekte $(a,b)_{ij}$ (Wirkungen) dieser Wechselwirkungen (kurz ebenfalls Wechselwirkungen genannt) und verwendet sie anstelle der bedingten Wirkungen.

Unterstellt man, dass die Zufallsvariablen der Kreuzklassifikation zufällig um
die Klassenmittelwerte schwanken $y_{ijk} = \eta_{ij} + e_{ijk}$,

wobei die Fehlervariablen e_{ijk} unabhängig voneinander nach $N(0,\sigma^2)$ verteilt sein
sollen, dann ist der vollständige Modellansatz mit Wechselwirkungen

$$y_{ijk} = \mu + a_i + b_j + (a,b)_{ij} + e_{ijk}, \left(i = 1,\ldots,a; \; j = 1,\ldots,b; k = 1,\ldots,n_{ij}\right) \quad (7.10)$$

mit $(a,b)_{ij} = 0$ für $n_{ij} = 0$, mit den Nebenbedingungen für (7.10), dass sowohl die
Summen der a_i als auch die der b_j und der $(a,b)_{ij}$ (über jedes Suffix einzeln) gleich
Null sind.

Für $(a,b)_{ij} = 0$ für alle i, j wird aus (7.10) der Modellansatz ohne Wechselwirkungen

$$y_{ijk} = \mu + a_i + b_j + e_{ijk}, \left(i = 1,\ldots,a; \; j = 1,\ldots,b; k = 1,\ldots n_{ij} \geq 0\right). \quad (7.11)$$

Die Parameter μ, a_i, b_j, $(a,b)_{ij}$ von (7.10) bzw. μ, a_i, b_j von (7.11) schätzt man nach
der Methode der kleinsten Quadrate. Die Schätzfunktionen und Schätzwerte a_i, b_i,
$(a,b)_{ij}$ hängen von der Wahl der Reparametrisierungsbedingungen ab, nicht aber die
von μ, $\mu + a_i$, $\mu + b_j$, $\mu + (a,b)_{ij}$. Mit den Nebenbedingungen in (7.10), dass sowohl
die Summen der a_i als auch die der b_j und der $(a,b)_{ij}$ (über jedes Suffix einzeln)
gleich Null sind, finden wir die erwartungstreuen Schätzfunktionen:

$$\hat{\mu} = \overline{y}_{...}, \widehat{\mu + a_i} = \overline{y}_{i..}, +\overline{y}_{...}, \widehat{\mu + b_j} = \overline{y}_{.j.}, +\overline{y}_{...}, \widehat{\mu + (ab)}_{ij} = \overline{y}_{...} + \overline{y}_{ij}. \quad (7.12)$$

Sind die $n_{ij} = n$ für alle i,j, so gilt

$$\hat{\mu} = \overline{y}_{...}, \hat{a}_i = \overline{y}_{i..} - \overline{y}_{...}, \hat{b}_j = \overline{y}_{.j.} - \overline{y}_{...}, \left(\widehat{ab}\right)_{ij} = \overline{y}_{ij.} - \overline{y}_{i..} - \overline{y}_{.j.} + \overline{y}_{...}. \quad (7.13)$$

Die Varianz σ^2 schätzen wir erwartungstreu durch

$$s^2 = \sum_{i,j,k} y_{ijk}^2 - \frac{1}{n_{ij}} \sum_{i,j} Y_{ij.}^2 \quad (7.14)$$

Wir betrachten ein Beispiel aus der Sortenprüfung.

Beispiel 7.3

Auf jeder von vier Farmen (*B*) wurden auf drei Teilstücken je sechs Sorten (*A*) angebaut. Die Beobachtungswerte für den Ertrag in dt/ha pro Jahr findet man in Tab. 7.6.

Um Hypothesen über die Parameter zu testen, benötigen wir wieder eine Varianztabelle, die in Tab. 7.7 für gleiche Klassenbesetzung gegeben ist.

Die Nullhypothesen, die unter der Voraussetzung, dass die e_{ijk} voneinander unabhängig nach $N(0, \sigma^2)$ verteilt sind, sind:

H_{0A}: „Alle a_i sind gleich Null"
H_{0B}: „Alle b_j sind gleich Null"
H_{0AB}: „Alle $(ab)_{ij}$ sind gleich Null".

Die Prüfzahlen für diese Hypothesen findet man als *F*-Werte in Tab. 7.7

Mit **R** berechnen wir die Schätzwerte (Realisationen von (7.13)) und wir prüfen die Hypothesen für Beispiel 7.3 mit **R**.

```
>   a = rep(c(1,2,3,4,5,6), 12)
>   b = c(rep(1,18),rep(2,18),rep(3,18),rep(4,18))
>   ab.1 = rep(c(11,21,31,41,51,61), 3)
>   ab.2 = rep(c(12,22,32,42,52,62), 3)
>   ab.3 = rep(c(13,23,33,43,53,63), 3)
>   ab.4 = rep(c(14,24,34,44,54,64), 3)
>   ab = c(ab.1, ab.2, ab.3,ab.4)
>   A = as.factor(a)
>   B = as.factor(b)
>   AB = as.factor(ab)
>   y1 = c(32,48,25,33,48,29)
>   y2 = c(28,52,25,38,27,27)
>   y3 = c(30,47,34,44,38,31)
```

Tab. 7.6 Ergebnisse in dt/ha pro Jahr eines Versuchs mit sechs Sorten auf vier Farmen und dreifacher Klassenbesetzung ($n_{ij} = 3$)

B (Farmen)	Teilstück	*A* (Sorten)					
		1	2	3	4	5	6
1	1	32	48	25	33	48	29
	2	28	52	25	38	27	27
	3	30	47	34	44	38	31
2	1	44	55	28	39	21	31
	2	43	53	26	38	30	33
	3	48	57	33	37	36	26
3	1	42	64	40	53	38	27
	2	42	64	42	41	29	33
	3	39	64	47	47	23	32
4	1	44	59	34	54	33	31
	2	40	58	27	50	36	30
	3	42	57	32	46	36	35

Tab. 7.7 Varianztabelle einer zweifachen Kreuzklassifikation mit mehrfacher (gleicher) Klassenbesetzung für Modell I mit Wechselwirkungen unter den Bedingungen (7.10)

Variationsursache	SQ	FG	DQ	E(DQ)	F
Zwischen den Zeilen (A)	$SQ_A = \dfrac{1}{bn}\sum_i Y_{i..}^2 - \dfrac{1}{N}Y_{...}^2$	$a-1$	$\dfrac{SQ_A}{a-1}$	$\sigma^2 + \dfrac{bn}{a-1}\sum_i a_i^2$	$\dfrac{ab(n-1)SQ_A}{(a-1)SQ_R}$
Zwischen den Spalten (B)	$SQ_B = \dfrac{1}{an}\sum_j Y_{.j.}^2 - \Sigma\,\dfrac{1}{N}Y_{...}^2$	$b-1$	$\dfrac{SQ_B}{b-1}$	$\sigma^2 + \dfrac{an}{b-1}\sum_j b_j^2$	$\dfrac{ab(n-1)SQ_B}{(b-1)SQ_R}$
Wechselwirkungen	$SQ_{AB} = \dfrac{1}{n}\sum_{i,j}Y_{ij.}^2 - \dfrac{1}{bn}\sum_i Y_{i..}^2 - \dfrac{1}{an}\sum_j Y_{.j.}^2 + \dfrac{Y_{...}^2}{N}$	$(a-1)$ $\times(b-1)$	$\dfrac{SQ_{AB}}{(a-1)(b-1)}$	$\sigma^2 + \dfrac{n\sum_{i,j}(a,b)_{ij}^2}{(a-1)(b-1)}$	$\dfrac{ab(n-1)SQ_{AB}}{(a-1)(b-1)SQ_R}$
Innerhalb der Klassen	$SQ_R = \sum_{i,j,k}y_{ijk}^2 - \dfrac{1}{n}\sum_{i,j}Y_{ij.}^2$	$ab(n-1)$	$\dfrac{SQ_R}{ab(n-1)} = s^2$	σ^2	
Gesamt	$SQ_G = \sum_{i,j,k}y_{ijk}^2 - \dfrac{1}{N}Y_{...}^2$	$N-1$			

```
> y4 = c(44,55,28,39,21,31)
> y5 = c(43,53,26,38,30,33)
> y6 = c(48,57,33,37,36,26)
> y7 = c(42,64,40,53,38,27)
> y8 = c(42,64,42,41,29,33)
> y9 = c(39,64,47,47,23,32)
> y10 = c(44,59,34,54,33,31)
> y11 = c(40,58,27,50,36,30)
> y12 = c(42,57,32,46,36,35)
> y = c(y1,y2,y3,y4,y5,y6,y7,y8,y8,y10,y11,y12)
> DATA = data.frame(A, B, AB, y)
> head(DATA)
  A B AB  y
1 1 1 11 32
2 2 1 21 48
3 3 1 31 25
4 4 1 41 33
5 5 1 51 48
6 6 1 61 29
> tail(DATA)
   A B AB  y
67 1 4 14 42
68 2 4 24 57
69 3 4 34 32
70 4 4 44 46
71 5 4 54 36
72 6 4 64 35
> Mean.A = with(DATA, tapply(y, A , mean))
> Mean.A
        1        2        3        4        5        6
39.75000 56.50000 32.33333 42.83333 33.41667 30.50000
> Mean.B = with(DATA, tapply(y, B, mean))
> Mean.B
        1        2        3        4
35.33333 37.66667 42.55556 41.33333
> Mean.AB = with(DATA, tapply(y, AB , mean))
> Mean.AB
       11       12       13       14       21       22       23       24
30.00000 45.00000 42.00000 42.00000 49.00000 55.00000 64.00000 58.00000
       31       32       33       34       41       42       43       44
28.00000 29.00000 41.33333 31.00000 38.33333 38.00000 45.00000 50.00000
       51       52       53       54       61       62       63       64
37.66667 29.00000 32.00000 35.00000 29.00000 30.00000 31.00000 32.00000
> an.y = mean(y)
> Mean.y
[1] 39.22222
```

Beispiel Schätzwerte von (7.13):

$\hat{\mu}$ = Mean.y = 39,22222

$\hat{a}_1$ = Mean.A(1) − Mean.y = 39,75 − 39,22222 = 0,52778 usw.

$\hat{b}_1$ = Mean.B(1) − Mean.y = 35,33333 − 39,22222 = −3,88889 usw.

$\left(\widehat{ab}\right)_{11}$ = Mean.AB(11) − Mean.A(1) − Mean.B(1) + Mean.y

$\phantom{\left(\widehat{ab}\right)_{11}}$ = 30,00 − 39,75 − 35,33333 + 39,22222 = −5.86111 usw.

Die Varianztabelle berechnen wir nun mit **R**.

```
> ANOVA = anova(model)
> ANOVA
Analysis of Variance Table
Response: y
          Df Sum Sq Mean Sq F value     Pr(>F)
A          5 5628.9 1125.79 65.8998  < 2.2e-16 ***
B          3  596.0  198.67 11.6293 7.566e-06 ***
AB        15  931.5   62.10  3.6351 0.0003286 ***
Residuals 48  820.0   17.08
---
Signif. codes:  0 '***' 0.001 '**' 0.01 '*' 0.05 '.' 0.1 ' ' 1
```

Der Schätzwert der Varianz σ^2 ist s^2 = Mean.Sq Residuals = 17,08 mit 48 Freiheitsgraden.

Mittelwerte der kleinsten Quadrate oder geschätzte Randmittelwerte sind Mittelwerte der Behandlungsstufen, die bezüglich der Mittelwerte anderer Faktoren im Modell bereinigt wurden. In balancierten Anlagen sind sie gleich den Behandlungsmittelwerten.

Wir verwenden nun das **R**-Paket lsmeans, das wir erst installieren müssen, um die Least Squares Means für die Differenzen der *A*-Effekte und der *B*-Effekte zu testen.

```
>   library(lsmeans)
> model = lm( y ~A + B + AB)
>  LS.rg = ref.grid(model)
> lsmeans(model, "A" , alpha=0.05)
NOTE: A nesting structure was detected in the fitted model:
    AB %in% (A*B)
 A lsmean   SE df lower.CL upper.CL
 1   39.8 1.19 48     37.4     42.1
 2   56.5 1.19 48     54.1     58.9
 3   32.3 1.19 48     29.9     34.7
 4   42.8 1.19 48     40.4     45.2
 5   33.4 1.19 48     31.0     35.8
 6   30.5 1.19 48     28.1     32.9
Results are averaged over the levels of: B
```

```
Confidence level used: 0.95
> contrast(lsm, method = "pairwise")
contrast estimate    SE df t.ratio p.value
 1 - 2      -16.75 1.69 48  -9.927  <.0001
 1 - 3        7.42 1.69 48   4.395  0.0008
 1 - 4       -3.08 1.69 48  -1.827  0.4585
 1 - 5        6.33 1.69 48   3.753  0.0059
 1 - 6        9.25 1.69 48   5.482  <.0001
 2 - 3       24.17 1.69 48  14.322  <.0001
 2 - 4       13.67 1.69 48   8.099  <.0001
 2 - 5       23.08 1.69 48  13.680  <.0001
 2 - 6       26.00 1.69 48  15.409  <.0001
 3 - 4      -10.50 1.69 48  -6.223  <.0001
 3 - 5       -1.08 1.69 48  -0.642  0.9871
 3 - 6        1.83 1.69 48   1.087  0.8844
 4 - 5        9.42 1.69 48   5.581  <.0001
 4 - 6       12.33 1.69 48   7.309  <.0001
 5 - 6        2.92 1.69 48   1.729  0.5204
Results are averaged over the levels of: B
P value adjustment: tukey method for comparing a family of 6 estimates
> lsm = lsmeans(model, "B" , alpha=0.05)
> lsm
 B lsmean    SE df lower.CL upper.CL
 1   35.3 0.974 48     33.4     37.3
 2   37.7 0.974 48     35.7     39.6
 3   42.6 0.974 48     40.6     44.5
 4   41.3 0.974 48     39.4     43.3
Results are averaged over the levels of: A
Confidence level used: 0.95
> contrast(lsm, method = "pairwise")
contrast estimate    SE df t.ratio p.value
 1 - 2       -2.33 1.38 48  -1.694  0.3382
 1 - 3       -7.22 1.38 48  -5.242  <.0001
 1 - 4       -6.00 1.38 48  -4.355  0.0004
 2 - 3       -4.89 1.38 48  -3.549  0.0047
 2 - 4       -3.67 1.38 48  -2.661  0.0500
 3 - 4        1.22 1.38 48   0.887  0.8115
Results are averaged over the levels of: A
P value adjustment: tukey method for comparing a family of 4 estimates
```

Eine andere Art, die Tukey-Methode zu berechnen, ist:

```
> TUKEY = aov(model)
> summary(TUKEY)
           Df Sum Sq Mean Sq F value   Pr(>F)
A           5   5629  1125.8  65.900  < 2e-16 ***
B           3    596   198.7  11.629 7.57e-06 ***
AB         15    931    62.1   3.635 0.000329 ***
Residuals  48    820    17.1
---
Signif. codes:  0 '***' 0.001 '**' 0.01 '*' 0.05 '.' 0.1 ' ' 1
```

```
> tukey.test = TukeyHSD(TUKEY, conf.level = 0.95)
> tukey.test
  Tukey multiple comparisons of means
    95% family-wise confidence level
Fit: aov(formula = model)
$A
            diff         lwr         upr       p adj
2-1  16.750000   11.742059   21.757941 0.0000000
3-1  -7.416667  -12.424607   -2.408726 0.0008227
4-1   3.083333   -1.924607    8.091274 0.4585368
5-1  -6.333333  -11.341274   -1.325393 0.0059281
6-1  -9.250000  -14.257941   -4.242059 0.0000219
3-2 -24.166667  -29.174607  -19.158726 0.0000000
4-2 -13.666667  -18.674607   -8.658726 0.0000000
5-2 -23.083333  -28.091274  -18.075393 0.0000000
6-2 -26.000000  -31.007941  -20.992059 0.0000000
4-3  10.500000    5.492059   15.507941 0.0000017
5-3   1.083333   -3.924607    6.091274 0.9871337
6-3  -1.833333   -6.841274    3.174607 0.8843626
5-4  -9.416667  -14.424607   -4.408726 0.0000156
6-4 -12.333333  -17.341274   -7.325393 0.0000000
6-5  -2.916667   -7.924607    2.091274 0.5203541


$B
            diff           lwr         upr       p adj
2-1  2.333333  -1.333327e+00   5.999994 0.3382094
3-1  7.222222   3.555562e+00  10.888883 0.0000205
4-1  6.000000   2.333340e+00   9.666660 0.0003940
3-2  4.888889   1.222228e+00   8.555549 0.0047153
4-2  3.666667   6.238677e-06   7.333327 0.0499995
4-3 -1.222222  -4.888883e+00   2.444438 0.8115234


$AB
               diff          lwr         upr       p adj
12-11  1.266667e+01   -0.3410869 25.6744202 0.0649321
13-11  4.777778e+00   -8.2299758 17.7855313 0.9986752
14-11  6.000000e+00   -7.0077536 19.0077536 0.9778596
21-11  2.250000e+00  -10.7577536 15.2577536 1.0000000
22-11  5.916667e+00   -7.0910869 18.9244202 0.9809562
23-11  1.002778e+01   -2.9799758 23.0355313 0.3514515
24-11  5.250000e+00   -7.7577536 18.2577536 0.9953464
```

usw.

Planung des Versuchsumfangs

Wir müssen die Anzahl der Stufen der Faktoren A und B angeben sowie die Genauigkeitsforderungen $\alpha = 0{,}05$, β und δ/σ aus Abschn. 7.1 vorgeben, um n_{min} und n_{max} analog zu Beispiel 7.2 zu berechnen. Es ist optimal, die gleiche Klassenbesetzung n zu planen.

In Beispiel 7.3 haben wir $a = 6$, $b = 4$ und wir wählen $\alpha = 0{,}05$, $\beta = 0{,}1$ und $\delta/\sigma = 1$ (wir setzen ohne Beschränkung der Allgemeinheit $\sigma^2 = 1$ und $\delta = 1$). Waren die drei Teilstücke für diese Genauigkeitsforderung ausreichend?

```
> library(OPDOE)
> size_n.two_way_cross.model_1_a(0.05,0.1,1,6,4, "maximin")
[1] 9
> size_n.two_way_cross.model_1_a(0.05,0.1,1,6,4, "minimin")
[1] 4
```

Drei Messwerte pro Sorte waren zu gering, da schon `minimin` $= 4$ ist. Für den Test der Wechselwirkungen verwenden wir folgendes Programm von OPDOE mit unserem Beispiel wie oben mit $a = 6$, $b = 4$, $\alpha = 0{,}05$, $\beta = 0{,}1$ und $\delta/\sigma = 1$:

```
> size.anova(model="axb", hypothesis="axb", a=6, b=4,
    alpha=0.05 , beta=0.1, delta=1, cases="maximin")
n
48
```

sowie

```
> size.anova(model="axb", hypothesis="axb", a=6, b=4,
    alpha=0.05, beta=0.1, delta=1, cases="minimin")
n
5
```

Die drei Teilstücke waren auch hier nicht ausreichend; man sollte unbedingt die Versuchsplanung durchführen, bevor man einen Versuch beginnt.

Wie muss man den Versuchsumfang wählen, wenn man eine Nullhypothese über den festen Faktor (A) mit gegebener Anzahl b der Stufen von B prüfen will? Der Versuchsumfang hängt nur von der Anzahl n der Wiederholungen ab. Wir wählen $\alpha = 0{,}05$, $\beta = 0{,}1$, $\delta/\sigma = 1$ und in unserem Beispiel 7.4 ist $a = 6$ und $b = 4$.

```
> size_n.two_way_cross.model_1_a(0.05, 0.1, 1, 6, 4,
    "maximin")
[1] 9
> size_n.two_way_cross.model_1_a(0.05, 0.1, 1, 6, 4,
    "minimin")
[1] 4
```

7.2.2 Zweifache Varianzanalyse – Kreuzklassifikation – Modell I ohne Wechselwirkung

Nun geben wir ein Modell für die zweifache Kreuzklassifikation ohne Wechselwirkungen an, in dem die Fehlervariablen e_{ij} unabhängig voneinander nach $N(0, \sigma^2)$ verteilt sind (Tab. 7.8):

$$\boldsymbol{y}_{ij} = \mu + a_i + b_j + \boldsymbol{e}_{ij}, \left(i = 1, \ldots, a;\ j = 1, \ldots, b\right) \tag{7.15}$$

Tab. 7.8 Beobachtungswerte y_{ij} einer vollständigen Kreuzklassifikation mit einfacher Klassenbesetzung

Stufen des Faktors A		B_1	B_2	$\cdots$	B_b
	A_1	y_{11}	y_{12}	$\cdots$	y_{1b}
	A_2	y_{21}	y_{22}	$\cdots$	y_{2b}
	$\vdots$	$\vdots$	$\vdots$	$\cdots$	$\vdots$
	A_a	y_{a1}	y_{a2}	$\cdots$	y_{ab}

Beispiel 7.4

Gomez und Gomez (1984) geben die Ergebnisse eines randomisierten vollständigen Blockversuchs mit der Reissorte IRB mit sechs Aussaatintensitäten (kg Saat/ha) in vier vollständigen Blocks an. Innerhalb eines Blocks auf dem Versuchsfeld herrschten dieselben Wachstumsbedingungen Die Behandlungen wurden in den Blocks zufällig angeordnet. Auf je einem Teilstück von Block 1 und 2 fiel der Ertrag durch Tierfraß aus. Folgende Erträge wurden erhalten, die Fehlstellen wurden mir * gekennzeichnet.

Die Erträge y_{ij} werden nach Modell (7.15) analysiert, die Behandlungsdifferenzen wurden nach der Methode der kleinsten Quadrate geschätzt.

Behandlung kg Saat/ha	Block 1	Block 2	Block 3	Block 4
25	*	5398	5307	4678
50	5346	5952	4719	4264
75	5272	5713	5483	4749
100	5164	*	4986	4410
125	4804	4848	4412	4748
150	5254	4542	4919	4098

Wir verwenden lm() von **R,** Fehlstellen sind mit NA gekennzeichnet.

```
> a = c(rep(25,4),rep(50,4),rep(75,4), rep(100,4),
    rep(125,4), rep(150,4))
> b = c(rep(c(1,2,3,4),6))
> y1 = c(NA, 5398, 5307, 4678)
> y2 = c(5346, 5952, 4719, 4264)
> y3 = c(5272, 5713, 5483, 4749)
> y4 = c(5164, NA, 4986, 4410)
> y5 = c(4804, 4848, 4412, 4748)
> y6 = c(5254, 4542, 4919, 4098)
> y = c(y1, y2, y3, y4, y5, y6)
> A = as.factor(a)
> B = as.factor(b)
> model.1 = lm( y ~ A + B)
> summary(model.1)
```

```
Call:
lm(formula = y ~ A + B)
Residuals:
    Min      1Q  Median      3Q     Max
-455.40 -142.00  -34.68  121.21  587.60 For
Coefficients:
            Estimate Std. Error t value Pr(>|t|)
(Intercept)  5423.10     263.98  20.544 2.71e-11 ***
A50          -131.27     262.52  -0.500  0.62539
A75           102.73     262.52   0.391  0.70191
A100         -250.14     286.32  -0.874  0.39817
A125         -498.52     262.52  -1.899  0.07998 .
A150         -498.27     262.52  -1.898  0.08011 .
B2             72.57     221.78   0.327  0.74871
B3           -239.52     208.28  -1.150  0.27088
B4           -719.35     208.28  -3.454  0.00428 **
---
Signif. codes:  0 '***' 0.001 '**' 0.01 '*' 0.05 '.' 0.1 ' ' 1
Residual standard error: 338.8 on 13 degrees of freedom
  (2 observations deleted due to missingness)
Multiple R-squared:  0.688,      Adjusted R-squared:  0.496
F-statistic: 3.584 on 8 and 13 DF,  p-value: 0.02035
```

Beachten Sie, dass lm die Reparametrisierung $E(y_{ij}) = \mu + a_i + b_j = (\mu + a_1 + b_1) + (a_i - a_1) + (b_j - b_1) = \mu^* + a_i^* + b_j^*$ verwendet.

Der Schätzwert von μ^* ist (Intercept) 5423.10, der von a_2^* ist A50 = -131.27 und der von b_2^* ist B2 = 72.5 usw.

```
> model.1$resid
            2            3            4            5            6
 -97.669643   123.418155   -25.748512    54.176339   587.604911
          7            8            9           10           11           12
-333.307292 -308.473958 -253.823661  114.604911  196.692708  -57.473958
         13           15           16           17           18
  -8.955357    52.561012   -43.605655 -120.573661 -149.145089
         19           20           21           22           23           24
-273.057292  542.776042  329.176339 -455.395089  233.692708 -107.473958
```

Für $A = 25$ in *Block* = 2 ist der Beobachtungswert $y = 5398$, der Schätzwert ist $\hat{y} =$ Intercept + B2 + A25 = 5423,10 + 72,57 + 0 = 5495,67 und der Rest ist $y - \hat{y} = 5398 - 5495,67 = -97,67$ in der **R**-Ausgabe unter model.1$resid als −97,669643 angegeben.

Für $A = 50$ in *Block* = 4 ist der Beobachtungswert $y = 4264$, der Schätzwert ist $\hat{y} =$ Intercept+B4+A50= 5423,10 + (−719,35) + (−131,27) = 4572,48 und der Rest ist $y - \hat{y} = 4264 - 4572,48 = -308,48$ in der **R**-Ausgabe unter model.1$resid als −308,473958 angegeben usw.

```
> ANOVA.1 = anova(model.1)
> ANOVA.1
Analysis of Variance Table
Response: y
          Df  Sum Sq Mean Sq F value  Pr(>F)
A          5 1168868  233774  2.0368 0.13986
B          3 2121493  707164  6.1614 0.00775 **
Residuals 13 1492048  114773
---
Signif. codes:  0 '***' 0.001 '**' 0.01 '*' 0.05 '.' 0.1 ' ' 1
> model.2 = lm( y ~ B + A)
> ANOVA.2 = anova(model.2)
> ANOVA.2
Analysis of Variance Table
Response: y
          Df  Sum Sq Mean Sq F value   Pr(>F)
B          3 2082223  694074  6.0474 0.008295 **
A          5 1208138  241628  2.1053 0.129746
Residuals 13 1492048  114773
---
Signif. codes:  0 '***' 0.001 '**' 0.01 '*' 0.05 '.' 0.1 ' ' 1
```

Der Schätzwert der Varianz σ^2 ist $s^2 =$ Mean.Sq Residuals $= 114773$ mit 13 Freiheitsgraden.

Mit ANOVA.1 wird der Test für die Nullhypothese H_0: „Blockeffekte sind gleich" gegen die Alternativhypothese H_a: „Blockeffekte sind nicht gleich" mit dem F-Test durchgeführt; F value B 6,1614 mit dem P.Wert 0,00775 < 0,05.

Das bedeutet H_0: „Blockeffekte sind gleich" wurde abgelehnt ($\alpha = 0,05$).

Kontrolle; P-Wert $= P(F(3, 13) > 6,1614)$; mit **R** berechnet:

```
>  P.Wert = pf(6.1614,3,13,lower.tail = FALSE)
> P.Wert
```

```
[1] 0.007750107
```

Mit ANOVA.2 wird der Test für die Nullhypothese H_0: „Behandlungseffekte sind gleich" gegen die Alternativhypothese H_a: „Behandlungseffekte sind nicht gleich" mit dem F-Test durchgeführt; F value 2,1053 A mit P-Wert 0,129746 > 0,05. Das bedeutet H_0: „Behandlungseffekte sind gleich" wurde nicht abgelehnt ($\alpha = 0,05$).

Mit dem **R**-Paket lsmeans berechnen wir nun Least Squares Means für A.

```
>  library(lsmeans)
> model = lm( y ~ B + A )
> LS.rg = ref.grid(model)
>  LSM.A = lsmeans(model, "A" , alpha=0.05)
```

```
> LSM.A
 A    lsmean  SE df lower.CL upper.CL
 25     5202 201 13     4768     5635
 50     5070 169 13     4704     5436
 75     5304 169 13     4938     5670
 100    4951 201 13     4518     5385
 125    4703 169 13     4337     5069
 150    4703 169 13     4337     5069
Results are averaged over the levels of: B
Confidence level used: 0.95
> contrast(LSM.A, method = "pairwise")
> contrast(LSM.A, method = "pairwise")
 contrast   estimate  SE df t.ratio p.value
 25 - 50      131.27 263 13   0.500  0.9953
 25 - 75     -102.73 263 13  -0.391  0.9985
 25 - 100     250.14 286 13   0.874  0.9464
 25 - 125     498.52 263 13   1.899  0.4439
 25 - 150     498.27 263 13   1.898  0.4444
 50 - 75     -234.00 240 13  -0.977  0.9174
 50 - 100     118.87 263 13   0.453  0.9970
 50 - 125     367.25 240 13   1.533  0.6512
 50 - 150     367.00 240 13   1.532  0.6518
 75 - 100     352.87 263 13   1.344  0.7570
 75 - 125     601.25 240 13   2.510  0.1905
 75 - 150     601.00 240 13   2.509  0.1908
 100 - 125    248.38 263 13   0.946  0.9268
 100 - 150    248.13 263 13   0.945  0.9271
 125 - 150     -0.25 240 13  -0.001  1.0000
Results are averaged over the levels of: B
P value adjustment: tukey method for comparing a family of 6 estimates
```

Planung des Versuchsumfangs

Wie muss man den Versuchsumfang wählen, wenn man eine Nullhypothese über den festen Faktor (A) mit einer gegebenen Anzahl b der Stufen von B prüfen will? Der Versuchsumfang hängt nur von der Anzahl n der Wiederholungen ab. Wir wählen $\alpha = 0,05$, $\beta = 0,1$, $\delta/\sigma = 1$ und in unserem Beispiel 7.4 ist $a = 6$ und $b = 4$.

```
> library(OPDOE)
>  size_n.two_way_cross.model_1_a(0.05, 0.1, 1, 6, 4,
     "maximin")
[1] 9
>  size_n.two_way_cross.model_1_a(0.05, 0.1, 1, 6, 4,
     "minimin")
[1] 4
```

7.2.3   Zweifache Varianzanalyse – Modell I – Hierarchische Klassifikation

In den Beobachtungswerten tritt jede Stufe des Faktors B nur mit einer Stufe des Faktors A auf. Dann liegt eine hierarchische Klassifikation des Faktors B innerhalb des Faktors A vor. Wir sagen, der Faktor B sei dem Faktor A untergeordnet, und schreiben $B \prec A$ oder mit anderen Worten: Der Faktors A sei dem Faktor B übergeordnet, $A \succ B$.

In der zweifachen hierarchischen Klassifikation sind die Klassen durch die Faktorstufenkombination (i,j) von Stufe A_i von A und Stufe B_{ij} von B innerhalb A_i definiert. y_{ijk} sei die k-te Beobachtung in der Klasse (i,j), das heißt in B_{ij}. Die Modelle enthalten generell keine Wechselwirkungen.

Tab. 7.9 enthält das Schema einer hierarchischen Klassifikation.

Wir nehmen an, dass die die Beobachtungswerte der Tab. 7.9 modellierenden Zufallsvariablen y_{ijk}, $i = 1, \ldots, a$; $j = 1, \ldots, b_i$, $k = 1, \ldots, n_{ij}$ unabhängig voneinander normalverteilt sind mit Erwartungswert η_{ij} und Varianz σ^2. Damit können wir die Modellgleichung schreiben als

$$y_{ijk} = \eta_{ij} + e_{ijk}\left(i = 1, \ldots, a;\ j = 1, \ldots, b_i;\ k = 1, \ldots, n_{ij}\right). \qquad (7.16)$$

Es gilt $E(e_{ijk}) = 0$, $var(e_{ijk}) = \sigma^2$ und alle Kovarianzen der e_{ijk} sind Null.

Wir nennen $\mu = \overline{\eta}.. = \dfrac{\sum_{i=1}^{a}\sum_{j=1}^{b_i}\eta_{ij}n_{ij}}{N}$ das Gesamtmittel des Versuchs. Die Differenz $a_i = \overline{\eta}_{i.} - \mu$ heißt Wirkung der i-ten Stufe des Faktors A, die Differenz $b_{ij} = \eta_{ij} - \eta_{i.}$ heißt Wirkung der j-ten Stufe von B innerhalb der i-ten Stufe von A.

Damit kann die Realisation der Modellgleichung für y_{ijk} als

$$y_{ijk} = \mu + a_i + b_{ij} + e_{ijk},\left(i = 1, \ldots, a;\ j = 1, \ldots, b_i;\ k = 1, \ldots, n_{ij}\right)$$

geschrieben werden.

Tab. 7.9 Beobachtungswerte y_{ijk} einer zweifachen hierarchischen Klassifikation

Stufen des Faktors A	A_1	A_2	$\cdots$	A_a
Stufen des Faktors B	$B_{11} \cdots B_{1b_1}$	$B_{21} \cdots B_{1b_2}$	$\cdots$	$B_{a1} \cdots B_{ab_a}$
Beobachtungswerte	$y_{111} \cdots y_{1b_{21}}$	$y_{211} \cdots y_{2b_{21}}$	$\cdots$	$y_{a11} \cdots y_{ab_{a1}}$
	$y_{112} \cdots y_{1b_{22}}$	$y_{212} \cdots y_{2b_{22}}$	$\cdots$	$y_{a12} \cdots y_{ab_{a2}}$
	$\vdots \quad\quad \vdots$	$\vdots \quad\quad \vdots$		$\vdots \quad\quad \vdots$
	$y_{11n_{11}} \cdots y_{1b_{2}n_{1b1}}$	$y_{21n_{21}} \cdots y_{2b_2n_{2b_2}}$	$\cdots$	$y_{a1n_{a1}} \cdots y_{ab_a n_{ab_a}}$

Unter den Nebenbedingungen

$$\sum_{i=1}^{a} N_{i.} a_i = 0, \sum_{j=1}^{b_i} n_{ij} b_{ij} = 0 \ \left(\text{für alle } i\right) \tag{7.17}$$

minimieren wir nach der Methode der kleinsten Quadrate $\sum_{i=1}^{a}\sum_{j=1}^{b_i}\sum_{k=1}^{n_{ij}}\left(y_{ijk} - \mu - a_i - b_{ij}\right)^2$,

um die Parameter μ, a_i und b_{ij} zu schätzen. Dafür brauchen wir die partiellen Ableitungen von

$$\sum_{i=1}^{a}\sum_{j=1}^{b_i}\sum_{k=1}^{n_{ij}}\left(y_{ijk} - \mu - a_i - b_{ij}\right)^2 \ \text{unter den Nebenbedingungen}$$

$$\sum_{i=1}^{a} N_{i.} a_i = 0, \sum_{j=1}^{b_i} n_{ij} b_{ij} = 0 \ \text{nach } \mu, \ a_i, \ b_{ij} \text{ und setzen die Ableitungen gleich}$$

Null. Die Lagrange-Methode bei dieser Lösung gibt dann $\hat{\mu} = \overline{y}_{...}, \ \hat{a}_i = \overline{y}_{i..} - \overline{y}_{...}, \ \hat{b}_{ij} = \overline{y}_{ij.} - \overline{y}_{i..}$.
Wir betrachten ein Beispiel.

Beispiel 7.5

Auf drei Besamungsstationen A_1, A_2, A_3 werden drei, vier bzw. zwei Besamungsbullen B_{ij} eingesetzt, die durchschnittliche Milchkilogrammleistungen der Töchter aus den Jahren 2020 und 2021 sind in Tab. 7.10 angegeben (basierend auf dem Statistischen Jahrbuch 2021).

Mir **R** berechnen wir die Schätzwerte von μ, a_i und b_{ij}:

```
>   a = c(rep(c(1,1,1,2,2,2,2,3,3), 2))
>   b = c(rep(c(11,12,13,21,22,23,24,31,32),2))
>   y1 = c(5477, 7538, 7520, 10640, 7861, 9300, 8555, 8669, 10435)
>   y2 = c(6455, 7208, 8773, 7711, 8667, 7077, 7984, 9345, 10755)
>   y = c(y1,y2)
>   A = as.factor(a)
>   B = as.factor(b)
>   DATA = data.frame(A, B, y)
>   head(DATA)
    A  B      y
1 1 11   5477
2 1 12   7538
```

Tab. 7.10 Durchschnittliche Milchkilogrammleistungen der Töchter in den Jahren 2020 und 2021 von Besamungsbullen auf drei Besamungsstationen A_1, A_2, A_3

Jahr	A_1			A_2				A_3	
	B_{11}	B_{12}	B_{13}	B_{21}	B_{22}	B_{23}	B_{24}	B_{31}	B_{32}
2020	5477	7358	7520	10640	7861	9300	8555	8669	10435
2021	6455	7208	8773	7711	8667	7077	7984	9345	10755

```
3 1 13   7520
4 2 21 10640
5 2 22   7861
6 2 23   9300
> tail(DATA)
    A  B     y
13  2 21  7711
14  2 22  8667
15  2 23  7077
16  2 24  7984
17  3 31  9345
18  3 32 10755
```

Um Hypothesen zu prüfen, benötigen wir wieder eine Varianztabelle. Zunächst beschreiben wir die Summe der quadratischen Abweichungen (*SQ*), Durchschnittliche Quadratsumme (*DQ*) und die Freiheitsgrade (*FG*):

Es gilt

$$SQ_G = \sum_{i,j,k}\left(y_{ijk} - \overline{y}_{...}\right)^2$$

$$= \sum_{i,j,k}\left(\overline{y}_{i..} - \overline{y}_{...}\right)^2 + \sum_{i,j,k}\left(\overline{y}_{ij.} - \overline{y}_{i..}\right)^2 + \sum_{i,j,k}\left(y_{ijk} - \overline{y}_{ij.}\right)^2$$

bzw.

$$SQ_G = SQ_A + SQ_{B\,in\,A} + SQ_{Rest},$$

wobei SQ_A *die* SQ zwischen den *A*-Stufen, $SQ_{B\,in\,A}$ die *SQ* zwischen den *B*-Stufen innerhalb der *A*-Stufen und SQ_{Rest} die *SQ* innerhalb der Klassen (*B*-Stufen) bezeichnen.

Die Anzahl der Freiheitsgrade der einzelnen *SQ* ist

$$SQ_G: \quad N-1, \quad SQ_A: \quad a-1,$$

$$SQ_{B\,in\,A}: \quad B.-a, \quad SQ_{Rest}: N-B.$$

Die **SQ** schreiben wir in Tab. 7.11 als

$$SQ_G = \sum_{i,j,k}y_{ijk}^2 - \frac{Y_{...}^2}{N}, SQ_A = \sum_i \frac{Y_{i..}^2}{N_{i.}} - \frac{Y_{...}^2}{N}, SQ_{B\,in\,A} = \sum_{i,j}\frac{Y_{ij.}^2}{n_{ij.}} - \sum_i\frac{Y_{i..}^2}{N_{i.}}, \quad SQ_{Rest} = \sum_{i,j,k}y_{ijk}^2 - \sum_{i,j}\frac{Y_{ij.}^2}{n_{ij}}.$$

Beispiel 7.5 – Fortsetzung

Für die Daten des Beispiels 7.4 berechnen wir die Freiheitsgrade, die *SQ* und die *DQ*.

Unter den Bedingungen (7.17) können wir die Nullhypothese $H_{0A}: a_1 = \cdots = a_a$ und die Nullhypothese $H_{0B}: b_{i1} = \cdots = b_{ib}$ mit dem *F*-Test prüfen. Die Prüfgröße

Tab. 7.11 Varianztabelle der zweifachen hierarchischen Klassifikation – Modell I

Variationsursache	SQ	FG	DQ	E(DQ)
Zwischen A-Stufen	$SQ_A = \sum_i \dfrac{Y_{i..}^2}{N_{i.}} - \dfrac{Y_{...}^2}{N}$	$a-1$	$DQ_A = \dfrac{SQ_A}{a-1}$	$\sigma^2 + \dfrac{1}{a-1}\sum_i N_{i.} a_i^2$
Zwischen B-Stufen innerhalb der A-Stufen	$SQ_{BinA} = \sum_{i,j} \dfrac{Y_{ij.}^2}{n_{ij}} - \sum_i \dfrac{Y_{ij.}^2}{N_{i.}}$	$B. - a$	$DQ_{BinA} = \dfrac{SQ_{BinA}}{B.-a}$	$\sigma^2 + \dfrac{1}{B.-a}\sum_{i,j} n_{ij} b_{ij}^2$
Innerhalb der B-Stufen (Rest)	$SQ_{Rest} = \sum_{i,j,k} y_{ijk}^2 - \sum_{i,j} \dfrac{Y_{ij.}^2}{n_{ij}}$	$N - B.$	$DQ_{Rest} = \dfrac{SQ_{Rest}}{N-B.}$	σ^2
Gesamt	$SQ_G = \sum_{i,j,k} y_{ijk}^2 - \dfrac{Y_{...}^2}{N}$	$N-1$		

$$F_A = \frac{DQ_A}{DQ_{Rest}}$$

ist unter H_{0A} nach $F(a-1, N-B.)$ und die Prüfgröße

$$F_B = \frac{DQ_{BinA}}{DQ_{Rest}}$$

ist unter H_{0B} nach $F(B.-a, N-B.)$ verteilt.

Für die Daten des Beispiels 7.4 prüfen wir H_{0A} und H_{0B}.

```
> Model = lm( y ~ A/B)
> ANOVA = anova(Model)
> ANOVA
Analysis of Variance Table
Response: y
          Df   Sum Sq  Mean Sq  F value   Pr(>F)
A          2 17009747  8504874   8.6533 0.008013 **
A:B        6  8729163  1454860   1.4803 0.286274
Residuals  9  8845608   982845
---
Signif. codes:  0 '***' 0.001 '**' 0.01 '*' 0.05 '.' 0.1 ' ' 1
```

Der Schätzwert von σ^2 ist Mean Sq Residuals 982845 mit 9 Freiheitsgraden, $s^2 = 982845$, $s = \sqrt{982845} = 991{,}385$.

Der Test von H_{0A} ergibt einen P-Wert $0{,}008013 < 0{,}05$. Deswegen wurde H_{0A} abgelehnt bei $\alpha = 0{,}05$.

Der Test von H_{0B} ergibt einen P-Wert $0{,}286274 > 0{,}05$. Deswegen wurde H_{0B} nicht abgelehnt bei $\alpha = 0{,}05$.

```
> with(DATA, tapply(y , A, mean))
       1        2        3
7161.833 8474.375 9801.000
> with(DATA, tapply(y , B, mean))
       11       12       13       21       22       23       24       31       32
  5966.0   7373.0   8146.5   9175.5   8264.0   8188.5   8269.5   9007.0 10595.0
> library(lsmeans)
> LS.rg = ref.grid(Model)
> LSM.A = lsmeans(Model, "A" , alpha=0.05)
> LSM.A
 A lsmean  SE df lower.CL upper.CL
 1   7162 405  9     6246     8077
 2   8474 351  9     7681     9267
 3   9801 496  9     8680    10922
Results are averaged over the levels of: B
Confidence level used: 0.95
> contrast(LSM.A, method = "pairwise")
contrast estimate  SE df t.ratio p.value
 1 - 2      -1313 535  9  -2.451  0.0849
 1 - 3      -2639 640  9  -4.124  0.0066
 2 - 3      -1327 607  9  -2.185  0.1274
Results are averaged over the levels of: B
P value adjustment: tukey method for comparing a family of 3 estimates
>  LSM.B = lsmeans(Model, "B" , alpha=0.05)
> LSM.B
 B  A lsmean  SE df lower.CL upper.CL
 11 1   5966 701  9     4380     7552
 12 1   7373 701  9     5787     8959
 13 1   8146 701  9     6561     9732
 21 2   9176 701  9     7590    10761
 22 2   8264 701  9     6678     9850
 23 2   8188 701  9     6603     9774
 24 2   8270 701  9     6684     9855
 31 3   9007 701  9     7421    10593
 32 3  10595 701  9     9009    12181
Confidence level used: 0.95
> contrast(LSM.B, method = "pairwise")
contrast      estimate  SE df t.ratio p.value
 11 1 - 12 1   -1407.0 991  9  -1.419  0.8655
 11 1 - 13 1   -2180.5 991  9  -2.199  0.4735
 11 1 - 21 2   -3209.5 991  9  -3.237  0.1324
 11 1 - 22 2   -2298.0 991  9  -2.318  0.4170
 11 1 - 23 2   -2222.5 991  9  -2.242  0.4528
 11 1 - 24 2   -2303.5 991  9  -2.324  0.4145
 11 1 - 31 3   -3041.0 991  9  -3.067  0.1659
 11 1 - 32 3   -4629.0 991  9  -4.669  0.0193
 12 1 - 13 1    -773.5 991  9  -0.780  0.9947
 12 1 - 21 2   -1802.5 991  9  -1.818  0.6734
 12 1 - 22 2    -891.0 991  9  -0.899  0.9873
```

```
12 1 - 23 2    -815.5 991   9   -0.823   0.9926
12 1 - 24 2    -896.5 991   9   -0.904   0.9868
12 1 - 31 3   -1634.0 991   9   -1.648   0.7618
12 1 - 32 3   -3222.0 991   9   -3.250   0.1301
13 1 - 21 2   -1029.0 991   9   -1.038   0.9707
13 1 - 22 2    -117.5 991   9   -0.119   1.0000
13 1 - 23 2     -42.0 991   9   -0.042   1.0000
13 1 - 24 2    -123.0 991   9   -0.124   1.0000
13 1 - 31 3    -860.5 991   9   -0.868   0.9897
13 1 - 32 3   -2448.5 991   9   -2.470   0.3511
21 2 - 22 2     911.5 991   9    0.919   0.9854
21 2 - 23 2     987.0 991   9    0.996   0.9768
21 2 - 24 2     906.0 991   9    0.914   0.9859
21 2 - 31 3     168.5 991   9    0.170   1.0000
21 2 - 32 3   -1419.5 991   9   -1.432   0.8604
22 2 - 23 2      75.5 991   9    0.076   1.0000
22 2 - 24 2      -5.5 991   9   -0.006   1.0000
22 2 - 31 3    -743.0 991   9   -0.749   0.9959
22 2 - 32 3   -2331.0 991   9   -2.351   0.4019
23 2 - 24 2     -81.0 991   9   -0.082   1.0000
23 2 - 31 3    -818.5 991   9   -0.826   0.9924
23 2 - 32 3   -2406.5 991   9   -2.427   0.3687
24 2 - 31 3    -737.5 991   9   -0.744   0.9961
24 2 - 32 3   -2325.5 991   9   -2.346   0.4044
31 3 - 32 3   -1588.0 991   9   -1.602   0.7846
P value adjustment: tukey method for comparing a family of 9 estimates
```

Planung des Versuchsumfangs

Für die Versuchsplanung ist es optimal, alle $b_{ij} = b$ und alle $n_{ij} = n$ zu wählen.

Wir setzen $a = 6$, $b = 4$ und wählen $\alpha = 0,05$, $\beta = 0,1$ und $\delta/\sigma = 1$ mit $\delta = a_{max} - a_{min}$ und erhalten

```
> library(OPDOE)
> size.anova(model="a>b",hypothesis="a",a=6,b=4,
            alpha=0.05,beta=0.1,delta=1,cases="minimin")
n
4
> size.anova(model="a>b",hypothesis="a",a=6,b=4,
      alpha=0.05,beta=0.1,delta=1,cases="maximin")
n
9
```

Folglich muss der Versuchsansteller pro Klasse zwischen vier und neun Beobachtungen durchführen.

Um Hypothesen über den Faktor B zu testen, verwenden wir in OPDOE wieder als Beispiel $\alpha = 0,05$, $\beta = 0,1$, $\delta/\sigma = 1$ mit $\delta = a_{max} - a_{min} = 1$, $a = 6$ und $b = 4$ mit den Befehlen

```
> size.anova(model="a>b",hypothesis="b",a=6,b=4,
       alpha=0.05,beta=0.1,delta=1,cases="maximin")
n
51
> size.anova(model="a>b",hypothesis="b",a=6,b=4,
       alpha=0.05,beta=0.1,delta=1,cases="minimin")
n
5
```

7.2.4   Zweifache Varianzanalyse – Modell II – Kreuzklassifikation

Dieses Modell schreiben wir als $A \times B$.

Die Modellgleichung ist

$$y_{ijk} = \mu + a_i + b_j + (a,b)_{ij} + e_{ijk}, \left(i = 1, \ldots, a; j = 1, \ldots, b; k = 1, \ldots, n_{ij}\right) \quad (7.18)$$

mit den Nebenbedingungen, dass die a_i, b_j, $(a,b)_{ij}$ und e_{ijk} unkorreliert sind und

$$E\left(a_i\right) = E\left(b_i\right) = E\left((a,b)_{iji}\right) = E\left(a_i b_j\right) = E\left(a_i (a,b)_{ij}\right) = E\left(b_j (a,b)_{ij}\right) = 0,$$

$$E\left(e_{ijk}\right) - E\left(a_i e_{ijk}\right) = E\left(b_j e_{ijk}\right) = E\left((a,b)_{ij} e_{ijk}\right) = 0 \quad \text{für alle } i,j,k,$$

$$var\left(a_i\right) = \sigma_a^2 \quad \text{für alle } i, \quad var\left(b_j\right) = \sigma_b^2 \text{ für alle } j, \quad (7.19)$$

$$var\left((a,b)_{ij}\right) = \sigma_{ab}^2 \quad \text{für alle } i,j, \quad var\left(e_{ijk}\right) = \sigma^2 \text{ für alle } i,j,k.$$

gilt. Für die Durchführung von Tests und die Konstruktion von Konfidenzintervallen setzen wir zusätzlich voraus, dass die y_{ijk} normalverteilt sind.

Die Varianztabelle für Modell II der zweifachen Kreuzklassifikation ist für gleiche Klassenbesetzung n bis auf die Spalten $E(DQ)$ und F identisch mit Tab. 7.7, die für Modell II zu ersetzenden Spalten findet man in Tab. 7.12.

Um die Hypothesen

$$H_{A0} : \sigma_a^2 = 0, \qquad H_{B0} : \sigma_b^2 = 0, \qquad H_{AB0} : \sigma_{ab}^2 = 0$$

zu testen, benötigen wir für $H_{A0} : \sigma_a^2 = 0$ die Prüfzahl

$$F_A = \frac{SQ_A}{SQ_{AB}}(b-1) = \frac{DQ_A}{DQ_{AB}}. \quad (7.20)$$

Sie ist das $\dfrac{bn\sigma_a^2 + n\sigma_{ab}^2 + \sigma^2}{n\sigma_{ab}^2 + \sigma^2}$ -Fache einer nach $F[a - 1, (a - 1)(b - 1)]$ verteilten Zufallsvariablen. Gilt H_{A0}, so ist F_A nach $F[a - 1, (a - 1)(b - 1)]$ verteilt.

Tab. 7.12 Ergänzung der Tab. 7.7 zur Varianztabelle einer zweifachen Klassifikation mit gleicher Klassenbesetzung für Modell II

Variationsursache	$E(DQ)$	F
Zwischen den Zeilen (A)	$\sigma^2 + n\sigma_{ab}^2 + bn\sigma_a^2$	$(b-1)\dfrac{SQ_A}{SQ_{AB}}$
Zwischen den Spalten (B)	$\sigma^2 + n\sigma_{ab}^2 + n\sigma_a^2$	$(a-1)\dfrac{SQ_B}{SQ_{AB}}$
Wechselwirkungen	$\sigma^2 + n\sigma_{ab}^2$	$\dfrac{ab(n-1)}{(a-b)(b-1)}\dfrac{SQ_{AB}}{SQ_R}$
Innerhalb der Klassen	σ^2	

Ferner ist bei Gültigkeit von $H_{B0}:\sigma_b^2 = 0$

$$F_B = \frac{SQ_B}{SQ_{AB}}(a-1) = \frac{DQ_B}{DQ_{AB}} \tag{7.21}$$

wie $F[b-1, (a-1)(b-1)]$ verteilt und bei Gültigkeit von $H_{AB0}:\sigma_{ab}^2 = 0$ ist

$$F_{AB} = \frac{SQ_{AB}}{SQ_{res}}\frac{ab(n-1)}{(a-1)[b-1]} = \frac{DQ_{AB}}{DQ_{Rest}} \tag{7.22}$$

wie $F[(a-1)(b-1), ab(n-1)]$ verteilt. Diese Prüfgrößen (7.21) und (7.22) können für $H_{B0}:\sigma_b^2 = 0$, bzw. $H_{AB0}:\sigma_{ab}^2 = 0$ verwendet werden.

Falls F_A, F_B, und F_{AB} in **R** größer sind als das $(1-a)$-Quantil der zentralen F-Verteilung, kann man davon ausgehen, dass die entsprechende Varianzkomponente positiv ist. Die Schätzung der Varianzkomponenten beschreiben wir in Kap. 8.

Bei ungleicher Klassenbesetzung gibt es keinen exakten Test für den zufälligen Faktor, da die SQ nicht Chi-Quadrat-verteilt sind und damit die F-Prüfzahl keine F-Verteilung hat.

Beispiel 7.6

Bei der Ölpalmzüchtung von *Elaeis guineensis* Jacquin wird das Fruchtfleisch aus dem Mesokarpium extrahiert. Daher ist die Dicke der Außenhaut des Kerns ein wichtiges Merkmal, da diese den Anteil der Frucht bestimmt, der Öl im Mesokarpium enthält. Die Dicke der Außenhaut wird von einem Gen gesteuert. Homozygote *Pisifera* bedeutet eine fehlende Außenhaut des Kerns. Viele *Pisifera*-Palmen tragen keine Früchte und haben daher keinen kommerziellen Nutzen. Die andere Homozygote, *Dura*, hat eine dicke Außenhaut. Die heterozygote *Dura* × *Pisifera*, die *Tenera* heißt, hat eine dünne Außenhaut. Die *Tenera* ist die vom kommerziellen Standpunkt gesehen bevorzugte Form, da sie einen größeren Anteil von Öl im Mesokarpium enthält.

Von einer großen Gruppe von *Dura* wurden zufällig fünf Pflanzen ausgewählt (D_1, D_2, D_3, D_4, D_5), von einer großen Gruppe von *Pisifera* waren es drei (P_1, P_2, P_3). Es wurden 15 *Tenera*-Nachkommen, $D_i \times P_j$ $i = 1, \ldots, 5$ und $j = 1,2,3$, erzeugt. Mit diesen *Tenera*-Nachkommen wurden je zwei Teilstücke mit 36 Palmen pro Teilstück bepflanzt. Die Teilstücke wurden vollständig randomisiert bepflanzt. Wir unterstellen ein Modell mit Wechselwirkungen zwischen *Dura* und *Pisifera*. Die mittleren Erträge in kg pro Teilstück waren:

	P_1	P_1	P_2	P_2	P_3	P_3
D_1	44	48	54	56	70	69
D_2	45	42	45	43	67	65
D_3	33	36	35	32	56	58
D_4	40	41	44	42	66	68
D_5	31	33	39	31	53	55

Wir geben die Tests der Nullhypothesen

$$H_{A0} : \sigma_a^2 = 0, \qquad H_{B0} : \sigma_b^2 = 0, \qquad H_{AB0} : \sigma_{ab}^2 = 0$$

gegen die Alternativhypothesen

$$H_{AA} : \sigma_a^2 > 0, \qquad H_{BA} : \sigma_b^2 > 0, \qquad H_{ABA} : \sigma_{ab}^2 > 0.$$

mit **R** an:

```
>  d1 = rep(1,6)
>  d2 = rep(2,6)
>  d3 = rep(3,6)
>  d4 = rep(4,6)
>  d5 = rep(5,6)
>  d = c(d1, d2, d3, d4, d5)
>  p = rep(c(1,1,2,2,3,3), 5)
>  y1 = c(44,48, 54, 56, 70, 69)
>  y2 = c(45, 42, 45, 43, 67, 65)
>  y3 = c(33, 36, 35, 32, 56, 58)
>  y4 = c(40, 41, 44, 42, 66, 68)
>  y5 = c(31, 33, 39, 31, 53, 55)
>  y = c(y1, y2, y3, y4, y5)
> D = as.factor(d)
> P = as.factor(p)
> Model = lm( y ~ D + P + D:P)
> ANOVA = anova(Model)   # Model mit festen Effekten!
> ANOVA
```

```
Analysis of Variance Table
Response: y
          Df Sum Sq Mean Sq  F value    Pr(>F)
D          4 1149.8  287.45  61.1596 4.165e-09 ***
P          2 3265.9 1632.93 347.4326 2.734e-13 ***
D:P        8   88.8   11.10   2.3617   0.07205 .
Residuals 15   70.5    4.70
---
Signif. codes:  0 '***' 0.001 '**' 0.01 '*' 0.05 '.' 0.1 ' ' 1
```

Die obige Varianztabelle von **R** gilt für feste Effekte und folglich sind die F-Werte richtig.

Für den Test von $H_{A0} : \sigma_a^2 = 0$ gegen $H_{AA} : \sigma_a^2 > 0$ verwenden wir $F_A =$

$$\frac{DQ_A}{DQ_{AB}} = \frac{287{,}45}{11{,}10} = 25{,}90 \text{ mit 4 und 8 Freiheitsgraden.}$$

```
>  P.Wert = pf(25.90, 4,8, lower.tail = FALSE)
> P.Wert
[1] 0.0001244585
```

Da P.Wert $= 0{,}00012 < 0{,}05$ gilt, wurde $H_{A0} : \sigma_a^2 = 0$ abgelehnt.

Für den Test von $H_{B0} : \sigma_b^2 = 0$ gegen $H_{BA} : \sigma_b^2 > 0$ verwenden wir

$$F_B = \frac{DQ_B}{DQ_{AB}} = \frac{1632{,}93}{11{,}10} = 147{,}11 \text{ mit 2 und 8 Freiheitsgraden.}$$

```
>  P.Wert = pf(147.11, 2,8, lower.tail = FALSE)
> P.Wert
[1] 4.909838e-07
```

Es gilt P.Wert $= 4{,}909838\mathrm{e}{-07} < 0{,}05$ und $H_{B0} : \sigma_b^2 = 0$ wurde abgelehnt.

Der Test von $H_{AB0} : \sigma_{ab}^2 = 0$ gegen $H_{ABA} : \sigma_{ab}^2 > 0$ ist schon in der Varianzanalysetabelle durch **R** gegeben; mit dem P.Wert $0{,}07205 > 0{,}05$ wurde $H_{AB0} : \sigma_{ab}^2 = 0$ nicht abgelehnt.

Wir geben nun die exakten F-Tests für die zufälligen Faktoren D und P in ANOVA.R an:

```
> ANOVA.R = aov(y ~ D + P + Error(D:P))
> summary(ANOVA.R)
Error: D:P
          Df Sum Sq Mean Sq F value  Pr(>F)
D          4   1150   287.4    25.9 0.000125 ***
P          2   3266  1632.9   147.1 4.91e-07 ***
Residuals  8     89    11.1
---
```

```
Signif. codes:  0 '***' 0.001 '**' 0.01 '*' 0.05 '.' 0.1 ' ' 1
Error: Within
          Df Sum Sq Mean Sq F value Pr(>F)
Residuals 15   70.5      4.7
> ANOVA.R
Call:
aov(formula = y ~ D + P + Error(D:P))
Grand Mean: 48.03333
Stratum 1: D:P
Terms:
                     D        P Residuals
Sum of Squares  1149.800 3265.867   88.800
Deg. of Freedom        4        2        8
Residual standard error: 3.331666
Estimated effects may be unbalanced
Stratum 2: Within
Terms:
               Residuals
Sum of Squares      70.5
Deg. of Freedom       15
Residual standard error: 2.167948
```

In D:P finden wir die exakten Varianzen für den Test als SQ(Residuals)/FG = 88,800/8 = 11,100 und den Reststandardfehler = 3,331666 = $\sqrt{11,100}$.

In Within stehen die Restvarianz SQ(Residuals)/FG = 70,5/15 = 4,7 und der Reststandardfehler = 2,167948 = $\sqrt{4,7}$.

7.2.5   Zweifache Varianzanalyse – Modell II – Hierarchische Klassifikation

Dieses Modell schreiben wir als $A \succ B$.

Die Modellgleichung ist

$$y_{ijk} = \mu + a_i + b_{ij} + e_{ijk}, \left(i = 1, \ldots, a;\ j = 1, \ldots, b_i;\ k = 1, \ldots, n_{ij}\right) \qquad (7.23)$$

mit den Bedingungen, dass a_i, b_{ij} und e_{ijk} für alle i,j,k unkorreliert sind und
$E(a_i) = E(b_{ij}) = 0$ sowie var(a_i) = σ^2_a, var(b_{ij}) = σ^2_b, var(e_{ijk}) = σ^2 für alle i,j,k gilt.

Für Hypothesentests fordern wir ferner, dass die a_i nach $N(0, \sigma^2_a)$, die b_{ij} nach $N(0, \sigma^2_b)$ und die e_{ijk} nach $N(0, \sigma^2)$ verteilt sind.

Die Varianztabelle entspricht bis auf die Spalte $E(DQ)$ der Tab. 7.11. Die Spalte $E(DQ)$ ist als Tab. 7.13 angegeben.

Tab. 7.13 Die Spalte $E(DQ)$ für Modell II

Variationsursache	$E(DQ)$
Zwischen den Stufen von A	$\sigma^2 + \lambda_2 \sigma_b^2 + \lambda_3 \sigma_a^2$
Zwischen den Stufen von B innerhalb von A	$\sigma^2 + \lambda_1 \sigma_b^2$
Rest	σ^2

Tab. 7.14 Anzahl von Masttagen von Nachkommen aus der Leistungsprüfung

Eber	E_1			E_2			E_3		
Sauen	S_{11}	S_{12}	S_{13}	S_{21}	S_{22}	S_{23}	S_{31}	S_{32}	S_{33}
Masttage	93	107	109	89	87	81	88	91	104
	87	99	107	102	91	83	93	105	106
	97	105	94	104	82	85	87	110	107
	105	100	106	97	89	91	91	97	103

Die Konstanten λ_1, λ_2 und λ_3 sind definiert als

$$\lambda_1 = \frac{1}{B - a}\left(N - \sum_{i=1}^{a} \frac{\sum_{j=1}^{b} n_{ij}^2}{N_{i.}}\right)$$

$$\lambda_2 = \frac{1}{a-1}\sum_{i=1}^{a}\sum_{j=1}^{b} n_{ij}^2\left(\frac{1}{N_{i.}} - \frac{1}{N}\right) \tag{7.24}$$

$$\lambda_3 = \frac{1}{a-1}\left(N - \frac{1}{N}\sum_{i=1}^{a} N_{i.}^2\right).$$

Die Schätzung der Varianzkomponenten beschreiben wir in Kap. 8.

Bei ungleicher Klassenbesetzung gibt es keinen exakten Test für den zufälligen Faktor, da die *SQ* nicht Chi-Quadrat-verteilt sind und damit die *F*-Prüfzahl keine *F*-Verteilung hat.

Für gleiche Klassenbesetzung prüfen wir $H_{A0} : \sigma_a^2 = 0$ gegen $H_{AA} : \sigma_a^2 > 0$ mit $F_A = \dfrac{DQ_A}{DQ_{AB}}$. F_A hat unter $H_{A0} : \sigma_a^2 = 0$ eine zentrale *F*-Verteilung mit den Freiheitsgraden von A und $A:B$ (= B innerhalb A).

Für gleiche Klassenbesetzung prüfen wir $H_{A:B0} : \sigma_b^2 = 0$ gegen $H_{A:BA} : \sigma_b^2 > 0$ mit $F_{A:B} = \dfrac{DQ_{AB}}{DQ_{Rest}}$. $F_{A:B}$ hat unter $H_{A:B0} : \sigma_b^2 = 0$ eine zentrale *F*-Verteilung mit den Freiheitsgraden von $A:B$ (= B innerhalb A) und R (Rest).

Beispiel 7.7

Für die Leistungsprüfung von Ebern wurden deren Nachkommen unter einheitlichen Bedingungen gehalten und die Anzahl der Masttage von 40 auf 110 kg Körpergewicht wurde registriert. Drei Eber wurden zufällig ausgewählt und an zufällig ausgewählte Sauen angepaart. Die Ergebnisse findet man in Tab. 7.14.

Wir analysieren diese Daten mit **R**.

```
>  a = rep(c( 1,1,1,2,2,2,3,3,3), 4)
>  b = rep(c(11,12,13,21,22,23,31,32,33), 4)
>  y1 = c(93, 107, 109, 89, 87, 81, 88, 91,104)
>  y2 = c(87, 99, 107, 102, 91, 83, 93, 105, 106)
>  y3 = c(97, 105, 94, 104, 82, 85, 87, 110, 107)
>  y4 = c(105, 100, 106, 97, 89, 91, 91, 97, 103)
>  y = c(y1, y2, y3, y4)
>  A = as.factor(a)
>  B = as.factor(b)
>  Model = lm( y ~ A/B )
> ANOVA = anova(Model)
> ANOVA
Analysis of Variance Table
Response: y
          Df  Sum Sq Mean Sq F value     Pr(>F)
A          2  758.72  379.36 12.2815 0.0001610 ***
A:B        6 1050.17  175.03  5.6664 0.0006485 ***
Residuals 27  834.00   30.89
---
Signif. codes:  0 '***' 0.001 '**' 0.01 '*' 0.05 '.' 0.1 ' ' 1
```

Für den Test von $H_{A0} : \sigma_a^2 = 0$ gegen $H_{AA} : \sigma_a^2 > 0$ verwenden wir $F_A =$
$$\frac{DQ_A}{DQ_{AB}} = \frac{379,36}{175,03} = 2,167 \text{ mit 2 und 6 Freiheitsgraden.}$$

```
>  P.Wert = pf(2.167, 2,6, lower.tail = FALSE)
>  P.Wert
[1] 0.1957259
```

Da der P.Wert = 0,196 > 0,05 ist, wurde $H_{A0} : \sigma_a^2 = 0$ nicht abgelehnt.

Der Test von $H_{A:B0} : \sigma_b^2 = 0$ gegen $H_{A:BA} : \sigma_b^2 > 0$ ist schon in der Varianzanalysetabelle durch **R** gegeben mit dem P.Wert = 0,00065 < 0,05; deswegen wurde $H_{A:B0} : \sigma_b^2 = 0$ abgelehnt.

Den exakten Test für den zufälligen Faktor *A* erhält man mit ANOVA.R.

```
> ANOVA.R = aov( y ~ A + Error(B%in%A))
> summary(ANOVA.R)
Error: B:A
          Df Sum Sq Mean Sq F value Pr(>F)
A          2  758.7   379.4   2.167  0.196
Residuals  6 1050.2   175.0
Error: Within
          Df Sum Sq Mean Sq F value Pr(>F)
Residuals 27    834   30.89
> ANOVA.R
```

```
Call:
aov(formula = y ~ A + Error(B %in% A))
Grand Mean: 96.44444
Stratum 1: B:A
Terms:
                        A Residuals
Sum of Squares   758.7222 1050.1667
Deg. of Freedom         2         6
Residual standard error: 13.22981
Estimated effects may be unbalanced
Stratum 2: Within
Terms:
                  Residuals
Sum of Squares          834
Deg. of Freedom          27
Residual standard error: 5.557777
```

In B : A finden wir die exakte Varianz für den Test als $\dfrac{SQ_{res}}{FG}$ = 1050,1667/6 = 175,028 und den Reststandardfehler 13,2298 = $\sqrt{175{,}028}$.

Unter Within ist die Restvarianz als $\dfrac{SQ_{res}}{FG}$ = 834/27 = 30,889 und der Reststandardfehler = 5,5578 = $\sqrt{30{,}889}$ zu finden.

7.2.6   Zweifache Varianzanalyse – Gemischtes Modell – Kreuzklassifikation

Dieses Modell schreiben wir als *AxB*. Sollte der Fall *AxB* vorliegen, vertauschen wir die beiden Faktoren.

Die Modellgleichung ist

$$y_{ijk} = \mu + a_i + b_j + (a,b)_{ij} + e_{ijk}, \left(i = 1, \ldots, a;\ j = 1 \ldots, b;\ k = 1 \ldots, n_{ij}\right) \quad (7.25)$$

mit den Nebenbedingungen:

$$E\left(a_i\right) = E\left((ab)_{ij}\right) = E\left(a \cdot (ab)_{ij}\right) = E\left(e_{ijk}\right) = E\left(a \cdot e_{ijk}\right) =$$

$$E\left((ab)_{ij} \cdot e_{ijk}\right) = 0 \text{ für alle } i, j, k;\ var\left(a_i\right) = \sigma_a^2 \text{ für alle } i,$$

$$var\left((ab)_{ij}\right) = \sigma_{ab}^2 \text{ für alle } i, j;$$

$$E\left[var\left(e_{ijk}\right)\right] = \sigma^2 \text{ für alle } i, j, k. \quad (7.26)$$

Für die Durchführung von Tests und die Konstruktion von Konfidenzintervallen setzten wir zusätzlich voraus, dass die y_{ijk} normalverteilt sind.

Die Varianztabelle des gemischten Modells der zweifachen Kreuzklassifikation ist bis auf die Spalten $E(DQ)$ und F identisch mit Tab. 7.7, die für Modell II zu ersetzenden Spalten findet man im unbalancierten Fall bei Rasch et al. (2020).

Bei ungleicher Klassenbesetzung gibt es keinen exakten Test für den zufälligen Faktor da die SQ nicht Chi-Quadrat-verteilt sind und damit die F-Prüfzahl keine F-Verteilung hat.

Für den Test von $H_{A0} : \sigma_a^2 = 0$ gegen $H_{AA} : \sigma_a^2 > 0$ verwenden wir $F_A = \dfrac{DQ_A}{DQ_{AB}}$

das unter $H_{A0} : \sigma_a^2 = 0$ eine zentrale F-Verteilung mit den Freiheitsgraden von A und AB hat.

Für gleiche Klassenbesetzung gibt es einen exakten Test für $H_{AB0} : \sigma_{ab}^2 = 0$ gegen $H_{ABA} : \sigma_{ab}^2 > 0$ mit $F_{AB} = \dfrac{DQ_{AB}}{DQ_R}$; F_{AB} hat unter $H_{AB0} : \sigma_{ab}^2 = 0$ eine zentrale F-Verteilung mit den Freiheitsgraden von AB und R (= Rest).

Für gleiche Klassenbesetzung gibt es auch einen exakten Test für H_{B0}: $b_1 = ... = b_b$

gegen H_{BA}: „für mindestens ein $i \neq j$ gilt $b_j \neq b_{j*}$" mit $F_B = \dfrac{DQ_B}{DQ_{AB}}$, das unter H_{B0}

eine zentrale F-Verteilung mit den Freiheitsgraden von B und AB besitzt.

Die Schätzung der Varianzkomponenten beschreiben wir in Kap. 8.

Beispiel 7.8

Williams et al. (2002) arbeiten im **R**-Paket `Agridat` mit Ergebnissen eines Versuchs mit Akazienbäumen in Thailand. Auf fünf Landflächen (Faktor A) die zufällig aus den vorhandenen Landflächen ausgewählt sind, wurden von vier Akazien-Saatgutpartien (Faktor B), Akazienbäumen gepflanzt und zwar auf zwei Teilstücken mit je acht Bäumen. Nach 24 Monaten maß man die Höhe der Pflanzen y (in cm), mit folgenden Mittelwertergebnissen pro Teilstücke:

Fläche (A)	Akazie (B)	Höhe in cm (y)
1	1	334
1	1	348
1	2	424
1	2	439
1	3	465
1	3	428
1	4	520
1	4	526
2	1	503
2	1	513
2	2	742
2	2	802
2	3	858
2	3	899
2	4	941
2	4	971
3	1	318

Fläche (A)	Akazie (B)	Höhe in cm (y)
3	1	399
3	2	606
3	2	570
3	3	661
3	3	658
3	4	641
3	4	677
4	1	304
4	1	351
4	2	463
4	2	375
4	3	523
4	3	527
4	4	538
4	4	540
5	1	163
5	1	205
5	2	288
5	2	263
5	3	379
5	3	391
5	4	363
5	4	366

Die Analyse erfolgt mit **R**

```
>  a = c(rep(1,8),rep(2,8),rep(3,8),rep(4,8),rep(5,8))
>  b = c(rep(c(1,1,2,2,3,3,4,4),5))
>  y1 = c(334,348,424,439,465,428,520,526)
>  y2 = c(503,513,742,802,858,899,941,971)
>  y3 = c(318,399,606,570,661,658,641,677)
>  y4 = c(304,351,463,375,523,527,538,540)
>  y5 = c(163,205,288,263,379,391,363,366)
>  y = c(y1, y2, y3, y4, y5)
>  A = as.factor(a)
>  B = as.factor(b)
> model = lm( y ~ A*B)
> ANOVA = anova(model)
> ANOVA
Analysis of Variance Table
Response: y
          Df  Sum Sq Mean Sq  F value    Pr(>F)
A          4 1018257  254564 341.8806 < 2.2e-16 ***
B          3  421616  140539 188.7437 7.780e-15 ***
A:B       12   72945    6079   8.1638 2.559e-05 ***
Residuals 20   14892     745
---
Signif. codes:  0 '***' 0.001 '**' 0.01 '*' 0.05 '.' 0.1 ' ' 1
```

$H_{A0} : \sigma_a^2 = 0$ gegen $H_{AA} : \sigma_a^2 > 0$ prüft man mit $F_A = \dfrac{DQ_A}{DQ_{AB}}$ das unter

$H_{A0} : \sigma_a^2 = 0$ eine zentrale F-Verteilung mit 4 und 12 Freiheitsgraden hat. Im Bei-

spiel ist $F_A = \dfrac{DQ_A}{DQ_{AB}} = \dfrac{254564}{6079} = 41{,}876$.

```
>  P.Wert = pf(41.876, 4, 12, lower.tail = FALSE)
> P.Wert
[1] 5.889981e-07
```

Da der P-Wert $= 0{,}00000059 < 0{,}05$ ist, wird $H_{A0} : \sigma_a^2 = 0$ abgelehnt.

$H_{AB0} : \sigma_{ab}^2 = 0$ gegen $H_{ABA} : \sigma_{ab}^2 > 0$ prüft man mit $F_{AB} = \dfrac{DQ_{AB}}{DQ_R} = 8{,}1638$ (aus

der Varianztabelle), der P.Wert ist $0{,}000026 < 0{,}05$ und damit wird $H_{AB0} : \sigma_{ab}^2 = 0$ abgelehnt.

H_{B0}: $b_1 = \ldots = b_b$ gegen H_{BA}: „für mindestens ein $i \neq j$ gilt $b_j \neq b_{j*}$" prüft man mit

$F_B = \dfrac{DQ_B}{DQ_{AB}} = \dfrac{140539}{6079} = 23{,}119$ mit 3 und 12 Freiheitsgraden.

```
> P.Wert = pf(23.119, 3, 12, lower.tail = FALSE)
> P.Wert
[1] 2.822276e-05
```

Da der P.Wert $= 0{,}000028 < 0{,}05$ ist, wird H_{B0} $b_1 = \ldots = b_b$ abgelehnt.

Den Test für $H_{A0} : \sigma_a^2 = 0$ gegen $H_{AA} : \sigma_a^2 > 0$ kann man auch direkt durchführen.

```
> MODEL.R = aov( y ~ A + B + Error(A:B))
> ANOVA.R = aov(MODEL.R)
> summary(ANOVA.R)
Error: A:B
            Df  Sum Sq Mean Sq F value   Pr(>F)
A            4 1018257  254564   41.88 5.89e-07 ***
B            3  421616  140539   23.12 2.82e-05 ***
Residuals 12   72945    6079
---
Signif. codes:  0 '***' 0.001 '**' 0.01 '*' 0.05 '.' 0.1 ' ' 1
Error: Within
          Df Sum Sq Mean Sq F value Pr(>F)
Residuals 20  14892   744.6
> library(lsmeans)
>  LS.rg = ref.grid(MODEL.R)
>  LSM.B = lsmeans(MODEL.R, "B" , alpha=0.05)
>  LSM.B
 B lsmean   SE df lower.CL upper.CL
 1    344 24.7 12      290      398
 2    497 24.7 12      443      551
 3    579 24.7 12      525      633
 4    608 24.7 12      555      662
```

```
Results are averaged over the levels of: A
Warning: EMMs are biased unless design is perfectly balanced
Confidence level used: 0.95
> # EMM = Estimated Marginal Means
> contrast(LSM.B, method = "pairwise")
contrast estimate   SE df t.ratio p.value
  1 - 2    -153.4 34.9 12  -4.399  0.0042
  1 - 3    -235.1 34.9 12  -6.743  0.0001
  1 - 4    -264.5 34.9 12  -7.586  <.0001
  2 - 3     -81.7 34.9 12  -2.343  0.1424
  2 - 4    -111.1 34.9 12  -3.186  0.0343
  3 - 4     -29.4 34.9 12  -0.843  0.8330
Results are averaged over the levels of: A
P value adjustment: tukey method for comparing a family of 4 estimates
```

Bestimmung des Versuchsumfangs

Wie muss man den Versuchsumfang wählen, wenn man eine Nullhypothese über den festen Faktor (*B*) prüfen will? Da die Freiheitsgrade des *F*-Tests nicht von der Klassenbesetzung abhängen, können wir $n = 1$ wählen; der Versuchsumfang hängt nur von der Anzahl der Stufen von *A* ab.

Wir laden in **R** zunächst das Paket OPDOE, aber OPDOE verwendet das Modell *AxB* und geben dann den Befehl für $\alpha = 0{,}05$, $\beta = 0{,}1$, $\delta/\sigma = 1$, $a = 6$, $n = 1$

```
> library(OPDOE)
> size_b.two_way_cross.mixed_model_a_fixed_a(0.05,0.1,1,6,1,
    "maximin")
[1] 35
> size_b.two_way_cross.mixed_model_a_fixed_a(0.05,0.1,1,6,1,
    "minimin")
[1] 13
```

7.2.7 Zweifache Varianzanalyse – Gemischtes Modell – Hierarchische Klassifikation, *A* fest

Die Modellgleichung ist

$$y_{ijk} = \mu + a_i + b_{ij} + e_{ijk}, \left(i = 1, \ldots, a; \; j = 1, \ldots, b_i; k = 1, \ldots, n_{ij}\right) \qquad (7.27)$$

mit den Bedingungen, dass b_{ij} und e_{ijk} für alle i,j,k unkorreliert sind und $E(b_{ij}) = E(e_{ijk}) = 0$ sowie var$(b_{ij}) = \sigma^2_b$, var$(e_{ijk}) = \sigma^2$ für alle i,j,k gilt.

Für Hypothesentests fordern wir ferner, dass die b_{ij} nach $N(0, \sigma^2_b)$, und e_{ijk} nach $N(0, \sigma^2)$ verteilt sind.

Bei ungleicher Klassenbesetzung gibt es keinen exakten Test für den zufälligen Faktor, da die *SQ* nicht Chi-Quadrat-verteilt sind und damit die *F*-Prüfzahl keine *F*-Verteilung hat.

Für gleiche Klassenbesetzung gibt es einen exakten Test für H_{A0}: $a_1 = \ldots = a_a$

gegen H_{AA}: „für mindestens ein Paar $i \neq j$ gilt $a_i \neq a_j$" mit $F_A = \dfrac{DQ_A}{DQ_{A:B}}$; F_A hat

unter H_{A0} eine zentrale F-Verteilung mit den Freiheitsgraden von A und $A{:}B$ (B innerhalb von A).

Für gleiche Klassenbesetzung gibt es einen exakten Test für $H_{A:B0} : \sigma_b^2 = 0$ ge-

gen $H_{A:BA} : \sigma_b^2 > 0$ mit $F_{A:B} = \dfrac{DQ_{AB}}{DQ_R}$. $F_{A:B}$ hat unter $H_{A:B0} : \sigma_b^2 = 0$ eine

zentrale F-Verteilung mit den Freiheitsgraden von $A{:}B$ (= B innerhalb A) und R (Rest).

Die Schätzung der Varianzkomponenten beschreiben wir in Kap. 8.

Beispiel 7.9
Wir interpretieren die Daten von Beispiel 7.7 um. Anstelle der drei Eber haben wir jetzt drei feste Prüfstationen, in denen die Nachkommen der zufällig ausgewählten Sauen geprüft werden.

In Beispiel 7.7 wurde die Varianztabelle schon berechnet:

```
>   a = rep(c( 1,1,1,2,2,2,3,3,3), 4)
>   b = rep(c(11,12,13,21,22,23,31,32,33), 4)
>   y1 = c(93, 107, 109, 89, 87, 81, 88, 91,104)
>   y2 = c(87, 99, 107, 102, 91, 83, 93, 105, 106)
>   y3 = c(97, 105, 94, 104, 82, 85, 87, 110, 107)
>   y4 = c(105, 100, 106, 97, 89, 91, 91, 97, 103)
>   y = c(y1, y2, y3, y4)
>   A = as.factor(a)
>   B = as.factor(b)
>   Model = lm( y ~A/B )
> ANOVA = anova(Model)
> ANOVA
Analysis of Variance Table
Response: y
          Df  Sum Sq Mean Sq F value    Pr(>F)
A          2  758.72  379.36 12.2815 0.0001610 ***
A:B        6 1050.17  175.03  5.6664 0.0006485 ***
Residuals 27  834.00   30.89
---
Signif. codes:  0 '***' 0.001 '**' 0.01 '*' 0.05 '.' 0.1 ' ' 1
```

Für den Test für H_{A0}: $a_1 = \ldots = a_a$ gegen H_{AA}: „für mindestens ein Paar $i \neq j$ gilt

$a_i \neq a_j$" berechnen wir $F_A = \dfrac{DQ_A}{DQ_{A:B}} = \dfrac{379{,}36}{175{,}03}$ mit 2 und 6 Freiheitsgraden.

```
>   P.Wert = pf(2.167, 2, 6, lower.tail = FALSE)
> P.Wert
[1] 0.1957259
```

Da der P.Wert = 0,196 > 0,05 ist, wurde H_{A0}: $a_1 = \ldots = a_a$ nicht abgelehnt.

Der Test von $H_{A:B0}: \sigma_b^2 = 0$ gegen $H_{A:BA}: \sigma_b^2 > 0$ ist schon in der Varianztabelle berechnet. Mit $F_{A:B} = 5{,}6664$ und mit dem P.Wert $= 0{,}00065 < 0{,}05$ wird $H_{A:B0}: \sigma_b^2 = 0$ abgelehnt.

Den Test für $H_{A0}: a_1 = \ldots = a_a$ gegen $H_{AA}:$ „für mindestens ein Paar $i \neq j$ gilt $a_i \neq a_j$" kann man auch direkt durchführen.

```
> MODEL.R = aov(y ~ A + Error(B%in%A))
> summary(MODEL.R)
Error: B:A
          Df Sum Sq Mean Sq F value Pr(>F)
A          2  758.7   379.4   2.167  0.196
Residuals  6 1050.2   175.0
Error: Within
          Df Sum Sq Mean Sq F value Pr(>F)
Residuals 27    834   30.89
> library(lsmeans)
> LS.rg = ref.grid(MODEL.R)
> LSM.A = lsmeans(MODEL.R, "A" , alpha=0.05)
> LSM.A
 A lsmean   SE df lower.CL upper.CL
 1  100.8 3.82  6     91.4    110.1
 2   90.1 3.82  6     80.7     99.4
 3   98.5 3.02  6     89.2    107.8
Warning: EMMs are biased unless design is perfectly balanced
Confidence level used: 0.95
> contrast(LSM.A, method="pairwise")
 contrast estimate  SE df t.ratio p.value
 1 - 2       10.67 5.4  6   1.975  0.1992
 1 - 3        2.25 5.4  6   0.417  0.9102
 2 - 3       -8.42 5.4  6  -1.558  0.3320
P value adjustment: tukey method for comparing a family of 3 estimates
```

▶ **Übung 7.3** In einem Versuch wurden drei Methoden A_1, A_2, A_3 der Vektorkontrolle (Faktor A) hinsichtlich des Hämatokritwerts beim Rind untersucht. Neun Kuhherden ($B_{11}, \ldots, B_{33}$) wurden zufällig ausgewählt und zufällig den drei Behandlungen zugeordnet. Von je vier Kühen wurden Blutproben entnommen, die Hämatokritwerte findet man unten.

	A_1			A_2			A_3		
	$B_{11}1$	B_{12}	B_{13}	B_{21}	B_{22}	B_{23}	$B_{31}\,7$	B_{32}	B_{33}
1	28	32	27	25	26	25	21	19	18
2	26	27	25	24	28	26	19	18	20
3	27	28	29	27	29	24	17	23	19
4	31	29	27	23	27	23	20	20	18

Prüfen Sie mit Modell (7.16) unter den Bedingungen (7.17) die Nullhypothese $H_{0A}: a_1 = \cdots = a_3$ mit dem F-Test.

Bestimmung des Versuchsumfangs

Wie muss man den Versuchsumfang wählen, wenn man eine Nullhypothese über den festen Faktor (A) mit $a = 3$ prüfen will? Da die Freiheitsgrade des F-Tests nicht von der Klassenbesetzung abhängen, können wir $n = 1$ wählen; der Versuchsumfang hängt nur von der Anzahl der Stufen von B ab. Wir laden in **R** zunächst das Paket OPDOE und geben die Befehle ein, um die Nullhypothese von Faktor A mit $\alpha = 0{,}05$, $\beta = 0{,}1$, $\delta/\sigma = 1$, $a = 3$ zu testen.

```
> library(OPDOE)
> size_b.two_way_nested.b_random_a_fixed_a(0.05,0.1,1,3,
    "maximin")
[1] 27
> size_b.two_way_nested.b_random_a_fixed_a(0.05,0.1,1,3,
    "minimin")
[1] 18
```

Es sind folglich zwischen 18 und 27 B-Stufen einzubeziehen.

7.2.8 Zweifache Varianzanalyse – Gemischtes Modell – Hierarchische Klassifikation, B fest

Dieses Modell schreiben wir als $A \succ B$.

Die Modellgleichung ist

$$y_{ijk} = \mu + a_i + b_{ij} + e_{ijk}, \left(i = 1, \ldots, a;\ j = 1, \ldots, b;\ k = 1, \ldots, n_{ij}\right) \qquad (7.28)$$

mit den Bedingungen, dass a_i und e_{ijk} für alle i,j,k unkorreliert sind und $E(e_{ijk}) = E(b_{ij}) = 0$ sowie $var(a_i) = \sigma^2_a$, $var(e_{ijk}) = \sigma^2$ für alle i,j,k gilt.

Für Hypothesentests fordern wir ferner, dass a_i nach $N(0, \sigma^2_a)$ und e_{ijk} nach $N(0, \sigma^2)$ verteilt sind.

Die Varianztabelle entspricht bis auf die Spalte $E(DQ)$ der Tab. 7.10.

Bei ungleicher Klassenbesetzung gibt es keinen exakten Test für den zufälligen Faktor, da die SQ nicht Chi-Quadrat-verteilt sind und damit die F-Prüfzahl keine F-Verteilung hat. Für gleiche Klassenbesetzung gibt es einen exakten Test für

$H_{A0} : \sigma^2_a = 0$ gegen $H_{AA} : \sigma^2_a > 0$ mit $F_A = \dfrac{DQ_A}{DQ_{AB}}$. F_A hat unter $H_{A0} : \sigma^2_a = 0$ eine

zentrale F-Verteilung mit den Freiheitsgraden von A und $A{:}B$ (B innerhalb A).

Für gleiche Klassenbesetzung gibt es „einen exakten Test für $H_{A:B0}$ $b_{11} = \ldots = b_{aba}$ gegen

$$H_{A:BA} \text{,,für mindestens ein Paar } i \neq j \text{ gilt } b_i \neq b_j \text{“}$$

mit $F_{A:B} = \dfrac{DQ_{AB}}{DQ_R}$. $F_{A:B}$ hat unter $H_{A:B0} : \sigma^2_b = 0$ eine zentrale F-Verteilung mit den Freiheitsgraden von „B innerhalb A“ und R (Rest).

Beispiel 7.10

In der Sortenprüfung untersucht man den Ertrag (y) eines Produkts, das von drei Maschinen ($A1$, $A2$, $A3$), die zufällig einer großen Anzahl von Maschinen entnommen wurden, bearbeitet wurde. Jede Maschine kann mit zwei Geschwindigkeiten ($B1$, $B2$) verwendet werden. Im Versuch wurde jede Maschine mit beiden Geschwindigkeiten angewendet, mit jeweils drei Beobachtungen. Die Zuteilung erfolgte zufällig und ergab folgende Ergebnisse. Wir analysieren die Daten y unter der Annahme, dass der Faktor A zufällig und Faktor B fest ist.

	$A1$	$A2$	$A3$
$B1$	34,1	31,1	32,9
$B1$	30,3	33,5	33,0
$B1$	31,6	34,0	33,1
$B2$	24,3	24,1	24,2
$B2$	26,3	25,0	26,1
$B2$	27,1	26,3	25,3

```
>  a = rep(c(1,2,3), 6)
>  b = c(rep(1,9), rep(2,9))
>  y1 = c(34.1,31.1,42.9,30.3,33.5,43.0,31.6,34.0,43.1)
>  y2 = c(26.3,24.1,34.2,28.3,25.0,36.1,29.1,26.3,35.3)
>  y = c(y1,y2)
>  A = as.factor(a)
>  B = as.factor(b)
> MODEL.R = aov( y ~ A + Error(B%in%A))
> summary(MODEL.R)
Error: B:A
          Df Sum Sq Mean Sq F value Pr(>F)
A          2  373.3  186.63   2.716  0.212
Residuals  3  206.2   68.73
Error: Within
          Df Sum Sq Mean Sq F value Pr(>F)
Residuals 12  20.71   1.726
```

Test für $H_{A0} : \sigma_a^2 = 0$ gegen $H_{AA} : \sigma_a^2 > 0$ gibt einen P-Wert $0{,}212 > 0{,}05$ und H_{A0} wird nicht abgelehnt.

```
>  MODEL.F = lm( y ~ A/B )
>  ANOVA = anova(MODEL.F)
>  ANOVA
Analysis of Variance Table
Response: y
          Df Sum Sq Mean Sq  F value      Pr(>F)
A          2 373.27 186.635  108.125   2.112e-08 ***
A:B        3 206.18  68.727   39.816   1.630e-06 ***
Residuals 12  20.71   1.726
---
Signif. codes:  0 '***' 0.001 '**' 0.01 '*' 0.05 '.' 0.1 ' ' 1
```

Test für $H_{A:B0}$ $b_{11}= \ldots = b_{aba}$ gegen $H_{A:BA}$ „für mindestens ein Paar $i \neq j$ gilt $b_i \neq b_j$"
gibt einen P-Wert 1,630e-06 < 0,05 und $H_{A:B0}$ wird abgelehnt.

```
> MODEL.F = lm( y ~ A/B )
> ANOVA = anova(MODEL.F)
> ANOVA
Analysis of Variance Table
Response: y
          Df Sum Sq Mean Sq F value    Pr(>F)
A          2 373.27 186.635 108.125 2.112e-08 ***
A:B        3 206.18  68.727  39.816 1.630e-06 ***
Residuals 12  20.71   1.726
---
Signif. codes:  0 '***' 0.001 '**' 0.01 '*' 0.05 '.' 0.1 ' ' 1
> library(lsmeans)
>  LS.rg = ref.grid(MODEL.F)
>  LSM.B = lsmeans(MODEL.F, "B" , alpha=0.05)
>  LSM.B
 B A lsmean    SE df lower.CL upper.CL
 1 1   32.0 0.759 12     30.3     33.7
 2 1   27.9 0.759 12     26.2     29.6
 1 2   32.9 0.759 12     31.2     34.5
 2 2   25.1 0.759 12     23.5     26.8
 1 3   43.0 0.759 12     41.3     44.7
 2 3   35.2 0.759 12     33.5     36.9
Confidence level used: 0.95
> contrast(LSM.B, method = "pairwise")
contrast   estimate    SE df t.ratio p.value
 1 1 - 2 1    4.100 1.07 12   3.822  0.0229
 1 1 - 1 2   -0.867 1.07 12  -0.808  0.9605
 1 1 - 2 2    6.867 1.07 12   6.401  0.0004
 1 1 - 1 3  -11.000 1.07 12 -10.254  <.0001
 1 1 - 2 3   -3.200 1.07 12  -2.983  0.0931
 2 1 - 1 2   -4.967 1.07 12  -4.630  0.0059
 2 1 - 2 2    2.767 1.07 12   2.579  0.1762
 2 1 - 1 3  -15.100 1.07 12 -14.076  <.0001
 2 1 - 2 3   -7.300 1.07 12  -6.805  0.0002
 1 2 - 2 2    7.733 1.07 12   7.209  0.0001
 1 2 - 1 3  -10.133 1.07 12  -9.446  <.0001
 1 2 - 2 3   -2.333 1.07 12  -2.175  0.3152
 2 2 - 1 3  -17.867 1.07 12 -16.655  <.0001
 2 2 - 2 3  -10.067 1.07 12  -9.384  <.0001
 1 3 - 2 3    7.800 1.07 12   7.271  0.0001
P value adjustment: tukey method for comparing a family of 6 estimates
```

Bestimmung des Versuchsumfangs

Wie muss man den Versuchsumfang wählen, wenn man eine Nullhypothese über
den festen Faktor (B) mit $b = 2$ und $\alpha = 0,05$, $\beta = 0,1$ und $\delta/\sigma = 1$ prüfen will? Da der

Nenner mit a abnimmt vermuten wir, dass wir für a eine möglichst kleine Zahl wählen müssen, also $a = 2$.

```
> library(OPDOE)
> size_n.two_way_nested.a_random_b_fixed_b(0.05,0.1,1, a=2,
    b=2, "maximin")
[1] 27
> size_n.two_way_nested.a_random_b_fixed_b(0.05,0.1,1, a=2,
    b=2, "minimin")
[1] 14
```

Nun mit $a = 3$:

```
> size_n.two_way_nested.a_random_b_fixed_b(0.05,0.1,1, a=3,
    b=2, "maximin")
[1] 30
> size_n.two_way_nested.a_random_b_fixed_b(0.05,0.1,1, a=3,
    b=2, "minimin")
[1] 11
```

Unsere Vermutung stimmte nicht für `minimin` und `maximin`. Wir sollten also n wegen `minimin` = 11 für $a = 3$ und `maximin` = 27 für $a = 2$ zwischen 11 und 27 wählen.

7.3 Höhere Klassifikationen

In drei- und mehrfachen Klassifikationen gibt es ein neues Phänomen: die gemischten Klassifikationen. Werden Hähne zufällig aus einer Hühnerpopulation ausgewählt und an zufällig ausgewählte Hennen angepaart, so haben wir bei den Gewichten der Nachkommen eine zweifache hierarchische Klassifikation – Modell II vorliegen. Werden die Gewichte nach dem Geschlecht der Nachkommen getrennt eingeordnet, liegt ein gemischtes Modell der dreifachen gemischten Klassifikation vor:

$$(A \succ B) x C$$

Neben der gemischten Klassifikation $(A \succ B)xC$ gibt es noch die gemischte Klassifikation $(A \times B) \succ C$. Alle dreifachen Klassifikationen und alle Modelle sind bei Rasch und Schott (2016) bzw. bei Rasch et al. (2020) beschrieben.

Wir wollen hier nur ein Modell besprechen, dass wir für Spaltanlagen in Kap. 9 verwenden können. Es handelt sich um ein gemischtes Modell der dreifachen Kreuzklassifikation $A \times B \times C$. A ist ein Behandlungsfaktor mit a Behandlungen, C ist ein Behandlungsfaktor mit c Behandlungen und B ist ein Blockfaktor mit b Blocks und a Großteilstücken per Block. In einen Block wurden die a Behandlungen von A randomisiert angelegt. Jedes Großteilstück wurde in c Kleinteilstücke unterteilt und in jedem Großteilstück wurde randomisiert die Behandlung C angelegt.

Das Modell lautet

$$y_{ijkl} = \mu + a_i + b_j + d_{ij} + c_k + (a,c)_{ik} + e_{ijk}$$

$(i = 1, \ldots, a, j = 1, \ldots, b, k = 1, \ldots, c)$
mit den Nebenbedingungen:

Die zufälligen Fehlervariablen für ein Großteilstück d_{ij} sind voneinander unabhängig normalverteilt $N(0, \sigma^2_d)$.
Die zufälligen Fehlervariablen für ein Kleinteilstück e_{ijk} sind voneinander unabhängig normalverteilt $N(0, \sigma^2)$.

Weiter sind d_{ij} und die e_{ijk} voneinander unabhängig.
Außerdem gilt:

$$\sum_i a_i = \sum_j b_j = \sum_k c_k = 0 \text{ und } \sum_i (a,c)_{ik} = \sum_k (a,c)_{ik} = 0$$

Die Varianztabelle wird als Tab. 7.15 angegeben.

Tab. 7.15 Varianztabelle einer dreifachen Kreuzklassifikation mit gleicher Klassenbesetzung für ein Spaltanlage

Variationsursache	SQ	FG
Zwischen A-Stufen	$SQ_A = \dfrac{1}{bc}\sum_i Y^2_{i..} - \dfrac{1}{N} Y^2_{...}$	$a - 1$
Zwischen B-Stufen	$SQ_B = \dfrac{1}{ac}\sum_j Y^2_{.j.} - \dfrac{1}{N} Y^2_{...}$	$b - 1$
Zwischen C-Stufen	$SQ_C = \dfrac{1}{ab}\sum_k Y^2_{..k} - \dfrac{1}{N} Y^2_{...}$	$c - 1$
D zufällige Fehlervariable	$SQ_D = \dfrac{1}{c}\sum_{i,j} Y^2_{ij.} - \dfrac{1}{bc}\sum_i Y^2_{i..}$ $\qquad - \dfrac{1}{ac}\sum_j Y^2_{.j.} + \dfrac{Y^2_{...}}{N}$	$(a-1)(b-1)$
Wechselwirkungen $A \times C$	$SQ_{AC} = \dfrac{1}{b}\sum Y^2_{i.k} - \dfrac{1}{bc}\sum_i Y^2_{i..}$ $\qquad - \dfrac{1}{ab}\sum_k Y^2_{..k} + \dfrac{Y^2_{...}}{N}$	$(a-1)(c-1)$
Wechselwirkungen $B \times C$ (nur für Berechnung)	$SQ_{BC} = \dfrac{1}{a}\sum_{j,k} Y^2_{.jk} - \dfrac{1}{acn}\sum_i^{\Sigma} Y^2_{.j.}$ $\qquad - \dfrac{1}{ab}\sum_k Y^2_{..k} + \dfrac{Y^2_{...}}{N}$	$(b-1)(c-1)$

(Fortsetzung)

Tab. 7.15 (Fortsetzung)

Variationsursache	SQ	FG
Wechselwirkungen $A \times B \times C$ (nur für Berechnung)	$SQ_{ABC} = SQ_G - SQ_A - SQ_B - SQ_C$ $-SQ_{AB} - SQ_{AC} - SQ_{BC} - SQ_R$	$(a-1)$ $(b-1)x$ $(c-1)$
Innerhalb der Klassen (Rest) R	$SQ_{BC} + SQ_{ABC} = SQ_R$	$a(b-1)$ $(c-1)$
Gesamt	$$SQ_G = \sum_{i,j,k,l} y_{ijkl}^2 - \frac{Y_{\ldots}^2}{N}$$	$(N-1)$

$N = a \cdot b \cdot c$.

Nun ist $E(DQ_{AB}) = \sigma^2 + c\sigma_D^2$ und $E(DQ_R) = \sigma^2$.

Die Berechnung für SQ_D ist die wie SQ_{AB}, die SQ für die Wechselwirkung von AxB.

Der Test der A-Effekte erfolgt mit $F_A = DQ_A / DQ_D$ und unter der Nullhypothese von gleichen A-Effekten ist das wie $F(a-1, (a-1)(b-1))$ verteilt.

Der Test der C-Effekte erfolgt mit $F_C = DQ_C / DQ_R$ und unter der Nullhypothese von gleichen C-Effekten ist das wie $F(c-1, a(b-1)(c-1))$ verteilt.

Der Test der Wechselwirkung AC erfolgt mit $F_{AC} = DQ_{AC} / DQ_R$ und unter der Nullhypothese, dass keine AC-Wechselwirkung besteht, ist F_{AC} nach $F((a-1(c-1), a(b-1)(c-1))$ verteilt.

Wir demonstrieren die Auswertung mit einem Beispiel:

Beispiel 7.11

Im Gartenbau testet man vier Tomatensorten (engl. *varieties*) V1, …, V4 in einer randomisierten vollständigen Blockanlage. Wir haben zwei Blocks $B1$ und $B2$, jeweils mit Parzellen innerhalb der Blocks mit denselben Wachstumsbedingungen. Pro Block gibt es acht Parzellen, auf denen die vier Sorten zweimal in zufälliger Reihenfolge pro Block platziert werden. Später beschloss man, jede Parzelle in zwei Teilparzellen aufzuteilen, wo es in zufälliger Reihenfolge zwei Stickstoffdünger (engl. *fertilizers*) $F1$ und $F2$ gab. Der Ertrag y ist in kg/Parzelle angegeben. Die Daten wurden zur einfacheren Analyse aus der Feldreihenfolge neu geordnet und sind unten angegeben.

B	V	F	Ertrag
1	1	1	38
1	2	1	52
1	3	1	69
1	4	1	68
1	1	2	53
1	2	2	56
1	3	2	56
1	4	2	86
2	1	1	39

(Fortsetzung)

B	V	F	Ertrag
2	2	1	60
2	3	1	70
2	4	1	79
2	1	2	54
2	2	2	61
2	3	2	84
2	4	2	86

Die Analyse mit **R** ist wie folgt.

```
>  b = c(rep(1,8), rep(2,8))
>  v = c(rep(c(1,2,3,4),4))
>  f = c(rep(1,4),rep(2,4),rep(1,4), rep(2,4))
>  y1 = c(38,52,69,68,53,56,56,86)
>  y2 = c(49,60,80,79,64,61,64,96)
>  y = c(y1,y2)
>  B = as.factor(b)
>  V = as.factor(v)
>  F = as.factor(f)
>  DATA = data.frame(B, V, F, y)
>  ANOVA = aov( y ~ B + V + Error(B:V) + F + V:F )
>  summary(ANOVA)
Error: B:V
          Df Sum Sq Mean Sq F value   Pr(>F)
B          1  351.6   351.6   86.54 0.002630 **
V          3 2229.7   743.2  182.95 0.000679 ***
Residuals  3   12.2     4.1
---
Signif. codes:  0 `***' 0.001 `**' 0.01 `*' 0.05 `.' 0.1 ` ' 1


Error: Within
          Df Sum Sq Mean Sq F value   Pr(>F)
F          1  105.1  105.06   88.47 0.000712 ***
V:F        3  642.7  214.23  180.40 0.000101 ***
Residuals  4    4.7    1.19
---
Signif. codes:  0 `***' 0.001 `**' 0.01 `*' 0.05 `.' 0.1 ` ' 1
```

In der Varianztabelle ANOVA finden wir die richtigen F-Tests mit ihren P-Werten. Der Hauptfaktor V ist signifikant, da der P-Wert 0,000679 < 0,05. Die Effekte F sind signifikant verschieden, da der P-Wert 0,000712 < 0,05. Die Wechselwirkung $V{:}F$ ist signifikant, da der P-Wert 0,000101 < 0,05.

Wir berechnen noch die Mittelwerte von *V*, *F* und von der Wechselwirkung *V:F*.

```
> with(DATA, tapply(y, V, mean))
    1     2     3     4
51.00 57.25 67.25 82.25
> with(DATA, tapply(y, F, mean))
     1     2
61.875 67.000
> with(DATA, tapply(y, V:F, mean ))
1:1  1:2  2:1  2:2  3:1  3:2  4:1  4:2
43.5 58.5 56.0 58.5 74.5 60.0 73.5 91.0
```

Die Mittelwerte von *V1*, *V2*, *V3* und *V4* haben den Standardfehler $\sqrt{(4,1/4)} = 1{,}012$ mit 3 Freiheitsgraden. Die Differenz zwischen zwei *V*-Mittelwerten hat den Standardfehler $\sqrt{(4,1 \cdot (2/4))} = 1{,}432$.

Wir berechnen nun die paarweisen Differenzen der *V*-Mittelwerte und ihre 95-%-Konfidenzintervallgrenzen.

```
>   V1.V2 = 51.00 - 57.25
> V1.V2
[1] -6.25
>   t.wert = qt(0.975, 3)
> t.wert
[1] 3.182446
> SED = 1.432
>   KI.unten = V1.V2 -t.wert*SED
> KI.unten
[1] -10.80726
> KI.oben = V1.V2 + t.wert*SED
> KI.oben
[1] -1.692737
> V1.V3 = 51.00 - 67.25
> KI.unten = V1.V3 -t.wert*SED
> KI.unten
[1] -20.80726
>   KI.oben = V1.V3 + t.wert*SED
> KI.oben
[1] -11.69274
> V1.V4 = 51.00 - 82.25
>   KI.unten = V1.V4 -t.wert*SED
> KI.unten
[1] -35.80726
>   KI.oben = V1.V4 + t.wert*SED
> KI.oben
[1] -26.69274
> V2.V3 = 57.25 - 67.25
>   KI.unten = V2.V3 -t.wert*SED
> KI.unten
```

```
[1] -14.55726
> KI.oben = V2.V3 + t.wert*SED
> KI.oben
[1] -5.442737
> V2.V4 = 57.25 - 82.25
> KI.unten = V2.V4 -t.wert*SED
> KI.unten
[1] -29.55726
> KI.oben = V2.V4 + t.wert*SED
> KI.oben
[1] -20.44274
> V3.V4 = 67.25 - 82.25
> KI.unten = V3.V4 -t.wert*SED
> KI.unten
[1] -19.55726
> KI.oben = V3.V4 + t.wert*SED
> KI.oben
[1] -10.44274
```

Wenn der Wert 0 im 95-%-Konfidenzintervall eines Paars (Vi, Vj) liegt, gibt es keine signifikanten Unterschiede zwischen diesen beiden Varianten, also sind alle Paare (Vi, Vj) signifikant mit $\alpha = 0{,}05$.

Die Mittelwerte von *F1* und *F2* haben den Standardfehler $\sqrt{(1{,}19/8)} = 0{,}3857$ mit 4 Freiheitsgraden. Die Differenz zwischen zwei *F*-Mittelwerten hat den Standardfehler $\sqrt{(1{,}19 \cdot (2/8))} = 0{,}5454$.

Die Mittelwerte der Wechselwirkung $V_i x F$ hat einen Standardfehler $\sqrt{(1{,}19/2)} = 0{,}772$ mit 4 Freiheitsgraden. Die Differenz zwischen derartigen zwei Wechselwirkungen hat einen Standardfehler $\sqrt{(1{,}19 \cdot (2/2))} = 1{,}091$.

Mit dem **R**-Paket lsmeans berechnen wir nun die Mittelwerte und Differenzen von *F* und *VxF*.

```
> library(lsmeans)
> model = lm( y ~ B + V + B:V + F + V:F )
> LS.rg = ref.grid(model)
> LSM.F = lsmeans(LS.rg, "F")
NOTE: Results may be misleading due to involvement in interactions
> LSM.F
> LSM.F
 F lsmean    SE df lower.CL upper.CL
 1   61.9 0.385  4     60.8     62.9
 2   67.0 0.385  4     65.9     68.1
Results are averaged over the levels of: B, V
Confidence level used: 0.95
> contrast(LSM.F, method = "pairwise")
contrast estimate    SE df t.ratio p.value
 1 - 2      -5.12 0.545  4  -9.406  0.0007
Results are averaged over the levels of: B, V
> lsm = lsmeans(model, ~ V*F)
```

```
> lsm
V F lsmean    SE df lower.CL upper.CL
 1 1   43.5 0.771  4     41.4     45.6
 2 1   56.0 0.771  4     53.9     58.1
 3 1   74.5 0.771  4     72.4     76.6
 4 1   73.5 0.771  4     71.4     75.6
 1 2   58.5 0.771  4     56.4     60.6
 2 2   58.5 0.771  4     56.4     60.6
 3 2   60.0 0.771  4     57.9     62.1
 4 2   91.0 0.771  4     88.9     93.1
Results are averaged over the levels of: B
Confidence level used: 0.95
> contrast(lsm, method = "pairwise")
contrast   estimate   SE df t.ratio p.value
 1 1 - 2 1     -12.5 1.09  4 -11.471  0.0028
 1 1 - 3 1     -31.0 1.09  4 -28.448  0.0001
 1 1 - 4 1     -30.0 1.09  4 -27.530  0.0001
 1 1 - 1 2     -15.0 1.09  4 -13.765  0.0013
 1 1 - 2 2     -15.0 1.09  4 -13.765  0.0013
 1 1 - 3 2     -16.5 1.09  4 -15.141  0.0009
 1 1 - 4 2     -47.5 1.09  4 -43.589  <.0001
 2 1 - 3 1     -18.5 1.09  4 -16.977  0.0006
 2 1 - 4 1     -17.5 1.09  4 -16.059  0.0007
 2 1 - 1 2      -2.5 1.09  4  -2.294  0.4503
 2 1 - 2 2      -2.5 1.09  4  -2.294  0.4503
 2 1 - 3 2      -4.0 1.09  4  -3.671  0.1481
 2 1 - 4 2     -35.0 1.09  4 -32.118  0.0001
 3 1 - 4 1       1.0 1.09  4   0.918  0.9672
 3 1 - 1 2      16.0 1.09  4  14.683  0.0010
 3 1 - 2 2      16.0 1.09  4  14.683  0.0010
 3 1 - 3 2      14.5 1.09  4  13.306  0.0015
 3 1 - 4 2     -16.5 1.09  4 -15.141  0.0009
 4 1 - 1 2      15.0 1.09  4  13.765  0.0013
 4 1 - 2 2      15.0 1.09  4  13.765  0.0013
 4 1 - 3 2      13.5 1.09  4  12.388  0.0020
 4 1 - 4 2     -17.5 1.09  4 -16.059  0.0007
 1 2 - 2 2       0.0 1.09  4   0.000  1.0000
 1 2 - 3 2      -1.5 1.09  4  -1.376  0.8338
 1 2 - 4 2     -32.5 1.09  4 -29.824  0.0001
 2 2 - 3 2      -1.5 1.09  4  -1.376  0.8338
 2 2 - 4 2     -32.5 1.09  4 -29.824  0.0001
 3 2 - 4 2     -31.0 1.09  4 -28.448  0.0001
Results are averaged over the levels of: B
P value adjustment: tukey method for comparing a family of 8 estimates
```

Ein anderes Beispiel für Spaltanlagen ist in Kap. 9 in Beispiel 9.8 gegeben. Modelle der vierfachen Kreuzklassifikation für die Versuchsplanung findet man bei Verdooren und Rasch (2022). Wir verweisen auch auf das umfangreiche Werk von Hartung et al. (1997) für Varianztabellen mit *E(DQ)* für viele Modelle.

Literatur

Ahrens, H., & Läuter, J. (1974). *Mehrdimensionale Varianzanalyse: Hypothesenprüfung, Dimensionserniedrigung, Diskrimination bei multivariaten Beobachtungen*. Akademie.

Fisher, R. A. (1918). The correlation between relatives on the supposition of Mendelian inheritance. *Transactions of the Royal Society of Edinburgh, 52*, 399–433.

Fisher, R. A. (1921). On the "probable error" of a coefficient of correlation deduced from a small sample. *Metron, 1*, 3–32.

Fisher, R. A. (1925). *Statistical methods for research workers* (1. Aufl.). Oliver & Boyd.

Fisher, R. A., & Mackenzie, W. A. (1923). Studies in crop variation. II The manurial response of different potato varieties. *Journal of Agricultural Science, Cambridge, 13*, 311–320.

Gomez, K. A., & Gomez, A. A. (1984). *Statistical procedures for agricultural research* (2. Aufl.). Wiley.

Hartung, J., Elpelt, B., & Voet, B. (1997). *Modellkatalog Varianzanalyse*. Oldenbourg.

Kramer, C. Y. (1956). Extension of multiple range tests to group means with unequal number of replications. *Biometrics, 12*, 309–310.

Lenth, R. V. (1987). Computing non-central Beta probabilities. *Applied Statistics, 36*, 241–244.

Linder, A., & Berchtold, W. (1982). *Statistische Methoden II*. Birkhäuser.

Rasch, D., Wang, M., & Herrendörfer, G. (1997). Determination of the size of an experiment for the F-test in the analysis of variance (Model I). In W. Bandilla & F. Faulbaum (Hrsg.), *"Softstat '97", advances in statistical software 6* (S. 437–445). Lucius and Lucius.

Rasch, D., Pilz, J., Verdooren, R., & Gebhardt, A. (2011). *Optimal experimental design with R*. Chapman & Hall/CRC, Taylor & Francis Group.

Rasch, D., & Schott, D. (2016). *Mathematische Statistik: Für Mathematiker, Natur- und Ingenieurwissenschaftler*. WILEY-VCH.

Rasch, D., Verdooren, R., & Pilz, J. (2020). *Applied statistics – Theory and problem solutions with R*. Wiley.

Scheffé, H. (1959). *The analysis of variance*. Wiley.

Tukey, J. W. (1953a). The problem of multiple comparisons. Unpublished manuscript. In *The collected works of John W. Tukey VIII. Multiple comparisons: 1948–1983* (S. 1–300). Chapman and Hall.

Tukey, J. W. (1953b). Multiple comparisons. *Journal of the American Statistical Association, 48*, 624–625.

Verdooren, R., & Rasch, D. (2022). Minimum number of replications for tests in four-way ANOVA in cross classification and split-plot design. *American Journal of Theoretical and Applied Statistics, 11*(1), 45–57. http://www.sciencepublishinggroup.com/j/ajtas

Williams, E. R., Matheson, A. C., & Harwood, C. E. (2002). *Experimental design and analysis for tree improvement* (2. Aufl.). CSIRO Publishing.

Varianzkomponentenschätzung und Kovarianzanalyse

8

> ### Zusammenfassung
>
> *Die Varianzkomponentenschätzung ist eine Methode, die oft in den Agrarwissenschaften, vor allem in der Populationsgenetik, verwendet wird. Gerade in der Agrarforschung fühlt man sich oft hilflos, wenn man mit der Vielzahl von Schätzmethoden konfrontiert wird. Das liegt daran, dass es keine gleichmäßig beste Methode gibt und eine Entscheidung daher schwierig ist. Wir geben hier einen Überblick über die bestehenden Methoden – zunächst für den Fall der einfachen Varianzanalyse – und demonstrieren einige von ihnen durch Zahlenbeispiele mit* **R**. *Anschließend geben wir eine kurze Einführung in die Kovarianzanalyse und demonstrieren sie an einem Beispiel.*

Wir betrachten Gl. (7.9).

$$y_{ij} = \mu + a_i + e_{ij} \left(i = 1, \ldots, k; j = 1, \ldots, n_i\right) \tag{8.1}$$

Dieses Modell II hat folgende Nebenbedingungen: $E(a_i) = 0$, $E(e_{ij}) = 0$, $var\left(a_i\right) = \sigma_a^2, cov\left(a_i, a_j\right) = 0, i \neq j, var\left(e_{ij}\right) = \sigma^2, cov\left(e_{ij}, e_{kl}\right) = 0, i \neq k, cov(e_{ij}, a_j) = 0$. Da $var\left(y_{ij}\right) = \sigma_y^2 = \sigma_a^2 + \sigma^2$ gilt, heißen σ_a^2 und σ^2 Varianzkomponenten. Die Tatsache, dass wir von einem Modell der Varianzanalyse ausgehen und eine der Methoden auf den dort zu findenden Varianztabellen basiert, dient oft als Grund, die Varianzkomponentenschätzung bei der Varianzanalyse einzuordnen. Wir weichen von dieser Einordnung ab, weil die Varianzanalysemethode nicht empfehlenswert ist. Der Korrelationskoeffizient zwischen zwei verschiedenen Zufallsvariablen y_{ij} und y_{il} aus der gleichen Klasse i (Stichprobe aus der Population i) eines Versuchs, dem Modell II der Varianzanalyse nach (8.1) zugrunde liegt, wird Korrelationskoeffizient innerhalb der Klassen (Innerklassenkorrelationskoeffizient) genannt und ist durch

D. Rasch, R. Verdooren, *Angewandte Statistik mit R für Agrarwissenschaften*, https://doi.org/10.1007/978-3-662-67078-1_8

$$\frac{\sigma_a^2}{\sigma_a^2 + \sigma^2} \tag{8.2}$$

gegeben. Er hängt eng mit dem Heritabilitätskoeffizienten ϑ der Populationsgenetik zusammen. Wir schreiben Modellgleichung (8.1) in der Form

$$y_{ij} = \mu + g_i + u_{ij} \, (i = 1, \ldots, k; j = 1, \ldots, n_i), \tag{8.3}$$

wobei y_{ij} den phänotypischen Wert des Individuums j aus der Population i bezeichnet, g_i den genotypischen Wert des Individuums j aus der Population i und u_{ij} den Umwelteffekt des Individuums j aus der Population i. Dieses Modell wird einfaches populationsgenetisches Modell genannt. Man nennt $var\left(y_{ij}\right) = \sigma_p^2$ die phänotypische Varianz, $var\left(g_i\right) = \sigma_g^2$ die genotypische Varianz und $var\left(u_{ij}\right) = \sigma_u^2$ die Umweltvarianz, sodass $\sigma_p^2 = \sigma_g^2 + \sigma_u^2$ gilt. Der analog zu (8.3) gebildete Quotient

$$\vartheta = \frac{\sigma_g^2}{\sigma_g^2 + \sigma_u^2} \tag{8.4}$$

ist der Heritabilitätskoeffizient. Er gibt den Varianzanteil des Modells eines beobachtbaren Merkmals an, der auf die genetischen Unterschiede zwischen den Individuen in der untersuchten Population zurückgeführt werden kann. Die Heritabilität bezieht sich also auf die Variabilität eines Merkmals in einer Population. Der Schätzwert des Heritabilitätskoeffizienten wird mit h^2 bezeichnet. Der Heritabilitätskoeffizient gibt den genetisch bedingten Anteil am Ausmaß der Gesamtvariabilität eines Merkmals an und nimmt Werte zwischen 0 und 1 an. Er wurde vor allem für die Tier- und Pflanzenzucht entwickelt und wird hauptsächlich dort verwendet.

Nun beschreiben wir verschiedene Schätzmethoden, berücksichtigen aber die auf dem Bayes'schen Vorgehen aufbauenden Methoden hier nicht, weil wir die Bayes'sche Statistik in diesem Buch nicht behandeln.

8.1　Varianzanalysemethode

Die Varianzanalysemethode (für alle Modelle in Kap. 7 gültig) wurde in Hendersons grundlegender Arbeit von 1953 als Methode I bezeichnet.

Diese Methode basiert auf folgendem Prinzip:

- In der Spalte $E(DQ)$ einer der Varianztabellen in Kap. 7 ersetzen wir die dort vorkommenden Varianzkomponenten durch das Symbol ihres Schätzwerts, so zum Beispiel σ_a^2 durch s_a^2.
- Die daraus entstehenden Formeln setzen wir mit den DQ derselben Zeile in der Varianztabelle gleich und lösen die Gleichungen nach den Schätzwerten auf.
- Anschließend ersetzen wir die y-Werte in den Gleichungen durch die zugehörigen Zufallsvariablen und erhalten so die Schätzfunktionen.

Tab. 8.1 Varianztabelle der einfachen Varianzanalyse Modell II

Variationsursache	SQ	FG	DQ	$E(DQ)$
Zwischen den Stufen von A	$SQ_A = \sum_i \dfrac{Y_{i.}^2}{n_i} - \dfrac{Y_{..}^2}{N}$	$a-1$	$\dfrac{SQ_A}{a-1}$	$\sigma^2 + \dfrac{N - \dfrac{\sum_{i=1}^a n_i^2}{N}}{a-1}\sigma_a^2$
Innerhalb der Stufen von A	$SQ_{res} = \sum_{i,j} y_{ij}^2 - \sum_i \dfrac{Y_{i.}^2}{n_i}$	$N-a$	$\dfrac{SQ_{res}}{N-a}$	σ^2

Wir demonstrieren das anhand der Tab. 8.1.

In der Spalte $E(DQ)$ ersetzen wir die dort vorkommenden Varianzkomponenten durch das Symbol ihres Schätzwerts:

$$\frac{s^2 + \dfrac{N - \dfrac{\sum_{i=1}^a n_i^2}{N}}{a-1} s_a^2}{s^2}.$$

Die daraus entstehenden Formeln setzen wir gleich mit den DQ derselben Zeile in der Varianztabelle und lösen die Gleichungen nach den Schätzwerten auf

$$s^2 + \frac{N - \dfrac{\sum_{i=1}^a n_i^2}{N}}{a-1} s_a^2 = \frac{SQ_A}{a-1}$$

$$s^2 = \frac{SQ_{res}}{N-a} \tag{8.5}$$

sowie

$$s_a^2 = \frac{1}{N - \dfrac{\sum_{i=1}^a n_i^2}{N}}\left[SQ_A - (a-1)\frac{SQ_{res}}{N-a}\right]. \tag{8.6}$$

Anschließend ersetzen wir die y-Werte in den Gleichungen durch die zugehörigen Zufallsvariablen und erhalten so die Schätzfunktionen:

$$s^2 = \frac{SQ_{res}}{N-a}$$

$$s_a^2 = \frac{1}{N - \dfrac{\sum_{i=1}^a n_i^2}{N}}\left[SQ_A - (a-1)\frac{SQ_{res}}{N-a}\right].$$

Wenn $(a-1)\dfrac{SQ_{res}}{N-a}$ größer ist als SQ_A, erhalten wir einen unsinnigen negativen

Schätzwert für σ_a^2. Dass dies mit positiver Wahrscheinlichkeit vorkommen kann, hat Verdooren (1982) gezeigt. Daher empfehlen wir, die Varianzanalysemethode nicht zu verwenden.

Für balancierte Anlagen (mit gleicher Klassenbesetzung) in einem zufälligen oder gemischten Modell erhält man mit der Varianzanalysemethode im Fall nicht negativer Schätzwerte die gleichen Schätzwerte wie mit der EML-Methode in Abschn. 8.4.

Wir demonstrieren die Varianzanalysemethode (und später auch die weiteren Schätzmethoden) an Beispiel 8.1.

Beispiel 8.1
Kuehl (1994) gibt ein Beispiel von Dr. T. Russell, Department of Plant Pathology, University of Arizona. In der Pflanzenpathologie wurden zufällig vier Drei-*pound*-Stichproben aus acht zufällig gezogenen 50-Tonnen-Partien Baumwollsaat (Faktor A) entnommen, die sich in verschiedenen Entkörnungsmaschinen während der Entkörnungssaison angesammelt hatten. Die Saatstichproben wurden im Labor auf Aflatoxin untersucht – ein Toxin, das durch Begleitorganismen in den Saaten erzeugt wird. Die Aflatoxinkonzentration y in „Anteil von Milliarden" der Stichproben aus den acht Baumwollpartien wurden wie folgt gefunden:

Partien Baumwollsaat	y in Anteil von Milliarden
$A1$	39, 57, 63, 66
$A2$	56, 13, 25, 31
$A3$	64, 83, 88, 71
$A4$	29, 55, 21, 51
$A5$	38, 66, 53, 81
$A6$	11, 49, 34, 10
$A7$	23, 0, 5, 20
$A8$	10, 11, 23, 37

Mit diesen Daten schätzten wir die Varianzkomponenten aus der einfachen Varianzanalyse Modell II:

```
> A = c(1,1,1,1,2,2,2,2,3,3,3,3,4,4,4,4,5,5,5,5,
        6,6,6,6,7,7,7,7,8,8,8,8)
> y1 = c(39, 57, 63, 66, 56, 13, 25, 31)
> y2 = c(64, 83, 88, 71, 29, 55, 21, 51)
> y3 = c(38, 66, 53, 81, 11, 49, 34, 10)
> y4 = c(23,  0,  5, 20, 10, 11, 23, 37)
> y = c(y1,y2,y3,y4)
> N = length(y)
```

```
> N
[1] 32
> Mean.y = mean(y)
> Mean.y
[1] 40.09375
> A = as.factor(A)
> DATA = data.frame(A,y)
> head(DATA)
  A  y
1 1 39
2 1 57
3 1 63
4 1 66
5 2 56
6 2 13
> tail(DATA)
   A  y
27 7  5
28 7 20
29 8 10
30 8 11
31 8 23
32 8 37
> table(DATA$A)

1 2 3 4 5 6 7 8
4 4 4 4 4 4 4 4
> with(DATA, tapply(y, A, mean))
    1     2     3     4     5     6     7     8
56.25 31.25 76.50 39.00 59.50 26.00 12.00 20.25
```

Unter Verwendung des festen Modells der Varianzanalyse erhalten wir:

```
> MODEL.F = lm( y ~ A )
> ANOVA.F = anova(MODEL.F)
> ANOVA.F
Analysis of Variance Table

Response: y
          Df  Sum Sq Mean Sq F value    Pr(>F)
A          7 13696.5 1956.64  8.4638 3.204e-05 ***
Residuals 24  5548.3  231.18
---
Signif. codes:  0 '***' 0.001 '**' 0.01 '*' 0.05 '.' 0.1 ' ' 1
```

Nun berechnen wir in *E(DQ)* den Koeffizienten der Varianzkomponente σ_a^2. Die Anzahl von Beobachtungen *y* in table(DATA$A) ist 4 für jede *Ai*.

```
> Zaehler = N-(8*4^2)/N
> Zaehler
[1] 28
> Nenner= 8 -1 # Df A
> Koeffizient = Zaehler/Nenner
> Koeffizient
[1] 4
>  DQ.A = 1956.64   # Mean Sq. A
>  DQ.Res = 231.18  # Mean Sq. Residuals
>  Dif = DQ.A-DQ.Res
>  s2.a = Dif/Koeffizient
>  s2.a
[1] 431.365
```

Die Varianzkomponente σ_a^2 hat als Schätzwert $s_a^2 = 431{,}365$.
Die Varianzkomponente σ^2 hat als Schätzwert $s^2 = 231{,}18$.

Um die Varianzkomponenten auch direkt zu schätzen, verwenden wir das **R**-Paket VCA unter Verwendung des Algorithmus von Searle et al. (1992).

```
> library(VCA)
> MODEL.A = anovaVCA(y ~ A, DATA, VarVC.method ="scm")
> MODEL.A
Result Variance Component Analysis:
-----------------------------------
  Name DF       SS          MS          VC         %Total    SD
1 total 12.387817                    662.542411 100        25.739899
2 A     7        13696.46875 1956.638393 431.365327 65.10758 20.769336
3 error 24       5548.25     231.177083 231.177083 34.89242 15.204509
  CV[%]
1 64.199281
2 51.80193
3 37.922391
Mean: 40.09375 (N = 32)
Experimental Design: balanced  |  Method: ANOVA
```

8.2   Maximum-Likelihood-Methode für normalverteilte y_{ij}

Wir wollen jetzt voraussetzen, dass die y_{ij} normalverteilt sind. Wir können die Maximum-Likelihood-Schätzungen (MLS) $\hat{\sigma}_a^2, \hat{\sigma}^2$ und $\hat{\mu}$ erhalten, indem wir die Ableitungen von $ln\,L$ nach den drei unbekannten Parametern bilden und nach Nullsetzen der Ableitungen

$$\hat{\mu} = \overline{y}, a\left(n\,\hat{\sigma}_a^2 + \hat{\sigma}^2\right) = SQ_A \quad \text{und}$$

$$\hat{\sigma}_a^2 = \frac{1}{n}\left[\frac{SQ_A}{a} - DQ_{res}\right] = \frac{1}{n}\left[\left(1 - \frac{1}{a}\right)DQ_A - DQ_{res}\right].$$

Für die Schätzfunktionen gilt

$$E\left(\sigma_a^2\right) = \frac{1}{n}\left[\left(1-\frac{1}{a}\right)\left(\sigma^2 + n\sigma_a^2\right) - \sigma^2\right] = \sigma_a^2 - \frac{1}{an}\left(\sigma^2 + n\sigma_a^2\right).$$

Aus einer Zufallsstichprobe $(y_1, \ldots, y_n)$ vom Umfang n aus einer $N(\mu, \sigma^2)$-Verteilung erhalten wir die Maximum-Likelihood-Schätzung von σ^2 als $\dfrac{(n-1)s^2}{n}$ mit der Stichprobenvarianz s^2. In Abschn. 8.4 wird die EML-Schätzung (EML für eingeschränkte **maximum** Likelihood; auch REML für engl. *restricted* **maximum** *likelihood*) eingeführt, bei der σ^2 durch s^2 geschätzt wird. Folglich ist die EML-Schätzung erwartungstreu für σ^2 und die Maximum-Likelihood-Schätzung ist verzerrt.

8.3 Matrixnormminimierende quadratische Schätzungen

Wir wollen nun quadratische Schätzfunktionen für σ_a^2 und σ^2 suchen, die erwartungstreu und gegenüber Translationen des Beobachtungsvektors invariant sind und minimale Varianz für den Fall besitzen, dass $\sigma_a^2 = \lambda\sigma^2$ mit bekanntem $\lambda > 0$ ist.

Diese Methode hat Rao (1971a, 1972) MINQUE (engl. *minimum norm quadratic estimator*) genannt. Diese Schätzfunktionen sind lokal varianzoptimal in der Klasse der translationsinvarianten quadratischen Schätzfunktionen

Wir setzen $\dfrac{\sigma_a^2}{\sigma^2} = \lambda, \lambda \in R^+$.

Für Modell (8.1) ist unter den dort angeführten Nebenbedingungen das Paar

$$s_a^2 = \frac{1}{(N-1)K-L^2}\left\{\left[N-1-2\lambda L+\lambda^2 K\right]Q_1 - (L-\lambda K)Q_2\right\}, \qquad (8.7)$$

$$s_a^2 = \frac{1}{(N-1)K-L^2}\left[KQ_2 - (L-\lambda K)Q_1\right] \qquad (8.8)$$

an der Stelle $\lambda \in R^+$ lokal varianzoptimal bezüglich $\begin{pmatrix}\sigma_a^2\\\sigma^2\end{pmatrix}$ in der Klasse $\mathcal{K}$ aller Schätzfunktionen der quadratischen Form $Q = Y^T A Y$, die endliche zweite Momente besitzen und gegenüber Transformationen der Form $X = Y + a$ mit einem konstanten $(N \times 1)$-Vektor a invariant sind. Der Begriff lokal bedeutet, dass dies nur gilt, wenn man λ kennt. Dabei haben die Symbole L, K, Q_1, Q_2 in (8.7 und 8.8) folgende Bedeutung:

Zunächst sei

$$\tilde{\tilde{y}} = \left(\sum_{i=1}^{a}\frac{n_i}{n_i\lambda+1}\right)^{-1}\sum_{i=1}^{a}\frac{n_i}{n_i\lambda+1}\overline{y}_i$$

sowie

$$k_t = \sum_{i=1}^{a} \left(\frac{n_i}{n_i \lambda + 1} \right)^t \quad (t = 1, 2, 3).$$

Dann ist

$$L = k_1 = \frac{k_2}{k_1}, K = k_2 - 2\frac{k_3}{k_1} + \frac{k_2^2}{k_1^2}$$

$$Q_1 = \sum_{i=1}^{a} \frac{n_i^2}{\left(n_i \lambda + 1 \right)^2} \left(\overline{y}_{i\cdot} - \tilde{y}_{\cdot\cdot} \right)^2$$

und

$$Q_2 = Q_1 + SQ_{res}$$

mit SQ_{res} aus Abschn. 5.2.

Den Beweis liefert Rao (1971b).

Weitere Methoden wurden von Rasch und Mašata (2006) zusammengestellt und beschrieben.

8.4   Eingeschränkte Maximum-Likelihood-Methode (EML-Methode) für normalverteilte y_{ij}

Eine eingeschränkte ML-Schätzung (EML-Schätzung; engl. REML) wird durch Patterson und Thompson (1971, 1975) beschrieben und danach von Searle et al. (1992) übernommen. Diese Methode maximiert die Wahrscheinlichkeit, nicht vom vollständigen Vektor y der Erträge, sondern von allen Fehlerkontrasten. Die Annahme zur Verwendung von EML war, dass die zufälligen Blockeffekte und die zufälligen Teilstückfehlereffekte normalverteilt waren. Später führte Rao (1971a, b, 1972) das Schätzverfahren MINQUE ein, bei dem die Zufallseffekte nicht normalverteilt sein müssen (MINQUE von engl. *minimum norm quadratic estimator*). Es stellte sich heraus, dass MINQUE die erste Iteration von EML ist; dies wurde erstmals von Hocking und Kutner (1975) erkannt. Iterieren wir die MINQUE mit Einsetzen der Schätzwerte der Varianzkomponenten für den folgenden MINQUE-Schritt (I-MINQUE). Wenn das Ergebnis für die Varianzkomponenten positive Schätzwerte ergibt, dann ist es dasselbe wie EML. Wenn es eine gute Grundlage für die Normalitätsannahme gibt, dann wäre die Verwendung des EML-Verfahrens und der Aufruf des Schätzwerts I-MINQUE akzeptabel. Für Daten, bei denen wir keine Normalität annehmen wollen, liefert ein EML-Verfahren, wie es in den meisten statistischen Computerpaketen enthalten ist, I-MINQUE-Ergebnisse. Man muss sich jedoch bewusst sein, dass man bei negativen Ergebnissen die Berechnungen wiederholen sollte, indem man entlang der Grenze des Parameterraums sucht. Aus diesem Grund wird heutzutage die EML-Methode zur Analyse von Daten verwendet. Im modernen Ansatz wird dies als Analyse des gemischten Modells mit EML bezeichnet.

Wir beschreiben diese Schätzung ganz allgemein hier für gemischte Modelle und nennen sie eingeschränkte Maximum-Likelihood-Schätzung (EML-Schätzung). Diese Methode besteht darin, die Likelihood-Funktion von TY zu maximieren, wobei T eine $(N-2) \times N$-Matrix ist, deren Zeilen $N - a - 1$ linear unabhängige Zeilen von $E_N - X(X^T X)^- X^T$ sind.

Den Logarithmus der Likelihood-Funktion von TY leiten wir nach σ^2 und $\dfrac{\sigma_a^2}{\sigma^2}$ ab, setzen diese Ableitung gleich Null und lösen iterativ nach den Schätzwerten auf.

Da die Matrix der zweiten Ableitungen negativ definiert ist, handelt es sich tatsächlich um Maxima.

Die EML-Methode wird in den Anwendungen zunehmend bevorzugt.

Für balancierte Anlagen (mit gleicher Klassenbesetzung) in einem zufälligen oder gemischten Modell erhält man mit der Varianzanalysemethode im Fall nichtnegativer Schätzwerte dieselben Schätzwerte wie mit der EML-Methode.

Beispiel 8.1 – Fortsetzung

In Beispiel 8.1 haben wir die Varianzkomponenten mit dem **R**-Paket VCA mit Varianzanalysemethode geschätzt. Mit dem **R**-Paket minque schätzen wir die Methode MINQUE. Wir verwenden das **R**-Paket lme4, um die Varianzkomponenten mit ML und EML zu schätzen. Auch mit dem **R**-Paket VCA können wird die Varianzkomponenten mit der Methode EML schätzen. Die Ergebnisse findet man in Tab. 8.2.

```
> library(minque)
> res = lmm( y ~ 1|A , data=DATA)
> res$Var # MINQUE estimates for the variance components
$y
           Est       SE  Chi_sq      P_value
V(A) 431.3653 261.99854  2.71077 0.0498364277
V(e) 231.1771  66.73508 12.00000 0.0002660028
> res$FixedEffect
$y
          Est       SE z_value      P_value
mu 40.09375 7.819524 5.12739 2.93786e-07
> library(lme4)
Loading required package: Matrix
Warning message:
```

Tab. 8.2 Ergebnisse der Varianzkomponentenschätzung nach vier Methoden für Beispiel 8.1

Methode	s_a^2	s^2
Varianzanalysemethode	431,365	231,18
MINQUE	431,3653	231,1771
ML	370,2	231,2
EML	431,4	231,2

```
package 'lme4' was built under R version 4.1.3
> ML.A = lmer( y ~ (1|A), REML = FALSE, data=DATA)
> summary(ML.A) # ML estimates for the variance components
Linear mixed model fit by maximum likelihood  ['lmerMod']
Formula: y ~ (1 | A)
   Data: DATA
     AIC      BIC   logLik deviance df.resid
   287.0    291.4   -140.5    281.0       29
Scaled residuals:
     Min       1Q    Median       3Q      Max
-1.27884 -0.80104 -0.01689  0.75800  1.58640
Random effects:
 Groups   Name        Variance Std.Dev.
 A        (Intercept) 370.2    19.24
 Residual             231.2    15.20
Number of obs: 32, groups: A, 8
Fixed effects:
            Estimate Std. Error t value
(Intercept)   40.094      7.314   5.481
> REML.A = lmer( y  ~ (1|A), REML = TRUE, data=DATA)
> summary(REML.A)  # REML estimates for the variance components
Linear mixed model fit by REML ['lmerMod']
Formula: y ~ (1 | A)
   Data: DATA
REML criterion at convergence: 275.1
Scaled residuals:
     Min       1Q    Median       3Q      Max
-1.26902 -0.77902 -0.02608  0.72451  1.56485
Random effects:
 Groups   Name        Variance Std.Dev.
 A        (Intercept) 431.4    20.77
 Residual             231.2    15.20
Number of obs: 32, groups: A, 8
Fixed effects:
            Estimate Std. Error t value
(Intercept)   40.09       7.82    5.127
> library(VCA)
Attaching package: 'VCA'
The following objects are masked from 'package:lme4':
    fixef, getL, ranef
Warning message:
package 'VCA' was built under R version 4.1.3
> reml.A = remlVCA( y ~ A , DATA)
> reml.A  # also REML estimates for the variance components
Result Variance Component Analysis:
-----------------------------------
```

```
  Name  DF        VC           %Total  SD          CV[%]       Var(VC)
1 total 12.387817 662.542411   100     25.739899   64.199281   70870.022608
2 A     5.42154   431.365327   65.10758 20.769336  51.80193    68643.237448
3 error 24        231.177083   34.89242 15.204509  37.922391   4453.570321
Mean: 40.09375 (N = 32)
Experimental Design: balanced  |  Method: REML
```

Beispiel 8.2

In Abschn. 7.2.4 ist in Beispiel 7.6 ein balanciertes Modell II – Kreuzklassifikation angegeben. Die Varianzkomponenten werden mit dem **R**-Paket VCA mit der Varianzanalysemethode und in Übung 8.1 mit EML geschätzt.

```
>  d1 = rep(1,6)
>  d2 = rep(2,6)
>  d3 = rep(3,6)
>  d4 = rep(4,6)
>  d5 = rep(5,6)
>  d = c(d1, d2, d3, d4, d5)
>  p = rep(c(1,1,2,2,3,3), 5)
>  y1 = c(44,48, 54, 56, 70, 69)
>  y2 = c(45, 42, 45, 43, 67, 65)
>  y3 = c(33, 36, 35, 32, 56, 58)
>  y4 = c(40, 41, 44, 42, 66, 68)
>  y5 = c(31, 33, 39, 31, 53, 55)
>  y = c(y1, y2, y3, y4, y5)
>  D = as.factor(d)
>  P = as.factor(p)
>  DATA = data.frame(D , P, y)
>  library(VCA)
>  MODEL.DP = anovaVCA( y ~ D + P , DATA)
>  MODEL.DP


Result Variance Component Analysis:
-----------------------------------
  Name  DF       SS       MS          VC         %Total     SD
1 total 3.363518                      216.280797 100        14.706488
2 D     4        1149.8   287.45      46.753986  21.617262  6.837689
3 P     2        3265.866667 1632.933333 162.600725 75.18038 12.751499
4 error 23       159.3    6.926087    6.926087   3.202359   2.631746
  CV[%]
1 30.617255
2 14.235299
3 26.547187
4 5.478999
Mean: 48.03333 (N = 30)
Experimental Design: balanced  |  Method: ANOVA
> model.DP = remlVCA( y ~ D + P , DATA)
> model.DP
```

```
Result Variance Component Analysis:
------------------------------------

    Name DF        VC         %Total     SD         CV[%]      Var(VC)
1 total 3.363518 216.280785 100         14.706488 30.617254  27814.55607
2 D       3.809178 46.753987  21.617263 6.837689  14.235299  1147.720126
3 P       1.983067 162.600712 75.180378 12.751498 26.547186  26664.750263
4 error 23          6.926087  3.202359  2.631746  5.478999   4.171364
Mean: 48.03333 (N = 30)
Experimental Design: balanced  |  Method: REML
```

▶ **Übung 8.1** Geben Sie für Beispiel 8.2 die EML-Schätzungen mit dem **R**-Paket
lme4 an.

Beispiel 8.3

In Abschn. 7.2.5 ist in Beispiel 7.7 ein unbalanciertes Modell II – Hierarchische
Klassifikation angegeben. Die Varianzkomponenten werden mit dem **R**-Paket VCA
mit der Varianzanalysemethode und mit EML in Übung 8.2 geschätzt. Aufgrund der
unbalancierten Daten (die *B*-Klassen in den *A*-Klassen sind nicht gleich groß) liefert
die Varianzanalysemethode keine guten Schätzungen. Verwenden Sie daher in diesem Fall nur die mit EML-Schätzungen.

```
>  a = rep(c( 1,1,1,2,2,2,3,3,3), 4)
>  b = rep(c(11,12,13,21,22,23,31,32,33), 4)
>  y1 = c(93, 107, 109, 89, 87, 81, 88, 91,104)
>  y2 = c(87, 99, 107, 102, 91, 83, 93, 105, 106)
>  y3 = c(97, 105, 94, 104, 82, 85, 87, 110, 107)
>  y4 = c(105, 100, 106, 97, 89, 91, 91, 97, 103)
>  y = c(y1, y2, y3, y4)
>  A = as.factor(a)
>  B = as.factor(b)
> DATA = data.frame(A, B, y)
> library(VCA)
> MODEL.BinA = anovaVCA( y ~ A/B , DATA)
> MODEL.BinA
Result Variance Component Analysis:
------------------------------------

    Name DF        SS          MS          VC         %Total     SD         CV[%]
1 total 10.655785                          83.951389 100        9.162499  9.500287
2 A      2         758.722222 379.361111  17.027778 20.282902 4.126473  4.278601
3 A:B    6         1050.166667 175.027778 36.034722 42.923319 6.002893  6.224198
4 error 27         834          30.888889  30.888889 30.888889 36.793779  5.557777  5.762672
Mean: 96.44444 (N = 36)
Experimental Design: balanced  |  Method: ANOVA
> model.BinA = remlVCA( y ~ A/B , DATA)
> model.BinA
```

```
Result Variance Component Analysis:
------------------------------------

    Name  DF           VC          %Total    SD        CV[%]     Var(VC)
1 total 10.655785  83.951388   100        9.162499  9.500287  1322.818695
2 A       0.541791  17.02778    20.282904  4.126473  4.278601  1070.322452
3 A:B     4.041142  36.034719   42.923315  6.002893  6.224197  642.640534
4 error  27          30.888889   36.793781  5.557777  5.762672  70.675814
Mean: 96.44444 (N = 36)
Experimental Design: balanced  |  Method: REML
```

▶ **Übung 8.2** Geben Sie für Beispiel 8.3 die EML-Schätzungen mit dem **R**-Paket `lme4` an.

Beispiel 8.4

In Abschn. 7.2.6 ist in Beispiel 7.8 eine balancierte Kreuzklassifikation angegeben, wobei der Faktor *A* zufällig, der Faktor *B* fest und die Wechselwirkung *AxB* zufällig sind. Die Varianzkomponenten werden mit dem **R**-Paket `VCA` mit der Varianzanalysemethode und mit EML in Übung 8.3 geschätzt.

```
>   a = c(rep(1,8),rep(2,8),rep(3,8),rep(4,8),rep(5,8))
>   b = c(rep(c(1,1,2,2,3,3,4,4),5))
>   y1 = c(334,348,424,439,465,438,520,526)
>   y2 = c(503,513,742,802,858,899,941,971)
>   y3 = c(318,399,606,570,661,658,641,677)
>   y4 = c(304,351,463,375,523,527,538,540)
>   y5 = c(163,205,288,263,379,391,363,366)
>   y = c(y1, y2, y3, y4, y5)
>   A = as.factor(a)
>   B = as.factor(b)
> DATA = data.frame(A, B, y)
> library(VCA)
> MODEL.AB = anovaMM(y ~ B + (A) +(A:B), VarVC.method="scm", DATA)
> MODEL.AB
ANOVA-Type Estimation of Mixed Model:
-------------------------------------
        [Fixed Effects]
   int     B1      B2      B3      B4
 608.3 -264.5 -111.1  -29.4     0.0
        [Variance Components]
  Name  DF    SS          MS          VC          %Total     SD
1 total 4.686333                      34472.36875 100        185.66736
2 A     4     1018257.15  254564.2875 31060.691667 90.103154 176.240437
3 B:A   12    72945.05    6078.754167 2667.077083  7.736855  51.643752
4 error 20    14892       744.6       744.6        2.159991  27.28736
  CV[%]
1 36.61717
2 34.758
3 10.18514
4 5.381592
```

```
Mean: 507.05 (N = 40)
Experimental Design: balanced   |   Method: ANOVA
```

▶ **Übung 8.3** Geben Sie für Beispiel 8.4 die EML-Schätzungen mit dem **R**-Paket lme4 an.

Beispiel 8.5
In Abschn. 7.2.7 ist in Beispiel 7.9 eine unbalancierte hierarchische Klassifikation angegeben, wobei der Faktor *A* fest und der Faktor *B* in *A* zufällig ist. Die Varianzkomponenten werden mit dem **R**-Paket VCA mit der Varianzanalysemethode und mit EML in Übung 8.4 geschätzt. Aufgrund der unbalancierten Daten (die *B*-Klassen in den *A*-Klassen sind nicht gleich groß) liefert die Varianzanalysemethode keine guten Schätzungen. Verwenden Sie daher in diesem Fall nur die EML-Schätzungen

```
.>   a = rep(c( 1,1,1,2,2,2,3,3,3), 4)
>    b = rep(c(11,12,13,21,22,23,31,32,33), 4)
>    y1 = c(93, 107, 109, 89, 87, 81, 88, 91,104)
>    y2 = c(87, 99, 107, 102, 91, 83, 93, 105, 106)
>    y3 = c(97, 105, 94, 104, 82, 85, 87, 110, 107)
>    y4 = c(105, 100, 106, 97, 89, 91, 91, 97, 103)
>    y = c(y1, y2, y3, y4)
>    A = as.factor(a)
>    B = as.factor(b)
> DATA = data.frame(A, B, y)
> library(VCA)
> MODEL.BinA =anovaMM(y ~ A + (B%in%A), VarVC.method="scm", DATA)
> MODEL.BinA
Analysis of Variance Table:
--------------------------
```

	DF	SS	MS	VC	F value	Pr(>F)	
A	2	758.722	379.361	17.0278	4.12647	12.28147 0.000161009	***
A:B	6	1050.167	175.028	36.0347	6.00289	5.66637 0.000648504	***
error	27	834.000	30.889	30.8889	5.55778		

```
---
Signif. codes:  0 '***' 0.001 '**' 0.01 '*' 0.05 '.' 0.1 ' ' 1
Mean: 96.44444 (N = 36)
Experimental Design: balanced   |   Method: ANOVA
```

▶ **Übung 8.4** Geben Sie für Beispiel 8.5 die EML-Schätzungen mit dem **R**-Paket lme4 an.

Beispiel 8.6
In Abschn. 7.2.8 ist in Beispiel 7.10 eine hierarchische Klassifikation angegeben mit Faktor *A* zufällig und Faktor *B* fest. Die Varianzkomponenten werden mit dem **R**-Paket VCA mit der Varianzanalysemethode und mit EML in Übung 8.5 geschätzt.

```
>  a = rep(c(1,2,3), 6)
>  b = c(rep(1,9), rep(2,9))
>  y1 = c(34.1,31.1,42.9,30.3,33.5,43.0,31.6,34.0,43.1)
>  y2 = c(26.3,24.1,34.2,28.3,25.0,36.1,29.1,26.3,35.3)
>  y = c(y1,y2)
>  A = as.factor(a)
>  B = as.factor(b)
> DATA = data.frame(A, B, y)
> library(VCA)
> MODEL.BinA =anovaMM(y~(A) + B%in%(A), VarVC.method="scm", DATA)
> MODEL.BinA
Result Variance Component Analysis:
-----------------------------------
  Name   DF    SS        MS        VC        %Total    SD        CV[%]
1 total  3.621199                  43.711111 100       6.611438  20.228775
2 A      2     373.27    186.635   19.651296 44.957211 4.432978  13.563422
3 A:B    3     206.181667 68.727222 22.333704 51.093882 4.725855 14.459525
4 error  12    20.713333 1.726111  1.726111  3.948907  1.313815  4.019833
Mean: 32.68333 (N = 18)
Experimental Design: balanced  |  Method: ANOVA
```

▶ **Übung 8.5** Geben Sie für Beispiel 8.6 die EML-Schätzungen mit dem **R**-Paket lme4 an.

Beispiel 8.7

In Abschn. 7.3 wird in Beispiel 7.11 eine Spaltanlage angegeben. Die Varianzkomponente werden mit dem **R**-Paket VCA mit der Varianzanalysemethode geschätzt.

```
>  b = c(rep(1,8), rep(2,8))
>  v = c(rep(c(1,2,3,4),4))
>  f = c(rep(1,4),rep(2,4),rep(1,4), rep(2,4))
>  y1 = c(38,52,69,68,53,56,56,86)
>  y2 = c(49,60,80,79,64,61,64,96)
>  y = c(y1,y2)
>  B = as.factor(b)
>  V = as.factor(v)
>  F = as.factor(f)
> DATA = data.frame(B, V, F, y)
> head(DATA)
  B V F  y
1 1 1 1 38
2 1 2 1 52
3 1 3 1 69
4 1 4 1 68
5 1 1 2 53
6 1 2 2 56
> library(VCA)
> MODEL =anovaMM(y~ V + B + (V:B)+ F + V:F,
      VarVC.method="scm", DATA)
> MODEL
```

```
Analysis of Variance Table:
---------------------------
        DF        SS        MS       VC       F value      Pr(>F)
V        3  2229.6875  743.229  131.5312  11.46871  625.87719  8.46728e-06  ***
B        1   351.5625  351.562   43.4375   6.59071  296.05263  6.69417e-05  ***
V:B      3    12.1875    4.062    1.4375   1.19896    3.42105  0.132859602
F        1   105.0625  105.062  -13.6458   0.00000   88.47368  0.000712011  ***
V:F      3   642.6875  214.229  106.5208  10.32089  180.40351  0.000100676  ***
error    4     4.7500    1.188    1.1875   1.08972
---
Signif. codes:  0 '***' 0.001 '**' 0.01 '*' 0.05 '.' 0.1 ' ' 1
Mean: 64.4375 (N = 16)
Experimental Design: balanced  |  Method: ANOVA
```

Die Schätzwerte der Varianzkomponenten sind $s^2_a = 1,4375$ und $s^2 = 1,1875$.
Wir können auch die EML-Schätzungen mit dem **R**-Paket lme4 berechnen.

```
> library(lme4)
> DATA = data.frame(B, V, F, y)
> REML = lmer( y ~ B + V + (1|V:B) + F + V:F, DATA)
> REML
Linear mixed model fit by REML ['lmerMod']
Formula: y ~ B + V + (1 | V:B) + F + V:F
   Data: DATA
REML criterion at convergence: 31.6894
Random effects:
 Groups    Name         Std.Dev.
 V:B       (Intercept)  1.199
 Residual               1.090
Number of obs: 16, groups:  V:B, 8
Fixed Effects:
(Intercept)           B2           V2           V3           V4           F2
     38.812        9.375       12.500       31.000       30.000       15.000
      V2:F2        V3:F2        V4:F2
    -12.500      -29.500        2.500
```

Die Schätzwerte der Varianzkomponenten sind $s^2_a = 1,199^2 = 1,4376$ und
$s^2 = 1,090^2 = 1,1881$.
Eine andere Spaltanlage ist in Kap. 9, Beispiel 9.8, angegeben.

8.5   Kovarianzanalyse

Unter dem Begriff Kovarianzanalyse fasst man in der angewandten Statistik Verfahren mit unterschiedlicher Zielstellung zusammen. Ihnen ist gemeinsam, dass das Beobachtungsmaterial von mindestens zwei Faktoren beeinflusst wird, von denen mindestens einer in verschiedenen Stufen auftritt, nach denen das Material in Klassen eingeteilt wird, während mindestens ein Faktor als Regressor eines Regressionsmodells dargestellt wird. Ein solcher Faktor wird Kovariable genannt. Eine Richtung in der Kovarianzanalyse besteht in dem Bestreben, den Einfluss des Regressors auf Signifikanz zu testen und bei Vorliegen von Signifikanz auszuschalten. In manchen dieser Fälle könnte dieses Ziel aber einfacher durch die Behandlung des Materials mit einer (unvollständigen) Kreuzklassifikation, das heißt durch Blockbildung, erreicht werden.

Das einfachste lineare Modell der Kovarianzanalyse hat die Form

$$y_{ij} = \mu + \alpha_i + \beta_j + \gamma x_{ij} + e_{ij}. \tag{8.9}$$

In (8.9) ist zum Beispiel α_i der Effekt der i-ten Sorte, β_j ist der j-te Blockeffekt und die x_{ij} sind die Werte einer Kovariablen. Die e_{ij} sind voneinander unabhängig normalverteilte $[N(\mu, \sigma^2)]$-Fehlerglieder.

Wir werden im Folgenden auf eine theoretische Darstellung der Kovarianzanalyse verzichten und stattdessen das Vorgehen an einem einfachen Beispiel mit **R** demonstrieren (Beispiel 8.8).

Beispiel 8.8

Dieses Beispiel stammt von Snedecor und Cochran (1989). Sie vergleichen die Erträge y von sechs Maissorten in einem randomisierten Blockversuch mit vier Blocks (B). Nun haben aber einige Sorten (S) eine höhere Anzahl von Pflanzen pro Teilstück als andere. Wenn man die Anzahl der Pflanzen pro Teilstück als Kovariable verwendet und ausschaltet, erhält man eine eine höhere Genauigkeit.

Die Ergebnisse fassen wir in Tab. 8.3 zusammen.

Wir analysieren nun mit **R**.

```
>  b = rep(c(1,2,3,4), 6)
>  s = c(rep(1,4), rep(2,4),rep(3,4),rep(4,4),rep(5,4),
       rep(6,4))
>  x1 = c(28,22,27,19,23,26,28,24,27,24,27,28)
>  x2 = c(24,28,30,30,30,26,26,29,30,27,27,24)
>  x = c(x1,x2)
>  y1 = c(202,165,191,134,145,201,203,180)
>  y2 = c(188,185,185,220,201,231,238,261)
>  y3 = c(202,178,198,226,228,221,207,204)
>  y = c(y1,y2,y3)
>  B = as.factor(b)
>  S = as.factor(s)
>  DATA = data.frame(B,S,x,y)
>  MODEL = lm( y ~B + S + x)
```

Tab. 8.3 Versuchsergebnisse mit der Anzahl x der Pflanzen pro Teilstück und dem Ertrag y (Gewicht der Maiskolben in *pound*) von sechs Maissorten in vier Blocks

Block	1		2		3		4	
Sorte	x	y	x	y	x	y	x	y
1	28	202	22	165	27	191	19	134
2	23	145	26	201	28	203	24	180
3	27	188	24	185	27	185	28	220
4	24	201	28	231	30	238	30	261
5	30	202	26	178	26	198	29	226
6	30	228	27	221	27	207	24	204

```
> ANOVA = anova(MODEL)
> ANOVA
Analysis of Variance Table
Response: y
          Df Sum Sq Mean Sq F value     Pr(>F)
B          3  436.2   145.4  1.7715    0.1987
S          5 9490.0  1898.0 23.1258 2.630e-06 ***
x          1 7603.3  7603.3 92.6409 1.497e-07 ***
Residuals 14 1149.0    82.1
---
Signif. codes:  0 '***' 0.001 '**' 0.01 '*' 0.05 '.' 0.1 ' ' 1
> summary(MODEL)
Call:
lm(formula = y ~ B + S + x)
Residuals:
     Min      1Q   Median      3Q      Max
-13.3074  -6.1619   0.5287   3.8743  16.1216
Coefficients:
            Estimate Std. Error t value Pr(>|t|)
(Intercept) -32.3077    21.4961  -1.503  0.15507
B2           14.6967     5.3818   2.731  0.01624 *
B3            5.2678     5.2475   1.004  0.33248
B4           20.6749     5.3504   3.864  0.00172 **
S2           -0.9139     6.4924  -0.141  0.89006
S3            1.1721     6.7451   0.174  0.86453
S4           27.2254     7.2426   3.759  0.00212 **
S5           -2.4918     7.1465  -0.349  0.73252
S6           17.6065     6.8891   2.556  0.02286 *
x             8.1312     0.8448   9.625  1.5e-07 ***
---
Signif. codes:  0 '***' 0.001 '**' 0.01 '*' 0.05 '.' 0.1 ' ' 1
Residual standard error: 9.059 on 14 degrees of freedom
Multiple R-squared:  0.9385,    Adjusted R-squared:  0.8989
F-statistic: 23.73 on 9 and 14 DF,  p-value: 5.576e-07
```

Aus Obigem ersieht man, dass es einen signifikanten Anstieg der Kovariablen x mit parallelen Geraden gibt. Im Folgenden überprüfen wir, ob die Annahme paralleler Geraden für x für die Sorten vernünftig ist.

```
> MODEL.Int = lm( y ~ B + S + S:x)
> ANOVA.Int = anova(MODEL.Int)
> ANOVA.Int
Analysis of Variance Table
Response: y
          Df Sum Sq Mean Sq F value     Pr(>F)
B          3  436.2  145.39  1.7946 0.2181713
S          5 9490.0 1898.00 23.4272 6.546e-05 ***
S:x        6 8023.2 1337.20 16.5052 0.0002158 ***
Residuals  9  729.2   81.02
---
Signif. codes:  0 '***' 0.001 '**' 0.01 '*' 0.05 '.' 0.1 ' ' 1
```

Aus dem signifikanten *P*-Wert der Wechselwirkung *S:x* folgt, dass es keine parallelen Geraden zwischen *x* und den Sorten gibt. Das erkennt man auch an den Koeffizienten der Regressionsgeraden pro Sorte (siehe unten).

```
> summary(MODEL.Int)
Call:
lm(formula = y ~ B + S + S:x)
Residuals:
      Min      1Q   Median       3Q      Max
 -15.1541  -2.7964  -0.1427   2.6058  14.4285
Coefficients:
             Estimate Std. Error t value Pr(>|t|)
(Intercept)   -69.436     35.024  -1.982  0.07874 .
B2             13.557      6.840   1.982  0.07882 .
B3              3.974      6.945   0.572  0.58114
B4             25.066      6.990   3.586  0.00588 **
S2            -46.531     75.263  -0.618  0.55174
S3            111.050     94.355   1.177  0.26941
S4            132.963     72.115   1.844  0.09832 .
S5             89.265     85.535   1.044  0.32388
S6             52.991     67.448   0.786  0.45226
S1:x            9.658      1.378   7.010 6.26e-05 ***
S2:x           11.389      2.660   4.282  0.00205 **
S3:x            5.367      3.326   1.614  0.14103
S4:x            5.663      2.110   2.684  0.02506 *
S5:x            6.145      2.873   2.139  0.06115 .
S6:x            8.178      2.420   3.379  0.00814 **
---
Signif. codes:  0 '***' 0.001 '**' 0.01 '*' 0.05 '.' 0.1 ' '
Residual standard error: 9.001 on 9 degrees of freedom
Multiple R-squared:  0.961,    Adjusted R-squared:  0.9002
F-statistic: 15.83 on 14 and 9 DF,  p-value: 0.0001193
```

Beispiel 8.9

Als Fortsetzung von Beispiel 8.8 streichen wir die Sorten 1, 2 und 6, da diese drei Sorten sehr verschiedene Regressionsparameter in der Regression von *y* auf *x* haben wie die Sorten 3, 4 und 5.

```
> b = rep(c(1,2,3,4), 3)
> s = c(rep(3,4),rep(4,4),rep(5,4))
> x = c(27,24,27,28,24,28,30,30,30,26,26,29)
> y2 = c(188,185,185,220,201,231,238,261)
> y3 = c(202,178,198,226)
> y = c(y2,y3)
> B = as.factor(b)
> S = as.factor(s)
> DATA = data.frame(B,S,x,y)
> head(DATA)
```

```
  B S  x   y
1 1 3 27 188
2 2 3 24 185
3 3 3 27 185
4 4 3 28 220
5 1 4 24 201
6 2 4 28 231
> with(DATA, tapply(y, B, mean))
        1         2         3         4
197.0000 198.0000 207.0000 235.6667
> with(DATA, tapply(y, S, mean))
      3      4      5
194.50 232.75 201.00
>  Mean.y = mean(y)
> Mean.y1
[1] 209.4167
> MODEL.Int = lm( y ~ B + S + S:x)
> ANOVA.Int = anova(MODEL.Int)
Analysis of Variance Table
Response: y
          Df Sum Sq Mean Sq F value  Pr(>F)
B          3 2938.2  979.42 12.6222 0.03301 *
S          2 3351.2 1675.58 21.5941 0.01655 *
S:x        3  702.7  234.24  3.0188 0.19422
Residuals  3  232.8   77.59
---
Signif. codes:  0 '***' 0.001 '**' 0.01 '*' 0.05 '.' 0.1 ' ' 1
```

Nun können wir die Kovarianzanalyse durchführen, weil die drei Regressionsgeraden von *y* auf *x* nicht signifikant verschieden sind. Wir verwenden die **R**-Pakete effects und lsmeans.

```
> MODEL = lm( y ~B + S + x)
> ANOVA = anova(MODEL)
> ANOVA
Analysis of Variance Table
Response: y
          Df Sum Sq Mean Sq F value   Pr(>F)
B          3 2938.2  979.42 15.6688 0.005634 **
S          2 3351.2 1675.58 26.8062 0.002125 **
x          1  623.0  622.96  9.9662 0.025182 *
Residuals  5  312.5   62.51
---
Signif. codes:  0 '***' 0.001 '**' 0.01 '*' 0.05 '.' 0.1 ' ' 1
> summary(MODEL)
Call:
lm(formula = y ~ B + S + x)
Residuals:
       1        2        3        4        5       6        7        8
  1.8402   6.7343  -8.1951  -0.3794  -3.3979  3.3666  -0.1157   0.1470
       9       10       11       12
```

```
  1.5578  -10.1010    8.3108    0.2324
Coefficients:
            Estimate Std. Error t value Pr(>|t|)
(Intercept)  66.0884    37.1658   1.778  0.13551
B2            5.4471     6.6073   0.824  0.44724
B3            7.0353     6.5233   1.078  0.33008
B4           29.7725     7.0434   4.227  0.00827 **
S4           31.5794     5.9765   5.284  0.00323 **
S5            0.9411     5.8612   0.161  0.87872
x             4.4471     1.4087   3.157  0.02518 *
---
Signif. codes:  0 '***' 0.001 '**' 0.01 '*' 0.05 '.' 0.1 ' ' 1
Residual standard error: 7.906 on 5 degrees of freedom
Multiple R-squared: 0.9567,    Adjusted R-squared: 0.9048
F-statistic: 18.43 on 6 and 5 DF,  p-value: 0.002879
> Mean.x =  mean(x)
> Mean.x
[1] 27.41667
> library(effect)
> effCoef(MODEL)
(Intercept)         B2          B3          B4          S4          S5
66.0884039   5.4470899   7.0352734  29.7724868  31.5793651   0.9411376
           x
 4.4470899
> effect("S" , MODEL)
 S effect
S
        3          4          5
198.5765 230.1559 199.5176
```

Die geschätzten Mittel von *S3*, *S4* und *S5* erhält man mit Befehl

```
effect("S" , MODEL).
```

Die *S*-Mittelwerte sind die Schätzwerte von *S* für $x = $ Mean.x $= 27{,}41667$.

In summary(MODEL) ist S4 $= 31.5794$ und S5 $= 0.9411$, sie entsprechen den Differenzen der Mittel von *S4 – S3* bzw. *S5 – S3*.

Folglich ist mean(*S4*) – mean(*S3*) $= 31.5794 = 230.1559 - 198.5765$ und mean(*S5*) – mean(*S3*) $= 0.9411 = 199.5176 - 198.5765$.

In summary(MODEL) findet man auch den Standardfehler dieser Differenzen.

Um den Standardfehler aller Differenzen und die 95-%-Konfidenzintervallgrenzen der Differenzen der Mittel von *Si – Sj* ($i \neq j$) zu erhalten, verwenden wir das **R**-Paket lsmeans.

```
> library(lsmeans)
> MODEL.rg = ref.grid(MODEL)
> Mean.S = lsmeans(MODEL.rg, "S", alpha=0.05)
> Mean.S
 S lsmean   SE df lower.CL upper.CL
```

```
3    199 4.16 5      188       209
4    230 4.04 5      220       241
5    200 3.98 5      189       210
Results are averaged over the levels of: B
Confidence level used: 0.95
> contrast(Mean.S, method = "pairwise")
 contrast estimate   SE df t.ratio p.value
 3 - 4     -31.579 5.98  5  -5.284  0.0075
 3 - 5      -0.941 5.86  5  -0.161  0.9859
 4 - 5      30.638 5.60  5   5.470  0.0064
Results are averaged over the levels of: B
P value adjustment: tukey method for comparing a family of 3 estimates
```

Literatur

Hocking, R. R., & Kutner, M. (1975). Some Analytical and Numerical Comparisons of Estimators for the Mixed A.O.V. Model. *Biometrics, 31*, 19–27.

Kuehl, R. O. (1994). *Statistical principles of research design and analysis.* Duxbury Press.

Patterson, H. D., & Thompson, R. (1971). Recovery of inter-block information when block sizes are unequal. *Biometrika, 58*, 545–554.

Patterson, H. D. and Thompson, R. (1975), Maximum likelihood estimation of components of variance. In L. C. A. Corsten and T. Postelnicu (Hrsg.), *Proceedings of the 8th international biometric conference, constanta* (S. 197–207).

Rao, C. R. (1971a). Estimation of variance and covariance components: MINQUE theory. *Journal of Multivariate Analysis, 1*, 257–275.

Rao, C. R. (1971b). Minimum variance quadratic unbiased estimation of variance components. *Journal of Multivariate Analysis, 1*, 445–456.

Rao, C. R. (1972). Estimation of variance and covariance components in linear models. *Journal of the American Statistical Association, 67*, 112–115.

Rasch, D., & Mašata, O. (2006). Methods of variance component estimation. *Czech Journal of Animal Science, 51*(6), 227–235.

Searle, S. R., Casella, G., & McCulloch, C. E. (1992). *Variance components.* Wiley.

Snedecor, G. W., & Cochran, W. G. (1989). *Statistical methods* (8. Aufl.). Iowa State University Press.

Verdooren, L. R. (1982). How large is the probability for the estimate of a variance component to be negative? *Biometrical Journal, 24*, 339–360.

Feldversuchswesen

9

Zusammenfassung

In Abschn. 9.1 dieses Kapitels wird kurz beschrieben, wie man in den letzten 200–300 Jahren vorging, um Getreideerträge durch Verabreichung von mineralischen oder organischen Substanzen zu verbessern. In Abschn. 9.2 wird das Prinzip randomisierter Versuche erläutert. Abschn. 9.3 beschreibt Sortenversuche mit Feldfrüchten und Abschn. 9.4 unvollständige Blockanlagen. Die Elimination von Störeffekten in zwei Dimensionen durch Zeilen-Spalten-Anlagen behandeln wir in Abschn. 9.5. Düngungsversuche besprechen wir für qualitative Faktoren in Abschn. 9.6 und für quantitative Faktoren in Abschn. 9.7. Wie man Feldversuche mit räumlicher Statistik auswertet, wird in Abschn. 9.8 besprochen.

9.1 Frühes Vorgehen bei landwirtschaftlichen Versuchen

Mit der Entwicklung der Chemie wurden immer mehr chemische Elemente entdeckt und Wissenschaftler interessierten sich für die Bestimmung der chemischen Zusammensetzung von Pflanzen. Im frühen 19. Jahrhundert fand man heraus, dass pflanzliche Substanzen vor allem aus Kohlenstoff Wasserstoff und Sauerstoff bestehen Wasserstoff und Sauerstoff könnten vom Wasser stammen, woher aber kam die Kohlenstoff? Das führte zur Humustheorie des französischen Chemikers Hassenfratz (1775–1827) und des deutschen Mediziners und Agrarforschers Thaer (1752–1828), die besagt, dass eine Pflanze ihren Bedarf an Kohlenstoff nicht aus der Luft entnimmt, sondern aus den dunkel gefärbten Humusstoffen des Bodens, und außer den Humusstoffen sonst nur Wasser zum Wachstum benötigt. Obwohl es sich bald zeigte, dass Pflanzen den größten Teil ihrer Kohlenstoff aus dem Kohlen-

Ergänzende Information Die elektronische Version dieses Kapitels enthält Zusatzmaterial, auf das über folgenden Link zugegriffen werden kann [https://doi.org/10.1007/978-3-662-67078-1_9]

dioxid in der Luft erhalten, verharrte die Humustheorie in unterschiedlichen Modifikationen viele Jahre in der Bodenkunde. Je mehr chemische Elemente entdeckt wurden, desto mehr interessierten sich die Wissenschaftler für die Bestimmung der Menge und relativen Bedeutung unterschiedlicher Mineralelemente in den Pflanzen. Man dachte zunächst, dass die Bedeutung eines Elements proportional ist zur Menge, die in der Pflanze gefunden wird, eine Theorie, die bald widerlegt wurde.

Van der Ploeg et al. (1999) erwähnten, dass der deutsche Agrarwissenschaftler und Chemiker Sprengler (1787–1895) 1826 einen Artikel (Sprengler, 1826) veröffentlichte, in dem die Humustheorie widerlegt wurde (siehe auch Sprengler, 1828). Eine Diskussion der Humustheorie gab auch Russell (1913) im einleitenden Kapitel seines klassischen Buchs über Bodenbedingungen und Pflanzenwachstum. Eine Neuauflage dieses Buchs ist von Gregory und Northcliff (Hrsg.) (2013).

Eine andere Diskussion zwischen Chemikern um 1800 war, ob Düngemittel für Pflanzen organisch oder anorganisch sein sollten. Man nahm an, dass organische Düngemittel eine mysteriöse Lebenskraft (*vis vitalis*) erzeugen. Anfangs dachte man, dass organische Komponenten fundamental verschieden von anorganischen Substanzen seien. 1828 synthetisierte der deutsche Chemiker Wöhler (1800–1872) Harnstoff durch Erhitzen von anorganischem Ammoniumcyanat. Die Chemiker, die an anorganische Düngemittel glaubten, führten Feldversuche mit anorganischen Düngemitteln durch, um zu zeigen, dass Pflanzen auch ohne *vis vitalis* gut wachsen können.

Die Grundlage der modernen Landwirtschaft und Düngemittelindustrie wurde vom deutschen Chemiker Justus Liebig (1803–1873) gelegt. Er veröffentlichte seine Bücher 1840 (Liebig, 1840 in Deutsch) und 1855 (Liebig, 1855a in Deutsch, und Liebig, 1855b in Englisch). Liebig betonte den Wert von Mineralien und die Notwendigkeit, solche Elemente einzusetzen, um die Bodenfruchtbarkeit zu verbessern. Er erkannte den Wert von Stickstoff, glaubte aber, dass Pflanzen ihren Stickstoff aus der Luft erhalten. Er stellte sich eine Düngemittelindustrie mit Nährstoffen wie Phosphat, Kalk, Magnesium und Kali vor. Liebig verkündete das Minimumgesetz, das noch heute ein brauchbares Konzept ist. Es besagt, dass das Wachstum von Pflanzen durch die im Verhältnis knappste Ressource (Nährstoffe wie Kohlenstoffdioxid, Wasser, Licht usw.) eingeschränkt wird. Diese Ressource wird auch als Minimumfaktor bezeichnet. Bei Vorliegen eines solchen Mangelfaktors gibt es keinen Einfluss auf das Wachstum, wenn eine Ressource hinzugegeben wird, die bereits im benötigten Umfang vorhanden ist. Das Minimumgesetz ist unter anderem eine wichtige Grundlage bei der Düngung. Aber Van der Ploeg et al. (1999) schrieben, dass Sprengel bereits 1828 einen Artikel veröffentlichte, in dem das Minimumgesetz im Prinzip enthalten sei. Deshalb hat der Verband Deutscher Landwirtschaftlicher Untersuchungs- und Forschungsanstalten (VDLUFA) die Sprengel-Liebig-Medaille geschaffen, mit der Persönlichkeiten für Verdienste im Bereich der Agrarforschung geehrt werden.

Andere prominente Pioniere der Agrarforschung der Periode von 1830 bis 1870 waren neben Liebig der Franzose Boussingault (1801–1887), der die Bedeutung der Stickstoffmenge in unterschiedlichen Düngemitteln hervorhob, und in England Lawes (1814–1900, sein Lebenswerk siehe Dyke, 1993). Lawes war ein Unternehmer, der 1837 Versuche mit unterschiedlichen Düngemitteln und dem Pflanzenwachstum in Töpfen durchführte. Wenige Jahre später wurden die Versuche auf Getreide im Feld ausgeweitet. Eine unmittelbare Folge war, dass er 1842 ein Düngemittel (Phosphat mit Schwefelsäure) patentieren ließ. So war der Weg frei für die Industrie künstlicher Düngemittel. In den folgenden Jahren wurde Gilbert (1817–1901), der bei Liebig an der Universität Gießen studiert hatte, als Forschungsdirektor der Rothamsted Experimental Station angeworben, die 1843 gegründet wurde.

Liebig bezog sich in seinem Buch von 1855 auf die Versuche in Rothamsted. In dieser Zeit untersuchte man in der Rothamsted Experimental Station noch die Auswirkung von anorganischen und organischen Düngemitteln auf den Ernteertrag. Zwischen 1843 und 1856 führten Lawes und Gilbert mehrere Langzeitversuche in der Rothamsted Experimental Station, Harpenden, ein. Einige misslangen oder wurden wegen schlechter Bodenstruktur und/oder Pflanzenkrankheiten abgebrochen. Nachdem Lawes 1900 gestorben war, wurden die verbleibenden Versuche wie geplant fortgesetzt und gelten als „klassische Feldversuche". Sie sind die ältesten Feldversuche der Welt und deshalb zu Recht berühmt (Johnston & Poulton, 2018). Sehr bekannt ist der seit 1843 stetig laufende „Broadbalk Langzeitversuch".

Zu dieser Zeit begann man, landwirtschaftliche Versuche systematisch anzulegen. Die Forscher wollten die Behandlungen gleichmäßig über das Versuchsfeld verteilen. Sie meinten, dass die Behandlungen den gleichen Einfluss auf die Fruchtbarkeit im Versuchsfeld haben könnten.

Eine spezielle systematische Anlage wurde erstmals in Dänemark um 1872 verwendet. Ein Beispiel ist eine Anlage zum Vergleich von fünf Behandlungen A, B, C, D und E in einem Versuchsfeld. Die Anlage ist:

A	B	C	D	E
C	D	E	A	B
E	A	B	C	D
B	C	D	E	A
D	E	A	B	C

Dies ist ein Beispiel für eine zyklische lateinische Quadratanlage, bei der in jeder Zeile und in jeder Spalte alle fünf Behandlungen (als lateinische Buchstaben) auftreten, aber diese dänische Anlage hat die zusätzliche Eigenschaft, dass auch in den Hauptdiagonalen durch die Ecken des Quadrats alle fünf Behandlungen auftreten. Diese 5×5-Anlage heißt auch Rösselsprunganlage, weil eine Behandlung von ihrem Anfangspunkt mit den Zügen eines Pferds im Schachspiel jeweils zur gleichen Behandlung gelangt. Der Norweger Knut Vik (1881–1970), Professor für Pflanzenwissenschaft an der Norwegischen Landwirtschaftlichen Universität in Ås, veröffentlichte 1924 einen Artikel (Vik, 1924) über diesen Typ von Anlagen und die Erweiterung größerer Anzahlen von Behandlungen, die man Knut-Vik-Anlagen nennt. Knut-Vik-Anlagen sind zyklische lateinische Quadratanlagen, aber wie alle anderen lateinischen Quadratanlagen haben sie den Nachteil, dass sie so viele Wiederholungen wie Behandlungen benötigen. Hedayat und Federer (1975) zeigten, dass es keine Knut-Vik-Anlagen gerader Ordnung gibt, sodass das 5×5-Quadrat der einzig brauchbare Fall und damit für das Versuchswesen uninteressant ist.

Ein anderes Beispiel einer systematischen Anlage ist der Vergleich von zwei Gerstensorten A und B. Die Anordnung der Sorten als Folge des Auslassens des mittleren von drei Pflugmessern beim Säen führte nach dem Wenden des Pflugs zu Folgen wie ABBA oder ABBAABBA und wurde 1904–1905 von Gosset (1876–1937) unter dem Namen *half drill strip method* (HDS) verwendet. Gosset durchlief die Winchester School und 1897 das New College der University of Oxford in Mathematik und 1899 in Chemie. Er experimentierte als Brauer für die Guinness, Son & Company Ltd., Dublin, Gate, verbrachte 1906–1907 einen einjährigen Forschungsurlaub in Pearson's Biometric Laboratory, University College, London. Um Schlüsse aus seiner HDS-Anlage mit den Gerstensorten A oder B zu ziehen, verwendete er 1904–1905 die Standardnormalverteilung mit der Maßzahl

$\dfrac{\overline{y}_A - \overline{y}_B}{\sqrt{\dfrac{2}{n}s^2}}$. Diese nutzte Pearson für große Stichproben, doch Gosset fand, dass er in

seinem Fall mit kleinen Zahlen n von Teilstücken einer Sorte eine signifikante Differenz erreichen würde, was praktisch nicht stimmte. Gosset veröffentlichte 1908 in der Zeitschrift *Biometrika* einen Artikel, in dem er die Verteilung dieser Maßzahl für kleine Anzahlen ($4 \leq n \leq 10$) von Teilstücken einer Sorte angab. Diese Verteilung ist als Student-Verteilung oder t-Verteilung bekannt. Weil die Guinness, Son & Company Ltd. Publikationsverbot für ihre Mitarbeiter erteilte, verwendete Gosset das Pseudonym „Student". Fisher (1925a, b) gibt die Anwendung der Student-Verteilung und eine größere Tabelle der Student-Verteilung an.

Russell (1926), Direktor der Rothamsted Experimental Station, veröffentlichte einen Artikel über das Anlegen von Feldversuchen und empfahl systematische Anlagen wie HDS und Knut-Vik-Quadrate. HDS-Anlagen für Feldversuche, die Gosset empfahl, waren weit verbreitet und wurden speziell am National Institute of Agricultural Botany in Cambridge angewendet.

Die moderne statistische Planung landwirtschaftlicher Versuche begann jedoch 1926 mit Fisher (1890–1962), der die systematischen Anlagen ablehnte und randomisierte Versuche einführte.

Eine wichtige Beschreibung der Anwendung statistischer Methoden und von Versuchsanlagen im Vereinigten Königreich und in Europa ist hervorragend von Gower (1988) gegeben worden. Die Geschichte der Anlage von Versuchen wird in der Zeitschrift *Biometrika* behandelt (Atkinson & Bailey, 2001).

9.2   Randomisierte Versuche

Fisher (1890–1962) kam mit 14 Jahren zur Harrow School in London und gewann dort die Neeld-Medaille in Mathematik. 1909 erhielt er ein Stipendium, um am Gonville and Caius College, Cambridge, Mathematik zu studieren. 1912 erhielt er einen Preis für Astronomie. Von 1913 bis 1919 arbeitete Fisher als Statistiker bei der Stadt London und unterrichtete Physik und Mathematik in einigen Grundschulen am Thames Nautical Training College und am Bradfield College, Bradfield, Berkshire. Fishers Tochter Joan schrieb, dass Fisher 1919 als Statistiker der Rothamsted Experimental Station in Hertfordshire, England, angestellt wurde (Fisher Box, 1978, 1980). Vorher gab es dort keinen Statistiker und der Direktor Russell konnte ihm nur ein Gehalt für sechs Monate zahlen, die Anstellung war demnach befristet. Russell hoffte, dass sechs Monate ausreichen würden, um zu zeigen, dass ein Mathematiker für die Auswertung der Daten von Rothamsted nötig ist. Da eine Riesenmenge von Ergebnissen, die seit 1842 in den klassischen Feldversuchen gesammelt worden waren, ausgewertet werden musste, wurde tatsächlich eine Dauerstelle für einen Statistiker geschaffen. Fisher begann mit dem Problem der Schätzung, wie wir heute sagen würden. In seinem Bestreben, einen Schätzwert der Varianz des Versuchsfehlers zu finden entwickelte er die Varianzanalyse, veröffentlicht in Fisher und Mackenzie (1923). In seiner Varianzanalyse machte Fisher den Fehler, einen einzigen Schätzwert des Fehlers für alle Vergleiche von Behandlungen zu verwenden. Fisher beachtete nicht die Struktur einer Spaltanlage des vorliegenden Elements bezüglich des dritten Faktors, Kali. Er entdeckte seinen Fehler schnell und veröffentlichte die richtige Analyse in seinem Buch *Statistical methods for research workers* (1925b, § 42).

Russells Artikel (1926) über Feldversuchswesen war für Fisher der Auslöser für seinen Artikel „The arrangement of field experiments". Dort findet man alle Prinzipien für Versuchsanlagen: Wiederholung, Randomisierung und Blockbildung – sowohl mit randomisierten Blocks als auch mit lateinischen Quadraten. Yates (1964) bemerkte in einem Sonderheft der Zeitschrift *Biometrics*, „In Memoriam Ronald Aylmer Fisher, 1890–1962":

> „*The principle of randomisation.*
>
> It was doubtless through analysing various systematically arranged experiments that Fisher perceived that questionable and often demonstrably false assumptions regarding the independence of the errors of the separate plots could be completely avoided by the randomisation of treatments, subject to appropriate restrictions such as arranged in blocks or in the rows and columns of a Latin square. This was a brilliant inspiration, which was, so far as I know entirely his.
>
> The principles of randomisation was first expounded in Fisher's Statistical Methods for Research Workers (1925). Points emphasized were (i) that only randomisation can provide valid tests of significance, because then, and only then, is the expectation of the treatment mean square in the absence of treatment effects is equal to the expectation of the error mean square when both are averaged over all possible random patterns; (ii) that certain restrictions may be imposed, e.g. arrangement in blocks or a Latin square, for which (i) still holds if account is taken of the restriction in the analysis of variance; (iii) that not all types of restriction that might commend themselves to the experimenter, e.g. balancing of treatment order within blocks, are permissible.*"

Fishers *Statistical methods for research workers* (1925b) war ein Handbuch über die Methoden für die Anlage und Auswertung von Versuchen, die er in Rothamsted entwickelt hat. Er führte den P-Wert ein, der eine zentrale Rolle in seiner Arbeit spielte. Fisher schlug das Niveau $p = 0,05$ oder 1 von 20 als Wahrscheinlichkeit, durch Zufall überschritten zu werden, als Grenze der statistischen Signifikanz vor und wandte das auf die Normalverteilung (als zweiseitigen Test) an. Das führte zu der Regel von zwei Standardabweichungen (einer Normalverteilung) für die statistische Signifikanz. Der Wert 1,96, der etwa der 97,5-%-Punkt der Normalverteilung ist, stammt auch aus diesem Buch.

Raper (2019) beschrieb die Annahme der Randomisierung wie folgt: *„Despite initial doubts about the usefulness of randomisation, Fisher's methods were a success. They allowed him to draw firm conclusions from relatively small amounts of data and thus put the development of human-made fertilizers onto a path of continuous improvement."*

Forscher und Wissenschaftler fragten Fisher bald um Rat, wie sie ihre Versuche anlegen sollten und sandten ihre Mitarbeiter zu Trainingszwecken nach Rothamsted. Zwischen 1925 und 1930 wurden seine Anlagen für randomisierte Versuche komplexer, um komplexere Forschungsfragen zu beantworten. Die Modelle und Anlagen erlaubten es ihm, gleichzeitig verschiedene Hypothesen zu prüfen. Vorher vertraten die Wissenschaftler die Auffassung, dass man immer nur eine Frage stellen dürfe. Fisher war überzeugt, dass diese Ansicht völlig falsch ist.

Fisher popularisierte und verwendete randomisierte Anlagen in der landwirtschaftlichen Forschung. Aber es gibt Anzeichen dafür, dass es eine randomisierte Zuordnung in Einzelversuchen schon im 19. Jahrhundert gab (Hacking, 1988). Randomisierung in Versuchen erlaubt eine erwartungstreue Schätzung der Restvarianz. Aber es gab nun mehr Diskussionen über den relativen Wert von Fishers randomisierter Blockanlage gegenüber HDS in Feldversuchen. Student (1923, 1924) empfahl seine HDS für die Sortenprüfung von Getreide. Die Analyse komplexer Modelle ist heute mit modernen, leistungsfähigen Rechnern möglich und es gibt heute mehr Raum für die Anwendung komplexer, modellbasierter Anlagen (Abschn. 9.8). Für praktische Versuche ist die Kontroverse zwischen randomisierten und systematischen Versuchsanlagen heute wahrscheinlich noch genauso wichtig wie früher. Berry (2015) gibt eine moderne Einschätzung von HDS.

Preece (1990) liefert eine schöne Beschreibung von Fishers Beiträgen zur Versuchsplanung, aber auf S. 927 widerspricht er Fisher (1926), das 5-%-Signifikanzniveau zu bevorzugen und alles zu ignorieren, was es nicht erreicht. Fisher (1935) schrieb im § 7 tatsächlich *„ignore all results which fail to reach this standard"* und beharrte darauf auch in späteren Auflagen. Preece schrieb: *„these statements may have had much to do with subsequent unscientific misuse of significance testing and with the dreadful notion that any experiment must have failed if it did not produce a statistically significant result."*

Preece nannte fünf Gründe für den von ihm gewählten Begriff *„unscientific"* und schrieb: *„However, notwithstanding the seeming intransigence quoted above, Fisher later wrote in a different vein in his book Statistical Methods and Scientific Inference"* (Fisher, 1956, Kap. 3, § 1). Dort umfasst sein Wortlaut in der für die zweite Auflage überarbeiteten Fassung (Fisher, 1959, S. 42) Folgendes:

„in fact no scientific worker has a fixed level of significance at which from year to year, and in all circumstances, he rejects hypotheses; he rather gives his mind to each particular case in the light of his evidence and his ideas. Further, the calculation is based solely on a hypothesis, which, in the light von the evidence, is often not believed to be true at all, so that the actual probability of erroneous decision, supposing such a phrase to have any meaning,

may be much less than the frequency specifying the level of significance. A test of signifi-cance contains no criterion for 'accepting' a hypothesis. According to circumstances it may not influence its acceptability. "

Preece sagte weiter: „*Quantitative research in biological subjects would have been vastly better if the sentiments expressed here had been promulgated as assiduously as has been the idea in the 'ignore entirely ... ' quotation.*"

Weitere nützliche Informationen über Fishers Arbeit zur Anlage von Versuchen findet man bei Yates und Mather (1963). Hall (2007) gibt einen schönen Überblick über Fisher und seine Vertretung der Randomisierung.

9.3 Sortenversuche mit Feldfrüchten

Man hat v Sorten und möchte deren Erträge untersuchen. Wenn man von seinem Versuchsfeld von früher weiß, dass es homogene Wachstumsbedingungen hat, ver-wendet man eine vollständige randomisierte Versuchsanlage. Will man die Erträge dieser v Sorten mit dem gleichen Standardfehler der Differenzen vergleichen, muss man für jede Sorte r Teilstücke wählen und die v Sorten über die $n = vr$ Teilstücke randomisieren. In diesem Fall folgt man den beiden ersten Regeln für einen Versuch von Fisher. Das Modell für den Ertrag y_{ij} *von* Sorte i im Teilstück j ist

$$y_{ij} = \mu + \alpha_i + e_{ij} \left(i = 1, ..., v; \ j = 1, ..., r \right)$$

mit den Nebenbedingungen $\sum \alpha_i = 0$. Außerdem folgt der Versuchsfehler e_{ij} einer Normalverteilung $N(0, \sigma^2)$ und die Fehler sind wegen der Randomisierung un-abhängig voneinander. Jede Differenz zwischen den Mittelwerten der kleinsten Quadrate von zwei Sorten p und q ($p \neq q = 1, ..., v$) hat eine Varianz $\frac{2}{r}\sigma^2$ und der Schätzwert für diese Varianz ist $\frac{2}{r}s^2$, wobei s^2 gleich dem DQ_{Rest} (DQ = durch-schnittliche Quadrate der Abweichungen) mit $v(r-1)$ Freiheitsgraden (FG) der ein-fachen Varianzanalyse ist (Abschn. 7.1.1 in Kap. 7). Für den Test gleicher Effekte eines Paars von Sorten p und q verwendet man die Prüfzahl $\dfrac{\overline{y}_p - \overline{y}_q}{\sqrt{\dfrac{2}{r}s^2}}$, die nach Über-

gang zu Zufallsgrößen $\dfrac{\overline{y}_p - \overline{y}_q}{\sqrt{\dfrac{2}{r}s^2}}$ einer Student-Verteilung oder t-Verteilung mit

$FG = v(r-1)$ folgt. In Fishers Buch *Statistical methods for research workers* (5. Aufl., 1934) werden z-Werte gegeben (Tab. V, S. 158), für die $\Pr\left(\left|t_{FG}\right| > z\right) = P$ ist.

Manchmal soll eine Standardsorte (Kontrolle) mit v neuen Sorten verglichen werden. Erstens ist jede neue Sorte mit der Kontrolle zu vergleichen und zwar mit der gleichen kleinsten Varianz und zweitens sind die neuen Sorten mit jeder anderen mit der gleichen Varianz zu vergleichen. In diesem Fall muss man r_0 Teilstücke für die Kontrolle und r Teilstücke für jede der v neuen Sorten wählen. Die Gesamtzahl von Teilstücken ist dann $n = r_0 + vr$. Die Varianz der Differenz der Kontrolle mit einer neuen Sorte ist $\sigma^2 \left[\dfrac{1}{r_0} + \dfrac{v}{n - r_0} \right]$. Das Minimum dieser Funktion ist $r_0 = \lceil r\sqrt{v} \rceil$.

Beispiel 9.1

Bailey (2008) beschreibt folgende „*Exercise 2.5*" mit Werten von Cochran und Cox (1957, S. 97). In einem vollständig randomisierten Versuch waren sieben Behandlungen von Schwefelanwendungen hinsichtlich ihrer Wirksamkeit zur Reduzierung von Wundschorf bei Kartoffeln zu vergleichen. Die Versuchsanlage ist weiter unten angegeben. Die obere Zahl in jedem Teilstück bezeichnet die Behandlung A mit 1–7. Die untere Zahl bezeichnet die Stärke des Schorfindexes y von Kartoffeln im Teilstück: 100 Kartoffeln wurden zufällig jedem Teilstück entnommen. Für jede Kartoffel wurde der Prozentsatz der Oberfläche, die mit Schorf infiziert waren, berechnet, um den Schorfindex y zu erhalten.

2	1	6	4	6	7	5	3
9	12	18	10	24	17	30	16
1	5	4	3	5	1	1	6
10	7	4	10	21	24	29	12
2	7	3	1	3	7	2	4
9	7	18	30	18	16	16	4
5	1	7	6	1	4	1	2
9	18	17	19	32	5	26	4

Das Modell für den Schorfindex y_{ij} der Behandlung A_i in Teilstück j ist: $y_{ij} = \mu + \alpha_i + e_{ij}$ ($i = 1, \ldots, 7; j = 1, \ldots, 4$) mit den Nebenbedingungen $\sum \alpha_i = 0$; der Versuchsfehler e_{ij} hat eine Normalverteilung $N(0, \sigma^2)$ und wegen der Randomisierung sind die Fehler unabhängig voneinander. Folgende Fragen kann man stellen:

(a) Geben Sie die Varianztabelle an.
(b) Gibt es Anlass zu vermuten, dass der Schorfbefall nach den verschiedenen Behandlungen verschieden ist?
(c) Geben Sie den Schätzwert für den mittleren Schorfbefall nach jeder Behandlung an.
(d) Welches ist der Standardfehler für einen Schätzwert?
(e) Welches ist der Standardfehler der Differenz zwischen den Mittelwerten?

Wir beantworten die Fragen mit **R**:

```
>   a1 = c(2,1,6,4,6,7,5,3)
>   a2 = c(1,5,4,3,5,1,1,6)
>   a3 = c(2,7,3,1,3,7,2,4)
>   a4 = c(5,1,7,6,1,4,1,2)
```

```
>   a = c(a1, a2, a3, a4)
>   y1 = c(9,12,18,10,24,17,30,16)
>   y2 = c(10,7,4,10,21,24,29,12)
>   y3 = c(9,7,18,30,18,16,16,4)
>   y4 = c(9,18,17,19,32,5,26,4)
>   y = c(y1, y2, y3, y4)
>   A = as.factor(a)
>   table(A)
A
1 2 3 4 5 6 7
8 4 4 4 4 4 4
>   DATA = data.frame(A, y)
> with(DATA,tapply(y, A, mean))
      1        2        3        4        5        6        7
22.625   9.500   15.500   5.750   16.750   18.250   14.250
> with(DATA, tapply(y, A, var))
        1         2         3         4         5         6         7
 69.98214  24.33333  14.33333   8.25000 116.25000  24.25000  23.58333
> model = lm ( y ~ A)
> ANOVA = anova(model)
> ANOVA
Analysis of Variance Table
Response: y
          Df  Sum Sq  Mean Sq F value  Pr(>F)
A          6  972.34  162.057  3.6081  0.01026 *
Residuals 25 1122.88   44.915
---
Signif. codes:  0 `***' 0.001 `**' 0.01 `*' 0.05 `.' 0.1 ` ' 1
```

Der Schätzwert der gemeinsamen Varianz σ^2 ist in der Varianztabelle als Mean Sq Residuals zu finden und es ist $s^2 = 44{,}915$ mit 25 Freiheitsgraden.

Die Antwort auf Frage (a) findet man in ANOVA.

Die Antwort auf Frage (b) steht unter F Value A und ist 3,6081 und $P(F(6, 5) > 3{,}6081) = 0{,}01026 < 0{,}05$. Damit ist für $\alpha = 0{,}05$ gezeigt, dass die Erwartungswerte von Schorfindex für die verschiedenen Behandlungen wahrscheinlich nicht gleich sind.

```
> residuals = model$resid # observation - predicted
> residuals
       1        2        3        4        5        6        7        8        9       10
 -0.500  -10.625  -0.250    4.250    5.750    2.750   13.250    0.500  -12.625   -9.750
      11       12       13       14       15       16       17       18       19       20
 -1.750   -5.500    4.250    1.375    6.375   -6.250   -0.500   -7.250    2.500    7.375
```

```
    21       22      23      24      25      26      27      28      29      30
  2.500   1.750   6.500  -1.750  -7.750  -4.625   2.750   0.750   9.375  -0.750
    31      32
  3.375  -5.500
>summary(model)
Call:
lm(formula = y ~ A)
Residuals:
     Min      1Q   Median      3Q      Max
 -12.625  -4.844    0.625   3.594   13.250
Coefficients:
            Estimate Std. Error t value Pr(>|t|)
(Intercept)   22.625      2.369   9.549 8.08e-10 ***
A2           -13.125      4.104  -3.198 0.003734 **
A3            -7.125      4.104  -1.736 0.094858 .
A4           -16.875      4.104  -4.112 0.000372 ***
A5            -5.875      4.104  -1.432 0.164666
A6            -4.375      4.104  -1.066 0.296601
A7            -8.375      4.104  -2.041 0.051977 .
---
Signif. codes:  0 '***' 0.001 '**' 0.01 '*' 0.05 '.' 0.1 ' ' 1
Residual standard error: 6.702 on 25 degrees von freedom
Multiple R-squared:  0.4641,    Adjusted R-squared:  0.3355
F-statistic: 3.608 on 6 und 25 df,  p-value: 0.01026
```

Der Befehl lm( ) führt zu einer Reparametrisierung des Modells

$$E\left(y_{ij}\right) = \mu + \alpha_i = \left(\mu + \alpha_1\right) + \left(\alpha_i - \alpha_1\right) = \mu^* + \alpha_i^* \text{ für } i = 2, \ldots, 7.$$

In summary(model) ist der Schätzwert von $(\mu + \alpha_1)$ gegeben als Intercept = Mittelwert y für A_1 = 22,625; Schätzwert von α_2 = Mittelwert y für A_2-Mittelwert y für A_1 = 9,500 − 22,625 = −13,125 usw.

Übrig bleiben die Fragen (c), (d) und (e).

Um sie zu beantworten, installieren wir das **R**-Paket lsmeans und rufen es auf.

```
>  library(lsmeans)
> lsmeans(model, "A" , alpha=0.05)
 A lsmean   SE df lower.CL upper.CL
 1  22.62 2.37 25    17.74     27.5
 2   9.50 3.35 25     2.60     16.4
 3  15.50 3.35 25     8.60     22.4
 4   5.75 3.35 25    -1.15     12.7
 5  16.75 3.35 25     9.85     23.7
 6  18.25 3.35 25    11.35     25.2
 7  14.25 3.35 25     7.35     21.2
Confidence level used: 0.95
```

Für die Behandlung A_1 findet man in Table(A) acht Beobachtungen und für die Behandlungen A_2,..., A_7 je vier Beobachtungen.

Der Standardfehler (SE) von lsmeans (Mittelwert der kleinsten Quadrate) von A_1 ist $\sqrt{(s^2/8)} = \sqrt{(44{,}915/8)} = 2{,}369$ und für A_2,..., A_7 ist SE $= \sqrt{(s^2/4)} = 3{,}351$.

Antworten auf die Fragen (c) und (d) sind für jede Behandlung gegeben durch lsmean und SE. Außerdem findet man die Konfidenzgrenzen der 95-%-Konfidenzintervalle der Behandlungen.

Die Antwort auf Frage (e) für SE findet man in summary(model) für $A_i - A_1$ ($i = 2, \ldots\ 7$) als 4,104. Ferner findet man die Standardfehler der geschätzten Differenzen zwischen A_i und $A_j(i, j = 2,...,7; i{\neq}j)$. Zum Beispiel ist für $A_2 - A_3$ der Standardfehler $\sqrt{(s^2 \cdot (¼ + ¼))} = \sqrt{(s^2 \cdot (2/4))} = 4{,}739$ usw.

```
> model.rgi = ref.grid(model)
> model.rgi
'emmGrid' object mit variables:
    A = 1, 2, 3, 4, 5, 6, 7
> pairs(model.rgi)
 contrast estimate    SE df t.ratio p.value
 1 - 2        13.12 4.10 25   3.198  0.0502
 1 - 3         7.12 4.10 25   1.736  0.5998
 1 - 4        16.88 4.10 25   4.112  0.0060
 1 - 5         5.88 4.10 25   1.432  0.7001
 1 - 6         4.38 4.10 25   1.066  0.9322
 1 - 7         8.38 4.10 25   2.041  0.4158
 2 - 3        -6.00 4.74 25  -1.266  0.8606
 2 - 4         3.75 4.74 25   0.791  0.9837
 2 - 5        -7.25 4.74 25  -1.530  0.7250
 2 - 6        -8.75 4.74 25  -1.846  0.5314
 2 - 7        -4.75 4.74 25  -1.002  0.9487
 3 - 4         9.75 4.74 25   2.057  0.4064
 3 - 5        -1.25 4.74 25  -0.264  1.0000
 3 - 6        -2.75 4.74 25  -0.580  0.9969
 3 - 7         1.25 4.74 25   0.264  1.0000
 4 - 5       -11.00 4.74 25  -2.321  0.2733
 4 - 6       -12.50 4.74 25  -2.638  0.1571
 4 - 7        -8.50 4.74 25  -1.794  0.5640
 5 - 6        -1.50 4.74 25  -0.317  0.9999
 5 - 7         2.50 4.74 25   0.528  0.9981
 6 - 7         4.00 4.74 25   0.844  0.9775
P value adjustment: tukey method for comparing a family of 7
estimates
```

Beispiel 9.1 – Fortsetzung

Obige Analyse beruht auf der Voraussetzung, dass die Fehler e_{ij} der Behandlungen A_i ($i = 1, ..., 7$) normalverteilt [$N(0, \sigma^2)$] und unabhängig voneinander sind. Weil der Versuch eine vollständig randomisierte Anlage war, ist die Voraussetzung unabhängiger Fehler erfüllt. Für die Voraussetzung, dass die Fehler einer Normalverteilung $N(0, \sigma^2)$ folgen, kann man sich entweder auf die Ergebnisse von Robustheitsuntersuchungen berufen oder man betrachtet die Differenzen der Beobachtungenen y_{ij} gehörend zu A_i und der Stichprobenmittelwerte von A_i, genannt „Reste" (engl. *residuals*). Sie sind in Abb. 9.1 als Kastendiagramm abgebildet.

```
> residuals
        1       2       3       4       5       6       7       8       9      10
   -0.500 -10.625  -0.250   4.250   5.750   2.750  13.250   0.500 -12.625  -9.750
       11      12      13      14      15      16      17      18      19      20
   -1.750  -5.500   4.250   1.375   6.375  -6.250  -0.500  -7.250   2.500   7.375
       21      22      23      24      25      26      27      28      29      30
    2.500   1.750   6.500  -1.750  -7.750  -4.625   2.750   0.750   9.375  -0.750
       31      32
    3.375  -5.500
> boxplot(residuals)
```

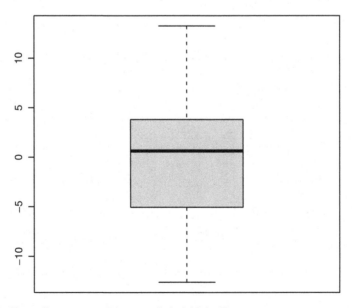

Abb. 9.1 Kastendiagramm von Resten aus Beispiel 9.1 – Fortsetzung

Für den Shapiro-Wilk-Test zur Prüfung, ob die Reste normalverteilt sind, verwenden wir das **R**-Paket `car`.

```
>  library(car)
>  shapiro.test(residuals)
       Shapiro-Wilk normality test
data:  residuals
W = 0.98267, p-value = 0.8724)
```

Man kann auch wie folgt ein Q-Q-Diagramm der studentisierten Reste erzeugen: Es sei y_i der Messwert von i und $\hat{y}_i$ der Schätzwert von y_i. Nun sind $d_i = y_i - \hat{y}_i$ die Reste und $t_i = \dfrac{d_i}{s(d_i)}$ sind die studentisierten Reste, wobei $s(d_i)$ der geschätzte Standardfehler von d_i ist.

Ein Quantil-Quantil-(Q-Q-)Diagramm gibt die Verteilung von Daten gegenüber der geschätzten Normalverteilung an. Folgt das Modell den Daten einer Normalverteilung, so liegen die Werte nahe einer Geraden (Abb. 9.2).

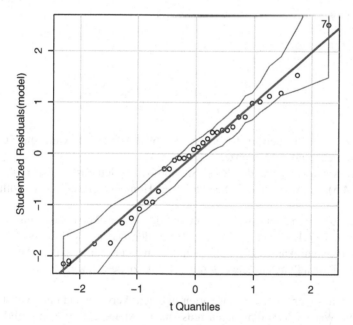

Abb. 9.2 Quantil-Quantil-(Q-Q-)Diagramm der studentisierten Reste aus Beispiel 9.1 – Fortsetzung

```
> qqPlot(model, labels = row.names(DATA))
[1] 7 9  # 7 = number of treatments
```

Da wir in `boxplot` keine schiefe Verteilung finden, der Shapiro-Wilk-Test einen P-Wert von 0,8724 > 0,05 gibt und auch in `qqPlot` die Punkte der studentisierten Reste sehr nahe um eine Gerade liegen, gibt es keinen Anlass daran zu zweifeln, dass die Fehler e_{ij} normalverteilt sind.

Wir überprüfen noch die Voraussetzung einer gemeinsamen Varianz σ^2 aller Behandlungen.

Die Stichprobenvarianzen st^2 der Behandlung A_i sind:

```
> with(DATA, tapply(y, A, var))
        1        2        3        4        5        6        7
69.98214 24.33333 14.33333  8.25000 116.25000 24.25000 23.58333
```

Das Minimum der Stichprobenvarianzen ist $s_4^2 = 8,25$ und das Maximum ist $s_5^2 = 116.25$. Wir testen die Homogenität der Varianzen.

Das **R**-Paket `car` enthält einen robusten Test für die Homogenität der Varianzen, nämlich `leveneTest( )`.

```
> library(car)
> leveneTest (y, A, center = mean)
Levene's Test for Homogeneity of Variance (center = mean)
      df F value Pr(>F)
group  6  2.9173 0.0269 *
      25
---
Signif. codes:  0 '***' 0.001 '**' 0.01 '*' 0.05 '.' 0.1 ' ' 1
```

Da der Levene-Test einen P-Wert von 0,0269 < 0,05 ergibt, wurde die Nullhypothese „Homogenität der Varianzen" abgelehnt.

Darum verwenden wir den Zwei-Stichproben-Welch-Test (Abschn. 4.3.2 und Beispiel 4.5), den wir generell ohne vorherige Homogenitätstest nutzen sollten.

▶ **Übung 9.1** Benutzen Sie den Zwei-Stichproben-Welch-Test, um die Behandlungen von A_1 und A_j ($j = 2, \ldots, 7$) mit den Daten aus Beispiel 9.1 zu vergleichen, die signifikanten Differenzen zu finden und Konfidenzintervalle der Differenzen der Behandlungsmittelwerte mit $\alpha = 0,05$ zu berechnen.

Für einen Sortenversuch mit v Sorten in einem Versuchsfeld ohne vollständige, homogene Wachstumsbedingungen muss man r kleinere Teile von v Teilstücken finden, die etwa dieselben Wachstumsbedingungen haben. Die Gesamtheit homogener, kleinerer, zusammenhängender Teile wird Block genannt. In jedem Block müssen die v Sorten randomisiert werden und diese Anlage nennt man eine randomisierte Blockanlage mit r Blocks, wobei r die Anzahl des Auftretens jeder Sorte ist. Man spricht von r Wiederholungen, obwohl das sprachlich nicht korrekt ist – eine Wiederholung ist eine Beobachtung. Wenn die Blocks vollständig sind, bedeutet dies, dass alle v Sorten in jedem der Blocks auftreten. Das Modell für den Ertrag y_{ij} der Sorte i in Block j ist

$$y_{ij} = \mu + \alpha_i + \beta_j + e_{ij} \ (i = 1, \ldots, v; \ j = 1, \ldots r)$$

mit den Nebenbedingungen $\sum \alpha_i = 0$ und $\sum \beta_j = 0$. Für die Versuchsfehler e_{ij} wird eine Normalverteilung $N(0, \sigma^2)$ vorausgesetzt und bei Randomisierung sind die Fehler unabhängig voneinander. Die Varianz der Differenzen zwischen den Kleinste-Quadrate-Schätzfunktionen der Erwartungswerte von je zwei Sorten sei gleich $\dfrac{2}{r} \sigma^2$ und der Schätzwert dieser Varianz ist $\dfrac{2}{r} s^2$ mit $s^2 = DQ(Rest)$ aus der Varianztabelle (zweifache Kreuzklassifikation – Modell I) mit $(v-1)(r-1)$ Freiheitsgraden (FG) (Abschn. 7.2.1 und Beispiel 7.4 in Abschn. 7.2.2).

Will man zum Beispiel eine vollständige Blockanlage mit fünf Sorten randomisieren, das heißt, sollen die Sorten im Block randomisiert werden, kann das mit **R** wie folgt geschehen:

```
> b = c(1,2,3,4,5)
> Block = sample(b)
> Block
[1] 2 1 5 4 3
```

Sorten werden in Sortenprüfanstalten geprüft.

Beispiel 9.2
In Beispiel 7.4 wurde eine randomisierte Blockanlage mit sechs Behandlungen und vier Blocks ausgewertet.

Sortenversuche sind groß und können viele Vergleiche einbeziehen. Unter diesen Umständen kann die Verwendung von einfachen t-Tests für Sortenvergleiche mit der kleinsten signifikanten Differenz (engl. *least significant difference*, LSD) ziemlich irreführend sein und unechte „signifikante" Differenzen ergeben.

Vor 1950 hat man sehr oft mit der LSD-Methode für Differenzen von Sorten gearbeitet. Das Problem von mehreren paarweisen Vergleichen für gleiche Wiederholungen wurde von Tukey (1953a, b) exakt behandelt – für weitere Einzelheiten siehe Miller (1981) und Hsu (1996) und die interessanten Arbeiten von Maindonald und Cox (1984) und Perry (1986). Im Vereinigten Königreich wurde ein Versuchsfeld auf Ackerland angelegt, das mehrere Jahrhunderte genutzt wurde. Teilstücke, die zueinander benachbart waren, wurden in einem Rechteck oder in einem Quadrat als Block verwendet. Normalerweise wurde eine randomisierte Blockanlage im britischen statistischen Textbuch mit einem Graben dargestellt und die Blocks wurden als parallele Rechtecke neben den Gräben angedeutet, weil die Teilstücke in der Nähe des Grabens ein anderes Wasserniveau haben als die weiter entfernt vom Graben liegenden. Auch in den zu den britischen Kolonien gehörenden tropischen Ländern wurde diese Anlage mit Rechtecken von den britischen oder einheimischen Agronomen verwendet. Aber in den Tropen wurden die Versuchsfelder oft in Dschungelgelände angelegt, wo Bäume entfernt worden waren. Oft wurde der Baumstumpf der großen Bäume durch Sprengen entfernt. Daher war die Bodentextur auf diesem Platz anders als auf dem Nachbarplatz. Viele Versuche mit randomisierten Blockanlagen wurden in den Tropen daher fälschlicherweise als Rechtecke angelegt. Derselbe Fehler wurde bei Anlagen in hügeligen Gegenden gemacht, wo die Agronomen oft nicht erkannten, dass ein rechteckiger Block Teilstücke auf dem Gipfel, am Hang und im Tal hat, was zu unterschiedlichen Wachstumsbedingungen auf den Teilstücken innerhalb des rechteckigen Blocks führte.

Das Wort Block hat zwei Mehrzahlformen. Nach dem Duden gilt: Wenn ein Block Teile enthält (wie Teilstücke oder Wohnungen) spricht man von Blocks, also zum Beispiel von Wohnblocks. Ist ein Block homogen und nicht unterteilt, wie ein Holzblock ist der Plural Blöcke, also zum Beispiel Holzblöcke.

Eine Inzidenzmatrix $N = (n_{ij})$ ist ein rechteckiges Schema mit v Zeilen und b Spalten, angefüllt mit ganzen Zahlen n_{ij}, die angeben, wie oft eine die i-te Zeile repräsentierende i-te Behandlung in einem die j-te Spalte definierenden j-ten Block auftritt. Sind alle n_{ij} entweder Null oder Eins, so heißen Inzidenzmatrix und die ihr entsprechende Blockanlage binär. Die Elemente der Inzidenzmatrix einer vollständigen Blockanlage sind folglich alle positiv ($n_{ij} \geq 1$). In einer unvollständigen Blockanlage hat die Inzidenzmatrix wenigstens eine Null, sind alle Blocks unvollständig, so steht wenigstens eine Null in jeder Spalte der Matrix.

Vor allem bei unvollständigen Blockanlagen ist es sinnvoll, anstelle der Inzidenzmatrix eine Kompaktschreibweise zur Charakterisierung zu verwenden. Dabei entspricht jedem Block ein Klammerausdruck, in dem die Nummern der im Block enthaltenen Behandlungen stehen.

Wenn die Anzahl v von Sorten groß ist, ist es schwierig, Blocks zu finden, die alle Sorten enthalten. Daher wurde von Fisher und seinem Mitarbeiter Yates (1902–1994) die randomisierte unvollständige Blockanlage eingeführt. Yates erhielt ein Stipendium am Clifton College in Bristol, das er von 1916 bis 1920 mit einem Senior-Mathematik-Stipendium am St Johns College, Cambridge, besuchte. Er graduierte 1924. Anstellungsmöglichkeiten für junge Mathematiker gab es kaum, aber mehrere Jahre als Schulmeister zeigten bald Yates' Bedürfnis nach mehr praktischen Anregungen, als nur das Lehren. 1927 trat er als Forschungsoffizier der geodätischen Vermessung der Goldküste (heute Ghana) bei, wo er etwas über die Theorie der kleinsten Quadrate lernte, die zum Abgleich verschiedener Messungen bei Landvermessungen verwendet wurde. Gesundheitliche Probleme zwangen Yates 1929 zur Rückkehr nach England.

Zufällig begegnete er Fisher, dessen revolutionäre Wirkung auf die statistische Theorie und Praxis damals ihren Höhepunkt erreichte. Nach einem sehr informellen Vorstellungsgespräch engagierte Fisher Yates im August 1931 als Mathematiker und als stellvertretender Statistiker in seiner Abteilung an der Rothamsted Experimental Station. Yates übernahm die Leitung der Statistik, als Fisher 1933 Rothamsted verließ, um Professor für Genetik und Leiter der Abteilung für Eugenik am

University College in London zu werden. Fisher lebte weiterhin in Harpenden, schaute häufig in Rothamsted vorbei und verlegte seine Abteilung während des Kriegs dorthin, als seine College-Abteilung in London bombardiert wurde. Yates hatte die Position als Leiter der Statistik bis 1968 inne.

Fisher und Yates veröffentlichten 1938 in den Tabellen XVII, XVIII und XIX ihres Buchs *Statistical tables for biological, agricultural and medical research* balancierte unvollständige Blockanlagen (BUB; engl. *balanced incomplete blocks designs*, BIBD). Wenn man eine BUB-Anlage aus einer Tabelle übernimmt, müssen die Behandlungen je Block noch randomisiert werden.

Für diejenigen, die nicht mit der Theorie von BUB vertraut sind, geben wir einige grundlegende Definitionen und Ergebnisse in Beispiel 9.4.

9.4 Unvollständige Blockanlagen

Im Feldversuchswesen spielen Blockanlagen eine große Rolle. Blocks auf dem Feld werden so gewählt, dass man annehmen kann, dass innerhalb eines Blocks etwa gleiche Boden- und Fruchtbarkeitsverhältnisse herrschen. Diese Blocks unterteilt man in Teilstücke, auf denen je eine Sorte angebaut werden kann. Die Blocks sind die Stufen eines Blockfaktors, die Sorten sind die Stufen des Behandlungsfaktors. Man kann die Zuordnung der Behandlungen zu den Blocks durch eine Inzidenzmatrix erfassen. Den Behandlungen entsprechen die Zeilen und den Blocks die Spalten einer Inzidenzmatrix; ihre Elemente geben an, wie oft Behandlung i im Block j auftritt.

Eine Blockanlage mit symmetrischer Inzidenzmatrix heißt symmetrische Blockanlage. Treten in einer Blockanlage alle Behandlungen gleich oft auf, das heißt, ist die Anzahl der Wiederholungen $r_i = r$, so heißt diese Anlage wiederholungsgleich. Ist in einer Blockanlage die Anzahl der Versuchseinheiten je Block gleich, so heißt diese Anlage blockgleich. Die Anzahl der Versuchseinheiten im j-ten Block wird mit k_j bezeichnet, für blockgleiche Anlagen gilt damit $k_j = k$. Man kann nun leicht einsehen, dass sowohl die Summe aller Wiederholungen r_i als auch die Summe aller Blockgrößen k_j gleich der Anzahl der Versuchseinheiten einer Blockanlage sein muss. Damit gilt für jede Blockanlage

$$\sum_{i=1}^{v} r_i = \sum_{j=1}^{b} k_j = N. \tag{9.1}$$

Speziell folgt daraus für wiederholungs- und blockgleiche Blockanlagen ($r_i = r$ und $k_j = k$):

$$vr = bk. \tag{9.2}$$

In symmetrischen Blockanlagen ist $b = v$ und $r = k$.

Eine unvollständige Blockanlage ist zusammenhängend, falls es für jedes Paar (A_k, A_l) von Behandlungen $A_1, ..., A_v$ eine Kette von Behandlungen gibt, die mit A_k beginnt und mit A_l endet, sodass aufeinanderfolgende Behandlungen in dieser Kette

in mindestens einem Block gemeinsam auftreten. Anderenfalls heißt die Blockanlage unzusammenhängend. Diese Definition erscheint sehr abstrakt und ihre Bedeutung mag nicht klar sein. Die Eigenschaft „zusammenhängend" (engl. *connected*) ist aber von großer Bedeutung für die Auswertung. Unzusammenhängende
Blockanlagen können nämlich nicht als Ganzes ausgewertet werden, sondern wie
zwei oder mehr unabhängige Versuchsanlagen.

Eine Blockanlage mit $v = 4$ Behandlungen und $b = 6$ Blocks sei durch folgende
Inzidenzmatrix definiert:

$$\begin{pmatrix} 1 & 0 & 1 & 0 & 0 & 0 \\ 0 & 1 & 0 & 1 & 1 & 1 \\ 1 & 0 & 1 & 0 & 0 & 0 \\ 0 & 1 & 0 & 1 & 1 & 1 \end{pmatrix}.$$

Da diese Matrix Nullen enthält, handelt es sich um eine unvollständige Blockanlage. In Kompaktschreibweise lässt sie sich in der Form

$$\left\{ (1,3), (2,4), (1,3), (2,4), (2,4), (2,4) \right\}$$

schreiben. Wie vereinbart repräsentiert zum Beispiel die erste Klammer Block 1, in
dem die Behandlungen 1 und 3 auftreten, da die den ersten Block definierende
Spalte eine 1 in den Zeilen 1 und 3 hat (diese entsprechen den Behandlungen 1 und 3).
Diese Anlage ist unzusammenhängend, denn in ihr treten zum Beispiel die erste
und die zweite Behandlung nicht gemeinsam in einem der sechs Blocks auf. Zwischen ihnen lässt sich auch keine Behandlungskette finden. Man sieht nun, dass
diese Versuchsanlage aus zwei Anlagen mit zwei getrennten Teilmengen von Behandlungen besteht. In der ersten Anlage haben wir zwei Behandlungen (1 und 2) in
vier Blocks. In der zweiten Anlage zwei weitere Behandlungen (3 und 4) in zwei
anderen Blocks.

9.4.1   Balancierte unvollständige Blockanlagen (BUB)

Eine (vollständig) balancierte unvollständige Blockanlage (BUB) ist eine block-
und wiederholungsgleiche unvollständige Blockanlage mit der zusätzlichen Eigenschaft, dass jedes Paar von Behandlungen in gleich vielen, nämlich in λ, Blocks
auftritt. Besitzt eine BUB v Behandlungen mit r Wiederholungen in b Blocks der
Größe $k < v$, so bezeichnen wir sie als $B(v, k, \lambda)$-Anlage. BUB sind immer zusammenhängend.

Im Symbol $B(v, k, \lambda)$ treten nur drei der fünf Parameter v, b, k, r, λ einer BUB auf.
Dies ist ausreichend, da nur drei der fünf Parameter frei wählbar sind, die beiden
anderen liegen dann automatisch fest. Das sieht man wie folgt: Die Anzahl von

möglichen Behandlungspaaren in der Anlage ist gleich $\binom{v}{2} = \dfrac{v(v-1)}{2}$. Jedoch gibt

es in jedem der b Blocks genau $\binom{k}{2} = \dfrac{k(k-1)}{2}$ Behandlungspaare und daher gilt

$$\lambda v(v-1) = bk(k-1)$$

bzw., wenn man für bk nach (9.2) vr einsetzt,

$$\lambda = r(k-1)/(v-1). \tag{9.3}$$

Die Gl. (9.2) und (9.3) sind notwendige Bedingungen für die Existenz einer BUB. Diese notwendigen Bedingungen reduzieren die Menge möglicher Quintupel ganzer Zahlen v, b, r, k, λ auf eine Teilmenge solcher ganzen Zahlen, für die die Bedingungen (9.2) und (9.3) erfüllt sind. Charakterisieren wir eine BUB durch drei dieser Parameter, zum Beispiel durch $\{v, k, \lambda\}$, so können die restlichen Parameter mithilfe der Gl. (9.2) und (9.3) berechnet werden.

Wir weisen darauf hin, dass die notwendigen Bedingungen nicht immer hinreichend für die Existenz einer BUB sind. Um das zu zeigen, reicht ein Gegenbeispiel. In diesem Beispiel wird gezeigt, dass die Bedingungen, die für die Existenz einer BUB notwendig sind, nicht auch hinreichend sein müssen. Die Werte $v = 16$, $r = 3$, $b = 8$, $k = 6$, $\lambda = 1$ erfüllen wegen $16 \cdot 3 = 8 \cdot 6$ und $1 \cdot 15 = 3 \cdot 5$ die notwendigen Bedingungen für die Existenz einer BUB, trotzdem gibt es keine BUB mit dieser Parameterkombination. Neben (9.2) und (9.3) gibt es eine weitere notwendige Bedingung, die **Fisher'sche Ungleichung**, nach der stets

$$b \geq v \tag{9.4}$$

gelten muss. Diese Ungleichung ist in unserem Beispiel nicht erfüllt. Aber auch wenn (9.2), (9.3) und (9.4) gelten, muss nicht immer eine BUB existieren. Ein solcher Fall liegt zum Beispiel für $v = 22$, $k = 8$, $b = 33$, $r = 12$, $\lambda = 4$ und für $v = 34$, $r = 12$, $b = 34$, $k = 12$, $\lambda = 4$ vor. Die kleinsten BUB, die für $v = 22$, $k = 8$ und $v = 34$, $k = 12$ existieren, haben die Parameter $v = 22$, $k = 8$, $b = 66$, $r = 24$, $\lambda = 8$ bzw. $v = 34$, $r = 18$, $b = 51$, $k = 12$, $\lambda = 6$.

Für jedes v gibt es aber immer eine BUB, die triviale oder unreduzierte (engl.

unreduced) BUB mit $b = \binom{v}{k}$, $r = \binom{v-1}{k-1}$ und $\lambda = \binom{v-2}{k-2}$.

Meist lässt sich eine BUB mit weniger Blocks als Teilmenge einer solchen unreduzierten BUB finden. Ein Fall, für den eine solche Reduktion nicht möglich ist,

ist der mit $v = 8$ und $k = 3$. Dies ist der einzige bisher bekannte Fall für $2 < k \leq \dfrac{v}{2}$,

für den keine kleinere BUB existiert als die triviale BUB. Rasch et al. (2014) äußern und stützen die Vermutung, dass dies der einzige Fall mit $k > 2$ und $k < v - 2$ ist; diese Vermutung ist bis heute weder bestätigt noch widerlegt. Für manche Paare (v, k) gibt es mehrere elementare BUB.

Beispiel 9.3

Für $v = 7$ und $k = 3$ ist die triviale BUB gegeben durch:

(1,2,3)	(1,3,6)	(1,6,7)	(2,4,7)	*(3,5,6)*
(1,2,4)	**(1,3,7)**	(2,3,4)	(2,5,6)	(3,5,7)
(1,2,5)	(1,4,5)	**(2,3,5)**	(2,5,7)	(3,6,7)
(1,2,6)	(1,4,6)	(2,3,6)	**(2,6,7)**	(4,5,6)
(1,2,7)	(1,4,7)	*(2,3,7)*	(3,4,5)	**(4,5,7)**
(1,3,4)	**(1,5,6)**	(2,4,5)	**(3,4,6)**	*(4,6,7)*
(1,3,5)	*(1,5,7)*	(2,4,6)	(3,4,7)	(5,6,7)

Eine elementare BUB hat die Parameter $b = 7$, $r = 3$, $\lambda = 1$ und die Blocks $\{(1,2,4); (1,3,7), (1,5,6), (2,3,5), (2,6,7), (4,5,7), (3,4,6)\}$ – sie sind im obigen Schema fett und kursiv gedruckt. Die Inzidenzmatrix ist

$$\begin{pmatrix} 1 & 1 & 1 & 0 & 0 & 0 & 0 \\ 1 & 0 & 0 & 1 & 1 & 0 & 0 \\ 0 & 1 & 0 & 1 & 0 & 0 & 1 \\ 1 & 0 & 0 & 0 & 0 & 1 & 1 \\ 0 & 0 & 1 & 1 & 0 & 1 & 0 \\ 0 & 0 & 1 & 0 & 1 & 0 & 1 \\ 0 & 1 & 0 & 0 & 1 & 1 & 0 \end{pmatrix}$$

Eine weitere elementare BUB mit den Parametern $b = 7$, $r = 3$, $\lambda = 1$ ist das Septupel kursiv (aber nicht fett) gedruckter Klammern in der trivialen BUB. Sie ist isomorph zur BUB mit den kursiv und fett gedruckten Klammern.

Die Menge der übrigen 21 von den 35 Blocks kann nicht weiter in kleinere BUB zerlegt werden. Sie stellt eine weitere elementare BUB dar, die aber natürlich nicht die kleinste ist. Rasch und Herrendörfer (1982) zeigen, dass es keine weitere BUB mit sieben Blocks geben kann (und damit auch keine mit 14 Blocks). Betrachten wir einen der restlichen Blocks, nämlich (1,2,3). Es muss wegen $r = 3$ zwei weitere Blocks mit einer 1 geben, in denen (1,4), (1,5), (1,6) und (1,7) enthalten sind. Die einzigen Möglichkeiten sind (1,4,5) und (1,6,7), andere Möglichkeiten sind schon in den beiden entnommenen Blockanlagen verbraucht oder widersprechen $\lambda = 1$. Die gesuchte Blockanlage muss also mit (1,2,3), (1,4,5) und (1,6,7) beginnen. Nun brauchen wir noch zwei weitere Blocks mit einer 2 mit den Paaren (2,4), (2,5), (2,6) und (2,7). Möglichkeiten sind (2,4,6) mit (2,5,7) oder (2,4,7) mit (2,5,6).

Damit haben wir zwei Möglichkeiten für die fünf ersten Blocks:

(1,2,3)	oder	(1,2,3)
(1,4,5)		(1,4,5)
(1,6,7)		(1,6,7)
(2,4,6)		(2,4,7)
(2,5,7)		(2,5,6)

Zu beiden Möglichkeiten müssen noch zwei Blocks mit je einer 3 hinzugefügt werden. Die Blocks (3,6,7) und (3,4,5) sind nicht zulässig. Die Paare 4,5 und 6,7 sind jeweils in den ersten fünf Blocks vorhanden. (3,4,7) wäre im ersten Quintupel zulässig, aber der Partner (3,5,6) ist nicht mehr verfügbar. Damit scheidet das erste Quintupel aus. Im zweiten könnten wir mit (3,5,7) fortsetzen, aber auch hier ist der Partner (3,4,6) bereits verbraucht. Folglich sind die verbleibenden 35 Blocks eine elementare BUB.

9.4.2 Konstruktion von BUB

Für die Konstruktion von BUB geben Rasch und Herrendörfer (1982, 1986, 1991) sowie Rasch et al. (2011) verschiedene Methoden der diskreten Mathematik an. Folgende Definition schränkt die Anzahl der zu konstruierenden BUB auf etwa 50 % ein.

Wir betrachten einen Block einer BUB, zum Beispiel den Block (1,2,4) von Beispiel 9.3. Wenn wir nun einen Block erzeugen, der alle sieben Behandlungen enthält, die im Block nicht enthalten sind, so heißt dieser neue Block komplementär zum Ausgangsblock. In unserem Fall ist der Block (3,5,6,7) komplementär zu (1,2,4).

Wenn man in einer BUB alle Blocks durch ihre komplementären Blocks ersetzt, erhält man die zur ursprünglichen BUB komplementäre BUB, die die gleiche Anzahl von Blocks und die gleiche Anzahl von Behandlungen enthält. Bezeichnen wir die Parameter der komplementären BUB mit $v_k, b_k, r_k, k_k, \lambda_k$, so gilt $v_k = v$, $b_k = b$, aber $r_k = v - r$, $k_k = v - k$ und $\lambda_k = b - 2r + \lambda$.

Wir können uns bei der Konstruktion von BUB auf die Parameter $\left\{ v, k \leq \dfrac{v}{2} \right\}$ beschränken, weil wir die Fälle $k < \dfrac{v}{2}$ durch Bildung der komplementären BUB einfach erhalten.

Beispiel 9.4

Wir generieren die BUB mit den Parametern $\{v = 7, k = 3, r = 3\}$ und erhalten die BUB $\{(1,2,4); (1,3,7), (1,5,6), (2,3,5), (2,6,7), (4,5,7), (3,4,6)\}$ von Beispiel 9.3. Die komplementäre Anlage gewinnen wir, indem wir in die neuen Blocks jeweils alle Behandlungen einfügen, die im jeweiligen Originalblock nicht vorkommen. Wir behalten die Reihenfolge der Blocks bei:

$$\left\{ (3,5,6,7); (2,4,5,6), (2,3,4,7), (1,4,6,7), (1,3,4,5), (1,2,3,6), (1,2,5,7) \right\}.$$

Die Anzahl der mit komplizierten Verfahren zu konstruierenden BUB kann weiter eingeschränkt werden. Für $k = 2$ schreibt man einfach alle Behandlungspaare auf und für $k = v - 2$ bildet man die dazu komplementäre Anlage. Folglich kann man sich auf die Konstruktion von BUB mit $\left\{ v, 2 < k \leq \dfrac{v}{2} \right\}$ beschränken. Näheres zu den Methoden siehe Rasch et al. (2011, S. 152–209).

In Tab. 9.1 geben wir einen Zugang zu den kleinsten BUB für $v < 26$. Die Pläne werden im elektronischen Zusatzmaterial zu diesem Kapitel (siehe Link in der Fußnote auf der ersten Seite von Kap. 9) bereitgestellt.

Nach unseren Erfahrungen ist es unrealistisch, dass in einem Feldversuch eine BUB mit mehr als 100 Blocks angebaut werden kann. Wenn in Tab. 9.1 eine solche BUB auftritt, empfehlen wir folgendes Vorgehen.

Tab. 9.1 Plannummern für kleinste BUB für $v < 26$ und $\left\{v, 2 < k \leq \dfrac{v}{2}\right\}$

v	k	b	r	λ	Plan
6	3	10	5	2	1
7	3	7	3	1	2
8	3	56	21	6	3
	4	14	7	3	4
9	3	12	4	1	5
	4	18	8	3	6
10	3	30	9	2	7
	4	15	6	2	8
	5	18	9	4	9
11	3	55	15	3	10
	4	55	20	6	11
	5	11	5	2	12
12	3	44	11	2	13
	4	33	11	3	14
	5	132	55	20	15
	6	22	11	5	16
13	3	26	6	1	17
	4	13	4	1	18
	5	39	15	5	19
	6	26	12	5	20
14	3	182	39	6	21
	4	91	26	6	22
	5	182	65	20	23
	6	91	39	15	24
	7	26	13	6	25
15	3	35	7	1	26
	4	105	28	6	27
	5	42	14	4	28
	6	35	14	5	29
	7	15	7	3	30
16	3	80	15	2	31
	4	20	5	1	32
	5	48	15	4	33
	6	16	6	2	34

(Fortsetzung)

Tab. 9.1 (Fortsetzung)

v	k	b	r	λ	Plan
	7	80	35	14	35
	8	30	15	7	36
17	3	136	24	3	37
	4	68	16	3	38
	5	68	20	5	39
	6	136	48	15	40
	7	136	56	21	41
	8	34	16	7	42
18	3	102	17	2	43
	4	153	34	6	44
	5	306	85	20	45
	6	51	17	5	46
	7	306	119	42	47
	8	153	68	28	48
	9	34	17	8	49
19	3	57	9	1	50
	4	57	12	2	51
	5	171	45	10	52
	6	57	18	5	53
	7	57	21	7	54
	8	171	72	28	55
	9	19	9	4	56
20	3	380	57	6	57
	4	95	19	3	58
	5	76	19	4	59
	6	190	57	15	60
	7	380	133	42	61
	8	95	38	14	62
	9	380	171	72	63
	10	38	19	9	64
21	3	70	10	1	65
	4	105	20	3	66
	5	21	5	1	67
	6	42	12	3	68
	7	30	10	3	69
	8	105	40	14	70
	9	35	15	6	71
	10	42	20	9	72
22	3	154	21	2	73
	4	77	14	2	74
	5	462	105	20	75
	6	77	21	5	76
	7	44	14	4	77

(Fortsetzung)

Tab. 9.1 (Fortsetzung)

v	k	b	r	λ	Plan
	8	66	24	8	78
	9	154	63	24	79
	10	77	35	15	80
	11	42	21	10	81
23	3	253	33	3	82
	4	253	44	6	83
	5	253	55	10	84
	6	253	66	15	85
	7	253	77	21	86
	8	253	88	28	87
	9	253	99	36	88
	10	253	110	45	89
	11	23	11	5	90
24	3	184	23	2	91
	4	138	23	3	92
	5	552	115	20	93
	6	92	23	5	94
	7	552	161	42	95
	8	69	23	7	96
	9	184	69	24	97
	10	276	115	45	98
	11	552	253	110	99
	12	46	23	11	100
25	3	100	12	1	101
	4	50	8	1	102
	5	30	6	1	103
	6	100	24	5	104
	7	100	28	7	105
	8	75	24	7	106
	9	25	9	3	107
	10	40	16	6	108
	11	300	132	55	109
	12	50	24	11	110

Entweder wir verwenden bei gleichem v die BUB mit einem Teilstück weniger – also die BUB (v, k − 1). In Tab. 9.1 steht dazu ein Beispiel: brauche nicht (v, k) = (12, 5), aber (v, k) = (12, 4).

v	k	b	r	λ	Plan
12	3	44	11	2	13
	4	33	11	3	14
	5	132	55	20	15

oder wir verwenden bei gleichem v die BUB mit einem Teilstück mehr – also die BUB $(v, k + 1)$. In Tab. 9.1 steht dazu ein Beispiel: brauche nicht $(v, k) = (24, 5)$, aber $(v, k) = (24, 6)$.

v	k	b	r	λ	Plan
24	3	184	23	2	91
	4	138	23	3	92
	5	552	115	20	93
	6	92	23	5	94

Ist keine der Möglichkeiten praktisch durchführbar, erhöhen wir v durch eine Placebobehandlung, die dann nicht mit ausgewertet wird. Anstelle von (v, k) verwendet man also $(v + 1, k)$. Auch hierzu ein Beispiel: brauche nicht $(v, k) = (23, 8)$, aber $(v, k) = (24, 8)$ mit $b = 69$, $r = 23$, $\lambda = 7$, Plan 96:

v	k	b	r	λ	Plan
23	7	253	77	21	86
	8	253	88	28	87
	9	253	99	36	88

In der BUB-Sammlung im elektronischen Zusatzmaterial zu diesem Kapitel (siehe Link in der Fußnote auf der ersten Seite von Kap. 9) wurde Tab. 9.1 mit der Plannummer entsprechend angegeben.

Beispiel 9.5
Wir konstruieren die kleinste BUB für $v = 25$ und $b = 6$.

Wir entnehmen diese BUB, indem wir im elektronischen Zusatzmaterial den Plan 103 der Tab. 9.1 aufrufen. Die 30 Blocks sind:

$(1,2,3,4,5)$; $(21,22,23,24,25)$; $(16,17,18,19,20)$; $(11,12,13,14,15)$; $(6,7,8,9,10)$;
$(1,8,15,17,24)$; $(5,7,14,16,23)$; $(4,6,13,20,22)$; $(3,10,12,19,21)$; $(2,9,11,19,25)$;
$(1,7,13,19,25)$; $(5,6,12,19,24)$; $(4,10,11,17,23)$; $(3,9,15,16,22)$; $(2,8,14,20,21)$;
$(1,6,11,15,21)$; $(5,10,15,20,25)$; $(4,9,14,19,24)$; $(3,8,13,18,23)$; $(2,7,12,17,22)$;
$(1,10,14,18,22)$; $(5,9,13,17,21)$; $(4,8,12,16,25)$; $(3,7,11,20,24)$; $(2,6,15,19,23)$;
$(1,9,12,20,23)$; $(5,8,11,19,22)$; $(4,7,15,18,21)$; $(3,6,14,17,25)$; $(2,10,13,16,24)$.

9.4.3 Auswertung von BUB

Eine wichtige Eigenschaft von BUB ist, dass die Schätzfunktionen der Differenz von Erwartungswerten für jedes Sortenpaar die gleiche Varianz $\sigma^2 \left[\dfrac{2k}{\lambda v} \right]$ hat; der Schätzwert dieser Varianz ist $s^2 \left[\dfrac{2k}{\lambda v} \right]$ mit $s^2 = DQ(Rest)$ mit $(n-v-b+1)$ Freiheitsgraden. Der Standardfehler eines Behandlungsmittels hat den Schätzwert

$$\sqrt{\left(\frac{s^2}{rv}\right)\left[1+\frac{kr(v-1)}{\lambda v}\right]}.$$

Beispiel 9.6

Kuehl (1994) gibt in Übung 9.1 ein Beispiel für einen BUB-Versuch. Ein Gärtner untersuchte die Keimung von Tomatensamen bei vier verschiedenen Temperaturen (25 °C, 30 °C, 35 °C und 40 °C) (Faktor *A*), in einer balancierten unvollständigen Blockanlage (BUB), da für die Studie nur zwei Wachstumskammern für die zu installierenden Temperaturen zur Verfügung standen. Jeder Durchlauf war ein unvollständiger Block, bestehend aus den beiden Wachstumskammern als Versuchseinheiten (*k* = 2). Zwei Versuchstemperaturen wurden den Kammern für jeden Durchlauf (Faktor *B*) zufällig zugeordnet. Die folgenden Daten sind Keimraten der Tomatensamen, wobei ein * bedeutet, dass keine Daten verfügbar sind.

Durchlauf	25 °C	30 °C	35 °C	40 °C
1	24,65	*	*	1,34
2	*	24,38	*	2,24
3	29,17	21,25	*	*
4	*	*	5,90	1,83
5	28,90	*	18,27	*
6	*	25,53	8,42	*

In diesem Versuch ist die Anzahl von Behandlungen *v* = 6, die Anzahl unvollständiger Blocks ist *b* = 6, die Blockgröße ist *k* = 2, die Anzahl von Wiederholungen ist *r* = 3 und der Parameter ist $\lambda = 1$. Mit dem Modell $y_{ij} = \mu + \alpha_i + \beta_j + e_{ij}$ ist die Analyse mit **R**:

```
>  a = rep(c(25,30,35,40), 6)
>  b = c(rep(1,4), rep(2,4), rep(3,4),
         rep(4,4),rep(5,4),rep(6,4))
>  y = c(24.65,NA,NA,1.34,NA,24.38,NA,2.24,29.17,21.25,NA,NA,
         NA,NA,5.90,1.83,28.90,NA,18.27,NA,NA,25.53,8.42,NA)
> A = as.factor(a)
> B = as.factor(b)
> model = lm( y ~ B + A)
> summary(model)
Call:
lm(formula = y ~ B + A)
Residuals:
       1       4       6       8       9      10      15      16      17      19
  0.2325 -0.2325  0.9637 -0.9637  2.6437 -2.6437 -1.1963  1.1962 -2.8763  2.8763
```

```
Coefficients:
            Estimate Std. Error t value Pr(>|t|)
(Intercept)  24.4175     3.2014   7.627  0.00468 **
B2            1.6312     4.1330   0.395  0.71946
B3            2.1087     4.1330   0.510  0.64507
B4           -0.9388     4.1330  -0.227  0.83492
B5            7.3587     4.1330   1.780  0.17304
B6            2.0650     4.5275   0.456  0.67931
A30          -2.6325     3.6967  -0.712  0.52778
A35         -16.3825     3.6967  -4.432  0.02135 *
A40         -22.8450     3.6967  -6.180  0.00853 **
---
Signif. codes:  0 '***' 0.001 '**' 0.01 '*' 0.05 '.' 0.1 ' ' 1
Residual standard error: 3.697 on 3 degrees of freedom
  (12 observations deleted due to missingness)
Multiple R-squared:  0.9701,    Adjusted R-squared:  0.8905
F-statistic: 12.18 on 8 and 3 DF,   p-value: 0.03208

> ANOVA = anova(model)
> ANOVA
Analysis of Variance Table
Response: y
          Df Sum Sq Mean Sq F value  Pr(>F)
B          5 613.66 122.732  8.9811 0.05024 .
A          3 718.29 239.430 17.5206 0.02095 *
Residuals  3  41.00  13.666
---
Signif. codes:  0 '***' 0.001 '**' 0.01 '*' 0.05 '.' 0.1 ' ' 1
```

Der Schätzwert für σ^2 ist $s^2 = 13{,}666$ mit 3 Freiheitsgraden. Aus der ANOVA-Tabelle mit A als Faktor können wir schlussfolgern, dass die Hypothese von gleichen Behandlungseffekten abgelehnt wird, da der F-Test einen P-Wert von $0{,}02095 < 0{,}05$ ergibt.

Mithilfe des R-Pakets lsmeans berechnen wir die Schätzwerte der erwarteten Behandlungserwartungswerte.

```
> library(lsmeans)
> lsm = lsmeans(model, "A" , alpha=0.05)
> lsm
 A  lsmean  SE df lower.CL upper.CL
25   26.45 2.5  3    18.49     34.4
30   23.82 2.5  3    15.86     31.8
35   10.07 2.5  3     2.11     18.0
40    3.61 2.5  3    -4.35     11.6
Results are averaged over the levels of: B
```

```
Confidence level used: 0.95
> contrast(lsm, method = "pairwise")
 contrast estimate  SE df t.ratio p.value
 25 - 30      2.63 3.7  3   0.712  0.8868
 25 - 35     16.38 3.7  3   4.432  0.0625
 25 - 40     22.84 3.7  3   6.180  0.0255
 30 - 35     13.75 3.7  3   3.720  0.0972
 30 - 40     20.21 3.7  3   5.468  0.0358
 35 - 40      6.46 3.7  3   1.748  0.4352
Results are averaged over the levels of: B
P value adjustment: tukey method for comparing a family of 4
estimates
```

Der Standardfehler für einen Schätzwert eines Behandlungserwartungswerts ist

$$\sqrt{\left(\frac{s^2}{rv}\right)\left[1+\frac{kr(v-1)}{\lambda v}\right]} = \sqrt{\left(\frac{13{,}666}{3\cdot 4}\right)\left[1+\frac{2\cdot 3(4-1)}{1\cdot 4}\right]} = 2{,}503.$$ Dies ist in der

R-Ausgabe als `SE` = 2,5 zu finden.

Die Differenz jedes Behandlungspaars hat die gleiche Varianz $\sigma^2[2k/(\lambda\cdot v)]$, der Schätzwert für diese Varianz ist $s^2[2\cdot k/(\lambda\cdot v)] = 13{,}666\cdot(2\cdot 2/(1\cdot 4)) = 13{,}666$ und der Standardfehler ist $\sqrt{13{,}666} = 3{,}697$. In `summary(model)` sehen wir zum Beispiel den Koeffizienten $A30$, der die Differenz der Behandlungen darstellt von $A30 - A25$ mit dem Schätzwert $-2{,}6325$, seinem Standardfehler $3{,}6967$ und dem P-Wert der t-Statistik $0{,}52778$.

In `summary(model)` finden wir die Informationen zu den Behandlungsunterschieden $A40 - A25$ und $A45 - A25$. Die anderen Tests zwischen den Behandlungsunterschieden wie $A35 - A30$ können aus der Tabelle der `lsmeans` mit demselben Standardfehler $3{,}6967$ mit der t-Statistik mit 3 Freiheitsgraden berechnet werden. Diese Tests sind in Tabelle `contrast` zu finden.

9.4.4 Unvollständige Blockanlage für die Sortenprüfung

In der Praxis kann man in der Sortenprüfung die BUB nicht verwenden, da die Anzahl der Wiederholungen r zu groß ist, wenn $v > 10$ gilt. Normalerweise möchte man $r = 3$ oder 4 und auflösbare (engl. *resolvable*) Anlagen verwenden, bei denen eine Menge unvollständiger Blocks vorhanden ist, und bildet eine vollständige Reihe aller v Sorten. Eine Hilfe war das Buch *Experimental design* von Cochran und Cox (1950). In Kap. 9 findet man *BIBD and partially balanced designs*, während in Kap. 10 *lattice designs* (Gitteranlagen) und andere unvollständige Blockanlagen wie *lattice*s und *partial balanced lattices* (für $v = k\times k$), rechteckige Gitter (für $v = k\times(k + 1)$) und kubische Gitter (für $v = k^3$) behandelt werden. Für diese unvollständigen Blockanlagen ist die Varianz der Schätzungen der Differenz der Ertragsfähigkeit von Sorten nicht gleich. Aber oft hat man das Problem, dass diese Anzahl v von Sorten nicht für eine Gitteranlage geeignet ist. Man muss dann selbst eine auflösbare Anlage konstruieren. Die Schwierigkeit war, dass in den Anlagen manchmal Teilstücke fehlen (engl. *missing plots*) und bei Cochran und Cox (1957) die Analyse für diese Fälle nur approximativ ist. Für selbstkonstruierte auflösbare Anlagen war die Analyse umständlich. Die besten linearen erwartungstreuen Schätzfunktionen (BLES; engl. *best linear unbiased estimators*, BLUE) für Sortenkontraste waren dann sehr schwer zu berechnen, indem man die Matrixinversion für die Lösung der Normalgleichungen verwendete. Im Jahr 1957, als das Buch von Cochran und Cox erschien, gab es noch keine leistungsfähigen Rechner, aber an der Landwirtschaftlichen Universität von Wageningen in den Niederlanden wurde diese BLES-Analyse von Stevens bereits von Hand mit einem iterativen Verfahren unter Verwendung mechanisch-elektrischer Rechner durchgeführt. Bereits 1948 hat Stevens eine iterative Lösung veröffentlicht, um BLES für Versuche mit unvollständiger zweifacher Kreuzklassifikation zu erhalten, er konnte aber nicht beweisen, dass dieses iterative Verfahren konvergiert und immer eine Lösung liefert. Kuiper war Mathematikprofessor an der Landwirtschaftlichen Universität von Wageningen und erbrachte 1952 den Konvergenzbeweis für das Iterationsverfahren von Stevens für die unvollständige zweifache Kreuzklassifikation durch Vektorprojektion. Sein Doktorand Corsten promovierte 1958 mit einer Arbeit *Vectors, a tool in statistical regression theory*. Dabei entwickelte er die iterative Methode für unvollständige dreifache Kreuzklassifikationen.

1966 wollte die Regierung von Polen die Sortenprüfung von landwirtschaftlichen Feldversuchen neu organisieren. Der Direktor des 1966 gegründeten Zentrums für Forschung von landwirtschaftlichen Feldversuchen COBORU (Centralny Osrodek Badania Odmian Roslin Uprawnych) in Słupia Wielka Bilski, Polen, lud den stellvertretenden Direktor des niederländischen staatlichen Forschungsinstituts für landwirtschaftliches Feldversuchswesen in Wageningen und Spezialist für Kartoffelsorten, J. A. Hogen Esch, und den Leiter der statistischen Abteilung dieses Instituts, L.. R. Verdooren, ein, um COBORU beim Aufbau der Sortenprüfung und der Anlage von Sortenversuchen zu beraten. 1967 gingen Esch und Verdooren nach Słupia Wielka. Caliński, der statistische Berater von COBORU und statistischer Lektor der Academia Rolnicza (Landwirtschaftliche Universität) in Poznań, besuchte mit Verdooren einige Sortenversuche in der Umgebung.

Nach dem Besuch vieler landwirtschaftlicher Forschungszentren in Polen wurde COBORU von Verdooren geraten, die Verfahren der Niederlande zu nutzen und unvollständige Blockanlagen in den Sortenversuchen anzuwenden, da die Anzahl der Sorten zu groß war, um sie in homogenen vollständigen Blocks anzulegen und nicht mehr als drei Wiederholungen und mehr Prüfstationen zu verwenden. Dies stand im Widerspruch zu den Sortenprüfungen des Bundessortenamts der Bundesrepublik Deutschland, die vollständige Blockanlagen und sechs Wiederholungen verwendeten. Auch die Kombination aus den Ergebnissen von Sortenversuchen in Klimazonen von Polen stellte sich als große, unvollständige, zweifache Kreuzklassifikation heraus und die Analyse erfolgte zu jener Zeit mit der iterativen Kuiper-Corsten-Methode.

Verdooren hielt 1967 in Polen am statistischen Institut der Landwirtschaftlichen Universität Poznań einen Vortrag mit dem Titel „Die Verwendung unvollständiger

Blockanlagen in der landwirtschaftlichen Forschung und ihre Analyse". Die Analyse eines Sortenversuchs mit dem iterativen Kuiper-Corsten-Verfahren wurde dabei vorgestellt. Verdooren erwähnte die fehlende Verknüpfung für die Berechnung der Standardfehler für Differenzen von Sortenmittelwerten. Auf der 7. Internationalen Biometriekonferenz 1970 in Hannover gab Caliński in einem Vortrag die Lösung an, wie auch die Standardfehler für Differenzen von Sortenmittelwerten mit demselben iterativen Kuiper-Corsten-Verfahren abgeleitet werden können (Caliński, 1971).

Zum ersten Arbeitsseminar „Statistical methods in variety testing 1976" lud Bilski von COBORU neben polnischen Statistikern und Sortenprüfern auch Corsten, Verdooren und Patterson sowie Talbot von der University of Edinburgh ein. Dort stellte Patterson die PhD-Arbeit von seinem Doktoranden Williams über die Erweiterung von *incomplete block designs* durch alpha-Anlagen (engl. *alpha-designs*) vor. Diese alpha-Anlagen sind für Sortenprüfungen sehr nützlich, weil es mit ihnen einfacher ist, Anlagen mit einer großen Anzahl von Sorten und verschiedenen Größen unvollständiger Blocks zu finden. COBORU hat diese Anlagen unmittelbar übernommen. Weitere Informationen über die Erweiterung von unvollständigen Blockanlagen gibt es in Patterson und Williams (1976) und Patterson et al. (1978). Die Autoren führen für binär verbundene unvollständige Blockanlagen mit der Blockgröße k die alpha-Anlagen ein. Sie beginnen mit einer rechteckigen Matrix mit den Spaltenlängen k (der Größe der unvollständigen Blocks) aus der Folge von 1, ..., v Sorten und verschieben die Spalten entsprechend zu einer Ansammlung (engl. *array*). Für viele Kombinationen von Behandlungen v und Blockgrößen k geben sie ein Verfahren zur Konstruktion von alpha-Anlagen an. Der Name alpha kommt vom Anfangsbuchstaben α des griechischen Alphabets, das zum Aufbau der Anlage verwendet wurde. John und Williams (1995) stellten weitere alpha-Anlagen auf Basis von zyklischen Anlagen her (für die Definition von zyklischen Anlagen siehe Tabellen von zyklischen Anlagen in Kap. 3 in John et al., 1972; siehe auch Lamacraft & Hall, 1982). Es ist jetzt das Computerprogramm CycDesigN (2014) verfügbar, um unvollständige Blockanlagen als alpha-Anlagen und zyklische Anlagen zu erzeugen (Website von VSN International Limited: http://www.vsni.co.uk/ software/cycdesign/).

Dieses Paket enthält Algorithmen zum Erzeugen unvollständiger Blockanlagen und von Zeilen-Spalten-Anlagen, die bessere Ergebnisse liefern als die alpha-Anlagen und die zyklischen Konstruktionsmethoden.

In Sortenversuchen will man auflösbare (engl. *resolvable*) unvollständige Blockanlagen verwenden, wo die Anlage in r Gruppen unterteilt werden kann, sodass jede Gruppe jede der v Sorten genau einmal enthält.

Die auflösbaren unvollständigen Blockanlagen und insbesondere die sogenannten verallgemeinerten Gitter oder alpha-Anlagen haben sich für Sortenversuche bewährt (Williams, 1977). Das Programm CycDesigN kann solche auflösbaren unvollständigen Blockanlagen erzeugen; der Benutzer kann zwischen *standardized design* und *randomized design* wählen. Alle diese oben erwähnten Anlagen sind zusammenhängend (engl. *connected*). In einer zusammenhängenden unvollständigen Blockanlage kann man alle Differenzen zwischen den Sorten schätzen. Patterson und Silvey (1980) geben etwa 70 % Einsparung von Land und Arbeit für Sortenversuche an, wenn bestimmte unvollständige Blockanlagen statt vollständiger Blockanlagen eingesetzt werden. Solche Anlagen sind mittlerweile für große Sortenversuche sehr beliebt (siehe zum Beispiel Cullis et al., 2006, und Williams et al., 2014). Ein bekanntes weiteres Blockanlageverfahren ist das OPTEX-Verfahren aus dem SAS-Paket, aber es sind zahlreiche andere Pakete verfügbar, darunter eine Reihe von kostenfreien **R**-Paketen.

Für Ölpalmenzuchtversuche sind die alpha-Anlagen sehr nützlich, um zusammenhängende partielle Diallele oder unvollständige Diallelkreuzungsschemata der weiblichen Eltern *Dura* und der männlichen Eltern *Pisifera* zu erzeugen, um die gewünschten *Tenera*-Hybriden zu produzieren. Da die *Tenera*-Palmen an den Hauptdiagonalecken von gleichseitigen Dreiecken mit Seitenlängen von 9 m gepflanzt werden, sind die Teilstücks mit 6×6 Palmen recht groß. Die alpha-Anlagen von Patterson und Williams werden dann verwendet, um auflösbare unvollständige Blockanlagen mit dem Computerprogramm CycDesigN zu finden. Dies wird in Verdooren (2019) beschrieben (siehe weiter Verdooren et al., 2017, wo die Analyse von Ölpalmzuchtversuchen in unvollständigen Blockanlagen mit IBM-SPSS Statistics und SAS zur Schätzung der allgemeinen Kombinationsfähigkeit der Eltern unter Verwendung gemischter Modelle gegeben ist).

Mit modernen Rechnern und Statistikpaketen wie SAS, IBM-SPSS Statistics, Genstat oder **R** wird die iterative Kuiper-Corsten-Methode nicht mehr benötigt und wir schätzen die Sorteneffekte mit der Intrablockanalyse mit der Methode der kleinsten Quadrate unter Verwendung der Matrixlösung der Normalgleichungen mit $\hat{b} = \left(X^T X \right)^{(-1)} X^T y$ und erhalten die Varianz eines Sortenkontrasts $p^T b$ als $\sigma^2 p^T (X^T X)^{-1} p$. Neuerdings analysieren wir Sortenversuche mit Recovery-of-Interblock-Analysis unter Verwendung eines gemischten Modells, bei dem die Wiederholungen und Sorten feste Faktoren, die Effekte der unvollständigen Blocks in den Wiederholungen und die Versuchsfehler aber zufällig sind. Mit der EML-Methode (Patterson & Thompson, 1971, 1975) werden die Varianzkomponenten geschätzt. Durch Einsetzen der Schätzwerte der Varianzkomponenten in die Varianz-Kovarianz-Matrix V ergibt sich die beste lineare erwartungstreue Schätzfunktion (BLES) für b zu $\hat{b} = \left(X^T V^{-1} X \right)^{-1} X^T V^{-1} \boldsymbol{y}$.

Unter Verwendung unvollständiger Blocks in auflösbaren Anlagen für Sortenversuche wird das Modell für den Ertrag neben den festen Effekten von Sorten und Wiederholungen mit einem zufälligen Effekt der unvollständigen Blocks in den Wiederholungen mit der Varianzkomponente σ_b^2 und dem zufälligen Teilstückfehler mit der Varianzkomponente σ^2 erweitert. Die zufälligen Blockeffekte werden voneinander unabhängig und auch unabhängig vom Teilstückfehler angenommen.

Die Verwendung der Varianzkomponenten σ_b^2 und σ^2 bei der Schätzung der Sorteneffekte wird als Ausnutzung der Zwischenblockinformation bezeichnet (Bartlett, 1938). Diese Ausnutzung von Zwischenblockinformation wird auch in der Analyse von Spaltanlagen und von unvollständigen Blocks verwendet.

Beispiel 9.7

Betrachten wir für Ölpalmen (*Elaeis guineensis* Jacquin) den Fall, dass $C = 10$
Tenera-Kreuzungen T1, T2, ..., T10 von $D = 5$ *Dura*-Müttern und $P = 5$ *Pisifera*-
Vätern stammen. In Tab. 9.2 einer unvollständigen zweifacher Kreuzklassifikation
ist das Kreuzungsschema angegeben; ein * zeigt eine fehlende Kreuzung an.

Das Palmenteilstück besteht aus 6 Zeilen mit je 6 Palmen, wobei die Palmen an
der Hauptdiagonalecke eines gleichseitigen Dreiecks mit 9 m Seitenlänge nieder-
gelegt sind. Für die Ertragsfähigkeit einer Kreuzung wird der Ertrag von den
$4 \times 4 = 16$ inneren Palmen genommen. Wir nehmen an, dass das Versuchsfeld sehr
heterogen ist und dass wir nur homogene Wachstumsbedingungen (Blocks) von
fünf benachbarten Teilstücken finden können.

Es wird eine auflösbare alpha-Anlage mit der Blockgröße $k = 5$ und mit $r = 4$
Wiederholungen verwendet. Der Index der *Tenera*-Kreuzung Ti wird vom Programm CycDesigN in der randomisierten auflösbaren alpha-Anlage in Tab. 9.3
angegeben.

Nachdem die Anlage von Tab. 9.3 im Feld angelegt ist, werden nach fünf Jahren
die Erträge y in Tonnen pro Hektar beobachtet (Tab. 9.4), wobei fortlaufende Block-
nummern 1–8 für die Blocks in den Wiederholungen verwendet werden.

Tab. 9.2 Ein zusammenhängendes unvollständiges Diallel aus 10 Kreuzungen *Tenera* (T) von 5
Dura (D) und 5 *Pisifera* (P)

	P1	P2	P3	P4	P5
D1	T1	*	*	*	T10
D2	T2	T3	*	*	*
D3	*	T4	T5	*	*
D4	*	*	T6	T7	*
D5	*	*	*	T8	T9

Tab. 9.3 Randomisierte Anlage von 10 *Tenera*-Kreuzungen in den unvollständigen Blocks der
Größe 5 (Rep = Wiederholung)

Rep 1					
Block 1	9	4	1	6	2
Block 2	5	7	8	10	3
Rep 2					
Block 3	5	4	3	8	1
Block 4	6	2	7	9	10
Rep 3					
Block 5	10	4	9	6	3
Block 6	7	8	1	5	2
Rep 4					
Block 7	9	1	3	5	7
Block 8	10	4	8	6	2

Tab. 9.4 Erträge der Anlage von Tab. 9.3

Rep	Block	*Tenera*	*Dura*	*Pisifera*	*y*
1	1	9	5	5	20,10
1	1	4	3	2	17,50
1	1	1	1	1	15,70
1	1	6	4	3	18,10
1	1	2	2	1	14,60
1	2	5	3	3	16,20
1	2	7	4	4	18,70
1	2	8	5	4	21,10
1	2	10	1	5	18,80
1	2	3	2	2	16,70
2	3	5	3	3	17,20
2	3	4	3	2	15,80
2	3	3	2	2	17,90
2	3	8	5	4	18,10
2	3	1	1	1	15,10
2	4	6	4	3	16,70
2	4	2	2	1	15,00
2	4	7	4	4	20,00
2	4	9	5	5	21,70
2	4	10	1	5	18,60
3	5	10	1	5	16,00
3	5	4	3	2	15,60
3	5	9	5	5	21,50
3	5	6	4	3	17,20
3	5	3	2	2	16,00
3	6	7	4	4	18,40
3	6	8	5	4	17,30
3	6	1	1	1	14,70
3	6	5	3	3	16,70
3	6	2	2	1	13,50
4	7	9	5	5	20,00
4	7	1	1	1	16,00
4	7	3	2	2	14,60
4	7	5	3	3	16,70
4	7	7	4	4	17,20
4	8	10	1	5	17,20
4	8	4	3	2	14,90
4	8	8	5	4	19,10
4	8	6	4	3	18,30
4	8	2	2	1	13,80

Die Analyse mit **R** lautet wie folgt:

```
> b = c(rep(1,5),rep(2,5),rep(3,5),rep(4,5),rep(5,5),rep(6,5),
        rep(7,5),rep(8,5))
> t1 = c(9,4,1,6,2,5,7,8,10,3,5,4,3,8,1,6,2,7,9,10)
> t2 = c(10,4,9,6,3,7,8,1,5,2,9,1,3,5,7,10,4,8,6,2)
> t = c(t1, t2)
> d1 = c(5,3,1,4,2,3,4,5,1,2,3,3,2,5,1,4,2,4,5,1)
> d2 = c(1,3,5,4,2,4,5,1,3,2,5,1,2,3,4,1,3,5,4,2)
> d = c(d1,d2)
> p1 = c(5,2,1,3,1,3,4,4,5,2,3,2,2,4,1,3,1,4,5,5)
> p2 = c(5,2,5,3,2,4,4,1,3,1,5,1,2,3,4,5,2,4,3,1)
> p = c(p1, p2)
> y1 = c(20.1,17.5,15.7,18.1,14.6,16.2,18.7,21.1,18.8,16.7)
> y2 = c(17.2,15.8,17.9,18.1,15.1,16.7,15,20,21.7,18.6)
> y3 = c(16,15.6,21.5,17.2,16,18.4,17.3,14.7,16.7,13.5)
> y4 = c(20,16,14.6,16.7,17.2,17.2,14.9,19.1,18.3,13.8)
> y = c(y1, y2, y3, y4)
> B = as.factor(b)
> T = as.factor(t)
> D = as.factor(d)
> P = as.factor(p)
```

Das Interesse gilt den Differenzen zwischen den *Tenera*. Die Analyse für die *Tenera* erfolgt mit **R.**

```
> model.1 = lm( y ~B + T)
> ANOVA.1 = anova(model.1)
> ANOVA.1
Analysis of Variance Table
Response: y
            Df   Sum Sq Mean Sq F value     Pr(>F)
B            7   21.728   3.104  3.1448    0.01753 *
T            9  121.499  13.500 13.6776  2.777e-07 ***
Residuals   23   22.701   0.987
---
Signif. codes:  0 '***' 0.001 '**' 0.01 '*' 0.05 '.' 0.1 ' ' 1
```

Zur Berechnung der Mittelwerte der kleinsten Quadrate (lsmeans) mit ihrem Standardfehler von *T* und den paarweisen Differenzen verwenden wir das **R**-Paket lsmeans:

```
> library(lsmeans)
> LS.rg = ref.grid(model.1)
> LSM.T = lsmeans(LS.rg,   "T")
```

```
> LSM.T
 T   lsmean     SE df lower.CL upper.CL
 1     15.6 0.529 23     14.5     16.7
 2     14.1 0.529 23     13.0     15.2
 3     16.4 0.529 23     15.3     17.5
 4     15.9 0.529 23     14.8     17.0
 5     16.9 0.537 23     15.8     18.0
 6     17.4 0.537 23     16.3     18.5
 7     18.6 0.529 23     17.5     19.7
 8     18.9 0.529 23     17.8     20.0
 9     20.8 0.529 23     19.7     21.9
10     17.4 0.529 23     16.3     18.5
Results are averaged over the levels of: B
Confidence level used: 0.95
> contrast(LSM.T, method = "pairwise")
 contrast estimate     SE df t.ratio p.value
 1 - 2      1.4802 0.752 23   1.968  0.6270
 1 - 3     -0.7688 0.745 23  -1.032  0.9868
 1 - 4     -0.3135 0.752 23  -0.417  1.0000
 1 - 5     -1.2651 0.726 23  -1.743  0.7614
 1 - 6     -1.7734 0.780 23  -2.272  0.4410
 1 - 7     -2.9750 0.745 23  -3.993  0.0165
 1 - 8     -3.3000 0.745 23  -4.429  0.0060
 1 - 9     -5.1885 0.752 23  -6.900  <.0001
 1 - 10    -1.7885 0.792 23  -2.258  0.4490
 2 - 3     -2.2490 0.792 23  -2.840  0.1807
 2 - 4     -1.7937 0.745 23  -2.407  0.3657
 2 - 5     -2.7453 0.780 23  -3.517  0.0471
 2 - 6     -3.2536 0.726 23  -4.482  0.0053
 2 - 7     -4.4552 0.752 23  -5.925  0.0002
 2 - 8     -4.7802 0.752 23  -6.357  0.0001
 2 - 9     -6.6688 0.745 23  -8.950  <.0001
 2 - 10    -3.2687 0.745 23  -4.387  0.0066
 3 - 4      0.4552 0.752 23   0.605  0.9998
 3 - 5     -0.4964 0.726 23  -0.684  0.9994
 3 - 6     -1.0047 0.780 23  -1.287  0.9468
 3 - 7     -2.2062 0.745 23  -2.961  0.1447
 3 - 8     -2.5312 0.745 23  -3.397  0.0608
 3 - 9     -4.4198 0.752 23  -5.878  0.0002
 3 - 10    -1.0198 0.752 23  -1.356  0.9286
 4 - 5     -0.9516 0.780 23  -1.219  0.9614
 4 - 6     -1.4599 0.726 23  -2.011  0.6003
 4 - 7     -2.6615 0.792 23  -3.361  0.0656
 4 - 8     -2.9865 0.752 23  -3.971  0.0173
 4 - 9     -4.8750 0.745 23  -6.543  <.0001
```

```
4 - 10     -1.4750 0.745 23   -1.980   0.6200
5 -  6     -0.5083 0.811 23   -0.627   0.9997
5 -  7     -1.7099 0.726 23   -2.356   0.3937
5 -  8     -2.0349 0.726 23   -2.803   0.1929
5 -  9     -3.9234 0.780 23   -5.027   0.0015
5 - 10     -0.5234 0.780 23   -0.671   0.9995
6 -  7     -1.2016 0.780 23   -1.539   0.8624
6 -  8     -1.5266 0.780 23   -1.956   0.6347
6 -  9     -3.4151 0.726 23   -4.705   0.0031
6 - 10     -0.0151 0.726 23   -0.021   1.0000
7 -  8     -0.3250 0.745 23   -0.436   1.0000
7 -  9     -2.2135 0.752 23   -2.944   0.1495
7 - 10      1.1865 0.752 23    1.578   0.8454
8 -  9     -1.8885 0.792 23   -2.385   0.3778
8 - 10      1.5115 0.752 23    2.010   0.6011
9 - 10      3.4000 0.745 23    4.563   0.0044
Results are averaged over the levels of: B
P value adjustment: tukey method for comparing a family of 10
estimates
```

In der Ölpalmenzüchtung interessiert man sich jedoch mehr für die Wirkung von
Dura und *Pisifera*, um Kreuzungen zwischen bester *Dura* und *Pisifera* zu ermög-
lichen. Unter Verwendung eines gemischten Modells, bei dem die Blocks zufällige
Effekte haben, ist die Analyse wie folgt vorzunehmen. Für die Analyse eines gemischten Modells benötigen wir die **R**-Pakete lme4 und lmerTest.

```
> library(lme4)
> MODEL = lmer( y ~  D + P + (1|B) )
> MODEL
Linear mixed model fit by REML ['lmerMod']
Formula: y ~ D + P + (1 | B)
REML criterion at convergence: 109.2214
Random effects:
 Groups    Name         Std.Dev.
 B         (Intercept)  0.2795
 Residual               1.0774
Number of obs: 40, groups:  B, 8
Fixed Effects:
(Intercept)         D2           D3          D4         D5         P2
    15.0545     -0.4758      -0.1040      1.4656     2.5067     1.3677
            P3          P4           P5
        1.4022      1.6867       2.9160
```

In der Tabelle von Fixed Effects ist D2 = −0,4758 die Differenz der Least
Squares Means von D2 und D1; P2 = 1,3677 ist die Differenz der Least-
Quadrate Means von P2 und P1 usw.

Mit dem **R**-Paket `lmerTest` können wir die `Least Squares Means` von D und P erhalten:

```
> library(lmerTest)
> MODEL.1 = lmer( y ~ D + P + (1|B) )
> lsm = ls_means(MODEL.1)
> lsm
Least Squares Means table:
```

	Estimate	Std. Error	df	t value	lower	upper	Pr(>|t|)	
D1	16.52901	0.52596	31.0	31.427	15.45631	17.60170	< 2.2e-16	***
D2	16.05317	0.52589	31.0	30.526	14.98060	17.12573	< 2.2e-16	***
D3	16.42505	0.52174	30.6	31.481	15.36033	17.48977	< 2.2e-16	***
D4	17.99461	0.53140	30.4	33.863	16.90989	19.07933	< 2.2e-16	***
D5	19.03567	0.52468	30.9	36.281	17.96550	20.10583	< 2.2e-16	***
P1	15.73298	0.53261	30.1	29.540	14.64546	16.82050	< 2.2e-16	***
P2	17.10068	0.52908	30.8	32.322	16.02137	18.18000	< 2.2e-16	***
P3	17.13517	0.52296	30.8	32.766	16.06827	18.20207	< 2.2e-16	***
P4	17.41966	0.53636	28.8	32.477	16.32242	18.51691	< 2.2e-16	***
P5	18.64900	0.52921	30.8	35.240	17.56938	19.72863	< 2.2e-16	***

```
---
Signif. codes:  0 '***' 0.001 '**' 0.01 '*' 0.05 '.' 0.1 ' ' 1
 Confidence level: 95%
 Degrees of freedom method: Satterthwaite
```

▶ **Übung 9.2** Schätzen Sie in Beispiel 9.7 die `Least Squares Means` für *Dura* und *Pisifera* mit einem Modell mit festen Blockeffekten.

9.5 Zeilen-Spalten-Anlagen

Fisher Box (1980) begann den Abschnitt 4 „*Latin squares*" wie folgt:

> „*The Latin squares that Fisher used as experimental designs had been studied by mathematicians because of their importance in combinatorics. If square designs were to be properly randomised, it was necessary to enumerate the kinds of squares. In 1924 Fisher wrote to the authority on combinatorial analysis, P. A. MacMahon, to inquire about the method by which he had enumerated the 4×4 and 5×5 squares. Evidently, he found for himself satisfactory answers to both his questions. Within a month, he evolved his own direct method of enumeration and found for the 5×5 squares 56 symmetrical parts of reduced squares, of which MacMahon had missed 4. A few months later he enumerated the 6×6 squares, incidentally demonstrating the truth of Euler's belief that there are no 6×6 Greco-Latin squares. Having made the enumeration, he proceeded at once to introduce the squares as experimental layouts. Later, on checking Fisher's enumeration of the 6×6 squares, F. Yates found some squares Fisher had missed; the enumeration was corrected and published* (Fisher & Yates, 1934)."*
>
> F. Yates found the mistake in Fisher when he wrote his article in 1933 „The formation of Latin squares for use in field experiments".

Fisher (1926) schrieb: „*Systematic arrangements in a square, in which the number of rows and columns is equal to the number of varieties, such as*

```
A B C D E        A B C D E
E A B C D        D E A B C
D E A B C        B C D E A
C D E A B        E A B C D
B C D E A        C D E A B
```

have been used previously for variety trials in, for example, Ireland and Denmark; but the term ‚Latin Square' should not be applied to any such systematic arrangements. The problem of the Latin Square, from which the name was borrowed, as formulated by Euler, consists in the enumeration of every possible arrangement, subject to the conditions that each row and each column shall contain one plot of each variety. Consequently, the term Latin Square should only be applied to a process of randomisation by which one is selected at random out of the total number of Latin Squares possible; or, at least, to specify the agricultural requirement more strictly, out of a number of Latin Squares in the aggregate, of which every pair of plots, not in the same row or column, belongs equally frequently to the same treatment. The actual laboratory technique for obtaining a Latin Square of this random type, will not be of very general interest, since it differs for 5×5 and 6×6 squares."

Das erste lateinische Quadrat nach Fisher wurde 1924 von der Forestry Commission in der Bagshot Nursery angelegt. Fisher (1926) bot an, zufällige lateinische Quadrate zu konstruieren und die Versuchsergebnisse in der Rothamsted Experimental Station auszuwerten. Yates (1933a) gibt die Verwendung von lateinischen Quadraten in Feldexperimenten an.

In Fishers Büchern *Statistical methods for research workers* (5. Aufl., 1934; Kap. VIII, S. 254–257) und *The design of experiments* (1935; Kap. V) werden lateinische Quadrate behandelt, in Fisher und Yates' *Statistical tables* (1938, 6. Aufl.,1963) findet man lateinische Quadrate auf S. 22–25 für die Tabelle XV und auf S. 86–89 für die Tabelle XV1, Cochran und Cox (1957) beschreiben auf S. 117–127 die Konstruktion und auf S. 145–147 die Auswertung solcher Quadrate. Um ein lateinisches Quadrat zu verwenden, muss man zunächst zufällig ein Quadrat auswählen, dann die Zeilen und später die Spalten randomisieren. Auch die Behandlungen müssen den Zahlen im lateinisches Quadrat zufällig zugeordnet werden.

Man nimmt an, dass der Fruchtbarkeitsgradient auf einem rechteckigen Versuchsfeld parallel zu einer Seite verläuft und ordnet die Blocks senkrecht zum Fruchtbarkeitsgradienten an.

Bildet beispielsweise ein Graben die Grenze eines Versuchsfelds, so verschieben sich die Grundwasserspiegel, je weiter man sich vom Graben entfernt. Blocks senkrecht zum Grundwasserspiegelgradienten werden parallel zum Graben angelegt. Es kann nun sein, dass aus früheren Versuchen bekannt ist, dass es einen Fruchtbarkeitsgradienten schräg zum Versuchsfeld gibt. Dieser diagonale Fruchtbarkeitsgradient kann parallel zu den Grenzen des Versuchsfelds in zwei Teile zerlegt werden. Nun benötigt man zwei Typen von Blocks, jeweils parallel zu den Grenzen des rechteckigen Versuchsfelds. Eine solche Anlage heißt Zeilen-Spalten-Anlage, wobei eine Art von Blocks durch die Zeilen und die andere Art von Blocks durch die

Spalten der Anlage gegeben sind. Ist die Anzahl der Zeilenblocks gleich der der Spaltenblocks, kann man eine lateinische Quadratanlage verwenden; diese Anlage ist nicht anwendbar, wenn diese Zahlen verschieden sind.

Youden (1937, 1940) erzeugte die ersten Zeilen-Spalten-Anlagen. Im Beispiel zeigen wir eine Anlage für sieben Behandlungen (1,..., 7) mit drei Zeilenblocks und sieben Spaltenblocks, die die ersten drei Zeilen eines 7x7 lateinischen Quadrats sein könnten; dieser Anlagentyp wurde unvollständiges lateinisches Quadrat oder Youden-Anlage genannt (wir vermeiden den eingebürgerten irreführenden Begriff Youden-Quadrat; engl. *Youden-square*).

Die sieben Behandlungen in Zeilen- und Spaltenblocks sind:

Zeilenblocks	Spaltenblocks						
1	1	2	3	4	5	6	7
2	2	3	4	5	6	7	1
3	4	5	6	7	1	2	3

Lateinische Quadrate sind auch brauchbar für Versuche, bei denen eine Interferenz zwischen benachbarten Teilstücken auftritt (Bailey, 1984).

Beispiel 9.8

Bailey (1984) gibt auf S. 114 der Publikation folgendes Beispiel. In der ersten Hälfte des 20. Jahrhunderts hatten Getreidepflanzen lange Halme. Sie wurden sowohl als Stroh genutzt (zum Beispiel für Hüte) als auch als Futtergetreide. In der Versuchsstation in Rothamsted wurde ein Versuch mit Weizen durchgeführt, um festzustellen, ob die Anwendung von Stickstoffdüngemittel den Ertrag des Strohs beeinflusst. Man verwendete sechs Behandlungen (T) mit den Stufen 0, 1, ...,5: kein Düngemittel war „0", die anderen waren die gleiche Menge von Ammoniumsulfat auf 0,4 cwt (cwt = *hundredweight* = 50,802 kg) Stickstoff per *acre* (= 4046,86 m²) zu verschiedenen Zeitpunkten (1 = 26. Oktober, 2 = 19. Januar, 3 = 18. März, 4 = 27. April, 5 = 24. Mai). Sie wurden auf sechs Teilstücken mit Weizen, in einem 6x6 lateinischen Quadrat angewendet. Die Saat wurde im Oktober 1934 ausgebracht, die Stickstoffdüngemittel von Ende Oktober bis Ende Mai. Der Weizen wurde im August 1935 geerntet. Unten findet man die Behandlungen und die Stroherträge in *pounds* (= 0,454 kg) pro Teilstück.

4	0	2	1	3	5
166,0	147,9	184,9	188,4	197,4	181,8
3	4	0	5	1	2
190,8	193,0	168,0	198,8	191,8	197,1
5	2	3	4	0	1
169,2	185,6	185,8	205,2	184,8	180,8
2	3	1	0	5	4
188,5	191,8	174,0	172,4	189,8	168,3
0	1	5	2	4	3
161,1	185,0	177,8	201,7	191,1	168,0
1	5	4	3	2	0
168,0	170,0	170,0	190,5	188,4	134,8

Die Analyse mit **R** ist:

```
>rows = c(rep(1,6),rep(2,6),rep(3,6), rep(4,6), rep(5,6),
      rep(6,6))
> columns = c(rep(c(1,2,3,4,5,6),6))
> t1 = c(4,0,2,1,3,5,3,4,0,5,1,2,5,2,3,4,0,1)
> t2 = c(2,3,1,0,5,4,0,1,5,2,4,3,1,5,4,3,2,0)
> t = c(t1, t2)
> y1 = c(166.0, 147.9, 184.9, 188.4, 197.4, 181.8)
> y2 = c(190.8, 193.0, 168.0, 198.8, 191.8, 197.1)
> y3 = c(169.2, 185.6, 185.8, 205.2, 184.8, 180.8)
> y4 = c(188.5, 191.8, 174.0, 172.4, 189.8, 168.3)
> y5 = c(161.1, 185.0, 177.8, 201.7, 191.1, 168.0)
> y6 = c(168.0, 170.6, 170.0, 190.5, 188.4, 134.8)
> y = c( y1, y2, y3, y4, y5, y6)
> ROWS = as.factor(rows)
> COLUMNS = as.factor(columns)
> T = as.factor(t)
> DATA = data.frame(ROWS, COLUMNS, T, y)
> head(DATA)
  ROWS COLUMNS T      y
1    1       1 4 166.0
2    1       2 0 147.9
3    1       3 2 184.9
4    1       4 1 188.4
5    1       5 3 197.4
6    1       6 5 181.8
> with(DATA, tapply(y, T, mean))
        0        1        2        3        4        5
 161.5000 181.3333 191.0333 187.3833 182.2667 181.3333
> with(DATA, tapply(y, ROWS, mean))
        1        2        3        4        5        6
 177.7333 189.9167 185.2333 180.8000 180.7833 170.3833
> with(DATA, tapply(y, COLUMNS, mean))
        1        2        3        4        5        6
 173.9333 178.9833 176.7500 192.8333 190.5500 171.8000
> model = lm( y ~ROWS + COLUMNS + T)
> ANOVA = anova(model)
> ANOVA
Analysis of Variance Table
Response: y
          Df Sum Sq Mean Sq F value     Pr(>F)
ROWS       5 1324.1  264.82  4.8676  0.0044898 **
COLUMNS    5 2326.3  465.26  8.5519  0.0001835 ***
T          5 3139.6  627.93 11.5419 2.426e-05 ***
```

```
Residuals 20 1088.1    54.40
---
Signif. codes:   0 '***' 0.001 '**' 0.01 '*' 0.05 '.' 0.1 ' ' 1
```

Den Schätzwert s^2 der Varianz findet man als Mean Sq Residuals, also $s^2 = 54{,}40$ mit 20 Freiheitsgraden.

Aus der Varianztabelle folgt, dass Zeilen (ROWS), Spalten (COLUMNS) und T signifikant verschieden sind ($\alpha = 0{,}05$). Folglich war die lateinische Quadratanlage erforderlich, um die Erwartungswerte und den Standardfehler von T zu schätzen. Wir verwenden nun das **R**-Paket lsmeans.

```
> library(lsmeans)
> LS.rg1 = ref.grid(model)
> LSM.T = lsmeans(LS.rg1 , "T")
> LSM.T
 T lsmean   SE df lower.CL upper.CL
 0    162 3.01 20      155      168
 1    181 3.01 20      175      188
 2    191 3.01 20      185      197
 3    187 3.01 20      181      194
 4    182 3.01 20      176      189
 5    181 3.01 20      175      188
Results are averaged over the levels of: ROWS, COLUMNS
Confidence level used: 0.95
```

Der Standardfehler einer Behandlung lsmean ist $\sqrt{(s^2/6)} = \sqrt{(54{,}40/6)} = 3{,}011$. Der Standardfehler der Differenzen zweier T-Mittel ist:

$$\sqrt{\left(s^2 \cdot (2/6)\right)} = \sqrt{\left(54{,}40 \cdot (2/6)\right)} = 4{,}258.$$

Paarweise T-Differenzen sind:

```
> contrast(LSM.T, method = "pairwise")
 contrast estimate   SE df t.ratio p.value
 0 - 1     -19.833 4.26 20  -4.657  0.0018
 0 - 2     -29.533 4.26 20  -6.935  <.0001
 0 - 3     -25.883 4.26 20  -6.078  0.0001
 0 - 4     -20.767 4.26 20  -4.877  0.0011
 0 - 5     -19.833 4.26 20  -4.657  0.0018
 1 - 2      -9.700 4.26 20  -2.278  0.2484
 1 - 3      -6.050 4.26 20  -1.421  0.7148
 1 - 4      -0.933 4.26 20  -0.219  0.9999
 1 - 5       0.000 4.26 20   0.000  1.0000
 2 - 3       3.650 4.26 20   0.857  0.9524
 2 - 4       8.767 4.26 20   2.059  0.3466
```

```
2 - 5       9.700 4.26 20   2.278  0.2484
3 - 4       5.117 4.26 20   1.202  0.8310
3 - 5       6.050 4.26 20   1.421  0.7148
4 - 5       0.933 4.26 20   0.219  0.9999
Results are averaged over the levels of: ROWS, COLUMNS
P value adjustment: tukey method for comparing a family of 6
estimates
```

In Fisher und Yates' Buch *Statistical tables for biological, agricultural and medical research* (1938, 6. Aufl., 1963; S. 27–28) werden Youden-Anlagen besprochen. Cochran und Cox (1957) behandeln in Kap. 13 *incomplete latin squares* (unvollständige lateinische Quadrate) und die Planung und Auswertung von Youden-Anlagen. Yates (1935) veröffentlichte unvollständige lateinische Quadrate. Edmondson (1998, 2002) entwickelte eine Klasse von balancierten Zeilen-Spalten-Anlagen, die er erhielt, indem er eine Zeile von speziellen semilateinischen Quadraten (Berg, 1999) weg ließ, sogenannte trojanische Quadrate. Diese sind ein Typ von semilateinischen Quadraten (Bailey, 1988, 1992). Diese Anlagen sind natürliche Verallgemeinerungen von unvollständigen lateinischen Quadraten von Yates (1935). Bailey (2008) gibt auf S. 211 ein Beispiel eines semilateinischen Quadrats mit bewässertem Reis mit acht Behandlungen als Zeilen-Spalten-Anlage. Die acht Behandlungen sind (A, B, …, H). Es ist günstig, Zeilen in Paaren zusammenzufassen, sodass jede Behandlung einmal in jeder Spalte und einmal in jedem Zeilenpaar auftreten kann (siehe unten).

A	B	C	D
E	F	G	H
D	A	B	C
H	E	F	G
C	D	A	B
G	H	E	F
B	C	D	A
F	G	H	E

Patterson und Robinson (1989) veröffentlichten eine Reihe effizienter Zeilen-Spalten-Anlagen für Sortenversuche mit zwei Wiederholungen. John und Williams (1995) und Williams et al. (2006) entwickelten Zeilen-Spalten-Anlagen unter Verwendung zyklischer Anlagen, die man nun in ihrem Paket CycDesigN (2014) findet. Später erzeugten Piepho et al. (2020) Zeilen-Spalten-Anlagen mit gutem Nachbarschaftsausgleich und gleicher Verteilung von Behandlungen auf die Wiederholungen.

Ein einfacher, gleichmäßiger Trendgradient in einer Richtung kann in orthogonale Zeilen- und Spalteneffekte zerlegt werden, aber dass in einer Anlage auf einem großen Feld ein einfacher, gleichmäßiger Trend existiert, ist unwahrscheinlich. Allgemeinere Zeilen-Spalten-Anlagen mit Zeilen- und Spaltenblocks, hierarchisch in individuelle wiederholte Blocks eingeordnet, geben zum Beispiel Ipinyomi und John (1985), Cheng (1986), Chang und Notz (1990) und Parsad et al. (2001). Anlagen, die gegen Teilstückinferenzen robust sind, beschreiben Azaïs (1987) und Azaïs et al. (1993).

9.6 Düngemittelversuche mit qualitativen Faktoren

Yates und Mather (1963) erwähnten, dass faktorielle Düngemittelversuche bereits im 19. Jahrhundert von Lawes und Gilbert durchgeführt wurden, obwohl man sie nicht ganz verstanden hatte. Faktorielle Anlagen, das heißt die Untersuchung aller Kombinationen der Stufen einer Gruppe von Behandlungen oder „Faktoren" gleichzeitig, waren keineswegs neu. Tatsächlich waren einige der frühen Düngemittelversuche von Lawes und Gilbert in Rothamsted faktorielle Versuche, ihre Vorteile wurden aber nicht erkannt und man glaubte, es sei am besten, immer nur eine Frage zu stellen. Am Anfang wurden Düngemittelversuche mit qualitativen Faktoren auf verschiedenen Stufen (zum Beispiel verschiedenen Typen von Düngemitteln) als „Ein-Faktor-gleichzeitig" angelegt. Nur einer der Faktoren wurde variiert, alle anderen hielt man konstant. Dies ist aber sehr ineffizient. Es ist viel besser, bei der Anlage von Versuchen gleichzeitig die Stufen aller Faktoren, die das Ergebnis beeinflussen können, einzubeziehen. Dann kann man nicht nur die Wirkung der Faktoren, sondern auch deren Wechselwirkungen erfassen.

Fisher schrieb in seiner Publikation (1926): *„Complex Experimentation – Only a minority of field experiments are of the simple type, typified by variety trials, in which all possible comparisons are of equal importance. In most experiments involving manuring or cultural treatment, the comparisons involving single factors, e.g., with or without phosphate, are of far higher interest and practical importance than the much more numerous possible comparisons involving several factors. This circumstance, through a process of reasoning, which can best illustrated by a practical example, leads to the remarkable consequence that large and complex experiments have a much higher efficiency than simple ones."*

In dem Artikel beschreibt er einen komplexen Versuch mit Winterhafer, in dem Stickstoffdüngemittel in Form von Sulfat (S) oder Natriumchlorid (N) als Oberflächendüngung frühzeitig oder spät in der Saison angewendet wurden. Die Mengen wurden mit 0, 1, 2 bezeichnet. Wenn kein Düngemittel ausgebracht wurde, kann man natürlich nicht zwischen S und N unterscheiden, auch nicht zwischen früher und später Anwendung. Der allgemeine Vergleich 0 mit 1 ist aber einer der wichtigsten. Die Anzahl der Teilstücke ohne Stickstoffdünger (sie werden in älteren Versuchen „Kontrolle" genannt) wurde gleich der Anzahl der Teilstücke gewählt, die eine oder zwei Dosen erhielten. Das ergibt 12 Behandlungen (1S early, 1N early, 2S early, 2N early, 1S late, 1N late, 2S late, 2N late plus Kontrolle; viermal wiederholt), die in acht randomisierten Blocks angelegt wurden (heute bezeichnet man dies als 2^3-faktorielle Anlage in acht randomisierten Blocks plus Kontrolle; viermal wiederholt).

Fisher (1926) endete: *„In the above instance no possible interaction of the factors is disregarded; in other cases it will sometimes be advantageous to deliberately sacrifice all possibilities of obtaining information on some points, these being believed confidently to be unimportant, and thus to increase the accuracy attainable on questions of greater moment. The comparisons to be sacrificed will be deliberately confounded with certain elements of the soil heterogeneity, and with them eliminated."*

Beispiel 9.9

Wir betrachten einen qualitativen Versuch als 3^2-faktorielle Anlage, um die Wirkung auf den Ertrag y (in kg/Teilstück) zu testen. Und zwar von drei Stickstoffdüngemitteln (N) (Standardharnstoff [SH], Harnstoff in Tablettenform [TH] und Ammoniumsulfat [AS]) in Kombination mit drei Phosphaten (P) (Christmas Island Steinphosphat [CIRP], Triple super Phosphat [TSP] und China Steinphosphate [CRP]). Solch ein Versuch kann faktoriell in einer randomisierten vollständigen Blockanlage mit zwei Wiederholungen angelegt werden.

Die Erträge der Behandlungskombinationen $NP(i,j)$ mit den Stufen $i = 1, 2$ und 3 für die N-Arten SH, TH und AS und den Stufen $j = 1, 2$ und 3 für die P-Arten CIRP, TSP und CRP können geschätzt und Differenzen zwischen diesen Behandlungskombinationen können getestet werden. Am Ende dieses Experiments waren die Ergebnisse von y wie folgt:

N-Stufe	P-Stufe	Block 1	Block 2
1	1	28,86	27,20
2	1	27,70	26,02
3	1	30,82	29,14
1	2	28,59	27,75
2	2	28,01	27,13
3	2	30,85	29,99
1	3	27,82	26,16
2	3	27,85	26,79
3	3	29,47	27,81

Die Analyse mit **R** ist:

```
> n = rep(c(1,2,3), 6)
> p1 = c(rep(1,3),rep(2,3),rep(3,3))
> p2 = c(rep(1,3),rep(2,3),rep(3,3))
> p = c(p1,p2)
> b = c(rep(1,9),rep(2,9))
> y1 = c(28.86, 27.70, 30.82, 28.59, 28.01, 30.85,
        27.82, 27.85, 29.47)
> y2 = c(27.20, 26.02, 29.14, 27.75, 27.13, 29.99,
        26.16, 26.79, 27.81)
> y = c(y1, y2)
> N = as.factor(n)
> P = as.factor(p)
> B = as.factor(b)
> model = lm( y ~ B + N + P + N*P)
> ANOVA = anova(model)
> ANOVA
Analysis of Variance Table
```

```
Response: y
Df  Sum Sq Mean Sq  F value     Pr(>F)
B         1  7.9734  7.9734   97.5268 9.319e-06 ***
N         2 19.8756  9.9378  121.5550 1.030e-06 ***
P         2  3.4788  1.7394   21.2756 0.0006272 ***
N:P       4  2.1408  0.5352    6.5463 0.0121883 *
Residuals 8  0.6540  0.0818
---
Signif. codes:  0 '***' 0.001 '**' 0.01 '*' 0.05 '.' 0.1 ' ' 1
```

Der Schätzwert der Varianz σ^2 ist $s^2 = $ Mean Sq Residuals $= 0{,}0818$ mit 8 Freiheitsgraden. Aus der Varianztabelle ersieht man (Test mit $\alpha = 0{,}05$), dass die Wechselwirkung N*P und die Haupteffekte N und P signifikant sind. Wir berechnen nun die Mittelwerte der kleinsten Quadrate von N. P und der Wechselwirkung N*P mit dem **R**-Paket lsmeans.

```
> library(lsmeans)
> LS.rg = ref.grid(model)
> LSM.N = lsmeans(LS.rg, "N")
NOTE: Results may be misleading due to involvement in interactions
> LSM.N
 N lsmean    SE df lower.CL upper.CL
 1   27.7 0.117  8     27.5     28.0
 2   27.2 0.117  8     27.0     27.5
 3   29.7 0.117  8     29.4     29.9
Results are averaged over the levels of: B, P
Confidence level used: 0.95
>  contrast(LSM.N, method = "pairwise")
 contrast estimate    SE df t.ratio p.value
 1 - 2        0.48 0.165  8   2.908  0.0464
 1 - 3       -1.95 0.165  8 -11.812  <.0001
 2 - 3       -2.43 0.165  8 -14.720  <.0001
Results are averaged over the levels of: B, P
P value adjustment: tukey method for comparing a family of 3
estimates
```

Der Standardfehler der N-Mittel ist $\sqrt{(s^2/6)} = \sqrt{(0{,}0818/6)} = 0{,}1168$ und der Differenz von zwei N-Mitteln ist $\sqrt{(s^2 \cdot (2/6))} = \sqrt{(0{,}0818/3)} = 0{,}1651$.

```
> LSM.P = lsmeans(LS.rg, "P")
NOTE: Results may be misleading due to involvement in interactions
> LSM.P
 P lsmean    SE df lower.CL upper.CL
 1   28.3 0.117  8     28.0     28.6
 2   28.7 0.117  8     28.5     29.0
 3   27.6 0.117  8     27.4     27.9
```

```
Results are averaged over the levels of: B, N
Confidence level used: 0.95
>  contrast(LSM.P, method = "pairwise")
 contrast estimate    SE df t.ratio p.value
 1 - 2       -0.43 0.165  8  -2.605  0.0725
 1 - 3        0.64 0.165  8   3.877  0.0116
 2 - 3        1.07 0.165  8   6.482  0.0005
Results are averaged over the levels of: B, N
P value adjustment: tukey method for comparing a family of 3
estimates
```

Der Standardfehler eines P-Mittelwerts ist $\sqrt{(s^2/6)} = \sqrt{(0{,}0818/6)} = 0{,}1168$ und der Standardfehler der Differenzen zweier P-Mittelwerte ist $\sqrt{(s^2(2/6))} = \sqrt{(0{,}0818/3)} = 0{,}1651$.

```
> lsm = lsmeans(model, ~ N*P)
> lsm
 N P lsmean    SE df lower.CL upper.CL
 1 1   28.0 0.202  8     27.6     28.5
 2 1   26.9 0.202  8     26.4     27.3
 3 1   30.0 0.202  8     29.5     30.4
 1 2   28.2 0.202  8     27.7     28.6
 2 2   27.6 0.202  8     27.1     28.0
 3 2   30.4 0.202  8     30.0     30.9
 1 3   27.0 0.202  8     26.5     27.5
 2 3   27.3 0.202  8     26.9     27.8
 3 3   28.6 0.202  8     28.2     29.1
Results are averaged over the levels of: B
Confidence level used: 0.95
>  contrast(lsm, method = "pairwise")
 contrast  estimate    SE df t.ratio p.value
 1 1 - 2 1     1.17 0.286  8   4.092  0.0491
 1 1 - 3 1    -1.95 0.286  8  -6.820  0.0023
 1 1 - 1 2    -0.14 0.286  8  -0.490  0.9998
 1 1 - 2 2     0.46 0.286  8   1.609  0.7798
 1 1 - 3 2    -2.39 0.286  8  -8.359  0.0006
 1 1 - 1 3     1.04 0.286  8   3.637  0.0869
 1 1 - 2 3     0.71 0.286  8   2.483  0.3550
 1 1 - 3 3    -0.61 0.286  8  -2.133  0.5117
 2 1 - 3 1    -3.12 0.286  8 -10.912  0.0001
 2 1 - 1 2    -1.31 0.286  8  -4.582  0.0269
 2 1 - 2 2    -0.71 0.286  8  -2.483  0.3550
 2 1 - 3 2    -3.56 0.286  8 -12.451  <.0001
 2 1 - 1 3    -0.13 0.286  8  -0.455  0.9999
 2 1 - 2 3    -0.46 0.286  8  -1.609  0.7798
```

```
2 1 - 3 3      -1.78 0.286  8   -6.225  0.0042
3 1 - 1 2       1.81 0.286  8    6.330  0.0038
3 1 - 2 2       2.41 0.286  8    8.429  0.0005
3 1 - 3 2      -0.44 0.286  8   -1.539  0.8124
3 1 - 1 3       2.99 0.286  8   10.457  0.0001
3 1 - 2 3       2.66 0.286  8    9.303  0.0003
3 1 - 3 3       1.34 0.286  8    4.686  0.0238
1 2 - 2 2       0.60 0.286  8    2.098  0.5291
1 2 - 3 2      -2.25 0.286  8   -7.869  0.0009
1 2 - 1 3       1.18 0.286  8    4.127  0.0471
1 2 - 2 3       0.85 0.286  8    2.973  0.1995
1 2 - 3 3      -0.47 0.286  8   -1.644  0.7628
2 2 - 3 2      -2.85 0.286  8   -9.967  0.0002
2 2 - 1 3       0.58 0.286  8    2.028  0.5646
2 2 - 2 3       0.25 0.286  8    0.874  0.9886
2 2 - 3 3      -1.07 0.286  8   -3.742  0.0762
3 2 - 1 3       3.43 0.286  8   11.996  <.0001
3 2 - 2 3       3.10 0.286  8   10.842  0.0001
3 2 - 3 3       1.78 0.286  8    6.225  0.0042
1 3 - 2 3      -0.33 0.286  8   -1.154  0.9468
1 3 - 3 3      -1.65 0.286  8   -5.771  0.0069
2 3 - 3 3      -1.32 0.286  8   -4.617  0.0258

Results are averaged over the levels of: B
P value adjustment: tukey method for comparing a family of 9
estimates
```

Der Standardfehler der $N*P$-Mittelwerte ist $\sqrt{(s^2/2)} = \sqrt{(0{,}0818/2)} = 0{,}2022$ und der Standardfehler der Differenz von zwei $N*P$-Mittelwerten ist $\sqrt{(s^2 \cdot (2/2))} = \sqrt{0{,}0818} = 0{,}2860$.

Ein anderer Weg, paarweise Differenzen von $N*P$-Mittelwerten zu berechnen, ist der mit dem **R**-Paket emmeans (ein neueres, weiterentwickeltes **R**-Paket von lsmeans) mit folgenden Befehlen:

```
>  library(emmeans)
> marginal = emmeans(model, ~N*P)
> pairs(marginal, adjust = "tukey")
 contrast  estimate    SE df t.ratio p.value
 1 1 - 2 1     1.17 0.286  8   4.092  0.0491
 1 1 - 3 1    -1.95 0.286  8  -6.820  0.0023
```

usw.

Wenn faktorielle Versuche zu groß sind, um in Blocks angelegt zu werden, kann man durch Vermengung unwichtiger Kontraste die Blockgröße verringern. Dies wurde von Fisher (1926) und von Eden und Fisher (1927) beschrieben. Edmondson (2005) beschrieb die Geschichte der Entwicklung faktorieller Versuche wie folgt:

„But Yates (1933b) deals with the subject of complex confounding, where he discussed the design and analysis of a range of blocked and confounded factorial treatment experiments. He gave a fully valid account of the method of reducing block size by confounding unimportant treatment contrasts between blocks."

1935 veröffentlichte Fisher sein Buch *The design of experiments*, in dem er die Begriffe 2^k-Pläne (k Faktoren mit je 2 Stufen), 3^k-Pläne (k Faktoren mit je 3 Stufen) usw. einführte und in Kap. VI (*The factorial design in experimentation*), Kap. VII (*Confounding*) und Kap. VIII (*Special cases of partial confounding*) diskutierte. Yates (1937) fasste dies in seinem Buch *The design and analysis of factorial experiments* zusammen. Edmondson schrieb (2005): *„By the early 1940's, factorial treatment designs were widely used in many areas of research and were of proven value. However, one major practical problem remained. As the number of factors in an experiment increased, the number of factorial combinations needed for a complete factorial treatment design became very large, especially for factors with more than two levels. For a large class of factorial designs the problem was solved by Finney (1945, 1946)."*

Für vermengte faktorielle Anlagen (engl. *confounded factorial designs*) wurden sogenannte Anlagepäckchen (engl. *design keys*) von Patterson (1976), Franklin und Bailey (1977), Patterson und Bailey (1978), Franklin (1985) und Payne und Franklin (1994) entwickelt und angewendet – zu den Anwendungen siehe das Buch *Experimental designs* von Cochran und Cox (5. Aufl., 1957). In Kap. 5 (*Factorial experiments*), Kap. 6 (*Confounding*) und Kap. 6A (*Factorial experiments in fractional replication*) findet man die Planung und Auswertung faktorieller Anlagen und fraktionierter faktorieller Anlagen.

In Sortenversuchen mit Düngemitteln als Behandlungen traten andere Probleme auf. Sorten werden in großen Teilstücken angebaut. Die Düngemittel werden auf kleinere Teile angewendet. Cochran und Cox begannen Kap. 7 ihres Buchs *Experimental designs* (2. Aufl., 1957) mit *„factorial experiments with main effects confounded: split plot designs"*.

Was bedeutet Spaltanlage (engl. *split plot designs*)? Ein Sortenversuch mit v Sorten wird auf großen Teilstücken, den Großteilstücken, in einer vollständigen Anlage mit r Großteilstücken pro Sorte durchgeführt. Jedes Großteilstück wird in b Kleinteilstücke unterteilt. In jedem Großteilstück werden die Düngemittelbehandlungen mit b Stufen randomisiert. Folglich gibt es $n = vrb$ Beobachtungen mit den Erträgen aller Kleinteilstücke. Diese Anlage heißt einfache Spaltanlage.

Fisher beschreibt in *Example 41* (*Analysis of variation in experimental field trials*) in Kap. VII seines Buchs *Statistical methods for research workers* (5. Aufl., 1934; S. 225–231) einen Versuch mit 12 Kartoffelsorten, angebaut in Beeten mit Gründüngung, jede Sorte in drei Beeten (Großteilstücke). Diese Sorten wurden über 36 Beete randomisiert. Jedes Beet einer Sorte wurde in drei Kleinteilstücke unterteilt. Eines von diesen Kleinteilstücken erhielt zur Grunddüngung keinen Zusatz, die beiden anderen erhielten Kaliumsulfat bzw. Kaliumchlorid. Die Varianzanalyse dieser einfachen Spaltanlage wird für den Ertrag angegeben.

Der Name Spaltanlage steht dafür, dass die Behandlungen auf dem Großteilstück als randomisierte vollständige Blockanlage angelegt werden. Die Voraussetzung, dass die einfache Spaltanlage als vollständig randomisierte Anlage und das Kleinteil-stück als vollständig randomisierte Blockanlage angelegt wird, führt dazu, dass die Großteilstückfehler nach $N(0, \sigma_G^2)$ verteilt und wegen der Randomisierung von-einander unabhängig sind. Ferner sind die Kleinteilstückfehler nach $N(0, \sigma^2)$ und wegen der Randomisierung voneinander unabhängig verteilt. Wegen der Randomi-sierung können wir annehmen, dass die Großteilstückfehler und Kleinteilstück-fehler voneinander unabhängig sind.

In industriellen Versuchen werden Spaltanlagen auch oft verwendet (Box et al., 2005). In diesem Buch berichten die Autoren über den berühmten Industriestatistiker Daniel und schreiben: „*All industrial experiments are split-plot experiments*" (siehe hierzu auch den Übersichtsartikel von Jones & Nachtsheim, 2009).

In Spaltanlagen ist die Ausnutzung der Zwischenblockinformation bei gleicher Wiederholungszahl einfach, um den Standardfehler beliebiger Kontraste zu be-rechnen. Bei ungleicher Wiederholungszahl berechnet man heute den Standard-fehler jedoch mittels der Analyse gemischter Modelle. Diese Analyse gemischter Modelle für „schwierige" Spaltanlagen findet man im **R**-Paket aov( ) und in dem von Edmondson (2019) erzeugten **R**-Paket blocksdesign für hierarchische und kreuzklassifizierte Blockanlagen für faktorielle Anlagen und fraktionierte fakto-rielle Anlagen und unstrukturierte Behandlungen (zur Theorie von *general balance for stratified designs [confounding and balance]* siehe Nelder, 1965a, b, und Payne & Tobias, 1992).

Beispiel 9.10

Bailey (2008) beschreibt in Experiment 8.4 eine Spaltanlage. In einer Spaltanlage werden die drei Luzernesorten Ladak (*V1*), Cossack (*V2*) und Ranger (*V3*) auf Großteilstücken in sechs randomisierten vollständigen Blocks *B1*, ..., *B6* geprüft. Jedes Großteilstück wurde in vier Kleinteilstücke eingeteilt, auf die vier Mäharten in jedem Großteilstück zufällig angewendet wurden. Im Sommer wurde die Lu-zerne auf allen Kleinteilstücken zweimal gemäht, die zweite Mahd fand am 27. Juli statt. Die Mäharten waren keine weitere Mahd, (*C1*), eine dritte Mahd am 1. Sep-tember (*C2*), am 20. September (*C3*) oder am 7. Oktober (*C4*). In der folgenden Tabelle findet man die Erträge des Folgejahrs in Tonnen pro *acre* (1 *acre* sind etwa 2 Morgen).

Sorte	Mähart	B1	B2	B3	B4	B5	B6
V1	C1	2,17	1,88	1,62	2,34	1,58	1,66
V1	C2	1,58	1,26	1,22	1,59	1,25	0,94
V1	C3	2,29	1,60	1,67	1,91	1,39	1,12
V1	C4	2,23	2,01	1,82	2,10	1,66	1,10
V2	C1	2,33	2,01	1,70	1,78	1,42	1,35
V2	C2	1,38	1,30	1,85	1,09	1,13	1,06
V2	C3	1,86	1,70	1,81	1,54	1,67	0,88
V2	C4	2,27	1,81	2,01	1,40	1,31	1,06
V3	C1	1,75	1,95	2,13	1,78	1,31	1,30
V3	C2	1,52	1,47	1,80	1,37	1,01	1,31

(Fortsetzung)

Sorte	Mähart	B1	B2	B3	B4	B5	B6
V3	C3	1,55	1,61	1,82	1,56	1,23	1,13
V3	C4	1,56	1,72	1,99	1,55	1,51	1,33

Die Analyse mit **R** ist:

```
> v = c(rep(1,24), rep(2,24),rep(3,24))
>  c = c(rep(c(rep(1,6),rep(2,6),rep(3,6),rep(4,6)), 3))
>  b = rep(c(1,2,3,4,5,6),12)
>  y1 = c(2.17,1.88,1.62,2.34,1.58,1.66)
>  y2 = c(1.58,1.26,1.22,1.59,1.25,0.94)
>  y3 = c(2.29,1.60,1.67,1.91,1.39,1.12)
>  y4 = c(2.23,2.01,1.82,2.10,1.66,1.10)
>  y5 = c(2.33,2.01,1.70,1.78,1.42,1.35)
>  y6 = c(1.38,1.30,1.85,1.09,1.13,1.06)
>  y7 = c(1.86,1.70,1.81,1.54,1.67,0.88)
>  y8 = c(2.27,1.81,2.01,1.40,1.31,1.06)
>  y9 = c(1.75,1.95,2.13,1.78,1.31,1.30)
>  y10 = c(1.52,1.47,1.80,1.37,1.01,1.31)
>  y11 = c(1.55,1.61,1.82,1.56,1.23,1.13)
>  y12 = c(1.56,1.72,1.99,1.55,1.51,1.33)
> y = c(y1, y2, y3, y4, y5, y6, y7, y8, y9, y10, y11, y12)
>  V = as.factor(v)
>  C = as.factor(c)
>  B = as.factor(b)
> # Analysis as a Fixed Model with model.F
>  model.F = lm ( y ~ B + V + B:V + C + C:V)
>  ANOVA.F = aov(model.F)
> summary(ANOVA.F)
             Df Sum Sq Mean Sq F value   Pr(>F)
B             5  4.150  0.8300  29.676 3.38e-13 ***
V             2  0.178  0.0890   3.183   0.051 .
C             3  1.962  0.6542  23.390 2.83e-09 ***
B:V          10  1.362  0.1362   4.871 9.45e-05 ***
V:C           6  0.211  0.0351   1.255   0.297
Residuals    45  1.259  0.0280
---
Signif. codes:  0 `***' 0.001 `**' 0.01 `*' 0.05 `.' 0.1 ` ' 1
```

Die Varianztabelle ANOVA.F gibt die richtigen Quadratsummen, aber falsche *F*-Tests. Der Hauptfaktor *V* hat den Großteilstückfehler als Schätzwert des mittleren Quadrats von B:V 0,1362 mit 10 Freiheitsgraden.

Der Test der Nullhypothese V „Die V-Effekte sind gleich" wird mit der richtigen

Prüfzahl $F_V = \dfrac{DQ(V)}{DQ(B:V)} = \dfrac{0,089}{0,1362} = 0,6535$ durchgeführt   und   der P-Wert

$\Pr(\mathbf{F}(2,10) > 0,6535) = 0,541$ wurde mit **R** berechnet:

```
>  pf(0.6535, 2, 10, lower.tail=FALSE)
[1] 0.5410819
```

Da der P-Wert $0,541 > 0,05$ ist, wird die Nullhypothese über V nicht verworfen.

Die Tests des Faktors C und der Wechselwirkung $V{:}C$ werden in ANOVA. F richtig durchgeführt. Aber um dies für die Spaltanlage direkt zu berechnen, verwenden wir den folgenden Befehl:

```
> ANOVA = aov( y ~ V + Error(B/V) + C + V:C )
> summary(ANOVA)
Error: B
          Df Sum Sq Mean Sq F value Pr(>F)
Residuals 5    4.15    0.83
Error: B:V
          Df Sum Sq Mean Sq F value Pr(>F)
V          2  0.170 0.00901   0.653  0.541
Residuals 10 1.362 0.13623
Error: Within
          Df Sum Sq Mean Sq F value   Pr(>F)
C          3 1.9625  0.6542  23.390 2.83e-09 ***
V:C        6 0.2106  0.0351   1.255    0.297
Residuals 45 1.2585  0.0280
---
Signif. codes:  0 '***' 0.001 '**' 0.01 '*' 0.05 '.' 0.1 ' ' 1
```

In der Varianztabelle ANOVA finden wir die richtigen F-Tests mit ihren P-Werten. Der Hauptfaktor V ist nicht signifikant. Die Effekte von C sind signifikant, die Wechselwirkung $V{:}C$ ist nicht signifikant.

Wir berechnen noch die Mittelwerte von V, C und der Wechselwirkung $V{:}C$.

```
> DATA = data.frame(B, V, C, y)
> with(DATA, tapply(y, V, mean))
       1        2        3
1.666250 1.571667 1.552500
> with(DATA, tapply(y, C, mean))
       1        2        3        4
1.781111 1.340556 1.574444 1.691111
> with(DATA, tapply(y, C:V, mean ))
```

```
   1:1      1:2      1:3      2:1      2:2      2:3      3:1      3:2
1.875000 1.765000 1.703333 1.306667 1.301667 1.413333 1.663333 1.576667
   3:3      4:1      4:2      4:3
1.483333 1.820000 1.643333 1.610000
```

Die Mittelwerte von *V1*, *V2* und *V3* haben den Standardfehler $\sqrt{(0{,}13623/24)} = 0{,}07534$ mit 10 Freiheitsgraden. Die Differenz zwischen zwei *V*-Mittelwerten hat den Standardfehler $\sqrt{(0{,}13623 \cdot (2/24))} = 0{,}10655$.

Wir berechnen nun die paarweisen Differenzen der *V*-Mittelwerte und ihre 95-%-Konfidenzgrenzen.

```
>  V1.V2 = 1.666250 - 1.571667
> V1.V2
[1] 0.094583
> t.wert = qt(0.975, 10)
> t.wert
[1] 2.228139
> SED = 0.10655
>   KI.unten = V1.V2 -t.wert*SED
> KI.unten
[1] -0.1428252
> KI.oben = V1.V2 + t.wert*SED
> KI.oben
[1] 0.3319912
> V1.V3 = 1.666250 - 1.552500
> KI.unten = V1.V3 -t.wert*SED
> KI.unten
[1] -0.1236582
> KI.oben = V1.V3 + t.wert*SED
> KI.oben
[1] 0.3511582
> V2.V3 = 1.571667 - 1.552500
> KI.unten = V2.V3 -t.wert*SED
> KI.unten
[1] -0.2182412
> KI.oben = V2.V3 + t.wert*SED
> KI.oben
[1] 0.2565752
```

Da in allen drei 95-%-Konfidenzintervallen der Wert 0 ist, gibt es keine signifikanten Unterschiede zwischen den Sorten. Dies ist bereits aus der ANOVA-Tabelle ersichtlich, wo der *P*-Wert $= 0{,}541 > 0{,}05$ für den Test von *V* ist.

Die Mittelwerte von *C1*, *C2*, *C3* und *C4* haben den Standardfehler $\sqrt{(0{,}0280/18)} = 0{,}0394$ mit 45 Freiheitsgraden. Die Differenz zwischen zwei *C*-Mittelwerten hat den Standardfehler $\sqrt{(0{,}0280 \cdot (2/18))} = 0{,}0558$.

Die Mittelwerte der Wechselwirkung $C_i \times V_j$ haben einen Standardfehler $\sqrt{(0{,}0280/6)} = 0{,}0683$ mit 45 Freiheitsgraden. Die Differenz zwischen zwei derartigen Wechselwirkungen hat den Standardfehler $\sqrt{(0{,}0280 \cdot (2/6))} = 0{,}0966$.

Mit dem **R**-Paket `lsmeans` berechnen wir nun die Mittelwerte und Differenzen von C und $C \times V$.

```
> library(lsmeans)
> LS.rg = ref.grid(model.F)
> LSM.C = lsmeans(LS.rg,  "C")
NOTE: Results may be misleading due to involvement in interactions
> LSM.C
 C lsmean     SE df lower.CL upper.CL
 1    1.78 0.0394 45     1.70     1.86
 2    1.34 0.0394 45     1.26     1.42
 3    1.57 0.0394 45     1.50     1.65
 4    1.69 0.0394 45     1.61     1.77
Results are averaged over the levels of: B, V
Confidence level used: 0.95
> contrast(LSM.C, method = "pairwise")
 contrast estimate     SE df t.ratio p.value
 1 - 2        0.441 0.0557 45   7.903  <.0001
 1 - 3        0.207 0.0557 45   3.707  0.0031
 1 - 4        0.090 0.0557 45   1.614  0.3810
 2 - 3       -0.234 0.0557 45  -4.196  0.0007
 2 - 4       -0.351 0.0557 45  -6.289  <.0001
 3 - 4       -0.117 0.0557 45  -2.093  0.1710
Results are averaged over the levels of: B, V
P value adjustment: tukey method for comparing a family of 4
estimates
> lsm = lsmeans(model.F, ~ C*V)
> lsm
 C V lsmean     SE df lower.CL upper.CL
 1 1    1.88 0.0683 45     1.74     2.01
 2 1    1.31 0.0683 45     1.17     1.44
 3 1    1.66 0.0683 45     1.53     1.80
 4 1    1.82 0.0683 45     1.68     1.96
 1 2    1.76 0.0683 45     1.63     1.90
 2 2    1.30 0.0683 45     1.16     1.44
 3 2    1.58 0.0683 45     1.44     1.71
 4 2    1.64 0.0683 45     1.51     1.78
 1 3    1.70 0.0683 45     1.57     1.84
 2 3    1.41 0.0683 45     1.28     1.55
 3 3    1.48 0.0683 45     1.35     1.62
 4 3    1.61 0.0683 45     1.47     1.75
Results are averaged over the levels of: B
```

```
Confidence level used: 0.95
> contrast(lsm, method = "pairwise")
 contrast   estimate    SE df t.ratio p.value
 1 1 - 2 1    0.5683 0.0966 45   5.886 <.0001
 1 1 - 3 1    0.2117 0.0966 45   2.192 0.5633
 1 1 - 4 1    0.0550 0.0966 45   0.570 1.0000
 1 1 - 1 2    0.1100 0.0966 45   1.139 0.9909
 1 1 - 2 2    0.5733 0.0966 45   5.938 <.0001
 1 1 - 3 2    0.2983 0.0966 45   3.090 0.1168
 1 1 - 4 2    0.2317 0.0966 45   2.399 0.4272
 1 1 - 1 3    0.1717 0.0966 45   1.778 0.8210
 1 1 - 2 3    0.4617 0.0966 45   4.781 0.0010
 1 1 - 3 3    0.3917 0.0966 45   4.056 0.0094
 1 1 - 4 3    0.2650 0.0966 45   2.745 0.2387
 2 1 - 3 1   -0.3567 0.0966 45  -3.694 0.0261
 2 1 - 4 1   -0.5133 0.0966 45  -5.317 0.0002
 2 1 - 1 2   -0.4583 0.0966 45  -4.747 0.0012
 2 1 - 2 2    0.0050 0.0966 45   0.052 1.0000
 2 1 - 3 2   -0.2700 0.0966 45  -2.796 0.2161
 2 1 - 4 2   -0.3367 0.0966 45  -3.487 0.0449
 2 1 - 1 3   -0.3967 0.0966 45  -4.108 0.0081
 2 1 - 2 3   -0.1067 0.0966 45  -1.105 0.9929
 2 1 - 3 3   -0.1767 0.0966 45  -1.830 0.7933
 2 1 - 4 3   -0.3033 0.0966 45  -3.142 0.1039
 3 1 - 4 1   -0.1567 0.0966 45  -1.623 0.8915
 3 1 - 1 2   -0.1017 0.0966 45  -1.053 0.9953
 3 1 - 2 2    0.3617 0.0966 45   3.746 0.0227
 3 1 - 3 2    0.0867 0.0966 45   0.898 0.9988
 3 1 - 4 2    0.0200 0.0966 45   0.207 1.0000
 3 1 - 1 3   -0.0400 0.0966 45  -0.414 1.0000
 3 1 - 2 3    0.2500 0.0966 45   2.589 0.3157
 3 1 - 3 3    0.1800 0.0966 45   1.864 0.7739
 3 1 - 4 3    0.0533 0.0966 45   0.552 1.0000
 4 1 - 1 2    0.0550 0.0966 45   0.570 1.0000
 4 1 - 2 2    0.5183 0.0966 45   5.368 0.0002
 4 1 - 3 2    0.2433 0.0966 45   2.520 0.3543
 4 1 - 4 2    0.1767 0.0966 45   1.830 0.7933
 4 1 - 1 3    0.1167 0.0966 45   1.208 0.9855
 4 1 - 2 3    0.4067 0.0966 45   4.212 0.0060
 4 1 - 3 3    0.3367 0.0966 45   3.487 0.0449
 4 1 - 4 3    0.2100 0.0966 45   2.175 0.5750
 1 2 - 2 2    0.4633 0.0966 45   4.799 0.0010
 1 2 - 3 2    0.1883 0.0966 45   1.951 0.7222
 1 2 - 4 2    0.1217 0.0966 45   1.260 0.9801
 1 2 - 1 3    0.0617 0.0966 45   0.639 1.0000
```

```
1 2 - 2 3    0.3517 0.0966 45    3.642   0.0300
1 2 - 3 3    0.2817 0.0966 45    2.917   0.1695
1 2 - 4 3    0.1550 0.0966 45    1.605   0.8981
2 2 - 3 2   -0.2750 0.0966 45   -2.848   0.1951
2 2 - 4 2   -0.3417 0.0966 45   -3.539   0.0393
2 2 - 1 3   -0.4017 0.0966 45   -4.160   0.0070
2 2 - 2 3   -0.1117 0.0966 45   -1.157   0.9898
2 2 - 3 3   -0.1817 0.0966 45   -1.882   0.7638
2 2 - 4 3   -0.3083 0.0966 45   -3.193   0.0922
3 2 - 4 2   -0.0667 0.0966 45   -0.690   0.9999
3 2 - 1 3   -0.1267 0.0966 45   -1.312   0.9732
3 2 - 2 3    0.1633 0.0966 45    1.692   0.8626
3 2 - 3 3    0.0933 0.0966 45    0.967   0.9977
3 2 - 4 3   -0.0333 0.0966 45   -0.345   1.0000
4 2 - 1 3   -0.0600 0.0966 45   -0.621   1.0000
4 2 - 2 3    0.2300 0.0966 45    2.382   0.4381
4 2 - 3 3    0.1600 0.0966 45    1.657   0.8775
4 2 - 4 3    0.0333 0.0966 45    0.345   1.0000
1 3 - 2 3    0.2900 0.0966 45    3.004   0.1412
1 3 - 3 3    0.2200 0.0966 45    2.279   0.5055
1 3 - 4 3    0.0933 0.0966 45    0.967   0.9977
2 3 - 3 3   -0.0700 0.0966 45   -0.725   0.9998
2 3 - 4 3   -0.1967 0.0966 45   -2.037   0.6670
3 3 - 4 3   -0.1267 0.0966 45   -1.312   0.9732
Results are averaged over the levels of: B
P value adjustment: tukey method for comparing a family of 12
estimates
```

Nun schätzen wir die Varianzkomponenten mit der EML-Methode. Wir müssen dazu das **R**-Paket lme4 installieren.

```
> library(lme4)
> MODEL = lmer( y ~ V + B + (1|B:V) + C + V:C)
> MODEL
Linear mixed model fit by REML ['lmerMod']
Formula: y ~ V + B + (1 | B:V) + C + V:C
REML criterion at convergence: 7.3316
Random effects:
 Groups   Name        Std.Dev.
 B:V      (Intercept) 0.1645
 Residual             0.1672
Number of obs: 72, groups:  B:V, 18
Fixed Effects:
(Intercept)          V2           V3           B2           B3           B4
   2.152361   -0.110000   -0.171667   -0.180833   -0.087500   -0.206667
```

```
       B5          B6          C2          C3          C4      V2:C2
 -0.501667   -0.687500   -0.568333   -0.211667   -0.055000   0.105000
      V3:C2       V2:C3       V3:C3       V2:C4       V3:C4
  0.278333    0.023333   -0.008333   -0.066667   -0.038333
```

Der Schätzwert der Großteilstückrestvarianz ist das Quadrat von `V.B Std. Dev` $= 0{,}1645^2 = 0{,}0271$.

Der Schätzwert der Kleinteilstückrestvarianz ist das Quadrat von `Residual Std.Dev.` $= 0{,}1672^2 = 0{,}0280$.

Nun schätzen wir die Varianzkomponenten mit der EML-Methode auch mit dem **R**-Paket VCA.

```
> library(VCA)
> MODEL.VC = anovaMM( y~V + B + (V:B) + C + V:C,
            VarVC.method= "scm" , DATA)
> MODEL.VC
Analysis of Variance Table:
---------------------------
       DF        SS        MS        VC              F value      Pr(>F)
V       2  0.178019  0.089010  -0.002265  0.000000   3.18259      0.0509604 .
B       5  4.149824  0.829965   0.057811  0.240439  29.67585   3.37817e-13 ***
V:B    10  1.362347  0.136235   0.027067  0.164520   4.87115   9.45472e-05 ***
C       3  1.962471  0.654157   0.034392  0.185452  23.38974   2.82558e-09 ***
V:C     6  0.210558  0.035093   0.001188  0.034461   1.25477      0.2972672
error  45  1.258546  0.027968   0.027968  0.167235
---
Signif. codes:  0 '***' 0.001 '**' 0.01 '*' 0.05 '.' 0.1 ' ' 1
Mean: 1.596806 (N = 72)
Experimental Design: balanced  |  Method: ANOVA
```

Der Schätzwert der Großteilstückrestvarianz ist `VC V:B` 0,027067.
Der Schätzwert der Kleinteilstückrestvarianz ist `VC error` 0,027968. **E**

▶ **Übung 9.3** Wir beschreiben nun eine Spaltanlage mit drei Hafersorten und vier Stickstoffdüngemitteln. Es wurden sechs Blocks *B1*, ..., *B6* mit drei Teilstücken zufällig angeordnet. Auf den Teilstücken in jedem Block wurde jede der drei Hafersorten *V1*, *V2*, *V3* ausgesät. Jedes Teilstück wurde in vier Kleinteilstücke unterteilt und diese wurden den Stickstoffdüngemitteln zufällig zugeordnet. Die vier Stickstoffdüngemittel waren *N1*, *N2*, *N3* und *N4*. Der Ertrag ist in kg/Teilstück angegeben. Die Ergebnisse in kg sind in der folgenden Tabelle angegeben:

Block	Sorte	*N1*	*N2*	*N3*	*N4*
B1	*V1*	111	130	157	174
B1	*V2*	117	114	161	141
B1	*V3*	105	140	118	156
B2	*V1*	74	89	81	122
B2	*V2*	64	103	132	133
B2	*V3*	70	89	104	117
B3	*V1*	61	91	97	100
B3	*V2*	70	108	126	149
B3	*V3*	96	124	121	144
B4	*V1*	62	90	100	116
B4	*V2*	80	82	94	126
B4	*V3*	63	70	109	99
B5	*V1*	68	64	112	86
B5	*V2*	60	102	89	96
B5	*V3*	89	129	132	124
B6	*V1*	53	74	118	113
B6	*V2*	89	82	86	104
B6	V3	97	99	119	121

Führen Sie die Auswertung der Spaltanlage mit **R** durch.

9.7 Düngemittelversuche mit quantitativen Faktoren

Düngemittelversuche mit p Faktoren und drei quantitativen Stufen je Faktor (3^p) wurden in der landwirtschaftlichen Praxis zwar schon angewendet, aber die Auswertung erfolgte mit den in Kap. 6 beschriebenen Methoden. Die Varianztabelle für ein Beispiel eines Versuchs mit N-, P- und K-Düngemittel mit quantitativen Stufen erlaubt die Schätzung der Haupteffekte von N, P und K, der Wechselwirkungen NP, NK und PK und der dreifachen Wechselwirkung NPK.

Vor dem Zweiten Weltkrieg wurde nicht nach einer optimalen Kombination der Düngermengen gesucht. Unmittelbar nach dem Krieg gab es dazu erste Schritte und Box und Wilson (1951) beschrieben in einem grundlegenden Text die Auswertung mit Wirkungsfunktionen und versuchten, optimale Bedingungen zu finden. Box (er heiratete später Fishers zweite Tochter Joan) arbeitete in der chemischen Industrie – zunächst in England und dann in den USA an der University of Wisconsin. Wirkungsfunktionen sind einfache quadratische Funktionen unabhängiger Variablen, um den Zusammenhang zwischen einer Wirkung und diesen Einflussvariablen zu beschreiben (Abschn. 6.2.1).

Die Wirkung soll über einen vorgegebenen Versuchsbereich der Einflussvariablen maximiert werden. Man setzt dabei voraus, dass die Wirkung quadratisch in der Umgebung des Optimums von den Einflussvariablen abhängt. Eine 2^p-faktorielle Anlage ist für die quadratischen Effekte ungeeignet. Aber 3^p-faktorielle Anlagen können zu vielen Messungen führen. Box und Wilson (1951) führten daher zentral zusammengesetzte Anlagen (engl. *central composite design*) ein, die 2^p-faktorielle Anlagen um einen zusätzlichen Punkt als Zentrum ergänzen (hinzu kommen Punkte, Sternpunkte genannt). Es gibt eine Teilklasse von zentral zusammengesetzten Anlagen, die drehbaren Anlagen (engl. *rotatable designs*). Drehbare Anlagen ergeben die gleiche Varianz der Schätzungen für Punkte, die äquidistant vom Zentrum sind.

Mead und Pike (1975) gaben die erste Übersicht der Wirkungsflächenmethodologie für landwirtschaftliche und biometrische Probleme. Jetzt werden zentral zusammengesetzte Anlagen für Düngemittelversuche verwendet, um die optimale Kombination der Stufen von Düngemittelfaktoren zu schätzen, die zum maximalen Ertrag einer Feldfrucht führen.

Das folgende Beispiel eines Düngemittelversuchs mit den Faktoren N, P und K zeigt dies. Die Stufen der Düngemittel einer zentral zusammengesetzten Anlage werden wie folgt kodiert: $-\alpha$, -1, 0, 1, α. Die Punkte des 2^3-faktoriellen Anlage haben die Stufen -1 und 1. Diese Punkte heißen Würfelpunkte, weil sie auf den Hauptdiagonalecken eines Würfels liegen; ihre Anzahl ist 2^3. Dann gibt es für jeden Faktor zwei Sternpunkte, mit $-\alpha$ und α kodiert, dazu den Zentrumspunkt, kodiert als $(0, 0, 0)$ für die drei Faktoren.

Für eine rotierbare Anlage gilt $\alpha = $ (Anzahl der Würfelpunkte)$^{1/4}$, also in diesem Fall $\alpha = (8)^{1/4} = 1{,}682$. Der zentral zusammengesetzte, rotierbare Plan für N, P, K besteht aus den 8 Würfelpunkten $(-1, -1, -1)$, $(1, -1, -1)$, $(-1, 1, -1)$, $(1, 1, -1)$, $(-1, -1, 1)$, $(1, -1, 1)$, $(-1, 1, 1)$, $(1, 1, 1)$, den Sternpunkten $(-1{,}682, 0, 0)$, $(1{,}682, 0, 0)$, $(0, -1{,}682, 0)$, $(0, 1{,}682, 0)$, $(0, 0, -1{,}682)$, $(0, 0, 1{,}682)$ und dem Zentrumspunkt $(0, 0, 0)$, also aus $n = 23$ Punkten. Die Zuordnung der Daten zu den Punkten ist randomisiert. Die echten Dosen der Düngemittel findet man wie folgt. Aus früheren Versuchen seien obere und untere Grenzen g_u und g_o für die N-, P- und K-Düngemittel bekannt. Die Breite des Bereichs (g_u, g_o) darf nicht zu klein sein (etwa $A = \dfrac{1}{2}(g_o - g_u)$), wir setzen ferner $B = \dfrac{1}{2a}(g_o - g_u)$. Dann sind die aktuell zu verwendenden Dosen Z aus den kodierten Dosen X des zentral zusammengesetzten Plans $Z = A + B \cdot X$.

In einer 3^3-faktoriellen Anlage mit kodierten Stufen -1, 0 und 1 würden wir $3^3 = 27$ Messstellen benötigen und die Schätzfunktion der Parameter der quadratischen Funktion hat eine größere Varianz als die für den zentral zusammengesetzten Plan. Auch ist die 3^3-faktorielle Anlage nicht rotierbar.

Mit **R** kann man die Parameter einer quadratische Wirkungsfläche schätzen.

Bei Cochran und Cox (1957) findet man in Kap. 8A (*Some methods for the study of response surfaces*) die Planung und Auswertung quadratischer Wirkungsfunktion. Im Abschnitt 8A.26 (*Examination of the fitted surface*) auf S. 352 wird die Analyse für zwei quantitative Variablen mittels Höhenlinien demonstriert. Wirkungsflächen werden oft durch quadratische Einflussvariablen erhalten. Man kann aber auch spezielle, eigentlich nichtlineare Funktionen mit Asymptoten verwenden (Abschn. 6.3). Näheres hierzu findet man bei Yahuza (2011).

Khuri (2017) gibt eine Übersicht über die Wirkungsflächenmethodologie. Eine Wirkungsfläche kann man durch ein beliebiges Modell anpassen, sie ist nicht notwendig quadratisch. Moderne Methoden verwenden Splines oder lokale Regressionsmethoden. Wood (2017) beschreibt die Anwendung von verallgemeinerten additiven Modellen für die lokale Anpassung von Wirkungsflächen. Optimale Planungsalgorithmen findet man zum Beispiel bei Atkinson und Donev (1992), Pukelsheim (1993), Atkinson et al. (2007), Fedorov (2010) und Atkinson et al. (2014).

Beispiel 9.11

Wir betrachten in Kap. 6 das Beispiel 6.3 mit vier Düngerarten x_1 (Stickstoff), x_2 (Phosphor), x_3 (Kalium) und x_4 (Magnesium). Die Regressorvariable y ist der Preis des Ertrags pro Teilstück in Euro, vermindert um alle Kosten für Dünger, Arbeitsaufwand usw. Das Modell y für die beobachteten Werte von y sei nach $N(E(y), \sigma^2)$ verteilt mit

$$E\left(y\right)= \beta_0 + \beta_1 x_1 + \beta_2 x_2 + \beta_3 x_3 + \beta_4 x_4 + \beta_{11} x_1^2 + \beta_{22} x_2^2 + \beta_{33} x_3^2 + \beta_{44} x_4^2 +$$
$$\beta_{12} x_1 x_2 + \beta_{13} x_1 x_3 + \beta_{14} x_1 x_4 + \beta_{23} x_2 x_3 + \beta_{24} x_2 x_4 + \beta_{34} x_3 x_4 .$$

Damit beschreibt $E(y)$ eine quadratische Wirkungsfläche mit vier Regressorvariablen.

9.8 Feldversuche mit räumlicher Auswertung

Edmondson (2005) schreibt, dass räumliche Methoden für die Analyse von Feldversuchen schon auf Sanders (1930) zurückgehen; er untersuchte die Regression des jährlichen Ernteertrags desselben Teilstücks auf den Ertrag des Vorjahrs. Eden (1931) führte eine ähnliche Untersuchung für mehrjährige Erträge von Tee mittels Regression des Ertrags von Teestauden auf den Ertrag derselben Stauden in den Vorjahren. Sanders fand kaum Vorteile mit dieser Methode, aber Eden fand sehr erhebliche Genauigkeitsverbesserungen. Federer und Schlottfeldt (1954) geben eine Kovarianzregression auf die Teilstücklage. Ein anderes Vorgehen der räumlichen Analyse im Feldversuchswesen schlug Papadakis (1937) vor, der eine Methode der Trendeliminierung durch Anpassung einer Regression der Erträge von Teilstücken auf den Ertrag von Nachbarteilstücken beschrieb. Er meinte, dass dies für räumliche Effekte besser geeignet sei als randomisierte Blocks und empfahl die Verwendung systematischer statt randomisierter Anlagen. Einen Überblick der Methode von Papadakis als Nächster-Nachbar-Analyse (NNA) gibt Mohany (2001). Bartlett (1938) untersuchte die Methode von Papadakis theoretisch unter Verwendung der Daten zweier vollständiger Anlagen und fand, dass der Effizienzgewinn erheblich sein kann, wenn eine Korrelation zwischen Teilstücken besteht, und meinte, die Methode „*should be approximately valid und sometimes useful*". Jedoch bemerkte er, dass die Methode „*hardly, as Papadakis suggests, affect the design of experiments of the randomised block type*". Mit modernen Rechnern entstand Anfang der 1970er-Jahre ein wesentlicher Aufschwung des Interesses im *Journal of Agricultural Science*, Cambridge. Edmondson (2005) gibt in Tabelle I eine Übersicht mit wenigen Kommentaren über alle relevanten Arbeiten zur räumlichen Analyse von Feldversuchen, veröffentlicht im *Journal of Agricultural Science*, Cambridge, ab 1970.

Die Nächster-Nachbar-Analyse erfuhr eine Wiederbelebung durch Wilkinson et al. (1983). Sie führten ein lineares Modell für den Mittelwert des i-ten Genotyps $y_i = \sum z_j/n_j$ für j in n_j Teilstücken mit dem i-ten Genotyp auf einem inneren Teilstück und die zweiten Differenzen $z_j = v_j - (v_{j-1} + v_{j+1})/2$ ein, wobei v_j der Ertrag der Sorte auf dem Teilstück j ist. Schwarzbach (1984) führte einen Algorithmus für eine Iteration zur Anwendung der Nächster-Nachbar-Analyse für Feldversuche ein. Das Programm ANOFT von Schwarzbach, in Basic geschrieben, wurde von vielen Pflanzenzuchtorganisationen genutzt. Gleeson und Cullis (1987) verwendeten REML zur Anwendung in Nächster-Nachbar-Analysen für Feldversuche.

Die moderne räumlich Analyse von Feldversuchen ist die Nutzung geostatistischer Modelle. Für kleinflächige räumliche Trends sind stationäre geostatistische Modelle geeignet; für großflächige Versuche verwendet man Polynome oder Splines. Zur Modellwahl werden Variogrammanalysen oder Likelihood-basierte Untersuchungen nach Gilmour et al. (1997) genutzt.

Ein anderes Vorgehen, und zwar die räumliche Korrelation innerhalb der Blocks nur als Zusatzkomponente zu verwenden, um räumliche Trends zu eliminieren, ist in Williams (1986) beschrieben. Er benutzte ein lineares Varianzmodell. Seine Methode gibt Randomisierungsschutz, wenn die räumliche Komponente unnötig ist; sie vermeidet die Modellwahl für Komponenten für kleinflächige räumliche Trends und ist relativ leicht für kleine Pflanzenzuchtorganisationen zu implementieren. Das lineare Varianzmodell ohne Verwendung unvollständiger Blocks ist verwandt mit dem Erste-Differenzen-Modell von Besag und Kempton (1986). Räumliche Modelle basierend auf autoregressiven Modellen erster Ordnung für zwei Dimensionen werden von Cullis und Gleeson (1991) beschrieben. Beachten Sie, dass für die Analyse räumlicher Modelle die REML-Methode verwendet wird.

Die meisten Analysen von räumlich korrelierten Daten verwenden derzeit autoregressive Strukturen, wie sie in den statistischen Paketen ASReml, Genstat und SAS implementiert sind. Es stehen spezialisierte Anlagenalgorithmen für Versuche mit räumlichen Korrelationen zur Verfügung. Das Paket CycDesigN kann dies; für andere Algorithmen siehe Eccleston und Chan (1998), Coombes (2002), Coombes et al. (2002) und Butler (2013).

Piepho et al. (2008) zeigen, wie die Nächster-Nachbar-Analyse und das lineare Varianzmodell von Williams (1986) leicht auf gemischte Modelle erweitert werden können. Wir haben bisher die eindimensionale räumliche Analyse beschrieben; für zweidimensionale Analysen siehe Piepho und Williams (2010) und Piepho et al. (2015).

Die Anwendung von verallgemeinerten additiven Modellen (VAM) für die Anpassung räumlicher Daten ist in der ökologischen Modellierung sehr wichtig (Wood, 2004, 2017 und Wood et al., 2013). Ein VAM ist ein verallgemeinertes lineares Modell, in dem die lineare Vorhersage linear von der Ausgleichsfunktion und den Vorhersagevariablen abhängt. Die Methode von Wood und die **R**-Pakete mgcv und gamm4 spielen für den räumlichen Ausgleich landwirtschaftlicher Versuche eine immer größere Rolle. Die beste Methodologie für den Ausgleich von Feldversuchen ist die Anwendung von hierarchischem Ausgleich in die Ausgleichsfunktion innerhalb einzelner Zeilen (oder Spalten) eingesetzt wird, wobei Zeilen-(oder Spalten-)

effekte durch zufällige Effekte in verallgemeinerten additiven gemischten Modellen modelliert werden (ein zweidimensionaler Ausgleich ist wegen der Teilstückform oft unrealistisch). Auf hierarchische verallgemeinerte additive Modelle (VAM, engl. *generalized additive models*, GAM) in der Ökologie weisen Pedersen et al. (2019) hin. Die Anwendung dieser Methoden für Feldversuche wird gerade untersucht.

Versuchsanlagen für die räumliche Analyse unter Verwendung linearer Varianzmodelle beschreibt Williams (1985). Kürzlich führten Piepho et al. (2018) NB&ED-Anlagen (NB&ED für engl. *neighbour balance and evenness of distribution*; Nachbarausgleich und Gleichheit von Verteilung) ein, die die Anwendung räumlicher Methoden verbessern. Ein Problem mit solchen räumlichen Anlagen ist die mögliche Verzerrung der Fehlervarianz bei traditioneller Blockbildung. Williams und Piepho (2019) meinen jedoch, die Verzerrung der Fehlervarianz in NB&ED-Anlagen sei klein.

Die nutzerfreundliche räumliche Methode SpATS wird in Versuchen zur Hirsezucht verwendet, die den räumlichen Trend ausgleichen (Velazco et al., 2017). Diese Methode verwendet zweidimensionale *P*-Splines mit anisotropem Ausgleich wie in gemischten Modellen.

Eine mathematische Beschreibung der Methoden der räumlichen Statistik findet man in Kap. 12 (*Spatial statistics*) bei Rasch et al. (2020).

Literatur

Atkinson, A., Donev, A., & Tobias, R. (2007). *Optimum experimental designs, with SAS*. Oxford Statistical Science Series.

Atkinson, A. C., & Bailey, R. A. (2001). One hundred years of the design of experiments on and off the pages of Biometrika. *Biometrika, 88*, 53–97.

Atkinson, A. C., & Donev, A. N. (1992). *Optimum experimental designs*. Oxford University Press/ Clarendon Press.

Atkinson, A. C., Fedorov, V. V., Pronzato, L., Wynn, H. P., & Zhigljavsky, A. A. (2014). *Design of optimal experiments. Theory and contemporary applications*. Wiley. ISSN 9781118139165.

Azaïs, J. M. (1987). Design of experiments for studying intergenotypic competition. *Journal of the Royal Statistical Society, Series B, 49*, 334–345.

Azaïs, J. M., Bailey, R. A., & Monod, H. (1993). A catalogue of efficient neighbor designs with border plots. *Biometrics, 49*, 1252–1261.

Bailey, R. A. (1984). Quasi-complete Latin squares: Construction and randomization. *Journal of the Royal Statistical Society Series B, 46*, 323–334.

Bailey, R. A. (1988). Semi-Latin squares. *Journal of Statistical Planning and Inference, 8*, 299–312.

Bailey, R. A. (1992). Efficient semi-Latin squares. *Statistica Sinica, 2*, 413–437.

Bailey, R. A. (2008). *Design of comparative experiments*. Cambridge University Press.

Bartlett, M. S. (1938). The approximate recovery of information from replicated field experiments with large blocks. *Journal of Agricultural Science, Cambridge, 28*, 418–427.

Berg, W. van den (1999). Procedure Agsemilatin generates semi-Latin squares. In *Genstat 5 Procedure Library Manual Release PL11*. Numerical Algorithms Group.

Berry, D. J. (2015). The resisted rise of randomization in experimental design: British agricultural science, c.1910–1930. *History and Philosophy of the Life Sciences, 37*(3), 242–260. ISSN 0391-9714.

Besag, J., & Kempton, R. (1986). Statistical analysis of field experiments using neighbouring plots. *Biometrics, 42*, 231–251.

Box, G., Hunter, W., & Hunter, S. (2005). *Statistics for experimenters: Design, innovation, and discovery, 2nd edition*. Wiley-Intersciences.

Box, G. E. P., & Wilson, K. B. (1951). On the experimental attainment of optimum conditions. *Journal of the Royal Statistical Society, Series B, 13*, 1–45.

Butler, D. G. (2013). *On the optimal design of experiments under the linear mixed model*. PhD thesis, University of Queensland, Brisbane.

Caliński, T. (1971). On some desirable patterns in block designs. *Biometrics, 27*, 275–292.

Chang, Y. J., & Notz, W. I. (1990). Method of constructing optimal block designs with nested rows and columns. *Utilitas Mathematica, 38*, 263–276.

Cheng, C. S. (1986). A method for constructing balanced incomplete block designs with nested rows and columns. *Biometrika, 73*, 695–700.

Cochran, W. G., & Cox, G. M. (1950). *Experimental designs, 1st edition*. John Wiley & Sons, Inc.

Cochran, W. G., & Cox, G. M. (1957). *Experimental designs, 2nd edition*. Wiley. [Added are two chapters: 6A (Factorial experiments in fractional replication) and 8A (Some methods for the study of response surfaces)].

Coombes, N. E. (2002). *The reactive tabu search for efficient correlated experimental designs*. PhD thesis, John Moores University, Liverpool UK.

Coombes, N. E., Payne, R. W., & Lisboa, P. (2002). Comparison of nested simulated annealing and reactive tabu search for efficient experimental designs with correlated data. In W. Haerdle & B. Ronz (Hrsg.), *COMPSTAT 2002 proceedings in computational statistics* (S. 249–254). Physica-Verlag.

Corsten, L. C. A. (1958). *Vectors, a tool in statistical regression theory*. PhD thesis, Landbouwhogeschool Wageningen, Veenman, Wageningen.

Cullis, B. R., & Gleeson, A. C. (1991). Spatial analysis of field experiments – An extension to two dimensions. *Biometrics, 47*, 1449–1460.

Cullis, B. R., Smith, A. B., & Coombes, N. E. (2006). On the design of early generation variety trials with correlated data. *Journal of Agricultural, Biological and Environmental Statistics, 11*(4), 381–393.

CycDesigN (2014). *A package for the computer generation of experimental designs*. (See the website of VSN-international: http://www.vsni.co.uk/software/cycdesign/).

Dyke, G. V. (1993). *John Lawes of Rothamsted: Pioneer of science, farming and industry*. Hoos Press.

Eccleston, J., & Chan, B. (1998). Design algorithms for correlated data. In R. Payne & P. Green (Hrsg.), *COMPSTAT 1998, proceedings in computational statistics* (S. 41–52). Physica-Verlag.

Eden, T. (1931). Studies in the yield of tea, I. The experimental errors of field experiments with tea. *Journal of Agricultural Science, Cambridge, 21*, 547–573.

Eden, T., & Fisher, R. A. (1927). Studies in crop variation VI. The experimental determination of the value of top dressing with cereals. *Journal of Agricultural Science, Cambridge, 17*, 548–562.

Edmondson, R. N. (1998). Trojan squares and incomplete Trojan square designs for crop research. *Journal of Agricultural Science, Cambridge, 131*, 135–142.

Edmondson, R. N. (2002). Generalised incomplete Trojan design. *Biometrika, 89*, 877–891.

Edmondson, R. N. (2005). Past developments and future opportunities in the design and analysis of crop experiments. *Journal of Agricultural Science, Cambridge, 143*, 27–33.

Edmondson, R. N. (2019). *Package 'blocksdesign'*. https://cran.r-project.org/web/packages/blocksdesign/index.html

Federer, W. T., & Schlottfeldt, C. S. (1954). The use of covariance to control gradients. *Biometrics, 10*, 282–290.

Fedorov, V. (2010). *Optimal experimental design*. https://doi.org/10.1002/wics.100

Finney, D. J. (1945). The fractional replication of factorial and arrangements. *Annals of Eugenics, 12*, 291–301.

Finney, D. J. (1946). Recent developments in the design of field experiments, III fractional replications. *Journal of Agricultural Science, Cambridge, 36*, 184–191.

Fisher, R. A. (1925a). Applications of student's distribution. *Metron, 5*, 90–104.

Fisher, R. A. (1925b). *Statistical methods for research workers, 1st edition*. Oliver & Boyd. (Fifth edition, 1934).

Fisher, R. A. (1926). The arrangement of field experiments. *Journal of the Ministry of Agriculture of Great Britain, 33*, 503–513.

Fisher, R. A. (1935). *The design of experiments, 1st edition*. Oliver & Boyd. (Eighth edition 1966; reprinted 1971, Hafner Publishing Company, Inc., New York).

Fisher, R. A. (1956). *Statistical methods and scientific inference*. Oliver and Boyd. [Later edition: 1959].

Fisher, R. A., & Mackenzie, W. A. (1923). Studies in crop variation. II The manurial response of different potato varieties. *Journal of Agricultural Science, Cambridge, 13*, 311–320.

Fisher, R. A., & Yates, F. (1934). The 6x6 Latin squares. *Proceedings of the Cambridge Philosophical Society, 30*, 492–507.

Fisher, R. A., & Yates, F. (1938). *Statistical Tables for biological, agricultural and medical research, first edition*. Oliver and Boyd. (Sixth edition 1963).

Fisher Box, J. (1978). *R. A. Fisher: The life of a scientist*. Wiley.

Fisher Box, J. (1980). R. A. Fisher and the design of experiments, 1922–1926. *The American Statistician, 34*, 1–7.

Franklin, M. F. (1985). Selecting defining contrasts and confounded effects in p^{n-m} factorial experiments. *Technometrics, 27*, 165–172.

Franklin, M. F., & Bailey, R. A. (1977). Selection of defining contrasts and confounded effects in two-level experiments. *Applied Statistics, 26*, 321–326.

Gilmour, A. R., Cullis, B. R., & Verbyla, A. P. (1997). Accounting for natural and extraneous variation in the analysis of field experiments. *Journal of Agricultural, Biological and Environmental Statistics, 2*, 269–263.

Gleeson, A. C., & Cullis, B. R. (1987). Residual maximum likelihood (REML) estimation of a neighbour model for field experiments. *Biometrics, 43*, 277–288.

Gower, J. C. (1988). Statistics and agriculture. *Journal of the Royal Statistical Society, Series A (Statistics in Society), 151*(1), 179–200.

Gregory, P. J., & Northcliff, S. (Hrsg.). (2013). *Soil conditions and plant growth*. Wiley-Blackwell Ltd./John Wiley & Sons Ltd.

Hacking, I. (1988). Telepathy, origins of randomization. *Experimental Design, 79*(3), A Special Issue on Artifact and Experiment, 427–451, The University of Chicago Press on behalf of The History of Science Society.

Hall, N. S. (2007). R. A. Fisher and his advocacy of randomization. *Journal of the History of Biology, 40*, 295–325.

Hedayat, A., & Federer, W. T. (1975). On the Nonexistence of Knut Vik designs for all even orders. *The Annals of Statistics, 3*, 445–447.

Hsu, J. C. (1996). *Multiple comparisons*. Chapman & Hall.

Ipinyomi, R. A., & John, J. A. (1985). Nested generalized cyclic row-column designs. *Biometrika, 72*, 403–409.

John, J. A., & Williams, E. R. (1995). *Cyclic and computer generated designs, second edition*. Chapman & Hall.

John, J. A., Wolock, F. W., & David, H. A. (1972). *Cyclic designs*. National Bureau of Standards, Applied Mathematics Series 62.

Johnston, A. E., & Poulton, P. R. (2018). The importance of long-term experiments in agriculture: Their management to ensure continued crop production and soil fertility; the Rothamsted experience. *European Journal of Soil Science, 69*, 113–125.

Jones, B., & Nachtsheim, C. J. (2009). Split-plot designs: What, why and how. *Journal of Quality Technology, 41*, 340–361.

Khuri, A. I. (2017). A general overview of response surface methodology. *Biometrics & Biostatistics International Journal, 5*(3), 0013, 8 pages. https://doi.org/10.15406/bbij.2017.05.00133

Kuehl, R. O. (1994). *Statistical principles of research design and analysis.* Duxbury Press.

Kuiper, N. H. (1952). Variantie-analyse. *Statistica, 6,* 149–194. An English translation of this Dutch article is published in 1983 as "Analysis of Variance", *Mededelingen van de Landbouw-hogeschool te Wageningen, Nederland, 83*(10).

Lamacraft, R. R., & Hall, W. B. (1982). Tables of incomplete cyclic block designs: r=k. *Australian Journal of Statistics, 24,* 350–360.

Liebig, J. von (1840). *Die organische Chemie in ihrer Anwendung auf Agricultur und Physiologie* (Eng. Organic chemistry in its applications to agriculture and physiology), Friedrich Vieweg und Sohn Publ. Co., Braunschweig.

Liebig, J. von. (1855a). *Die Grundsätze der Agrikultur-Chemie mit Rücksicht auf die in England angestellten Untersuchungen 1st and 2nd ed.* Friedrich Vieweg und Sohn Publ. Co.

Liebig, J. von. (1855b). *The principles of agricultural chemistry, with special reference to the late researches made in England* (William Gregory, Professor of Chemistry in the University of Edinburgh, Trans.). John Wiley, 167 Broadway.

Maindonald, J. H., & Cox, N. R. (1984). Use of statistical evidence in some recent issues of DSIR agricultural journals. *New Zealand Journal of Agricultural Research, 27,* 597–610.

Mead, R., & Pike, D. J. (1975). A review of response surface methodology from a biometric point of view. *Biometrics, 31,* 571–590.

Miller, R. G. (1981). *Simultaneous statistical inference.* Springer Verlag.

Mohany, R. G. (2001). *Papadakis nearest neighbor analysis of yield in agricultural experiments.* Conference on Applied Statistics, Kansas State University. https://doi.org/10.4148/2175-7772.1216.

Nelder, J. A. (1965a). The analysis of randomized experiments with orthogonal block structure. I Block structure and the null analysis of variance. *Proceedings of the Royal Society, Series A, 283,* 147–162.

Nelder, J. A. (1965b). The analysis of randomized experiments with orthogonal block structure. II Treatment structure and the general analysis of variance. *Proceedings of the Royal Society, Series A, 283,* 163–178.

Papadakis, J. S. (1937). *Méthode statistique pour des expériences sur champ.* Bulletin 23, Institut pour l'Amélioration des Plantes, Salonique (Grèce).

Parsad, R., Gupta, V. K., & Voss, D. (2001). Optimal nested row-column designs. *Journal of the Indian Agricultural Statistics, 54*(2), 224–257.

Patterson, H. D. (1976). Generation of factorial designs. *Journal of the Royal Statistical Society, Series B, 38,* 175–179.

Patterson, H. D., & Bailey, R. A. (1978). Design keys for factorial experiments. *Applied Statistics, 27,* 335–343.

Patterson, H. D., & Robinson, D. L. (1989). Row-and-column designs with two replicates. *Journal of Agricultural Science, Cambridge, 112,* 73–77.

Patterson, H. D., & Silvey, V. (1980). Statutory and recommended list trials of crop varieties in the United, Kingdom (with discussion). *Journal of the Royal Statistical Society, Series A, 143,* 219–252.

Patterson, H. D., & Thompson, R. (1971). Recovery of inter-block information when block sizes are unequal. *Biometrika, 58,* 545–554.

Patterson, H. D., & Thompson, R. (1975). Maximum likelihood estimation of components of variance. In L. C. A. Corsten & T. Postelnicu (Hrsg.), *Proceedings of the 8th International Biometric Conference, Constanta* (S. 197–207).

Patterson, H. D., & Williams, E. R. (1976). A new class of resolvable incomplete block designs. *Biometrika, 63,* 83–92.

Patterson, H. D., Williams, E. R., & Hunter, E. A. (1978). Block designs for variety trials. *Journal of Agricultural Science, Cambridge, 90,* 395–400.

Payne, R. W., & Franklin, M. F. (1994). Data structures and algorithms for an open system to design and analyse generally balanced designs. In R. Dutter & W. Grossman (Hrsg.), *COMPSTAT 94 Proceedings in Computational Statistics* (S. 429–434). Physica-Verlag.

Payne, R. W., & Tobias, R. D. (1992). General balance, combination of information and the analysis of covariance. *Scandinavian Journal of Statistics, 19*, 3–23.

Pedersen, E. J., Miller, D. L., Simpson, G. L., & Ross, N. (2019). Hierarchical generalized additive models in ecology: An introduction with mgcv. *PeerJ, 7*, e6876. https://doi.org/10.7717/peerj.6876

Perry, J. N. (1986). Multiple-comparison procedures: A dissenting view. *Journal Economic Entomology, 79*, 1149–1155.

Piepho, H. P., & Williams, E. R. (2010). Linear variance models for plant breeding trials. *Plant Breeding, 129*, 1–8.

Piepho, H. P., Richter, C., & Williams, E. R. (2008). Nearest neighbour adjustment and linear variance models in plant breeding trials. *Biometrical Journal, 50*, 164–189.

Piepho, H. P., Möhring, J., Pflugfelder, M., Hermann, W., & Williams, E. R. (2015). Problems in parameter estimation for power and AR(1) models of spatial correlation in designed field experiments. *Communications in Biometry and Crop Science, 10*, 3–16.

Piepho, H. P., Michel, V., & Williams, E. R. (2018). Neighbour balance and evenness of distribution of treatment replications in row-column designs. *Biometrical Journal, 60*, 1172–1189.

Piepho, H. P., Williams, E. R., & Michel, V. (2020). Generating row-column designs with good neighbour balance an even distribution of treatments replications. *Journal Agronomy and Crop Science, 00*, 1–9. https://doi.org/10.1111/jac.12463

Preece, D. A. (1990). R. A. Fisher and experimental design: A review. *Biometrics, 46*, 925–935.

Pukelsheim, F. (1993). *Optimal design of experiments*. Wiley.

Raper, S. (2019). Turning points: Fisher's random idea. *Significance Magazine, Royal Statistical Society*. https://doi.org/10.1111/j.1740-9713.2019.01230

Rasch, D., & Herrendörfer, G. (1982). *Statistische Versuchsplanung*. VEB Deutscher Verlag der Wissenschaften.

Rasch, D., & Herrendörfer, G. (1986). *Experimental design· Sample size determination and block designs*. D. Reidel Publishing Company.

Rasch, D., & Herrendörfer, G. (1991). *Statystyczne planowanie doświadczeń*. Wydawnictwo Naukowa.

Rasch, D., Pilz, J., Verdooren, R., & Gebhardt, A. (2011). *Optimal experimental design with R*. Chapman & Hall/CRC, Taylor und Francis Group, LLC, 33487-2742.

Rasch, D., Teuscher, F., & Verdooren, L. R. (2014). A conjecture about BIBDs. *Communications in Statistics-Simulation and Computation, 43*, 1526–1537.

Rasch, D., Verdooren, R., & Pilz, J. (2020). *Applied statistics*. Wiley.

Russell, E. J. (1913). *Soil conditions and plant growth, second impression*. Longmans, Green and Co.

Russell, S. J. (1926). Field experiments: How they are made and what they are. *Journal of the Ministry of Agriculture of Great Britain, 32*, 989–1001.

Sanders, H. G. (1930). A note on the value of uniformity trials for subsequent experiments. *Journal of Agricultural Science, Cambridge, 20*, 63–73.

Schwarzbach, E. (1984). A new approach in the evaluation of field trials. *Vorträge für Pflanzenzüchtung, 6*, 249–259.

Sprengler, C. (1826). Über Pflanzenhumus, Humusssäure und humussäure Salze, (Eng. About plant humus, humic acids and salt of humic acids). *Archiv für die Gesammte Naturlehre, 8*, 145–220.

Sprengler, C. (1828). Von den Substanzen der Ackerkrume und des Untergrundes (Engl. About the substances in the plow layer and the subsoil). *Journal für Technische und Ökonomische Chemie, 2*, 423–474, and *3*, 42–99, 313–352 and 397–321.

Stevens, W. L. (1948). Statistical analysis of a non-orthogonal tri-factorial experiment. *Biometrika, 35*, 346–367.

Student. (1908). The probable error of a mean. *Biometrika, 6*, 1–25.

Student. (1923). On testing varieties of cereals. *Biometrika, 15*, 271–293.

Student. (1924). Amendment and correction of "On testing varieties of cereals". *Biometrika, 16*, 411.

Tukey, J. W. (1953a). The problem of multiple comparisons. Unpublished manuscript. In *The collected works of John W. Tukey VIII. Multiple comparisons: 1948–1983* (S. 1–300). Chapman and Hall.

Tukey, J. W. (1953b). Multiple comparisons. *Journal of the American Statistical Association, 48*, 624–625.

Van der Ploeg, R. R., Böhm, W., & Kirkham, M. B. (1999). On the origin of the theory of mineral nutrition of plants and the law of the minimum. *Soil Science American Journal, 63*, 1055–1062.

Velazco, J. G., Rodriguez-Alvarez, M. X., Boer, M. P., Jordan, D. R., Eilers, P. H. C., Malosetti, M., & Van Eeuwijk, F. A. (2017). Modelling spatial trends in sorghum breeding trials using a two-dimensional P-spline mixed model. *Theoretical and Applied Genetics, 130*, 1375–1372. https://doi.org/10.1007/s00122-017-2894-4. Epub 2017 Apr 3.

Verdooren, L. R. (2019). Use of alpha-designs in oil palm breeding trials. *American Journal of Theoretical and Applied Statistics, 8*, 136–143. https://doi.org/10.11648/j.ijepe.20190804.12

Verdooren, R., Soh, A. C., Mayes, S., & Roberts, J. (2017). Chapter 12 field experimentation. In A. C. Soh, S. Mayes, & J. A. Roberts (Hrsg.), *Oil palm breeding, genetics and genomics*. CRC Press/Taylor & Francis Group.

Vik, K. (1924). Bedømmelse av feilen på forsøksfelter med og uten malestokk, (Eng. Assessment of the error on test fields with and without paint stick.). *Meldinger fra Norges Landbrukshøgskole, 4*, 129–181.

Wilkinson, G. N., Eckert, S. R., Hancock, T. W., & Mayo, O. (1983). Nearest Neighbour (NN) analysis of field experiments (with discussion). *Journal of the Royal Statistical Society, Series B, 45*, 151–211.

Williams, E. R. (1977). Iterative analysis of generalized lattice designs. *Australian and New Zealand Journal of Statistics, 19*, 39–42.

Williams, E. R. (1985). A criterion for the construction of optimal neighbour designs. *Journal of the Royal Statistical Society, Series B, 47*, 489–497.

Williams, E. R. (1986). A neighbour model for field experiments. *Biometrika, 73*, 279–287.

Williams, E. R., & Piepho, H. P. (2019). Error variance bias in neighbour balance and evenness of distribution designs. *Australian and New Zealand Journal of Statistics, 61*, 466–473.

Williams, E. R., John, J. A., & Whitaker, D. (2006). Construction of resolvable spatial row-column designs. *Biometrics, 62*, 103–108.

Williams, E. R., John, J. A., & Whitaker, D. (2014). Construction of more flexible and efficient p-rep designs. *Australian and New Zealand Journal of Statistics, 56*, 89–96.

Wood, S. N. (2004). Stable and efficient multiple smoothing parameter estimation for generalized additive models. *Journal of the American Statistical Association, 9*, 673–686.

Wood, S. N. (2017). *Generalized additive models: An introduction with R, 2nd edition*. Chapman and Hall/CRC Texts in Statistical Science.

Wood, S. N., Scheipl, F., & Faraway, J. J. (2013/2011 online). Straightforward intermediate rank tensor product smoothing in mixed models. *Statistics and Computing, 23*(3), 341–360.

Yahuza, I. (2011). Yield-density equations and their application for agronomic research: A review. *International Journal of Biosciences, 1*(5), 1–17.

Yates, F. (1933a). The formation of Latin squares for use in field experiments. *Empire Journal of Experimental Agriculture, 1*, 235–244.

Yates, F. (1933b). The principles of orthogonality and confounding in replicated experiments – With seven text-figures. *Journal of Agricultural Science, Cambridge, 23*, 108–195.

Yates, F. (1935). Complex experiments. *Supplement to the Journal of the Royal Statistical Society, 2*, 181–247.

Yates, F. (1937). *The design and analysis of factorial experiments*. Technical Communication no. 35 of the Commonwealth Bureau of Soils (alternatively attributed to the Imperial Bureau of Soil Science).

Yates, F. (1964). Sir Ronald Fisher and the design of experiments. *Biometrics, 20*, 307–321.

Yates, F., & Mather, K. (1963). Obituary: Ronald Aylmer Fisher, 1890–1962. *Biographical Memoirs of Fellows of the Royal Society.* https://royalsocietypublishing.org/doi/10.1098/rsbm.1963.0006.

Youden, W. J. (1937). Use of incomplete block replications in estimating tobacco mosaic virus. *Contributions. Boyce ThompsonInstitute for Plant Research, 9,* 41–48.

Youden, W. J. (1940). Experimental designs to increase accuracy of greenhouse studies. *Contributions. Boyce Thompson Institute for Plant Research, 11,* 219–228.

Lösung der Übungsaufgaben

10

▶ **Übung 1.1** In diesem Kapitel stehen die Lösungen der Übungsaufgaben der Kapitel 1 bis 9 mit ihren dort angegebenen Nummern.

▶ **Übung 1.2**

```
> x <- seq(from=10 - 5, to=10 + 5, by=.1)
> y = dnorm(x, mean = 10, sd = sqrt(2))
> plot(x, y, type='l', xlim = c(5,15), ylim = c(0, 0.3))
```

▶ **Übung 1.3**

```
> qnorm(0.90)  # default is mean = 0, sd = 1
```

▶ **Übung 2.1 (Abb. 10.1)**

```
> x <- seq(from=10-5, to=10+5, by=.1)
> y = dnorm(x, mean = 10, sd = sqrt(2))
> plot(x, y, type='l', xlim = c(5,15),ylim = c(0, 0.3))
```

▶ **Übung 2.2**

```
> qnorm(0.75) # default is mean = 0, sd = 1
[1] 0.6744898
```

▶ **Übung 2.3**

```
> P3.5 = dbinom(3, 10, 0.3) + dbinom(4, 10, 0.3) +
         dbinom(5, 10, 0.3)
```

© Der/die Autor(en), exklusiv lizenziert an Springer-Verlag GmbH, DE, ein Teil von Springer Nature 2023
D. Rasch, R. Verdooren, *Angewandte Statistik mit R für Agrarwissenschaften*,
https://doi.org/10.1007/978-3-662-67078-1_10

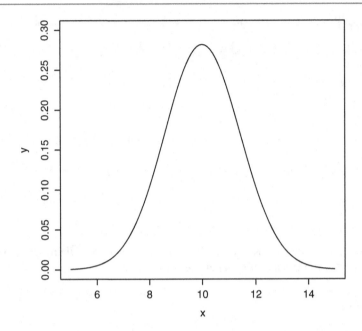

Abb. 10.1 Dichtefunktion der Normalverteilung $N(10, 4)$

```
> P3.5
[1] 0.5698682
```

oder mit alternativer Berechnung

```
> AP3.5 = pbinom(5 , 10 , 0.3) - pbinom(2, 10, 0.3)
> AP3.5
[1] 0.5698682
```

▶ **Übung 2.4**

$$F(x,y,z) = F(x).F(y).F(z).$$

▶ **Übung 3.1**

$$\frac{\partial}{\partial \sigma} \sum_{i-1}^{n} \left[ln \frac{1}{\sigma\sqrt{2\pi}} - \frac{(y_i - \mu)^2}{2\sigma^2} \right] = -\frac{n}{\sigma} + \frac{\sum(y_i - \mu)^2}{\sigma^2} = 0 \text{ ergibt } \tilde{\sigma} = \sqrt{\frac{\sum(y_i - \mu)^2}{n}} .$$

Die zweite Ableitung ist negativ. Daher ergibt $\tilde{\sigma} = \sqrt{\dfrac{\sum(y_i - \mu)^2}{n}}$ tatsächlich ein Maximum.

▶ **Übung 3.2** $\dfrac{d}{dp}\left(lnp^y + ln\left(1-p\right)^{n-y}\right) = \dfrac{y}{p} - \dfrac{n-y}{1-p} = 0$ ergibt $\tilde{p} = \hat{p} = \dfrac{y}{n}$.

Die zweite Ableitung ist $\dfrac{-y}{p^2} - \dfrac{n-y}{\left(1-p\right)^2}$ und damit negativ. Daher ergibt $\hat{p} = \dfrac{y}{n}$ tatsächlich ein Maximum.

▶ **Übung 3.3** Da die Varianz $p(1-p)/n$ von p abhängt, wählen wir sicherheitshalber den ungünstigsten Fall mit maximaler Varianz. Dies ist der Fall, wenn $p = 0{,}5$ ist. Dann muss $0{,}25/n = 0{,}01$ oder $n = 25$ sein.

▶ **Übung 3.4**

```
> S = c(0,1,2,3,4,5,6,7,8,9,10)
> F = c(3,17,26,16,18,9,3,5,0,1,0)
> data = S*F
> head(data)
[1]  0 17 52 48 72 45
> lambda = sum(data)/sum(F)
> lambda
[1] 3.020408
> N = sum(F)
> N
[1] 98
> Erwartung.S0 = N*exp(-lambda)
> Erwartung.S0
[1] 4.780568
```

▶ **Übung 4.1**

```
> qt(0.1,10)
[1] -1.372184
> qt(0.9, 10)
[1] 1.372184
> qt(0.1,20)
[1] -1.325341
> qt(0.9, 20)
[1] 1.325341
> qt(0.1,50)
[1] -1.298714
> qt(0.9, 50)[1] 1.298714
```

▶ **Übung 4.2**

```
> y = c(0.70, 0.88, 0.79, 0.74, 0.73, 0.72, 0.63, 0.47, 0.71, 0.68,
        0.65, 0.66, 0.65, 0.71, 0.85, 0.76, 0.78, 0.70, 0.55, 0.76)
> t.test ( x=y, , alternative = "two.sided", mu = 0,
          conf.level = 0.95)
          One Sample t-test
data:  y
t = 33.75, df = 19, p-value < 2.2e-16
alternative hypothesis: true mean is not equal to 0
95 percent confidence interval:
 0.6622173 0.7497827
sample estimates:
mean of x
    0.706
```

Das realisierte 0,95-Konfidenzintervall ist [0,66; 0,75].

▶ **Übung 4.3**

```
> Lx = c(6.0, 9.1, 7.5, 8.0, 6.4, 7.7, 7.0, 6.8, 9.0, 9.5,
        8.2, 7.3, 8.4, 5.3, 11.0)
> wilcox.test(x=Lx, alternative = "two.sided", mu = 8.8,
        exaxct=TRUE, conf.int = TRUE)
        Wilcoxon signed rank exact test
data:  Lx
V = 20, p-value = 0.02155
alternative hypothesis: true location is not equal to 8.8
95 percent confidence interval:
 7.0 8.6
sample estimates:
(pseudo)median
        7.75
```

Die Hypothese H_0: Median = 8,8 wird abgelehnt, da „p-value = 0.02155"
kleiner ist als α = 0,05. Das realisierte Konfidenzintervall ist [7,0; 8,6].

▶ **Übung 4.4**

```
> A = c(39,47, 39, 45, 49, 39, 41, 50, 42, 44)
> B = c(37, 39, 35, 39, 30, 37, 42, 38, 37, 41, 32, 47, 40)
> wilcox.test(A,B, alternative = "two.sided", conf.int=TRUE)
        Wilcoxon rank sum test with continuity correction
data:  A and B
W = 108.5, p-value = 0.007259
alternative hypothesis: true location shift is not equal to 0
```

```
95 percent confidence interval:
 1.999995 9.999952
sample estimates:
difference in location
              5.000005
Warning messages:
1: In wilcox.test.default(A, B, alternative = "two.sided", conf.
int = TRUE) :
   cannot compute exact p-value with ties
2: In wilcox.test.default(A, B, alternative = "two.sided", conf.
int = TRUE) :
   cannot compute exact confidence intervals with ties
```

Das 0,95-Konfidenzintervall in Tonnen pro Hektar ist [2; 10].

▶ **Übung 5.1 (Abb. 10.2 und 10.3)**

```
> library(mnormt)
> x = seq(-3,3,0.1)
> y = seq(-3,3,0.1)
> mu = c(0,0)
> sigma = matrix(c(2, -1, -1, 2), nrow=2)
> f = function(x,y) dmnorm(cbind(x,y), mu, sigma)
> z = outer(x,y,f)
```

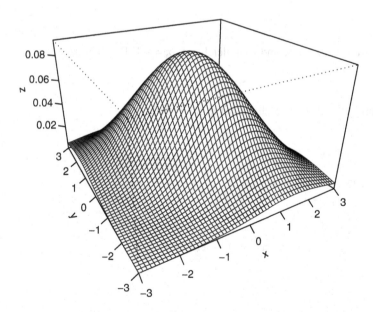

Abb. 10.2 Dichtefunktion der zweidimensionalen Normalverteilung zu Übung 5.1

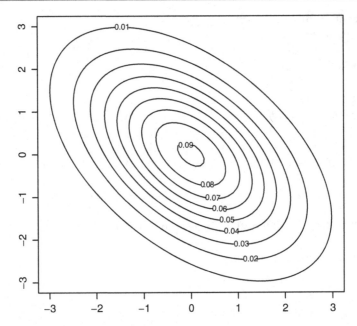

Abb. 10.3 Höhenlinien der zweidimensionalen Normalverteilung zu Übung 5.1

```
> persp(x,y,z,theta=-30,phi=25,expand=0.6,ticktype =
      "detailed")

> contour(x,y,z)
```

Die Kovarianz von x und y ist gleich $\rho\, \sigma_x\, \sigma_y = -1$. Folglich ist
$$\rho = -1 / \left(\left(\sqrt{2} \right)\left(\sqrt{2} \right) \right) = -0.5\,.$$

▶ **Übung 5.2** Mit **R** berechnen wir d_s für Teil a):

```
> a = 6000-8000
> us = a/1500
> us
[1] -1.333333
> A = dnorm(us)
> A
[1] 0.1640101
> B = pnorm( us, lower.tail = FALSE)
> B
[1] 0.9087888
> ds =A/B
> ds
[1] 0.1804711
```

Also ergibt sich $d_s \approx 0{,}18$.

Nach (5.7) ist nun der Selektionserfolg (Zuchterfolg)

$$\Delta_G = \mu_{gs} - \mu_g = \vartheta d_s \sigma_p = 0{,}18\vartheta \cdot 1500 = 270\vartheta.$$

Nach Seeland et al. (1984) ist für die 305-Tage-Leistung schwarzbunter Rinder von $\hat{\vartheta} = h^2 = 0{,}24$ auszugehen. Damit ist der Selektionserfolg durch Stutzungsselektion $\Delta_G \approx 64{,}8$ kg.

Mit **R** berechnen wir d_s für Teil b):

```
> a = 7500-8000
> us = a/1500
> us[1] -0.3333333
> A = dnorm(us)
> A
[1] 0.3773832
> B = pnorm( us, lower.tail = FALSE)
> B
[1] 0.6305587
>  ds =A/B
> ds
[1] 0.5984903
```

Also ergibt sich $d_s \approx 0{,}60$.

Nach (5.7) ist nun der Selektionserfolg (Zuchterfolg)

$$\Delta_G = \mu_{gs} - \mu_g = \vartheta d_s \sigma_p = 0{,}60\vartheta \cdot 1500 = 900\vartheta.$$

Nach Seeland et al. (1984) ist für die 305-Tage-Leistung schwarzbunter Rinder von $\hat{\vartheta} = h^2 = 0{,}24$ auszugehen, damit ist der geschätzte Selektionserfolg durch Stutzungsselektion 216 kg.

▶ **Übung 5.3**

```
>  y = c(3.48, 2.92, 2.96, 3.80, 3.32, 3.22, 3.72, 3.04,
        3.48, 3.98, 3.18, 4.22, 3.92, 3.26, 3.06, 4.14, 2.86,
        3.54, 4.34, 3.04, 3.48, 3.08)
> n = length(y)
> n
[1] 22
> s2 = var(y)
> s2
[1] 0.2019671
> A = (n-1)*s2
> A
[1] 4.241309
> B = qchisq(0.975, df= n-1)
> B
[1] 35.47888
> C = qchisq(0.025, df= n-1)
```

```
> C
[1] 10.2829
> KI.unten = A/B
> KI.unten
[1] 0.1195446
> KI.oben = A/C
> KI.oben
[1] 0.4124624
```

Der Schätzwert von σ^2 ist $s^2 = 0{,}2020$ kg^2.
Das 0,95-Konfidenzintervall für σ^2 ist [0,1195; 0,4125] in kg^2.

▶ **Übung 5.4**

$$b_0^* = \bar{x} - b_1^* \bar{y} \quad \text{und} \quad b_1^* = \frac{s_{xy}}{\sigma_y^2}.$$

▶ **Übung 5.5 (Abb. 10.4)**

```
>   y = c(110,112,108,108,112,111,114,112,121,119,
            113,112,114,113,115,121,120,114,108,111,
            108,113,109,104,112,124,118,112,121,114)
>   x = c(143,156,151,148,144,150,156,145,155,157,
            159,144,145,139,149,170,160,156,155,150,
            149,145,146,132,148,154,156,151,155,140)
```

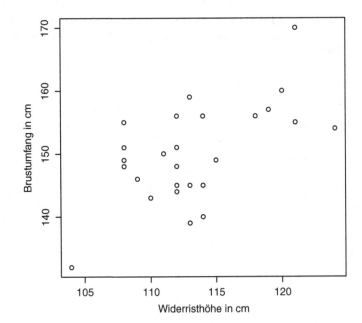

Abb. 10.4 Punktwolke von Widerristhöhe und Brustumfang

```
>  plot(y,x, ylab = "Brustumfang in cm",
        xlab = "Widerristhöhe in cm")
```

Nun schätzen wir mit **R** die Parameter der Regressionsfunktion, den Korrelationskoeffizienten und das Bestimmtheitsmaß.

```
> Model.xy = lm( x ~y )
> summary(Model.xy)
Call:
lm(formula = x ~ y)
Residuals:
    Min      1Q  Median      3Q     Max
-10.855  -4.642   0.670   3.797  12.540
Coefficients:
            Estimate Std. Error t value Pr(>|t|)
(Intercept)  42.4285    27.3480   1.551 0.132029
y             0.9507     0.2409   3.946 0.000485 ***
---
Signif. codes:  0 '***' 0.001 '**' 0.01 '*' 0.05 '.' 0.1 ' ' 1
Residual standard error: 6.12 on 28 degrees of freedom
Multiple R-squared:  0.3574,    Adjusted R-squared:  0.3345
F-statistic: 15.57 on 1 and 28 DF,  p value: 0.000405
> confint(Model.xy)
                  2.5 %     97.5 %
(Intercept) -13.5912676 98.448351
y             0.4572297  1.444118
> r = cor(y,x)
> r
[1] 0.5978505
> r.quadrat = r*r
> r.quadrat
[1] 0.3574252
```

Wir finden dann die Schätzwerte $b_0^* = 42{,}4285$, $b_1^* = 0{,}9507$, $s^2 = 6{,}12^2 = 37{,}45$, $r = 0{,}598$ und das Bestimmtheitsmaß $r^2 = 0{,}3574$ [="Multipe R-squared" in der **R**-Ausgabe]

▶ **Übung 5.6**

```
>  y = c(110, 112, 108, 108, 112, 111, 114, 112, 121, 119,
       113, 112, 114, 113, 115, 121, 120, 114,108, 111,
       108, 113, 109, 104, 112, 124, 118, 112,121, 114)
>  x1 = c(143, 156, 151, 148, 144, 150, 156, 145, 155, 157,
        159, 144, 145, 139, 149, 170, 160, 156, 155, 150,
        149, 145, 146, 132, 148, 154, 156, 151, 155, 140)
```

```
>  x2 = c(119, 118, 126, 128, 118, 128, 131,125, 126, 132,
        129, 118, 121, 125, 124, 139, 129, 130, 123, 124,
        120, 123, 123, 116, 121, 126, 132, 126, 132, 124)
>  modell = lm(x1 ~ y + x2)
>  summary(modell)
Call:
lm(formula = x1 ~ y + x2)
Residuals:
     Min        1Q    Median        3Q       Max
-10.9353   -1.8473   -0.0733    1.8531   12.5349
Coefficients:
              Estimate Std. Error t value Pr(>|t|)
(Intercept)   -0.0424    24.7404   -0.002 0.998645
y              0.3620     0.2469    1.466 0.154170
x2             0.8726     0.2228    3.917 0.000551 ***
---
Signif. codes:  0 '***' 0.001 '**' 0.01 '*' 0.05 '.' 0.1 ' ' 1
Residual standard error: 4.976 on 27 degrees of freedom
Multiple R-squared:  0.5903,    Adjusted R-squared:  0.5599
F-statistic: 19.45 on 2 and 27 DF,  p-value: 5.868e-06
>  confint(modell)
                    2.5 %      97.5 %
(Intercept) -50.8054514 50.7206433
y            -0.1446099  0.8685469
x2            0.4155474  1.3296567
```

Die Formel für die Regressionsfläche ist $x_1 = -0{,}0424 + 0{,}3620y + 0{,}8726x_2$.

```
>  model2 = lm(x2 ~ x1 + y)
>  summary(model2)
Call:
lm(formula = x2 ~ x1 + y)
Residuals:
    Min       1Q    Median      3Q       Max
-9.1799  -2.5393    0.5535  2.6491    5.2618
Coefficients:
              Estimate Std. Error t value Pr(>|t|)
(Intercept)   31.0513    15.9874    1.942 0.062608 .
x1             0.4153     0.1060    3.917 0.000551 ***
y              0.2798     0.1686    1.660 0.108483
---
Signif. codes:  0 '***' 0.001 '**' 0.01 '*' 0.05 '.' 0.1 ' ' 1
Residual standard error: 3.433 on 27 degrees of freedom
Multiple R-squared:  0.5986,    Adjusted R-squared:  0.5689
F-statistic: 20.14 on 2 and 27 DF,  p-value: 4.444e-06
```

Die Formel für die Regressionsfläche ist $x_2 = 31{,}0513 + 0{,}4153x_1 + 0{,}2798y$.

▶ Übung 5.7

```
>  y = c(110, 112, 108, 108, 112, 111, 114, 112, 121, 119,
        113, 112, 114, 113, 115, 121, 120, 114,108, 111,
        108, 113, 109, 104, 112, 124, 118, 112,121, 114)
>  x1 = c(143, 156, 151, 148, 144, 150, 156, 145, 155, 157,
        159, 144, 145, 139, 149, 170, 160, 156, 155, 150,
        149, 145, 146, 132, 148, 154, 156, 151, 155, 140)
>  x2 = c(119, 118, 126, 128, 118, 128, 131,125, 126, 132,
        129, 118, 121, 125, 124, 139, 129, 130, 123, 124,
        120, 123, 123, 116, 121, 126, 132, 126, 132, 124)
> r12 = cor(y,x1)
> r12
[1] 0.5978505
> r13 = cor(y,x2)
> r13
[1] 0.6087001
> r23 = cor(x1,x2)
> r23
[1] 0.7467721
> A1 = r12-r13*r23
> B1 = sqrt((1-r13^2)*(1-r23^2))
> r12.3 = A1/B1
> r12.3
[1] 0.2715503
> A2=r13-r12*r23
> B2 = sqrt((1-r12^2)*(1-r23^2))
> r13.2 = A2/B2
> r13.2
[1] 0.3043179
> A3=r23-r12*r13
> B3 = sqrt((1-r12^2)*(1-r13^2))
> r23.1 = A3/B3
> r23.1
[1] 0.6019859
```

Der Schätzwert von $\rho_{12.3}$ ist $r_{12.3} = 0{,}2715503$.
Der Schätzwert von $\rho_{13.2}$ ist $r_{13.2} = 0{,}3043179$.
Der Schätzwert von $\rho_{23.1}$ ist $r_{23.1} = 0{,}6019859$.

▶ **Übung 6.1**

```
> Lagerzeit = c(1, 60, 124, 223, 303)
> Karotinglas = c(31.25, 30.47, 20.34, 11.84, 9.45)
> model = lm(Karotinglas ~Lagerzeit)
> summary(model)
Call:
lm(formula = Karotinglas ~ Lagerzeit)
Residuals:
       1        2        3        4        5
 -0.8544   3.1434  -1.8038  -2.2868   1.8016
Coefficients:
            Estimate Std. Error t value Pr(>|t|)
(Intercept) 32.18536    2.00597  16.045 0.000527 ***
Lagerzeit   -0.08098    0.01120  -7.233 0.005450 **
---
Signif. codes:  0 '***' 0.001 '**' 0.01 '*' 0.05 '.' 0.1 ' ' 1
Residual standard error: 2.729 on 3 degrees of freedom
Multiple R-squared:  0.9458,    Adjusted R-squared:  0.9277
F-statistic: 52.32 on 1 and 3 DF,  p-value: 0.00545
> confint(model)
                  2.5 %        97.5 %
(Intercept) 25.8014854  38.56924295
Lagerzeit   -0.1166097  -0.04535039
> AIC(model)
[1] 27.67415
```

Die Schätzwerte sind $b_1 = -0{,}0810$ und $b_0 = 32{,}185$ und die geschätzte Regressionsgerade ist $\hat{y}_{Glas} = 32{,}1854 - 0{,}0810x$. Der Schätzwert von σ^2 ist $s^2 = 2{,}729^2 = 7{,}4474$, der Schätzwert von σ_{b0}^2 ist $s_{b0}^2 = 2{,}00597^2 = 4{,}0239$ und der Schätzwert von σ_{b01}^2 ist $s_{b01}^2 = 0{,}01120^2 = 0{,}0001254$.

▶ **Übung 6.2 (Abb. 10.5)**

```
> Lagerzeit = c(1, 60, 124, 223, 303)
> Karotinglas = c(31.25, 30.47, 20.34, 11.84, 9.45)
> x = Lagerzeit
> y = Karotinglas
> n = length(x)
> fit = lm( y ~x )
> predict(fit, se.fit= TRUE, interval = "confidence")
$fit
        fit       lwr       upr
1 32.104384 25.7487457 38.46002
2 27.326561 22.4622297 32.19089
3 22.143837 18.2062505 26.08142
```

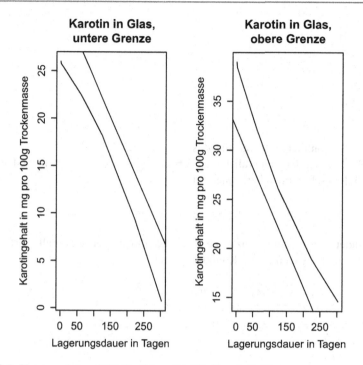

Abb. 10.5 Untere und obere 0,95-Konfidenzgürtel für Karotin in Glas

```
4 14.126811  9.2923493 18.96127
5  7.648407  0.7268168 14.57000
$se.fit
[1] 1.997092 1.528488 1.237283 1.519102 2.174927
$df
[1] 3
$residual.scale
[1] 2.728874
```

Für die lineare Regression ist die Varianz der Schätzung $s^2 = 2{,}728874^2 = 7{,}446753$ mit $\text{df} = 3$ Freiheitsgraden.

SQRest = df * s^2 = 3* 7,446753 = 22,34026.

```
> FG = 3
> s2 = 7.446753
> SQRest = FG*s2
> CQ0.975 = qchisq(0.975, df = FG)
> CQ0.975
[1] 9.348404
> CQ0.025 = qchisq(0.025, df = FG)
> CQ0.025
```

```
[1] 0.2157953
> Unter.KI = SQRest/CQ0.975
> Unter.KI
[1] 2.389741
> Oben.KI = SQRest/CQ0.025
> Oben.KI
[1] 103.5252
```

Ein 95-%-Konfidenzintervall für σ^2 ist: [0,216; 103,525].

Ein 95-%-Konfidenzintervall für die Erwartungswerte $\beta_0 + \beta_1 x_i$ für jeden Wert $x_0 \in [x_u, x_o]$ ist schon oben berechnet mit

```
> predict(fit, se.fit= TRUE, interval = "confidence").
```

Verbindet man die unteren bzw. die oberen Konfidenzgrenzen für alle $x_0 \in [x_u, x_o]$, so erhält man den sogenannten Konfidenzgürtel.

```
>   x = c(0, 1, 60, 124, 223, 303)
>   yu = c(26, 25.75, 22.46, 18.21, 9.29, 0.73)
>   yo = c(39,38.46, 32.19, 26.08, 18.96, 14.57)
>   par(mfrow=c(1,2))
> plot(x,yu, type = "l" ,
        main= "Karotin in Glas, Untere Grenze",
         xlab="Lagerungsdauer in Tagen",
         ylab="Karotingehalt in mg per 100g Trockenmasse")
> abline(a=32.1854, b = -0.0810)
>   plot(x,yo, type = "l",
        main= "Karotin in Glas, Obere Grenze",
         xlab="Lagerungsdauer in Tagen",
         ylab="Karotingehalt in mg per 100g Trockenmasse")
> abline(a=32.1854, b = -0.0810)
```

▶ Übung 6.3

```
>   N=c(0,0,10,10,20,20,30,30,0,0,10,10,20,20,30,30)
>   P=c(0,10,0,10,0,10,0,10,5,15,5,15,5,15,5,15)
>   y=c(56,71,72,76,73,87,79,100,63,87,71,87,86,96,92,115)
> model = lm( y ~ N + P)
> summary(model)
Call:
lm(formula = y ~ N + P)
Residuals:
   Min     1Q Median     3Q    Max
-5.612 -3.056 -0.975  1.431  7.237
```

```
Coefficients:
            Estimate Std. Error t value Pr(>|t|)
(Intercept) 55.68750    2.29525  24.262 3.28e-12 ***
N            0.90750    0.09572   9.481 3.33e-07 ***
P            1.68500    0.19144   8.802 7.74e-07 ***
---
Signif. codes:  0 '***' 0.001 '**' 0.01 '*' 0.05 '.' 0.1 ' ' 1
Residual standard error: 4.281 on 13 degrees of freedom
Multiple R-squared:  0.9279,    Adjusted R-squared:  0.9168
F-statistic: 83.68 on 2 and 13 DF,  p-value: 3.765e-08
> confint(model)
                2.5 %     97.5 %
(Intercept) 50.7289193 60.646081
N            0.7007129  1.114287
P            1.2714258  2.098574
> Anova.NP = anova(model)
> Anova.NP
Analysis of Variance Table
Response: y
          Df  Sum Sq Mean Sq F value      Pr(>F)
N          1 1647.11 1647.11  89.888 3.327e-07 ***
P          1 1419.61 1419.61  77.473 7.742e-07 ***
Residuals 13  238.21   18.32
---
Signif. codes:  0 '***' 0.001 '**' 0.01 '*' 0.05 '.' 0.1 ' ' 1
> Anova.PN = anova(lm(y ~P + N))
> Anova.PN
Analysis of Variance Table
Response: y
          Df  Sum Sq Mean Sq F value      Pr(>F)
P          1 1419.61 1419.61  77.473 7.742e-07 ***
N          1 1647.11 1647.11  89.888 3.327e-07 ***
Residuals 13  238.21   18.32
---
Signif. codes:  0 '***' 0.001 '**' 0.01 '*' 0.05 '.' 0.1 ' ' 1
```

Der Schätzwert des Regressionsmodells ist $\hat{y} = 55,6875 + 0,9075N + 1,6850P$.

▶ **Übung 6.4 (Abb. 10.6)**

```
> x <- c(0,1,6,17,27,38,62,95,1372,1440)
> y <- c(0,0.025,0.117,0.394,0.537,0.727,0.877,1.023,
      1.136,1.178)
> n=length(x)
> n
[1] 10
```

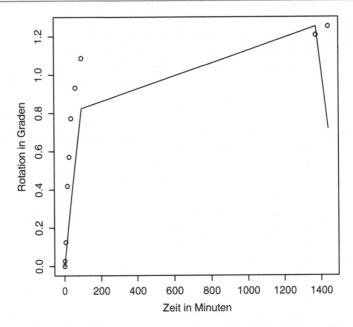

Abb. 10.6 Quadratische Funktion, angepasst an die Michaelis-Menten-Daten aus Tab. 6.6

```
> x0 = rep( 0, 10)
> x2 = x*x
> model = lm( y ~ x + x2)
> summary(model)
Call:
lm(formula = y ~ x + x2)
Residuals:

    Min        1Q     Median        3Q       Max
-0.30180  -0.15885   0.03252   0.13179   0.27348
Coefficients:
               Estimate Std. Error t value Pr(>|t|)
(Intercept)   1.861e-01  1.009e-01    1.845  0.10755
x             9.254e-03  2.250e-03    4.112  0.00450 **
x2           -6.080e-06  1.566e-06   -3.881  0.00604 **
---
Signif. codes:  0 '***' 0.001 '**' 0.01 '*' 0.05 '.' 0.1 ' ' 1
Residual standard error: 0.2131 on 7 degrees of freedom
Multiple R-squared:  0.8293,    Adjusted R-squared:  0.7806
F-statistic: 17.01 on 2 and 7 DF,  p-value: 0.002053
> confint(model)
                      2.5 %          97.5 %
(Intercept) -5.240813e-02   4.245884e-01
x            3.932519e-03   1.457467e-02
x2          -9.783602e-06  -2.375681e-06
```

```
> AIC(model)
[1] 1.896042
> plot(x,y, type = "p", xlab="Zeit in Minuten",
      ylab="Rotation in Graden")
>  y1 = 1.861e-01*x0 + 9.254e-03*x -6.080e-06*x2
>  y1
[1]  0.00000000  0.00924792  0.05530512  0.15556088  0.24542568
0.34287248
 [7] 0.55037648 0.82425800 1.25159328 0.71827200
> par(new=TRUE)
> plot(x,y1,type="l")
```

▶ Übung 6.5 (Abb. 10.7)

```
> x <- c(0,1,6,17,27,38,62,95,1372,1440)
> y <- c(0,0.025,0.117,0.394,0.537,0.727,0.877,1.023,
      1.136,1.178)
> n=length(x)
> n
[1] 10
> x0 = rep( 0, 10)
> x2 = x*x
> x3 = x*x2
> model = lm( y ~ x + x2 + x3)
> summary(model)
Call:
lm(formula = y ~ x + x2 + x3)
Residuals:
      Min        1Q     Median        3Q        Max
-0.145907 -0.080993  0.000577  0.071873  0.163650
Coefficients:
              Estimate Std. Error t value Pr(>|t|)
(Intercept)  1.003e-01  6.153e-02   1.630 0.154225
x            1.283e-02  1.573e-03   8.159 0.000182 ***
x2          -1.726e-05  2.977e-06  -5.799 0.001153 **
x3           6.163e-09  1.565e-09   3.938 0.007641 **
---
Signif. codes:  0 '***' 0.001 '**' 0.01 '*' 0.05 '.' 0.1 ' ' 1
Residual standard error: 0.1216 on 6 degrees of freedom
Multiple R-squared:  0.9524,    Adjusted R-squared:  0.9286
F-statistic: 40.01 on 3 and 6 DF,  p-value: 0.0002317
> confint(model)
                    2.5 %          97.5 %
(Intercept) -5.026143e-02  2.508342e-01
x            8.984197e-03  1.668175e-02
```

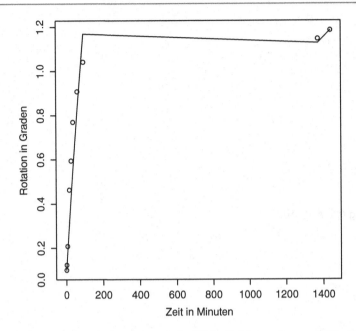

Abb. 10.7 Grafik der kubischen Funktion mit den Michaelis-Menten-Daten aus Tab. 6.6

```
x2               -2.454690e-05  -9.978369e-06
x3                2.333549e-09   9.991478e-09
> AIC(model)
[1] -8.871176
> plot(x,y, type = "p", xlab="Zeit in Minuten",
       ylab="Rotation in Graden")
> y.p = predict(model)
> y.p
          1         2         3         4         5         6         7         8
0.1002864 0.1131021 0.1766641 0.3134883 0.4343135 0.5633503 0.8310419 1.1689072

  9        10
1.1277135 1.1851327
> par(new=TRUE)
> plot(x,y.p,type="l")
```

▶ **Übung 6.6** In Beispiel 6.5 steht am Ende des R-Befehls:

```
> confint(model)
Waiting for profiling to be done...
          2.5%        97.5%
a  14.2208468  21.49037838
b -20.7272253 -14.80346554
```

```
c   -0.1969779   -0.08206646
```

95-%-Konfidenzintervall von α: [14,221; 21,490]
95-%-Konfidenzintervall von β: [−20,727; −14,803]
95-%-Konfidenzintervall von γ: [−0,197; −0,082]

▶ **Übung 6.7 (Abb. 10.8)** Zunächst stellen wir für die exponentielle Funktion fest, dass $f_E = a + \beta e^{\gamma}$ an der Stelle $x = 0$ den Wert $\alpha + \beta$ und an der Stelle $x = 1$ den Wert $\alpha + \beta e^{\gamma}$ annimmt und für $n \to \infty$ gegen α strebt, wenn $\gamma < 0$ ist. Als Anfangswerte können wir nun wählen $\alpha_0 = 1,05$ und $\beta_0 = \dfrac{1}{e^{-1}} = 0,582$. Um einen Anfangswert für γ zu erhalten, wählen wir die 5. Spalte der Tab. 6.6, nämlich 27 0,5377, und setzen in $\alpha + \beta e^{\gamma x_i}$ ein. Es ergibt sich $1,05 - 0,582 e^{\gamma \cdot 27}$, hieraus berechnen wir γ_0, indem wir $0,5377 = 1,05 - 0,582 e^{\gamma \cdot 27}$ nach γ auflösen via $-0,5123 = -0,582 e^{\gamma \cdot 27}$, $e^{\gamma \cdot 27} = 0,880$ und $\gamma_0 = \dfrac{1}{27} ln(0,880) = -0,0047$ Mit $\alpha_0 = -1,05$, $\beta_0 = -0,582$, $\gamma_0 = -0,0047$ beginnen wir nun die Iteration.

```
> x <- c(0,1,6,17,27,38,62,95,1372,1440)
> y <- c(0,0.025,0.117,0.394,0.537,0.727,0.877,1.023,
         1.136,1.178)
```

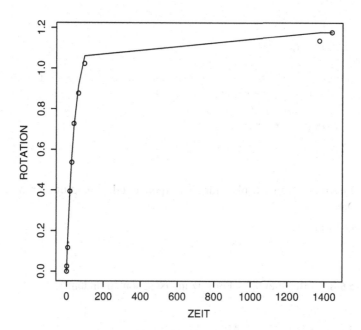

Abb. 10.8 Exponentielle Funktion, angepasst an die Michaelis-Menten-Daten aus Tab. 6.6

```
> n=length(x)
> n
[1] 10
> model <- nls(y~ a + b*exp(c*x),start=list(a= 1.05,
        b = -0.582, c = -0.0047))
> summary(model)
Formula: y ~ a + b * exp(c * x)
Parameters:
    Estimate Std. Error t value Pr(>|t|)
a  1.152449   0.016011   71.98 2.63e-11 ***
b -1.161942   0.020797  -55.87 1.54e-10 ***
c -0.024250   0.001089  -22.27 9.29e-08 ***
---
Signif. codes:  0 '***' 0.001 '**' 0.01 '*' 0.05 '.' 0.1 ' ' 1
Residual standard error: 0.0242 on 7 degrees of freedom
Number of iterations to convergence: 4
Achieved convergence tolerance: 4.512e-07
> confint(model)
Waiting for profiling to be done...
          2.5%        97.5%
a  1.11467314  1.1906905
b -1.21114831 -1.1127756
c -0.02701301 -0.0217948
> AIC(model)
[1] -41.6131
> y.p = predict(model)
> y.p
 [1] -0.009493129 0.018345630 0.147848587 0.383065427 0.548744637
 [6]  0.690095826 0.894098624 1.036395767 1.152449316 1.152449316
>  plot(x,y, type = "p", xlab="ZEIT",
        ylab="ROTATION")
> par(new=TRUE)
> plot(x, y.p, type = "l")
```

Der *D*-optimale Versuchsplan für die exponentielle Funktion der Michaelis-Menten-Daten ist:

$$\begin{pmatrix} 0 & 39 & 1440 \\ 4 & 3 & 3 \end{pmatrix}.$$

▶ **Übung 6.8** In Beispiel 6.2 – Fortsetzung ist schon zu finden:

```
> summary(model)
Formula: y ~ a/(1 + b * exp(c * x))
Parameters:
    Estimate Std. Error t value Pr(>|t|)
```

```
a 126.19103     1.66303     75.88 2.59e-16 ***
b  19.73482     1.70057     11.61 1.64e-07 ***
c  -0.46074     0.01631    -28.25 1.28e-11 ***
---
Signif. codes:  0 '***' 0.001 '**' 0.01 '*' 0.05 '.' 0.1 ' ' 1
Residual standard error: 1.925 on 11 degrees of freedom
Number of iterations to convergence: 5
Achieved convergence tolerance: 1.182e-06
> confint(model)
Waiting for profiling to be done...
          2.5%        97.5%
a 122.7680721 129.9786940
b  16.4464798  24.0839797
c  -0.4974559  -0.4264059
```

Für denTest von $H_{0a} : \alpha = 120$ gegen $H_{Aa} : \alpha \neq 120$ verwenden wir

$$t_\alpha = \frac{(a - \alpha_0)}{s_a}.$$

```
>  a=126.19103
>  a.mina0 = a - 120
>  sa =1.66303
>  ta = a.mina0/sa
>  ta
[1] 3.722741
>  P.Wert = 2*(1-pt(ta,df= 11))
>  P.Wert
[1] 0.003365689
```

Da der P.Wert $= 0{,}0034 < 0{,}05$ ist, wird H_{0a} abgelehnt.
Für den Test von $H_{0b} : \beta = 10$ gegen $H_{Ab} : \beta \neq 10$ verwenden wir

$$t_\beta = \frac{(b - \beta_0)}{s_b}.$$

```
>  b= 16.4464798
>  b.minb0 = b-10
>  sb = 1.70057
>  tb = b.minb0/sb
>  tb
[1] 3.790776
>  P.Wert = 2*(1-pt(tb,df= 11))
>  P.Wert
[1] 0.002990691
```

Da der P.Wert = 0.0030 < 0,05 ist, wird $H_{0\beta}$ abgelehnt.

Für den Test von $H_{0\gamma} : \gamma = -0,5$ gegen $H_{A\gamma} : \gamma \neq -0,5$ verwenden wir

$$t_\gamma = \frac{(c - c_0)}{s_c}$$

```
>  c = -0.4974559
>  c.minc0 = c-(-0.5)
>  sc = 0.01631
>  tc = c.minc0/sc
>  tc
[1] 0.1559841
>  P.Wert = 2*(1-pt(tc,df= 11))
>  P.Wert
[1] 0.8788714
```

Da der P.Wert = 0,879 > 0,05 ist, wird $H_{0\gamma}$ nicht abgelehnt.

95-%-Konfidenzintervall für α: [122,768; 129,79]

95-%-Konfidenzintervall für β: [16,446; 24,084]

95-%-Konfidenzintervall für γ: [−0,497; −0,426]

▶ **Übung 6.9 (Abb. 10.9)** An die Ölpalmdaten der Tab. 6.7 wollen wir die logistische Funktion anpassen. Wir legen wieder Anfangswerte für die iterative Parameterschätzung aus den Beobachtungswerten fest. Für $x = 0$ ist $f_L(0) = \dfrac{\alpha}{1 + \beta}$ und für $\gamma < 0$ ist $\lim\limits_{x \to \infty} \dfrac{\alpha}{1 + \beta e^{\gamma x}} = \alpha$. Daher setzen wir für Anfangswerte $\alpha_0 = 14$ und $\dfrac{\alpha_0}{1 + \beta_0} = \dfrac{14}{1 + \beta_0} = 0,1$ und $\beta_0 = 139$. Für $x = 6$ ist $f_L(6) = 8,29$ und wir erhalten mit den bereits bestimmten Anfangswerten $\dfrac{14}{1 + 139 e^{6\gamma_0}} = 8,29$ und daraus $\gamma_0 = -0,885$.

Aus diesen Anfangswerten erhalten wir iterativ die Schätzwerte mit **R**:

```
>  x = seq(1,12, by = 1)
>  y = c(2.02, 3.62, 5.71, 7.13, 8.33, 8.29,
          9.81, 11.30, 12.18, 12.67, 12.62, 13.01)
> model = nls(y ~ a/(1 + b*exp(c*x)),start=list(a=14,b=139,
        c = -0.885))
> summary(model)
Formula: y ~ a/(1 + b * exp(c * x))
Parameters:
  Estimate Std. Error t value Pr(>|t|)
a 13.44696    0.55537  24.212 1.67e-09 ***
b  5.85079    1.01358   5.772 0.000269 ***
c -0.42389    0.05182  -8.179 1.85e-05 ***
```

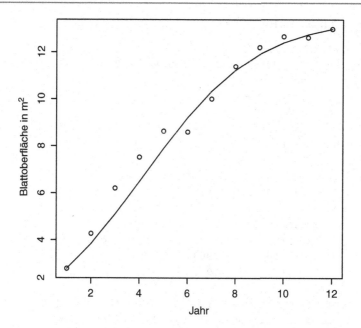

Abb. 10.9 Die logistische Funktion, angepasst an die Ölpalmdaten der Tab. 6.7

```
---
Signif. codes:  0 '***' 0.001 '**' 0.01 '*' 0.05 '.' 0.1 ' ' 1
Residual standard error: 0.5681 on 9 degrees of freedom
Number of iterations to convergence: 8
Achieved convergence tolerance: 5.054e-06
> confint(model)
Waiting for profiling to be done...
         2.5%       97.5%
a 12.3591001 15.1222782
b  4.1478803  8.9084963
c -0.5531685 -0.3159919
> AIC(model)
[1] 25.03212
> y.p = predict(model)
> y.p
[1]  2.784454  3.835141  5.092924  6.484903  7.897666  9.211007
10.335961
 [8] 11.233936 11.911226 12.400541 12.743162 12.977845
> plot(x,y, type = "p", xlab="Jahren",
       ylab=" Blattoberfläche in m^2")
> par(new=TRUE)
> plot(x, y.p, type = "l")
```

▶ **Übung 7.1 (Abb. 10.10)**

```
> x = c(1,1,1,2,2,2,3,3,3)
> y = c(155,131,130,153,144,147,130,138,122)
> Bulle = as.factor(x)
> Model = lm( y ~ Bulle)
> summary(Model)
Call:
lm(formula = y ~ Bulle)
Residuals:
   Min    1Q Median    3Q    Max
-8.667 -7.667 -1.000  5.000 16.333
Coefficients:
            Estimate Std. Error t value Pr(>|t|)
(Intercept)  138.667      5.631  24.627 2.95e-07 ***
Bulle2         9.333      7.963   1.172    0.286
Bulle3        -8.667      7.963  -1.088    0.318
---
Signif. codes:  0 '***' 0.001 '**' 0.01 '*' 0.05 '.' 0.1 ' ' 1
Residual standard error: 9.752 on 6 degrees of freedom
Multiple R-squared:  0.4601,    Adjusted R-squared:  0.2801
F-statistic: 2.556 on 2 and 6 DF,  p-value: 0.1574
```

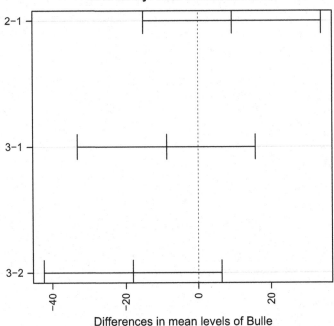

Abb. 10.10 Konfidenzintervall zu Tab. 7.1 ohne den ersten Wert 120 von Bulle 1

```
> ANOVA = anova(Model)
> ANOVA
Analysis of Variance Table
Response: y
          Df Sum Sq Mean Sq F value Pr(>F)
Bulle      2 486.22 243.111  2.5561 0.1574
Residuals  6 570.67  95.111
```

In der Varianztabelle finden wir Mean Sq 95.111 mit 6 Freiheitsgraden; damit sind die Schätzwerte von σ^2: $s^2 = 95{,}111$ und $s = \sqrt{95{,}111} = 9{,}752487$.

```
>  DATA = data.frame(Bulle,y)
> head(DATA)
  Bulle   y
1     1 155
2     1 131
3     1 130
4     2 153
5     2 144
6     2 147
> with(DATA, tapply(y,Bulle, mean))
        1        ?        3
 138.6667 148.0000 130.0000
```

Die Modellgleichung der einfachen Varianzanalyse – Modell I hat die Form:

$$y_{ij} = \mu + a_i + e_{ij} \left(i = 1, \ldots, k; \, j = 1, \ldots, n_i\right) \tag{7.1}$$

Aber **R** verwendet in lm ( ) eine Reparametrisierung:

$$E(y) = (\mu + a_1) + (a_i - a_1) = \mu^* + a_i^* \text{ vor } i = 2, \ldots, k.$$

Coefficients estimates in summary(Model) von **R**:
Intercept = mean(Bulle 1) = 138,667,
Bulle2 = mean(Bulle 2) – mean(Bulle 1) = 148 –138,667 = 9,333,
Bulle3 = mean(Bulle 3) – mean(Bulle 1) = 130 – 138,667 = –8,667.

```
Siehe für diese Werte 9 Zeilen höher in den R Befehlen
> with(DATA, tapply(y,Bulle, mean))
1               2         3
138.6667 148.0000 130.000

> library(lsmeans)

> LS.rg = ref.grid(Model)
> LSM.Bulle = lsmeans(Model, "Bulle", alpha=0.05)
> LSM.Bulle
```

```
Bulle lsmean   SE df lower.CL upper.CL
1         139 5.63  6      125      152
2         148 5.63  6      134      162
3         130 5.63  6      116      144
Confidence level used: 0.95
> contrast(LSM.Bulle, method = "pairwise")
contrast estimate   SE df t.ratio p.value
 1 - 2      -9.33 7.96  6  -1.172  0.5099
 1 - 3       8.67 7.96  6   1.088  0.5546
 2 - 3      18.00 7.96  6   2.260  0.1386
```

P value adjustment: tukey method for comparing a family of 3 estimates

Eine weitere Möglichkeit, die Tukey-Methode anzuwenden, ist:

```
> TUKEY = aov(Model)
> summary(TUKEY)
            Df Sum Sq Mean Sq F value Pr(>F)
Bulle        2  486.2  243.11   2.556  0.157
Residuals    6  570.7   95.11
> tukey.test = TukeyHSD(TUKEY, conf.level = 0.95)
> tukey.test
  Tukey multiple comparisons of means
    95% family-wise confidence level
Fit: aov(formula = Model)
$Bulle
          diff        lwr        upr      p adj
2-1   9.333333 -15.09896  33.765625  0.5098989
3-1  -8.666667 -33.09896  15.765625  0.5546356
3-2 -18.000000 -42.43229   6.432291  0.1385729
> plot(TukeyHSD(TUKEY, conf.level=.95), las = 2)
```

▶ Übung 7.2

```
>  library(OPDOE)
Loading required package: gmp
Attaching package: 'gmp'
> size.anova(model="a", a=12, alpha=0.05, beta=0.1,
    delta=1.5, case="minimin")
n
5
> size.anova(model="a", a=12, alpha=0.05, beta=0.1,
    delta=1.5, case="maximin")
n
20
```

Nun muss man einen Wert von n zwischen 5 und 20 wählen.

▶ **Übung 7.3**

```
> a = c(rep(c(1,1,1,2,2,2,3,3,3), 4))
> b = c(rep(seq(1,9, by=1), 4))
> y1 = c(28,32,27,25,26,25,21,19,18)
> y2 = c(26,27,25,24,28,26,19,18,20)
> y3 = c(27,28,29,27,29,24,17,23,19)
> y4 = c(31,29,27,23,27,23,20,20,18)
> y = c(y1,y2,y3,y4)
> A = as.factor(a)
> B = as.factor(b)
> DATA = data.frame(a, b, y)
> head(DATA)
  a b  y
1 1 1 28
2 1 2 32
3 1 3 27
4 2 4 25
5 2 5 26
6 2 6 25
> tail(DATA)
   a b  y
31 2 4 23
32 2 5 27
33 2 6 23
34 3 7 20
35 3 8 20
36 3 9 18
>  with(DATA,tapply( y, A, mean))
       1        2        3
28.00000 25.58333 19.33333
>  with(DATA,tapply( y, B, mean))
    1     2     3     4     5     6     7     8     9
28.00 29.00 27.00 24.75 27.50 24.50 19.25 20.00 18.75
> MODEL = aov( y ~A + Error(B%in%A))
Warning message:
In aov(y ~ A + Error(B %in% A)) : Error() model is singular
> summary(MODEL)
Error: B:A
          Df Sum Sq Mean Sq F value   Pr(>F)
A          2  480.1  240.03    43.2 0.000274 ***
Residuals  6   33.3    5.56
---
```

```
Signif. codes:  0 '***' 0.001 '**' 0.01 '*' 0.05 '.' 0.1 ' ' 1
Error: Within
          Df Sum Sq Mean Sq F value Pr(>F)
Residuals 27  80.25   2.972
> library(lsmeans)
> LS.rg = ref.grid(MODEL)
Note: re-fitting model with sum-to-zero contrasts
Warning message:
In aov(formula = y ~ A + Error(B %in% A), contrasts = list(A =
"contr.sum")) :
  Error() model is singular
> LSM.A = lsmeans(MODEL, "A", alpha= 0.05)
Note: re-fitting model with sum-to-zero contrasts
Warning message:
In aov(formula = y ~ A + Error(B %in% A), contrasts = list(A =
"contr.sum")) :
  Error() model is singular
> LSM.A
 A lsmean   SE df lower.CL upper.CL
 1   28.0 0.68  6     26.3     29.7
 2   25.6 0.68  6     23.9     27.2
 3   19.3 0.68  6     17.7     21.0
Warning: EMMs are biased unless design is perfectly balanced
Confidence level used: 0.95
> contrast(LSM.A, method = "pairwise")
 contrast estimate    SE df t.ratio p.value
 1 - 2        2.42 0.962  6   2.511  0.1006
 1 - 3        8.67 0.962  6   9.007  0.0003
 2 - 3        6.25 0.962  6   6.495  0.0015
P value adjustment: tukey method for comparing a family of 3 estimates
```

Der Test von H_{0A} ergibt einen P-Wert $0{,}000274 < 0{,}05$. Deswegen wurde H_{0A} abgelehnt mit $\alpha = 0{,}05$.

▶ Übung 8.1

```
> library(lme4)
> REML.DP = lmer( y ~ (1|D) + (1|P), REML = TRUE, data=DATA)
> summary(REML.DP)
Linear mixed model fit by REML ['lmerMod']
Formula: y ~ (1 | D) + (1 | P)
   Data: DATA
REML criterion at convergence: 167.7
Scaled residuals:
    Min      1Q  Median      3Q     Max
-1.4914 -0.5208 -0.1144  0.4933  2.0089
Random effects:
```

```
Groups     Name              Variance Std.Dev.
D          (Intercept)  46.754      6.838
P          (Intercept) 162.601     12.751
 Residual                6.926      2.632
Number of obs: 30, groups:  D, 5; P, 3
Fixed effects:
              Estimate Std. Error t value
(Intercept)    48.033       7.986   6.014
```

▶ **Übung 8.2**

```
> library(lme4)
> REML.BinA = lmer(y ~(1|A/B) ,REML = TRUE,data=DATA)
> summary(REML.BinA)
Linear mixed model fit by REML ['lmerMod']
Formula: y ~ (1 | A/B)
   Data: DATA
REML criterion at convergence: 238.4
Scaled residuals:
     Min       1Q   Median       3Q      Max
-1.65274 -0.56525  0.01742  0.62379  1.76589
Random effects:
 Groups     Name              Variance Std.Dev.
 B:A        (Intercept) 36.03      6.003
 A          (Intercept) 17.03      4.126
 Residual                30.89      5.558
Number of obs: 36, groups:  B:A, 9; A, 3
Fixed effects:
              Estimate Std. Error t value
(Intercept)    96.444       3.246   29.71
```

▶ **Übung 8.3**

```
> library(lme4)
> REML.AB = lmer(y ~ B + (1|A) + (1|A:B),REML = TRUE,data=DATA)
> summary(REML.AB)
Linear mixed model fit by REML ['lmerMod']
Formula: y ~ B + (1 | A) + (1 | A:B)
   Data: DATA
REML criterion at convergence: 398
Scaled residuals:
     Min       1Q   Median       3Q      Max
-1.72503 -0.52256 -0.05637  0.43723  1.49991
```

```
Random effects:
 Groups    Name            Variance Std.Dev.
 A:B       (Intercept)    2667.1    51.64
 A         (Intercept) 31060.4   176.24
 Residual                 744.6    27.29
Number of obs: 40, groups:  A:B, 20; A, 5
Fixed effects:
             Estimate Std. Error t value
(Intercept)    343.80       82.58    4.163
B2             153.40       34.87    4.399
B3             235.10       34.87    6.743
B4             264.50       34.87    7.586
Correlation of Fixed Effects:
(Intr) B2      B3
B2 -0.211
B3 -0.211  0.500
B4 -0.211  0.500   0.500
```

▶ Übung 8.4

```
> library(lme4)
> REML.BinA = lmer(y ~ A/(1|B) ,REML = TRUE,data=DATA)
> summary(REML.BinA)
Linear mixed model fit by REML ['lmerMod']
Formula: y ~ A/(1 | B)
   Data: DATA
REML criterion at convergence: 224.7
Scaled residuals:
     Min       1Q   Median        3Q       Max
-1.69610 -0.60527  0.04896  0.59932  1.73578
Random effects:
 Groups    Name            Variance Std.Dev.
 B         (Intercept) 36.03       6.003
 Residual                30.89       5.558
Number of obs: 36, groups:  B, 9
Fixed effects:
             Estimate Std. Error t value
(Intercept)  100.750       3.819  26.380
A2           -10.667       5.401  -1.975
A3            -2.250       5.401  -0.417
Correlation of Fixed Effects:
   (Intr) A2
A2 -0.707
A3 -0.707  0.500
```

▶ **Übung 8.5**

```
> library(lme4)
> REML.BinA = lmer(y ~ (1|A) + B%in%(1|A),REML = TRUE,data=DATA)
> summary(REML.BinA)
Linear mixed model fit by REML ['lmerMod']
Formula: y ~ (1 | A) + B %in% (1 | A)
   Data: DATA
REML criterion at convergence: 72.7
Scaled residuals:
     Min      1Q  Median      3Q     Max
 -1.8936 -0.7101  0.2817  0.5342  1.5278
Random effects:
 Groups   Name         Variance Std.Dev.
 A        (Intercept)  25.535   5.053
 A.1      (Intercept)   5.164   2.273
 Residual               2.440   1.562
Number of obs: 18, groups:  A, 3
Fixed effects:
            Estimate Std. Error t value
(Intercept)  35.9556     3.2410  11.094
B2           -6.5444     0.7364  -8.887

Correlation of Fixed Effects:
   (Intr)
B2 -0.114
```

▶ **Übung 9.1**   Die Daten y pro Behandlung A_i sind:

```
>   y.A1 = c(12, 10, 24, 29, 30, 18, 32, 26)
>   y.A2 = c(9, 9, 16, 4)
>   y.A3 = c(16, 10, 18, 18)
>   y.A4 = c(10, 4, 4, 5)
>   y.A5 = c(30, 7, 21, 9)
>   y.A6 = c(18, 24, 12, 19)
>   y.A7 = c(17, 7, 16, 17)
> t.test(y.A1, y.A2, alternative = "two.sided",
     conf.level = 0.95)
        Welch Two Sample t-test
data:  y.A1 and y.A2
t = 3.4081, df = 9.4536, p-value = 0.007238
alternative hypothesis: true difference in means is not equal to 0
95 percent confidence interval:
  4.476469 21.773531
sample estimates:
mean of x mean of y
   22.625     9.500
```

```
> t.test(y.A1, y.A3, alternative = "two.sided",
      conf.level = 0.95)
          Welch Two Sample t-test
data:  y.A1 and y.A3
t = 2.029, df = 9.9958, p-value = 0.06993
alternative hypothesis: true difference in means is not equal to 0
95 percent confidence interval:
 -0.6997053 14.9497053
sample estimates:
mean of x mean of y
   22.625    15.500
> t.test(y.A1, y.A4, alternative = "two.sided",
      conf.level = 0.95)
          Welch Two Sample t-test
data:  y.A1 and y.A4
t = 5.1325, df = 9.4626, p-value = 0.0005272
alternative hypothesis: true difference in means is not equal to 0
95 percent confidence interval:
  9.492318 24.257682
sample estimates:
mean of x mean of y
   22.625     5.750
> t.test(y.A1, y.A5, alternative = "two.sided",
      conf.level = 0.95)
          Welch Two Sample t-test
data:  y.A1 and y.A5
t = 0.95544, df = 4.888, p-value = 0.3842
alternative hypothesis: true difference in means is not equal to 0
95 percent confidence interval:
 -10.04108   21.79108
sample estimates:
mean of x mean of y
   22.625    16.750
> t.test(y.A1, y.A6, alternative = "two.sided",
      conf.level = 0.95)
          Welch Two Sample t-test
data:  y.A1 and y.A6
t = 1.1368, df = 9.4613, p-value = 0.2836
alternative hypothesis: true difference in means is not equal to 0
95 percent confidence interval:
 -4.266432 13.016432
sample estimates:
mean of x mean of y
   22.625    18.250
```

```
> t.test(y.A1, y.A7, alternative = "two.sided",
      conf.level = 0.95)
           Welch Two Sample t-test
data:  y.A1 and y.A7
t = 2.1886, df = 9.5225, p-value = 0.05478
alternative hypothesis: true difference in means is not equal to 0
95 percent confidence interval:
 -0.2097257 16.9597257
sample estimates:
mean of x mean of y
   22.625    14.250
```

Bemerkung: Wenn der *P*-Wert < 0,05 ist, wird die Nullhypothese gleicher Behandlungseffekte verworfen. Eine andere Schlussfolgerung besteht darin, dass die Nullhypothese gleicher Behandlungseffekte zurückgewiesen wird, wenn 0 nicht im 95-%-Konfidenzintervall enthalten ist.

▶ **Übung 9.2**

```
> b= c(rep(1,5),rep(2,5),rep(3,5),rep(4,5),rep(5,5),rep(6,5),
      rep(7,5),rep(8,5))
> d1 = c(5,3,1,4,2,3,4,5,1,2,3,3,2,5,1,4,2,4,5,1)
> d2 = c(1,3,5,4,2,4,5,1,3,2,5,1,2,3,4,1,3,5,4,2)
> d = c(d1,d2)
> p1 = c(5,2,1,3,1,3,4,4,5,2,3,2,2,4,1,3,1,4,5,5)
> p2 = c(5,2,5,3,2,4,4,1,3,1,5,1,2,3,4,5,2,4,3,1)
> p = c(p1, p2)
> y1 = c(20.1,17.5,15.7,18.1,14.6,16.2,18.7,21.1,18.8,16.7)
> y2 = c(17.2,15.8,17.9,18.1,15.1,16.7,15,20,21.7,18.6)
> y3 = c(16,15.6,21.5,17.2,16,18.4,17.3,14.7,16.7,13.5)
> y4 = c(20,16,14.6,16.7,17.2,17.2,14.9,19.1,18.3,13.8)
> y = c(y1, y2, y3, y4)
> B = as.factor(b)
> D = as.factor(d)
> P = as.factor(p)
> model.F = lm( y ~B + D + P )
> ANOVA.F = anova(model.F)
> ANOVA.F
Analysis of Variance Table
Response: y
          Df Sum Sq Mean Sq F value    Pr(>F)
B          7 21.728  3.1040  2.6208   0.03678 *
D          4 98.682 24.6704 20.8306 1.614e-07 ***
P          4 17.094  4.2736  3.6084   0.01936 *
Residuals 24 28.424  1.1843
```

```
Signif. codes:  0 '***' 0.001 '**' 0.01 '*' 0.05 '.' 0.1 ' ' 1
```

Um die Kleinste-Quadrate-Mittelwerte mit ihren Standardfehlern von D und P und den paarweisen Differenzen von D und P zu berechnen, verwenden wir das **R**-Paket lsmeans.

```
> library(lsmeans)
> LS.rgF = ref.grid(model.F)
> LSM.D = lsmeans(LS.rgF,  "D")
> LSM.D
 D lsmean    SE df lower.CL upper.CL
 1   16.5 0.544 24     15.4     17.6
 2   16.0 0.543 24     14.8     17.1
 3   16.4 0.522 24     15.4     17.5
 4   18.0 0.573 24     16.8     19.2
 5   19.1 0.536 24     18.0     20.2
Results are averaged over the levels of: B, P
Confidence level used: 0.95
> contrast(LSM.D, method = "pairwise")
contrast estimate     SE df t.ratio p.value
 1 - 2      0.5533 0.708 24    0.782  0.9334
 1 - 3      0.0816 0.863 24    0.095  1.0000
 1 - 4     -1.4860 0.940 24   -1.581  0.5233
 1 - 5     -2.6055 0.732 24   -3.560  0.0125
 2 - 3     -0.4717 0.708 24   -0.667  0.9617
 2 - 4     -2.0393 0.921 24   -2.213  0.2089
 2 - 5     -3.1588 0.898 24   -3.520  0.0137
 3 - 4     -1.5676 0.747 24   -2.100  0.2526
 3 - 5     -2.6871 0.863 24   -3.114  0.0347
 4 - 5     -1.1195 0.732 24   -1.530  0.5542

Results are averaged over the levels of: B, P
P value adjustment: tukey method for comparing a family of 5
estimates
> LSM.P = lsmeans(LS.rgF,  "P")
> LSM.P
 P lsmean    SE df lower.CL upper.CL
 1   15.8 0.574 24     14.7     17.0
 2   17.2 0.557 24     16.0     18.3
 3   17.1 0.529 24     16.0     18.2
 4   17.3 0.596 24     16.1     18.6
 5   18.6 0.560 24     17.4     19.7
Results are averaged over the levels of: B, D
```

```
Confidence level used: 0.95
> contrast(LSM.P, method = "pairwise")
contrast estimate      SE df t.ratio p.value
 1 - 2     -1.3221 0.758 24  -1.744  0.4277
 1 - 3     -1.2805 0.912 24  -1.404  0.6310
 1 - 4     -1.4890 0.979 24  -1.521  0.5593
 1 - 5     -2.7154 0.758 24  -3.582  0.0119
 2 - 3      0.0415 0.726 24   0.057  1.0000
 2 - 4     -0.1669 0.961 24  -0.174  0.9998
 2 - 5     -1.3934 0.905 24  -1.540  0.5479
 3 - 4     -0.2085 0.726 24  -0.287  0.9984
 3 - 5     -1.4349 0.898 24  -1.599  0.5123
 4 - 5     -1.2265 0.814 24  -1.508  0.5677


Results are averaged over the levels of: B, D
P value adjustment: tukey method for comparing a family of 5
estimates
```

▶ Übung 9.3

```
>  b = c(rep(1,12),rep(2,12), rep(3,12), rep(4,12),
        rep(5,12), rep(6,12))
> v1 = c(rep(1,4),rep(2,4),rep(3,4))
> v = c(rep(v1,6))
> n = rep(c(1,2,3,4), 18)
> y1 = c(111,130,157,174, 117,114,161,141,105,140,118,156)
>  y2 = c(74,89,81,122,64,103,132,133,70,89,104,117)
>  y3 = c(61,91,97,100,70,108,126,149, 96,124,121,144)
>  y4 = c(62,90,100,116,80,82,94,126,63  ,70,109,99)
>  y5 = c(68,64,112,86,60,102,89,96,89,129,132,124)
>  y6 = c(53,74,118,113,89,82,86,104,97,99,119,121)
> y = c(y1,y2,y3,y4,y5,y6)
> B = as.factor(b)
> V = as.factor(v)
> N = as.factor(n)
>  ANOVA = aov( y ~  V + Error(B/V) + N + V:N )
> summary(ANOVA)
Error: B
          Df Sum Sq Mean Sq F value Pr(>F)
Residuals  5  15875    3175
Error: B:V
          Df Sum Sq Mean Sq F value Pr(>F)
V          2   1786   893.2   1.485  0.272
Residuals 10   6013   601.3
```

```
Error: Within
          Df Sum Sq Mean Sq F value    Pr(>F)
N          3  20020    6673  37.686 2.46e-12 ***
V:N        6    322      54   0.303    0.932
Residuals 45   7969     177
---
Signif. codes:  0 '***' 0.001 '**' 0.01 '*' 0.05 '.' 0.1 ' ' 1
```

In der ANOVA-Tabelle ANOVA sehen wir direkt die richtigen F-Tests mit ihren Testwahrscheinlichkeiten. Der Hauptfaktor V ist nicht signifikant. Die Effekte N sind signifikant unterschiedlich, aber es gibt keinen signifikanten Effekt der Wechselwirkung $V{:}N$.

Wir berechnen nun die Mittelwerte der Faktoren V, N und die Wechselwirkung $V{:}N$.

```
> DATA = data.frame(B, V, N, y)
> with(DATA, tapply(y, V, mean))
        1        2        3
 97.6250 104.5000 109.7917
> with(DATA, tapply(y, N, mean))
        1        2         3         4
 79.38889 98.88889 114.22222 123.38889
> with(DATA, tapply(y, V:N, mean ))
    1:1      1:2      1:3      1:4      2:1      2:2      2:3      2:4
 71.50000 89.66667 110.83333 118.50000  80.00000  98.50000
114.66667 124.83333
        3:1      3:2      3:3      3:4
 86.66667 108.50000 117.16667 126.83333
```

Der Mittelwert von $V1$, $V2$ und $V3$ hat den Standardfehler $= \sqrt{(601{,}3\,/\,24\,)} = 5{,}005$ mit 10 Freiheitsgraden. Die Differenz zwischen zwei V-Mittelwerten hat den Standardfehler $= \sqrt{(601{,}3(2\,/\,24))} = 7{,}079$.

Wir berechnen nun die paarweisen Differenzen der V-Mittelwerte und ihre 95-%-Konfidenzgrenzen.

```
>  V1.V2 = 97.6250 - 104.5000
> V1.V2
[1] -6.875
> t.wert = qt(0.975, 10)
> t.wert
[1] 2.228139
> SED = 7.079
> KI.unten = V1.V2 -t.wert*SED
> KI.unten
```

```
[1] -22.64799
> KI.oben = V1.V2 + t.wert*SED
> KI.oben
[1] 8.897995
> V1.V3 = 97.6250 - 109.7917
> KI.unten = V1.V3 -t.wert*SED
> KI.unten
[1] -27.93969
> KI.oben = V1.V3 + t.wert*SED
> KI.oben
[1] 3.606295
> V2.V3 = 104.5000 - 109.7917
> KI.unten = V2.V3 -t.wert*SED
> KI.unten
[1] -21.06469
> KI.oben = V2.V3 + t.wert*SED
> KI.oben
[1] 10.48129
```

Da der Wert 0 in allen drei 95-%-Konfidenzintervallen liegt, gibt es keine signifikanten Unterschiede zwischen den Sorten. Dies ist bereits in der ANOVA-Tabelle ersichtlich, wo der P-Wert $= 0{,}272 > 0{,}05$ für den Test von V ist.

Der Mittelwert von $N1$, $N2$, $N3$ und $N4$ hat den Standardfehler $= \sqrt{(177/18)} = 3{,}136$ mit 45 Freiheitsgraden. Die Differenz zwischen zwei N-Mittelwerten hat den Standardfehler $= \sqrt{(177(2/18))} = 4{,}435$.

Der Mittelwert der Wechselwirkung $VixNj$ hat den Standardfehler $= \sqrt{(177/6)} = 5{,}431$ mit 45 Freiheitsgraden. Die Differenz zwischen zwei Wechselwirkungsmitteln hat den Standardfehler $= \sqrt{(177(2/6))} = 7{,}681$.

Mit **R**-Paket `lsmeans` berechnen wir nun die Mittelwerte und Differenzen von N und VxN.

```
> library(lme4)
> model.F = lm ( y ~ B + V + B:V + N + V:N)
> LS.rg = ref.grid(model.F)
> LSM.N = lsmeans(LS.rg, "N")
> LSM.N


N lsmean   SE df lower.CL upper.CL
 1   79.4 3.14 45     73.1     85.7
 2   98.9 3.14 45     92.6    105.2
 3  114.2 3.14 45    107.9    120.5
 4  123.4 3.14 45    117.1    129.7
Results are averaged over the levels of: B, V
```

```
Confidence level used: 0.95
>  contrast(LSM.N, method = "pairwise")
 contrast estimate    SE df t.ratio p.value
 1 - 2        -19.50 4.44 45  -4.396  0.0004
 1 - 3        -34.83 4.44 45  -7.853  <.0001
 1 - 4        -44.00 4.44 45  -9.919  <.0001
 2 - 3        -15.33 4.44 45  -3.457  0.0064
 2 - 4        -24.50 4.44 45  -5.523  <.0001
 3 - 4         -9.17 4.44 45  -2.067  0.1797
Results are averaged over the levels of: B, V
P value adjustment: tukey method for comparing a family of 4
estimates
> lsm = lsmeans(model.F, ~ V*N)
> lsm
 V N lsmean   SE df lower.CL upper.CL
 1 1   71.5 5.43 45     60.6     82.4
 2 1   80.0 5.43 45     69.1     90.9
 3 1   86.7 5.43 45     75.7     97.6
 1 2   89.7 5.43 45     78.7    100.6
 2 2   98.5 5.43 45     87.6    109.4
 3 2  108.5 5.43 45     97.6    119.4
 1 3  110.8 5.43 45     99.9    121.8
 2 3  114.7 5.43 45    103.7    125.6
 3 3  117.2 5.43 45    106.2    128.1
 1 4  118.5 5.43 45    107.6    129.4
 2 4  124.8 5.43 45    113.9    135.8
 3 4  126.8 5.43 45    115.9    137.8
Results are averaged over the levels of: B
Confidence level used: 0.95
>  contrast(lsm, method = "pairwise")
 contrast   estimate    SE df t.ratio p.value
 1 1 - 2 1     -8.50 7.68 45  -1.106  0.9928
 1 1 - 3 1    -15.17 7.68 45  -1.974  0.7074
 1 1 - 1 2    -18.17 7.68 45  -2.365  0.4493
 1 1 - 2 2    -27.00 7.68 45  -3.514  0.0419
 1 1 - 3 2    -37.00 7.68 45  -4.816  0.0009
 1 1 - 1 3    -39.33 7.68 45  -5.120  0.0004
 1 1 - 2 3    -43.17 7.68 45  -5.618  0.0001
 1 1 - 3 3    -45.67 7.68 45  -5.944  <.0001
 1 1 - 1 4    -47.00 7.68 45  -6.117  <.0001
 1 1 - 2 4    -53.33 7.68 45  -6.942  <.0001
 1 1 - 3 4    -55.33 7.68 45  -7.202  <.0001
 2 1 - 3 1     -6.67 7.68 45  -0.868  0.9991
 2 1 - 1 2     -9.67 7.68 45  -1.258  0.9803
 2 1 - 2 2    -18.50 7.68 45  -2.408  0.4218
```

```
2 1 - 3 2    -28.50 7.68 45   -3.710   0.0250
2 1 - 1 3    -30.83 7.68 45   -4.013   0.0107
2 1 - 2 3    -34.67 7.68 45   -4.512   0.0024
2 1 - 3 3    -37.17 7.68 45   -4.838   0.0009
2 1 - 1 4    -38.50 7.68 45   -5.011   0.0005
2 1 - 2 4    -44.83 7.68 45   -5.835   <.0001
2 1 - 3 4    -46.83 7.68 45   -6.096   <.0001
3 1 - 1 2     -3.00 7.68 45   -0.390   1.0000
3 1 - 2 2    -11.83 7.68 45   -1.540   0.9207
3 1 - 3 2    -21.83 7.68 45   -2.842   0.1976
3 1 - 1 3    -24.17 7.68 45   -3.145   0.1030
3 1 - 2 3    -28.00 7.68 45   -3.644   0.0298
3 1 - 3 3    -30.50 7.68 45   -3.970   0.0121
3 1 - 1 4    -31.83 7.68 45   -4.143   0.0073
3 1 - 2 4    -38.17 7.68 45   -4.968   0.0006
3 1 - 3 4    -40.17 7.68 45   -5.228   0.0002
1 2 - 2 2     -8.83 7.68 45   -1.150   0.9902
1 2 - 3 2    -18.83 7.68 45   -2.451   0.3951
1 2 - 1 3    -21.17 7.68 45   -2.755   0.2340
1 2 - 2 3    -25.00 7.68 45   -3.254   0.0799
1 2 - 3 3    -27.50 7.68 45   -3.579   0.0354
1 2 - 1 4    -28.83 7.68 45   -3.753   0.0222
1 2 - 2 4    -35.17 7.68 45   -4.577   0.0020
1 2 - 3 4    -37.17 7.68 45   -4.838   0.0009
2 2 - 3 2    -10.00 7.68 45   -1.302   0.9747
2 2 - 1 3    -12.33 7.68 45   -1.605   0.8981
2 2 - 2 3    -16.17 7.68 45   -2.104   0.6225
2 2 - 3 3    -18.67 7.68 45   -2.430   0.4084
2 2 - 1 4    -20.00 7.68 45   -2.603   0.3083
2 2 - 2 4    -26.33 7.68 45   -3.428   0.0523
2 2 - 3 4    -28.33 7.68 45   -3.688   0.0265
3 2 - 1 3     -2.33 7.68 45   -0.304   1.0000
3 2 - 2 3     -6.17 7.68 45   -0.803   0.9996
3 2 - 3 3     -8.67 7.68 45   -1.128   0.9916
3 2 - 1 4    -10.00 7.68 45   -1.302   0.9747
3 2 - 2 4    -16.33 7.68 45   -2.126   0.6079
3 2 - 3 4    -18.33 7.68 45   -2.386   0.4355
1 3 - 2 3     -3.83 7.68 45   -0.499   1.0000
1 3 - 3 3     -6.33 7.68 45   -0.824   0.9995
1 3 - 1 4     -7.67 7.68 45   -0.998   0.9970
1 3 - 2 4    -14.00 7.68 45   -1.822   0.7974
1 3 - 3 4    -16.00 7.68 45   -2.083   0.6369
2 3 - 3 3     -2.50 7.68 45   -0.325   1.0000
2 3 - 1 4     -3.83 7.68 45   -0.499   1.0000
2 3 - 2 4    -10.17 7.68 45   -1.323   0.9715
```

```
2 3 - 3 4    -12.17 7.68 45   -1.584  0.9061
3 3 - 1 4     -1.33 7.68 45   -0.174  1.0000
3 3 - 2 4     -7.67 7.68 45   -0.998  0.9970
3 3 - 3 4     -9.67 7.68 45   -1.258  0.9803
1 4 - 2 4     -6.33 7.68 45   -0.824  0.9995
1 4 - 3 4     -8.33 7.68 45   -1.085  0.9939
2 4 - 3 4     -2.00 7.68 45   -0.260  1.0000
Results are averaged over the levels of: B
P value adjustment: tukey method for comparing a family of 12
estimates
```

Nun schätzen wir die Varianzkomponenten mit der Methode *EML*. Daher müssen wir zuerst das **R**-Paket lme4 installieren.

```
> library(lme4)
> MODEL = lmer( y ~ V + B + (1|V:B) + N + V:N)
> MODEL
Linear mixed model fit by REML ['lmerMod']
Formula: y ~ V + B + (1 | V:B) + N + V:N
REML criterion at convergence: 485.1565
Random effects:
 Groups    Name         Std.Dev.
 V:B       (Intercept)  10.30
 Residual               13.31
Number of obs: 72, groups:  V:B, 18
Fixed Effects:
(Intercept)        V2          V3          B2          B3          B4
   102.8611    8.5000     15.1667    -37.1667    -28.0833    -44.4167
         B5        B6          N2          N3          N4       V2:N2
   -39.4167   -39.0833     18.1667     39.3333     47.0000      0.3333
      V3:N2     V2:N3       V3:N3       V2:N4       V3:N4
     3.6667   -4.6667     -8.8333     -2.1667     -6.8333
```

Die Schätzung der Großteilstück-Restvarianz ist $10,30^2 = 106,09$.
Die Schätzung der Kleinteilstück-Restvarianz ist $13,31^2 = 177,1561$.

Nun schätzen wir die Varianzkomponenten mit der Methode *EML* mit dem **R**-Paket VCA.

```
> library(VCA)
> MODEL.VN = anovaMM( y~V + B + (V:B) + N + V:N,
     VarVC.method= "scm" , DATA)
> MODEL.VN
Analysis of Variance Table:
--------------------------
```

	DF	SS	MS	VC		F value	Pr(>F)
V	2	1786.36	893.18	17.3045	4.15987	5.043843	0.01055734 *
B	5	15875.28	3175.06	214.4771	14.64504	17.929725	9.52540e-10 ***
V:B	10	6013.31	601.33	106.0618	10.29863	3.395749	0.00225112 **
N	3	20020.50	6673.50	367.7708	19.17735	37.685647	2.45771e-12 ***
V:N	6	321.75	53.63	-20.5764	0.00000	0.302824	0.93219876
error	45	7968.75	177.08	177.0833	13.30727		

```
Signif. codes:  0 '***' 0.001 '**' 0.01 '*' 0.05 '.' 0.1 ' ' 1
Mean: 103.9722 (N = 72)
Experimental Design: balanced  |  Method: ANOVA
```

Die Schätzung der Großteilstück-Restvarianz ist 106,0618.
Die Schätzung der Kleinteilstück-Restvarianz ist 177,0833.

Literatur

Seeland, G., Schönmuth, G., & Wilke, A. (1984). Heritabilitäts- und genetische Korrelationskoeffizienten der Rasse, Schwarzbuntes Milchrind. *Tierzucht, 38*, 91–94.

Begriffe

aufgeteiltes Teilstück (engl. *split-plot*) Es handelt sich um ein gemischtes Modell der dreifachen Kreuzklassifikation $A \times B \times C$. A ist ein Behandlungsfaktor mit a Behandlungen. C ist ein Behandlungsfaktor mit c Behandlungen und $\cdot c$ Wiederholungen. B ist ein vollständiger Blockfaktor mit b Blocks und a Großteilstücken pro Block. In einem Block wurden die a Behandlungen von A randomisiert angelegt. Jedes Großteilstück wird in c Kleinteilstücke unterteilt und in jedem Großteilstück wurde randomisiert die Behandlung C angelegt.

Blindversuch In den Agrarwissenschaften ist ein Blindversuch (engl. *uniformity trial*) ein Versuch, in dem alle Versuchseinheiten die gleiche Behandlung erhalten.

Determinante Die Determinante ist eine Zahl, die einer quadratischen Matrix zugeordnet wird und aus ihren Elementen berechnet werden kann.

Gammafunktion Die Gammafunktion ist für natürliche Zahlen n: $\Gamma(n) = (n-1)!$, allgemein ist für

$$x > 0: \ \Gamma\left(x\right) = \int_{i=0}^{\infty} i^{x-1} e^{-i} di$$

o.B.d.A. ohne Beschränkung der Allgemeinheit (scherzhaft „ohne Bedenken der Autoren")

Matrix Eine Matrix A ist ein Schema von Symbolen (zum Beispiel Zahlen) mit a Zeilen und b Spalten. Ist $a = b$, so heißt die Matrix quadratisch von der Ordnung a. Vertauscht man in einer Matrix A Zeilen und Spalten, so entsteht die transponierte Matrix A^T. Eine Matrix mit einer Spalte heißt (Spalten-)Vektor p. Im Druck benötigt der transponierte Vektor p^T weniger Platz. Spezielle Matrizen sind die Nullmatrix (alle Elemente sind Null) und die quadratische Einheitsmatrix I_n, in deren Hauptdiagonalen Einsen und sonst Nullen stehen. Eine zur quadratischen Matrix A der Ordnung n inverse Matrix A^{-1} ist durch $A \cdot A^{-1} = I_n$ definiert.

P-Wert Der P-Wert entspricht dem kleinsten Signifikanzniveau, bei dem die Nullhypothese gerade noch verworfen werden kann.

© Der/die Herausgeber bzw. der/die Autor(en), exklusiv lizenziert an Springer-Verlag GmbH, DE, ein Teil von Springer Nature 2023
D. Rasch, R. Verdooren, *Angewandte Statistik mit R für Agrarwissenschaften*,
https://doi.org/10.1007/978-3-662-67078-1

Pseudomedian Der Pseudomedian einer Verteilung F ist der Median der Verteilung von $(u+v)/2$, wobei u und v unabhängig sind, jeweils mit der Verteilung F. Wenn F symmetrisch ist, fallen Pseudomedian und Median zusammen.

studentisierte Spannweite $(\bar{y}_{max} - \bar{y}_{min})/(s/\sqrt{n})$ berechnet aus der Realisation $(y_1, \ldots, y_n)$ einer Zufallsstichprobe vom Umfang n aus einer Normalverteilung $N(\mu, \sigma^2)$.

tanh Die Funktion $\tanh(z) = [\frac{1}{2}(e^z - e^{-z})]/[\frac{1}{2}(e^z + e^{-z})]$ wird Tangens hyperbolikus genannt, wenn $z =$ eine reelle Zahl ist.

Stichwortverzeichnis

Verzeichnis von R-Befehlen und Paketen

© Der/die Herausgeber bzw. der/die Autor(en), exklusiv lizenziert an Springer-Verlag GmbH, DE, ein Teil von Springer Nature 2023
D. Rasch, R. Verdooren, *Angewandte Statistik mit R für Agrarwissenschaften*, https://doi.org/10.1007/978-3-662-67078-1